U0352692

普通高等教育"十四五"规划教材

钢结构技术应用

Application of Steel Structure Technology

主　编　任　妮

副主编　苏晓宁　吴家君　陈　斌

　　　　孙恩禹　由丽雯　马晓雨

数字资源

北　京

冶　金　工　业　出　版　社

2024

内 容 提 要

　　本书系统介绍钢结构的概况、钢结构的使用材料、钢结构的连接、钢结构的主要受力分析、单层厂房钢结构设计和耐候钢桥结构设计。具体包括钢结构的优缺点、应用和发展、主要的设计方法等情况，钢结构对材料的性能要求、材料种类和规格，钢结构的焊缝连接、角焊缝连接、螺栓链接等连接方式的设计和计算，钢结构轴心受力、受弯、拉弯和压弯等几种受力方式的计算，单层厂房钢结构设计和计算，以及耐候钢桥结构的概况和设计。

　　本书内容丰富，图文并茂，通俗易懂，文字表达准确、精炼，每章均附有学习要点、思政元素和习题，便于教师组织教学和学生自学及知识查阅。

　　本书可作为高等学校土木建筑类专业的教材，也可供钢结构相关领域技术人员参考。

图书在版编目 (CIP) 数据

钢结构技术应用/任妮主编 . —北京：冶金工业出版社，2024.8
普通高等教育"十四五"规划教材
ISBN 978-7-5024-9882-5

Ⅰ. ①钢…　Ⅱ. ①任…　Ⅲ. ①钢结构—高等学校—教材　Ⅳ. ①TU391

中国国家版本馆 CIP 数据核字 (2024) 第 112087 号

钢结构技术应用

出版发行	冶金工业出版社		**电　话**	(010)64027926
地　址	北京市东城区嵩祝院北巷 39 号		**邮　编**	100009
网　址	www.mip1953.com		**电子信箱**	service@ mip1953.com

责任编辑　卢　敏　姜恺宁　美术编辑　吕欣童　版式设计　郑小利
责任校对　石　静　责任印制　禹　蕊
三河市双峰印刷装订有限公司印刷
2024 年 8 月第 1 版，2024 年 8 月第 1 次印刷
787mm×1092mm　1/16；19.25 印张；466 千字；296 页
定价 59.00 元

投稿电话　(010)64027932　投稿信箱　tougao@cnmip.com.cn
营销中心电话　(010)64044283
冶金工业出版社天猫旗舰店　yjgycbs.tmall.com
(本书如有印装质量问题，本社营销中心负责退换)

前　言

　　习近平总书记在党的二十大报告中指出"加快建设国家战略人才力量，努力培养造就更多高技能人才。"本书在编写过程中以培养高技能人才为目标，针对土木建筑类专业对土木工程钢结构课程知识和技能的教学需求，在全面介绍土木工程钢结构的材料、钢结构的连接和受力的基础上，将土木工程钢结构的技术应用贯穿全书，突出教材的实用性和操作性，着力学生的技能培养，符合应用型本科人才培养目标定位和社会对应用型人才的需求。

　　本书编写全部采用国家（部）、行业、企业颁布的最新标准和规范，内容丰富，图文并茂，通俗易懂。书中文字表达准确、精炼，每章都有学习要点、思政元素和习题，便于教师组织教学和学生自学及知识查阅。

　　本书主要介绍了钢结构的材料、钢结构的连接、钢结构的主要受力分析（包括轴心受力、受弯、拉弯和压弯）、单层厂房钢结构设计、耐候钢桥结构的应用。

　　本书是数字化教材，在教材每章附设二维码，充分利用本课程已有慕课、金课等网络资源开发建设 VR/AR 教材。全面筛选我国鸟巢、水立方、武汉长江大桥、装配式建筑等诸多有代表性的钢结构建筑以及紫竹集团有限公司近年来设计的钢结构厂房、耐候钢桥和大跨度超限钢结构工程实例等教学视频，通过扫描二维码进行视频展示，创建"纸质+数字"智慧教材。

　　本书由辽宁科技大学任妮任主编，辽宁科技大学苏晓宁、孙恩禹、由丽雯，辽宁紫竹集团有限公司吴家君、陈斌，河北工程大学马晓雨任副主编，全书由任妮统稿。具体编写分工为：任妮编写第 1、6 章、苏晓宁编写第 2 章，孙恩禹编写第 3 章，由丽雯编写第 4 章，马晓雨编写第 5 章，吴家君编写第 7 章，陈斌编写第 8 章。

本书由辽宁科技大学与辽宁紫竹集团有限公司校企合作出版，鞍钢集团工程技术有限公司对书稿提出了宝贵意见，在此表示衷心感谢。

本书在编写过程中参阅了相关文献资料，谨向文献作者致以诚挚的谢意。由于水平所限，书中难免有不足之处，敬请读者批评指正。

编　者

2024 年 8 月

目　　录

1　绪　论

本章数字资源

【学习要点】

（1）了解钢结构的特点、应用和发展趋势。

（2）掌握钢结构的设计方法。

【思政元素】

（1）介绍我国历史上钢铁冶炼技术的鼎盛时期，提升民族自信和文化自信。

（2）古代建筑结构中钢铁材料的运用及文化传承；新中国成立后钢铁产量的快速提升，改革开放以来我国钢结构建筑的蓬勃发展。

（3）突出我国已建成的具有国际影响力的地标性钢结构建筑；中国的钢结构相关技术开始由跟随转变为引领世界。

1.1　钢结构的特点

钢结构是以钢板、型钢、薄壁型钢制成的构件或元件，通过焊接、铆接、螺栓连接等方式而组成的结构。

1.1.1　钢结构的优点

钢结构的优点主要包括：

（1）强度高，重量轻。由于钢材的强密比（强度与质量密度之比值）较钢筋混凝土大7倍左右，因此在相同承载力条件下，钢构件的截面更小，重量更轻。例如，在跨度和荷载相同的条件下，钢屋架的重量约为钢筋混凝土屋架的1/4~1/3，冷弯薄壁型钢屋架甚至接近1/10。由此带来的优点是：质量轻可减轻基础的负荷，降低地基、基础部分的造价，同时还方便运输和吊装。钢结构的强度高，适用于建造跨度大、高度高、承载重的结构。但由于强度高，一般构件截面小而壁薄，在受压时容易为稳定性和刚度所控制，强度难以得到充分的利用。

（2）塑性和韧性好。钢材有良好的塑性性能，结构在一般条件下不会因超载而突然断裂，可调节构件中可能出现的局部应力高峰，将局部高峰应力重分配，使应力变化趋于平缓。且结构在破坏前一般都会产生显著的变形，故易于被发现，事故有预告，可及时防患。

钢材还具有良好的韧性，对承受动力荷载适应性强，适宜在动力荷载作用下工作，因此在地震多发区采用钢结构较为有利。

（3）材质均匀，其实际受力情况和力学计算的假定比较符合。钢材由于冶炼和轧制过程的科学控制，组织比较均匀，接近各向同性，为理想的弹-塑性体，其弹性模量和韧性模量皆较大，因此，钢结构实际受力情况和工程力学计算结果比较符合，在计算中采用的经验公式不多，从而计算上的不确定性较小，计算结果比较可靠。

（4）可焊性好，工业化程度高，安装方便，施工工期短。钢结构一般都在专业工厂由机械化生产制造，施工机械化、程控化，准确度和精密度皆较高，工业化生产程度高，质量容易监控和保证。钢结构所有材料皆已轧制成各种型材，加工简易而迅速。小量钢结构和轻型钢结构可在现场制作，吊装简易。钢构件质量较轻、连接简单、安装方便速度快、施工周期短、效益好。

（5）拆迁方便，可重复利用，属环保产品。钢结构由于连接的特性，施工方便快捷，易于加固、改建和拆迁，用螺栓连接的钢结构可装拆，适用于移动性结构。钢材具可重复使用性，其在加工制造过程中产生的余料、碎屑，以及废弃和败坏了的钢结构构件，均可回炉重新冶炼成钢材重复使用，钢材作为一种绿色可再利用的材料在建筑结构中得到了大力的推广和应用。并且钢结构施工工地占地面积小，环境污染也小，适用于城市市区建造，是目前国内大力提倡的一种绿色施工方式。

（6）密闭性较好。钢结构及其连接（如焊接）的水密性和气密性较好，适用于要求密闭的板壳结构，做成容器不透气、不渗漏，可用于高压容器、储油罐、有毒气体密闭罐、油库、气柜、管道等。

1.1.2　钢结构的缺点

钢结构的缺点主要包括：

（1）耐腐蚀性差。钢材容易锈蚀，必须注意防护，特别是薄壁构件更要注意，因此，处于较强腐蚀性介质内的建筑物不宜采用钢结构。钢结构在涂油漆以前应彻底除锈，油漆质量和涂层厚度均应符合要求。在设计中应避免使结构受潮、雨淋，构造上应尽量避免存在难以检查、维修的死角。

（2）耐热但不耐火。钢材受热温度在 200 ℃ 以内时，其主要性能（屈服点和弹性模量）下降幅度较小；超过 200 ℃ 后，材质变化较大，不仅强度逐步降低，而且有蓝脆和徐变现象；达到 600 ℃ 时，钢材进入塑性状态已不能承载。因此，设计规定钢材表面温度超过 150 ℃ 后即需加以隔热防护，对有防火要求者，更需按相应规定采取隔热保护措施。

（3）在低温和其他条件下，可能发生脆性断裂。钢结构在低温、二向或三向受拉应力作用以及较大应力集中等条件下，可能发生脆性断裂，此时表现出钢结构材料没有塑性。

（4）造价偏高。相比于砖混结构的房子，虽然钢结构房屋有很多优点，但它的造价偏高，经济压力较大。造成这种情况一方面是由于钢结构材料本身的价格偏高，另一方面我国建筑行业现阶段对钢结构成本的控制仍有许多不足，因此应综合考虑不同结构形式的特点对钢结构进行选型设计。

由于以上特点，钢结构的应用范围很广，有些情况下无法用其他建筑材料的结构代替，但同时也要采取比较特殊的措施，以防止问题的发生。

1.2 钢结构的应用和发展

1.2.1 钢结构的应用

钢结构的合理应用范围不仅取决于钢结构本身的特性，还须结合我国国情针对具体情况综合考虑。近年来我国钢产量有了很大提高，钢结构形式与设计手段逐年改进与创新，钢结构的应用得到了极大推动。目前我国在工业与民用建筑中钢结构的应用范围如下：

（1）工业厂房。设有起重量较大的吊车或吊车运转繁重的车间多采用钢骨架，如冶金厂房的平炉车间、转炉车间、混铁炉车间、炼钢车间、轧钢车间，重型机械厂的铸钢车间、水压机车间、锻压车间，造船厂的船体车间。随着网架结构的大量应用，一般的工业车间也采用了钢网架结构等。

（2）承受振动荷载影响及地震作用的结构。设有较大锻锤的车间，其骨架直接承受的动力尽管不大，但间接的振动却极为强烈，可采用钢结构。抗地震作用要求高的结构也宜采用钢结构。

（3）大跨度结构。体育场馆、大会堂、飞机装配车间、飞机库、航站楼、大煤库、火车站、展览馆、剧场、会展中心等皆需大跨度结构，其结构体系宜采用网架、悬索、拱架、框架以及组合结构等，其主要承重构件可以采用钢结构。

（4）多层、高层和超高层建筑。工业建筑中的多层框架和高层或超高层建筑，宜采用框架结构体系、框架支撑体系、框架剪力墙体系，其主要承重构件也可以采用钢结构。

（5）高耸结构。高耸结构包括塔架和塔桅结构。电视塔、微波塔、输电线塔、钻井塔、环境大气监测塔、无线电天线桅杆、卫星发射塔、输电线塔、钻井塔等，宜采用塔架和桅杆结构，其承重构件常常采用钢结构。

（6）可拆卸、装配式结构。商业和建筑工地用活动房屋、临时展览馆等可拆迁结构，塔式起重机、履带式起重机的吊臂、龙门起重机等移动结构，多采用轻型钢结构。

（7）轻型钢结构。轻型钢结构主要为轻型门式钢架房屋。近年来轻型钢结构已广泛应用于仓库、办公室、工业厂房及体育设施，并向住宅楼和别墅发展。

（8）其他结构。钢结构和混凝土组合成的组合结构有组合梁、钢管混凝土柱、板壳结构（如油库、油罐、煤气库、高炉、热风炉、漏斗、烟囱、水塔以及各种管道）、其他特种结构（如栈桥、管道支架、井架和海上采油平台）等。

1.2.2 钢结构的发展

早期的钢结构仅是部分构件、配件用铸铁、熟铁制成。18 世纪西方兴起工业革命后，冶炼出了抗拉性能好于生铁的熟铁；19 世纪初发明了铆钉，出现了生熟铁的组合结构。1856 年出现的转炉炼钢，以及随后出现的电炉炼钢及 20 世纪 40 年代焊接连接方法的采用，为钢结构的应用与发展带来了巨大的变革。工业革命以后，钢结构在欧洲各国的应用逐渐增多，范围也不断扩大。例如 1883 年美国在芝加哥建造的 11 层保险大楼，是世界上最先用铁框架承重的建筑物，被认为是高层建筑的开始。

钢结构在我国有着悠久的历史。我国在公元前 200 多年秦始皇时代就曾用铁造桥墩，公元 60 年左右汉明帝时代建造了铁链悬桥（兰津桥），山东济宁寺铁塔和江苏镇江甘露寺铁塔也是很古老的建筑。967 年建于南汉朝的广州光孝塔东铁塔，塔高 6.35 m，共 7 层；1061 年建于宋朝的湖北荆州玉泉寺塔，高 17.9 m，共 13 层；1105 年建于宋朝的铁塔寺，高 13 m，共 9 层。1927 年沈阳皇姑屯机车厂钢结构厂房建成，1931 年广州中山纪念堂钢结构圆屋顶建成，1937 年钱塘江大铁桥建成。1949 年新中国成立以后，随着经济建设的发展，钢结构的应用日益扩大。如 1962 年建成的北京工人体育馆采用圆形双层辐射式悬索结构，直径为 94 m。1957 年建成的武汉长江大桥和 1968 年建成的南京长江大桥都采用了铁路公路两用双层钢桁架桥。1978 年改革开放以后，随着经济建设的突飞猛进，钢结构有了前所未有的发展，应用领域有了较大扩展。1996 年我国钢产量已是世界第一，年产量超过 1 亿吨。钢材质量及钢材规格也已能满足建筑钢结构的要求。市场经济的发展与不断成熟更给钢结构的发展创造了条件，我国钢结构正处于迅速发展的时期。高层建筑、超高层建筑、单层轻型房屋、体育场馆等都采用的是钢结构，如北京的中国国贸中心（高 155.2 m）、京城大厦（高 182 m）、京广中心大厦（高 208 m）、深圳的发展中心大厦（高 139 m）、地王商业大厦（高 384 m）、平安金融中心（高 599 m）、环球金融中心（高 492 m）、上海中心大厦（高 632 m）、天津的滨海大厦（高 596 m）等一大批有影响力的高层、超高层钢结构。上海金茂大厦，地上 88 层，地下 3 层，高 365 m，标志着我国的超高层钢结构已进入世界前列。位于北京奥林匹克公园内的鸟巢（见图 1-1），长 333 m，宽 298 m，总用钢量约为 4.2 万吨，焊缝长度近 320 km，标志着我国的大跨度空间钢结构已进入世界前列。国家大剧院（见图 1-2）外部围护结构为钢结构网壳，呈半椭圆球形，东西长轴 212.2 m，南北短轴 143.64 m，总高度 46.285 m，整体结构用钢量达 6750 t（195 kg/m²）。中国台北 101 大楼，2003 年建成，101 层，屋顶高度 448 m，到塔桅顶高 508 m，周边设置 8 根大箱形钢柱（截面由 2.4 m×3.0 m 缩小到 1.6 m×2.0 m，钢板厚度由 70 mm 减至 50 mm）和 12 根小箱形钢柱，26 层以上只剩下 8 根大箱形钢柱直到 90 层，为了提高柱的刚度，在 62 层以下箱形钢柱内灌注 68.9 MPa 的混凝土。

图 1-1　北京鸟巢体育馆

钢结构工程技术研究与应用实践表明：未来很长一段时期内，钢结构的发展潜力是巨大的，但任务也是十分艰巨的。为适应建筑高度越来越高、结构跨度越来越大的需求，低合金高强度结构钢应用有从 300 MPa 强度向 400 MPa 强度甚至更高强度发展趋势，钢结构

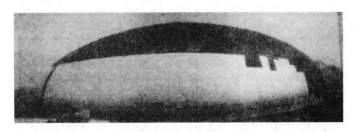

图 1-2 国家大剧院

全行业需要不懈地致力于改进钢结构工程设计计算方法，研发和采用新材料、新的结构及结构体系，在钢结构制造、施工上更多采用新设备、新工艺、新技术，并借助仿真建造，融合 BIM、P-BIM、IM（Interoperability Matrix）等方法与工具，不断创造出性能更加优异的钢结构。

1.3 钢结构的设计方法

钢结构设计的目的在于保证所设计的结构和结构构件在施工和工作过程中均能满足预期的安全性和使用性要求。结构设计准则为各种荷载所产生的效应（内力和变形）不大于结构和连接（由材料性能和几何因素等所决定）的抗力或规定限值。假如影响结构功能的各种因素，如荷载大小、材料强度的高低、截面尺寸、计算模式、施工质量等都是确定性的，则按上述准则进行结构计算，应该说是非常容易的。但是，现实中上述影响结构功能的诸因素都具有不确定性，是随机变量（或随机过程），因此，荷载效应可能大于设计抗力，结构不可能百分之百的可靠，而只能对其做出一定的概率保证。

1.3.1 概率极限状态设计方法

按极限状态进行结构设计时，首先应明确极限状态的概念。当结构或其组成部分超过某一特定状态就不能满足设计规定的某一功能要求时，此特定状态就称为该功能的极限状态。结构的极限状态可以分为下列两类：

（1）承载能力极限状态。对应于结构或结构构件达到最大承载能力或是出现不适于继续承载的变形，包括倾覆、强度破坏、疲劳破坏、丧失稳定、结构变为机动体系或出现过度的塑性变形等。

（2）正常使用极限状态。对应于结构或结构构件达到正常使用或耐久性能的某项规定限值，包括出现影响正常使用或影响外观的变形，出现影响正常使用或耐久性能的局部损坏以及影响正常使用的振动等。

结构的工作性能可用结构的功能函数来描述。若结构设计时需要考虑影响结构可靠性的随机变量有 n 个，即 x_1, x_2, $\cdots$, x_n，则在这 n 个随机变量间通常可建立某种函数关系：

$$Z = g(x_1, x_2, \cdots, x_n) \tag{1-1}$$

即称为结构的功能函数。

为了简化起见，只以结构构件的荷载效应 S 和抗力 R 这两个基本随机变量来表达结构的功能函数，则：

$$Z = g(R,S) = R - S \tag{1-2}$$

式中，R 和 S 是随机变量，函数 Z 也是一个随机变量。在实际工程中，可能出现下列三种情况：

　　$Z>0$，结构处于可靠状态；

　　$Z=0$，结构达到临界状态，即极限状态；

　　$Z<0$，结构处于失效状态。

　　定值设计法认为 R 和 S 都是确定性的，结构只要按 $Z \geqslant 0$ 设计，并赋予一定的安全系数，结构就是绝对安全的。事实并不是这样，结构失效的事例时有所闻。这是由于基本变量具有不定性，作用在结构的荷载有出现高值的可能，材料性能也有出现低值的可能，即使设计者采用了相当保守的设计方案，但在结构投入使用后，谁也不能保证它绝对可靠，因而对所设计的结构的功能只能做出一定概率的保证。这和进行其他有风险的工作一样，只要可靠的概率足够大，或者说，失效概率足够小，便可认为所设计的结构是安全的。

　　按照概率极限状态设计方法，结构的可靠度定义为：结构在规定的时间内，在规定的条件下，完成预定功能的概率。这里所说的"完成预定功能"就是对于规定的某种功能来说结构不失效（$Z \geqslant 0$）。这样，若以 P_s 表示结构的可靠度，则上述定义可表达为：

$$P_s = P \quad (Z \geqslant 0) \tag{1-3}$$

　　结构的失效概率以 P_f 表示，则：

$$P_f = P \quad (Z < 0) \tag{1-4}$$

　　由于事件（$Z<0$）与事件（$Z \geqslant 0$）是对立的，因此结构可靠度 P_s 与结构的失效概率 P_f 符合：

$$P_s + P_f = 1 \tag{1-5}$$

或

$$P_s = 1 - P_f \tag{1-6}$$

　　因此，结构可靠度的计算可以转换为结构失效概率的计算。可靠的结构设计指的是设计控制目标要使结构失效概率小到人们可以接受的程度。绝对可靠的结构，$P_s = 1$，即失效概率 $P_f = 0$ 的结构是没有的。

　　为了计算结构的失效概率 P_f，最好是求得功能函数 Z 的分布。图 1-3 示出 Z 的概率密度 $f_Z(Z)$ 曲线，图中纵坐标处 $Z=0$，结构处于极限状态；纵坐标以左 $Z<0$，结构处于失效状态；纵坐标以右 $Z>0$，结构处于可靠状态。图中阴影面积表示事件 $Z<0$ 的概率，就是失

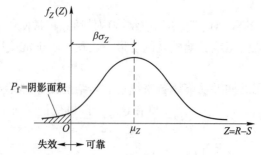

图 1-3　Z 的概率密度 $f_Z(Z)$ 曲线

效概率，可用积分求得：

$$P_f = P(Z < 0) = \int_{-\infty}^{0} f_Z(Z)\,\mathrm{d}Z \tag{1-7}$$

但实际上，Z 的分布很难求出，因此失效概率的计算仅仅在理论上可以解决，这使得概率设计法一直不能付诸实用。20 世纪 60 年代末期，美国学者康奈尔提出比较系统的一次二阶矩的设计方法，才使得概率设计法进入了实用阶段。

一次二阶矩法不直接计算结构的失效概率 P_f，而是将图 1-3 中 Z 的平均值 μ_Z 用 Z 的标准差 σ_Z 来度量，得到 β 值，则有：

$$\mu_Z = \beta\sigma_Z \tag{1-8}$$
$$\beta = \mu_Z/\sigma_Z \tag{1-9}$$

式中，β 为可靠指标或安全指标。

显然，只要分布一定，β 与 P_f 就有一一对应的关系，而且，β 增大，P_f 减小；β 减小，P_f 增大。β 的计算避开了 Z 的全分布的推求，只采用分布的特征值，即一阶原点矩（均值）μ_Z 和二阶中心矩（方差）σ_Z，而这两者对于任何分布皆可按式（1-10）和式（1-11）求得（设 R 和 S 是独立统计的）。

$$\mu_Z = \mu_R - \mu_S \tag{1-10}$$
$$\sigma_Z^2 = \sigma_R^2 + \sigma_S^2 \tag{1-11}$$

式中　μ_R，μ_S——抗力 R 和荷载效应 S 的平均值；

σ_R^2，σ_S^2——抗力 R 和荷载效应 S 的方差。

只要经过测试取得足够的数据，便可由统计分析求得 R 和 S 的均值 μ 和方差 σ^2。

$$\mu_R - \alpha_R\beta\sigma_R \geqslant \mu_S + \alpha_S\beta\sigma_S \tag{1-12}$$

$$\alpha_R = \frac{\sigma_R}{\sqrt{\sigma_R^2 + \sigma_S^2}}, \quad \alpha_S = \frac{\sigma_S}{\sqrt{\sigma_R^2 + \sigma_S^2}} \tag{1-13}$$

式（1-12）中不等号左、右分别为 R 和 S 的设计经验验算点坐标 R^* 和 S^*，可写为：

$$R^* \geqslant S^* \tag{1-14}$$

这就是概率法的设计式。由于这种设计不考虑 Z 的全分布而只考虑至二阶矩，对非线性函数用泰勒级数展开取线性项，因此此法称为一次二阶矩法。

式（1-12）中可靠指标的取值可用校准法求得。所谓"校准法"，就是对现有结构构件进行反演计算和综合分析，求得其平均可靠指标来确定今后设计时应采用的目标可靠指标。《建筑结构可靠性设计统一标准》（GB 50068—2018）按破坏类型（延性或脆性破坏）和安全等级（根据破坏后果和建筑物类型分为一、二、三级，级数越高，破坏后果越不严重）分别规定了结构构件按承载能力极限状态设计时采用的不同的 β 值。钢结构的各种构件，按《钢结构设计标准》（GB 50017—2017）设计，经校准分析，其 β 值在 3.2 左右，即 $\beta = 3.2$，属延性破坏，安全等级为二级。

1.3.2　设计表达式

《钢结构设计标准》（GB 50017—2017）除疲劳计算外，采用以概率理论为基础的极限状态设计方法，用分项系数的设计表达式进行计算。这是考虑到用概率法的设计式，过去未学习过或不太了解概率法的一部分设计人员不熟悉也不习惯，同时许多基本统计参数还不完善，不能列出。因此，《建筑结构可靠性设计统一标准》（GB 50068—2018）建议采用设计人员普遍所熟悉的分项系数设计表达式。但这与以往的设计方法不同，分项系数不是凭经验确定的，而是以可靠指标 β 为基础用概率设计法求出的，也就是将式（1-12）或式（1-14）转化为等效的以基本变量标准值和分项系数形式表达的极限状态设计式。

现以简单的荷载情况为例，分项系数设计式可写成：

$$\frac{R_k}{\gamma_R} \leq \gamma_G S_{Gk} + \gamma_Q S_{Qk} \tag{1-15}$$

式中　　R_k——抗力标准值（由材料强度标准值和截面公称尺寸计算而得）；

　　　　S_{Gk}——按标准值计算的永久荷载 G 效应设计值；

　　　　S_{Qk}——按标准值计算的可变荷载 Q 效应设计值；

γ_R，γ_G，γ_Q——抗力分项系数、永久荷载分项系数、可变荷载分项系数。

相应地，式（1-14）可写成：

$$R^* \geq S_G^* + S_Q^* \tag{1-16}$$

为使式（1-15）与式（1-16）等价，必须有：

$$\begin{cases} \gamma_R = \dfrac{R_k}{R^*} \\[2mm] \gamma_G = \dfrac{S_G^*}{S_{Gk}} \\[2mm] \gamma_Q = \dfrac{S_Q^*}{S_{Qk}} \end{cases} \tag{1-17}$$

R^*、S_G^*、S_Q^* 不仅与可靠指标 β 有关，而且与各基本变量的统计参数（平均值、标准值）有关。因此，对每一种构件，在给定 β 的情况下，γ 值将随荷载效应比值 $\rho = \dfrac{S_{Qk}}{S_{Gk}}$ 变动而为一系列的值，这对于设计显然不方便；但如果分别取 γ_G、γ_Q 为定值，γ_R 亦按各种构件取不同的定值，则所设计的结构构件的实际可靠指标就不可能与给定的可靠指标完全一致。为此，可用优化法求最佳的分项系数值，使两者 β 的差值最小，并由工程经验确定。

《建筑结构设计统一标准》（GBJ 68—84）经过计算和分析，规定一般情况下荷载分项系数：

$$\gamma_G = 1.2, \quad \gamma_Q = 1.4$$

当永久荷载效应与可变荷载效应异号时，这时永久荷载对设计有利（如屋盖因风的作用而被掀起时），应取：

$$\gamma_G = 1.0, \quad \gamma_Q = 1.4$$

在荷载分项系数统一规定条件下，《钢结构设计规范》（GBJ 17—88）对钢结构抗力分项系数 γ_R 进行分析，使欲设计的结构构件的实际 β 值与预期的 β 值差值最小，并结合工程经验确定 Q235 钢的 $\gamma_R = 1.087$，对 Q345 钢和 Q390 钢，$\gamma_R = 1.111$。

钢结构设计习惯用应力表达，采用钢材强度设计值。钢材强度设计值 f 等于钢材屈服点 f_y 除以抗力分项系数 γ_R 的商，即 $f = f_y / \gamma_R$。但钢结构端面承压和钢结构连接强度设计值

则是其极限强度 f_u 除以对应抗力分项系数 γ_R 获得。

《建筑结构设计统一标准》（GBJ 68—1984）的修订版《建筑结构可靠度设计统一标准》（GB 50068—2001），将荷载效应组合设计表达式分别表述成"可变荷载效应控制的组合"与"永久荷载效应控制的组合"，并选取其中最不利值控制结构的设计计算。对于永久荷载效应控制的组合，出现了永久荷载分项系数 $\gamma_G = 1.35$ 的情况。这一时期对应《钢结构设计规范》（GB 50017—2003），增加了牌号 Q420 钢，但其钢结构抗力分项系数 γ_R 只进行了微调。

《建筑结构可靠性设计统一标准》（GB 50068—2018）于 2019 年 4 月 1 日实施。其中最值得关注的是：永久荷载分项系数 γ_G 由 1.2 调整为 1.3，可变荷载分项系数 γ_Q 由 1.4 调整为 1.5，并因此同时取消了 2001 版中"永久荷载效应控制的组合"。系统地提高结构设计荷载分项系数，表达了国家建设行政主管部门适当提高建筑结构可靠性的意志。

《钢结构设计标准》（GB 50017—2017）给出了 Q235 钢、Q355 钢、Q390 钢、Q420 钢、Q460 钢以及 Q355GJ 钢的应用指导，但出现了抗力分项系数 Y_x 取值比较零散的新问题。

结构或结构构件的破坏或过度变形的承载能力极限状态设计，应符合式（1-18）的要求。

$$\gamma_0 S_d \leqslant R_d \tag{1-18}$$

式中　γ_0——结构重要性系数，其值按《建筑结构可靠性设计统一标准》（GB 50068—2018）采用；

S_d——作用组合的效应设计值，如轴力、弯矩设计值或表示几个轴力、弯矩向量的设计值；

R_d——结构或结构构件的抗力设计值。

对于持久设计状况和短暂设计状况，应采用作用的基本组合。基本组合的效应设计值应按式（1-19）中最不利值确定。

$$S_d = S\left(\sum_{i \geqslant 1} \gamma_{Gi} G_{ik} + \gamma_P P + \gamma_{Q1} \gamma_{L1} Q_{1k} + \sum_{j > 1} \gamma_{Qj} \psi_{Cj} \gamma_{Lj} Q_{jk} \right) \tag{1-19}$$

式中　$S(\cdot)$——作用组合的效应函数；

G_{ik}——第 i 个永久作用的标准值；

P——预应力作用的有关代表值；

Q_{1k}——第 1 个可变作用的标准值；

Q_{jk}——第 j 个可变作用的标准值；

γ_{Gi}——第 i 个永久作用的分项系数，应按表 1-1 采用；

γ_P——预应力作用的分项系数，应按表 1-1 采用；

γ_{Q1}，γ_{Qj}——第 1 个和第 j 个可变作用的分项系数，应按表 1-1 采用；

γ_{L1}，γ_{Lj}——第 1 个和第 j 个考虑结构设计使用年限的荷载调整系数，应按表 1-2 采用；

ψ_{Cj}——第 j 个可变作用的组合值系数，应按有关规范的规定采用。

在作用组合的效应函数 $S(\cdot)$ 中，符号"Σ"和"$+$"均表示组合，即同时考虑所有作用对结构的共同影响，而不表示代数相加。

表 1-1 建筑结构的作用分项系数

作用分项系数	当作用效应对承载力不利时	当作用效应对承载力有利时
γ_G	1.3	≤1.0
γ_P	1.3	1.0
γ_Q	1.5	0

表 1-2 考虑建筑结构设计使用年限的荷载调整系数 γ_L

结构的设计使用年限/年	γ_L
5	0.9
50	1.0
100	1.1

注：对设计使用年限为 25 年的结构构件，γ_L 应按各种材料结构设计规范的规定采用。

当作用与作用效应按线性关系考虑时，基本组合的效应设计值应按式（1-20）中最不利值计算。

$$S_d = \sum_{i \geq 1} \gamma_{Gi} S_{Gik} + \gamma_P S_P + \gamma_{Q1} \gamma_{L1} S_{Qjk} Q_{1k} + \sum_{j>1} \gamma_{Qj} \psi_{Cj} \gamma_{Lj} Q_{jk}$$

$$S_d = \sum_{i \geq 1} \gamma_{Gi} S_{Gik} + \gamma_P S_P + \gamma_{Q1} \gamma_{L1} S_{Qjk} Q_{1k} + \sum_{j>1} \gamma_{Qi} \psi_{Cj} \gamma_{Lj} S_{Qjk} \qquad (1\text{-}20)$$

式中 S_{Gik} ——第 i 个永久作用标准值的效应设计值；

S_P ——预应力作用有关代表值的效应设计值；

S_{Qjk} ——第 j 个可变作用标准值的效应设计值；

其他符号的含义同式（1-19）。

对于偶然组合，极限状态设计表达式宜按下列原则确定：偶然作用的代表值不乘分项系数；与偶然作用同时出现的可变荷载，应根据观测资料和工程经验采用适当的代表值，具体的设计表达式及各种系数应符合专门规范的规定。

对于正常使用极限状态，按《建筑结构可靠性设计统一标准》（GB 50068—2018）的规定要求分别采用荷载的标准组合、频遇组合和准永久组合进行设计，并使变形等设计不超过相应的规定限值。

钢结构只考虑荷载的标准组合，其设计式为：

$$\vartheta_{Gk} + \vartheta_{Q1k} + \sum_{i=2}^{n} \psi_{Ci} \vartheta_{Qik} \leq [\vartheta] \qquad (1\text{-}21)$$

式中 ϑ_{Gk} ——永久荷载的标准值在结构或结构构件中产生的变形值；

ϑ_{Q1k} ——第 1 个可变荷载标准值在结构或结构构件中产生的变形值；

ϑ_{Qik} ——第 i 个可变荷载标准值在结构或结构构件中产生的变形值；

$[\vartheta]$ ——结构或结构构件的容许变形值。

习　题

1-1　钢结构有哪些优缺点？

1-2　简述钢结构的应用范围。

1-3　《钢结构设计标准》（GB 50017—2017）采用的是什么设计方法？

2 钢结构的材料

本章数字资源

【学习要点】

（1）掌握钢结构对钢材的基本要求。

（2）了解钢结构的两种破坏形式。

（3）掌握结构用钢材的主要性能及其力学性能指标。

（4）掌握影响钢材性能的主要因素特别是导致钢材变脆的主要因素。

（5）掌握结构用钢材的种类、牌号、规格。

（6）掌握钢材选择的依据，可以正确选择钢材。

（7）了解钢材疲劳的概念和疲劳计算方法。

【思政元素】

通过对比国内外钢材的质量，特别是介绍我国一些特殊性钢材的限制（特殊装备、高铁轴承等方面），以及近几年我国钢材质量明显提升，耐候钢、耐火钢基本能够满足工程需要，由我国原创发明的索氏体高强不锈结构钢在很多特殊环境中具有广阔的应用前景，来增加学生的学习动力，引起学生兴趣；再通过介绍我国自行建造航母甲板钢材的研发和应用，激发学生的爱国情怀，增强学生的民族自豪感和自信心。

钢结构实体产品性能的优劣是由材料、设计计算、加工制造、运输安装、使用维护等各个环节共同决定的。要正确掌握钢结构的基本原理，并在钢结构生命周期内对其各种性能进行有效控制，首先应当认识和了解适合建造钢结构的材料。历史上，因为对材料性能认识不足或重视不够导致的钢结构工程事故，教训都非常深刻。

2.1 钢结构对材料的要求

钢结构的原材料是钢。钢的种类繁多，性能差别很大，适用于钢结构的钢只是其中的一小部分。用作钢结构的钢必须符合下列要求：

（1）较高的抗拉强度 f_u 和屈服点 f_y。f_u 是衡量钢材经过较大变形后的抗拉能力，它直接反映钢材内部组织的优劣。f_u 高可以增加结构的安全保障。f_y 是衡量结构承载能力的指标。f_y 高可减轻结构自重、节约钢材、降低造价。

（2）较高的塑性和韧性。塑性和韧性好，结构在静荷载和动荷载作用下有足够的应变能力，既可减轻结构脆性破坏的倾向，又能通过较大的塑性变形调整局部应力，同时又具有较好的抵抗重复荷载作用的能力。

（3）良好的工艺性能（包括冷加工、热加工和焊接性能）。良好的工艺性能不但要易于将结构钢材加工成各种形式的结构，而且不致因加工而对结构的强度、塑性、韧性等造成较大的不利影响。

此外，根据结构的具体工作条件，有时还要求钢材具有适应低温、高温和腐蚀性环境的能力。

按以上要求，钢结构设计标准具体规定：承重结构采用的钢材应具有抗拉强度、伸长率、屈服强度和硫、磷含量的合格保证，焊接结构尚应具有碳含量的合格保证。焊接承重结构以及重要的非焊接承重结构采用的钢材还应具有冷弯试验的合格保证。对需要验算疲劳强度的结构用钢材，根据具体情况应当具有常温或负温冲击韧性的合格保证。

2.2 钢材的破坏形式

钢材有两种性质完全不同的破坏形式，即塑性破坏和脆性破坏。钢结构所用的材料虽然有较高的塑性和韧性，一般为塑性破坏，但在一定的条件下，仍然有脆性破坏的可能。

塑性破坏是由于变形过大，超过了材料或构件可能的应变能力而产生的，而且仅在构件的应力达到钢材的抗拉强度 f_u 后才发生。破坏前构件产生较大的塑性变形，断裂后的断口呈纤维状，色泽发暗。在塑性破坏前，由于总有较大的塑性变形发生，且变形持续的时间较长，因此很容易及时发现而采取措施予以补救，不致引起严重后果。另外，塑性变形后出现内力重分布，使结构中原先受力不等的部分应力趋于均匀，因而提高结构的承载能力。

脆性破坏前塑性变形很小，甚至没有塑性变形，计算应力可能小于钢材的屈服点 f_y，断裂从应力集中处开始。冶金和机械加工过程中产生的缺陷，特别是缺口和裂纹，常常是断裂的发源地。破坏前没有任何预兆，破坏是突然发生的，断口平直并呈有光泽的晶粒状。由于脆性破坏前没有明显的预兆，因此无法及时察觉和采取补救措施，而且个别构件的断裂常引起整个结构塌毁，危及生命财产的安全，后果严重。在设计、施工和使用钢结构时，要特别注意防止出现脆性破坏。

2.3 钢材的主要性能

2.3.1 受拉、受压与受剪时的性能

钢材标准试件在常温静荷载情况下，单向均匀受拉试验时的应力-应变（$\sigma\text{-}\varepsilon$）曲线如图 2-1 所示。由此曲线可获得许多有关钢材性能的信息。

2.3.1.1 强度性能

图 2-1 中 $\sigma\text{-}\varepsilon$ 曲线的 OP 段为直线，表示钢材具有完全弹性性质，这时应力可由弹性模量 E 定义，即 $\sigma = E\varepsilon$，而 $E = \tan\alpha$，P 点应力 f_p 称为比例极限。

曲线的 PE 段，钢材仍具有弹性，但非线性，即为非线性弹性阶段，这时的模量叫作切线模量，$\dot{E} = \mathrm{d}\sigma/\mathrm{d}\varepsilon$。

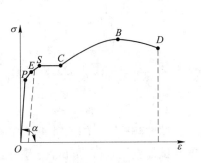

图 2-1 碳素结构钢的应力-应变曲线

此段上限 E 点的应力 f_e 称为弹性极限。弹性极限和比例极限相距很近，实际上很难区分，故通常只提比例极限。

随着荷载的增加，曲线出现 ES 段，这时钢材表现为非弹性性质，即卸荷曲线成为与 OP 平行的直线（见图 2-1 中的虚线），留下永久性的残余变形。此段上限 S 点的应力 f_y 称为屈服点。对于低碳钢，出现明显的屈服台阶 SC 段，即在应力保持不变的情况下，应变继续增加。

在开始进入塑性流动范围时，曲线波动较大，以后逐渐趋于平稳，其最高点和最低点分别称为上屈服强度和下屈服强度（也称为上屈服点和下屈服点）。上屈服点和试验条件（加载速度、试件形状、试件对中的准确性）有关；下屈服点则对此不太敏感。以前设计中以下屈服点为依据，目前已与国际标准协调一致，以上屈服点作为钢材屈服强度代表值。

对于没有缺陷和残余应力影响的试件，比例极限和屈服点比较接近，且屈服点前的应变很小（低碳钢约为 0.15%）。为了简化计算，通常假定钢材在屈服点以前为完全弹性的，在屈服点以后则为完全塑性的，这样就可把钢材视为理想的弹-塑性体，其应力-应变曲线表现为双直线，如图 2-2 所示。当应力达到屈服点后，结构将产生很大的在使用上不容许的残余变形 ε_c（此时，对低碳钢 $\varepsilon_c = 2.5\%$），表明钢材的承载能力达到了最大限度。因此，在设计时取屈服点为钢材可以达到的最大应力的代表值。

超过屈服台阶，材料出现应变硬化，曲线上升，直至曲线最高处的 B 点，这点的应力 f_u 称为抗拉强度或极限强度。当应力达到 B 点时，试件发生颈缩现象，至 D 点而断裂。当以屈服点的应力 f_y 作为强度限值时，抗拉强度 f_u 成为材料的强度储备。

高强度钢没有明显的屈服点和屈服台阶。这类钢的屈服条件是根据试验分析结果而人为规定的，故称为条件屈服点（或屈服强度）。条件屈服点是以卸荷后试件中残余应变 ε_r 为 0.2% 所对应的应力定义的（有时用 $f_{0.2}$ 表示），如图 2-3 所示。由于这类钢材不具有明显的塑性平台，因此设计中不宜利用它的塑性。

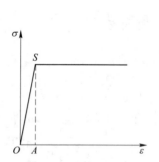

图 2-2　理想的弹-塑性体的应力-应变曲线

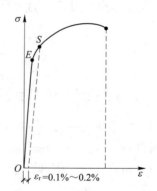

图 2-3　高强度钢的应力-应变曲线

2.3.1.2　塑性性能

试件被拉断时的绝对变形值与试件原标距之比的百分数，称为伸长率。当试件标距长度与试件直径 d（圆形试件）之比为 10 时，以 δ_{10} 表示；当该比值为 5 时，以 δ_5 表示。伸长率代表材料在单向拉伸时的塑性应变的能力。

2.3.1.3 钢材物理性能指标

钢材在单向受压（粗而短的试件）时，受力性能基本上和单向受拉时相同。受剪的情况也相似，但屈服点 τ_y 及抗剪强度 τ_u 均较受拉时低；剪变模量 G 也低于弹性模量 E。

钢材和钢铸件的弹性模量 E、剪变模量 G、线膨胀系数 α 和质量密度 ρ 见表 2-1。

表 2-1 钢材和钢铸件的物理性能指标

弹性模量 E/MPa	剪变模量 G/MPa	线膨胀系数 α（以每℃计）	质量密度 ρ/kg·m^{-3}
2.06×10^5	7.9×10^4	1.2×10^{-5}	7850

2.3.2 冷弯性能

冷弯性能由冷弯试验来确定（见图 2-4）。试验时按照规定的弯心直径在试验机上用冲头加压，使试件弯成 180°，如试件外表面不出现裂纹和分层，即为合格。冷弯试验不仅能直接检验钢材的弯曲变形能力或塑性性能，还能暴露钢材内部的冶金缺陷，如硫、磷偏析和硫化物与氧化物的掺杂情况，这些缺陷都将降低钢材的冷弯性能。因此，冷弯性能是鉴定钢材在弯曲状态下塑性应变能力和钢材质量的综合指标。

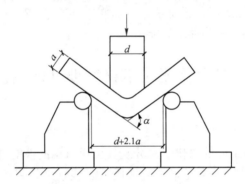

图 2-4 钢材冷弯试验示意图

a—冷弯试验试件的厚度；d—符合试验要求的弯心直径；α—符合试验要求的试件弯曲角度

2.3.3 冲击韧性

拉力试验所表现的钢材性能，如强度和塑性，是静力性能，而韧性试验可获得钢材的动力性能。韧性是钢材抵抗冲击荷载的能力，它用材料在断裂时所吸收的总能量（包括弹性能和非弹性能）来量度，其值为图 2-1 中 $\sigma\text{-}\varepsilon$ 曲线与横坐标所包围的总面积，总面积越大韧性越高，故韧性是钢材强度和塑性的综合指标。通常是钢材强度提高，韧性降低，则表示钢材趋于脆性。

材料的冲击韧性数值随试件缺口形式和使用试验机不同而异。1988 年 6 月 29 日国家标准局发布的《碳素结构钢》（GB 700—1988），规定采用夏比 V 形缺口试件（其尺寸一般为 10 mm× 10 mm×55 mm，见图 2-5（a））在夏比试验机上进行，所得结果以所消耗的功 C_v 表示，单位为 J，试验结果不除以缺口处的截面面积。过去，我国常采用梅氏试件在梅氏试验机上进行（见图 2-5（b）），所得结果以单位截面积上所消耗的冲击功 a_k 表示，

单位为 J/cm^2。由于夏比试件比梅氏试件具有更为尖锐的缺口，更接近构件中可能出现的严重缺陷，因此近年来用 C_v 能量来表示材料冲击韧性的方法已取代 a_k。

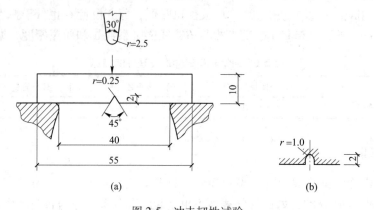

图 2-5   冲击韧性试验
（a）夏比 V 形缺口试件；（b）梅氏 U 形缺口试件

由于低温对钢材的脆性破坏有显著影响，因此在寒冷地区建造的结构不但要求钢材具有常温（20 ℃）冲击韧性指标，还要求具有负温（0 ℃、-20 ℃或-40 ℃）冲击韧性指标，以保证结构具有足够的抗脆性破坏能力。

2.4   各种因素对钢材主要性能的影响

2.4.1   化学成分

钢是由各种化学成分组成的，化学成分及其含量对钢的性能特别是力学性能有着重要的影响。铁（Fe）是钢材的基本元素，纯铁质软。碳素结构钢中铁约占 99%，碳和其他元素虽仅占 1%，但对钢材的力学性能却有着决定性的影响。其他元素包括硅（Si）、锰（Mn）、硫（S）、磷（P）、氮（N）、氧（O）等。低合金钢中还含有少量（低于 5%）合金元素，如铜（Cu）、钒（V）、钛（Ti）、铌（Nb）、铬（Cr）等。

在碳素结构钢中，碳是仅次于纯铁的主要元素，它直接影响钢材的强度、塑性、韧性和焊接性能等。碳含量增加，钢的强度提高，而塑性、韧性和疲劳强度下降，同时恶化钢的焊接性能和抗腐蚀性。因此，尽管碳是使钢材获得足够强度的主要元素，但在钢结构中采用的碳素结构钢，对碳含量要加以限制，一般不应超过 0.22%，在焊接结构钢中还应低于 0.20%。钢结构采用低合金高强度结构钢时，一般以其碳当量评估钢材的焊接性能。

硫和磷（特别是硫）是钢中的有害成分，它们降低钢材的塑性、韧性、焊接性能和疲劳强度。在高温时，硫使钢变脆，谓之热脆；在低温时，磷使钢变脆，谓之冷脆。碳素结构钢比如 Q235 钢，一般硫的含量不应超过 0.045%，磷的含量不超过 0.045%。低合金高强度结构钢一般硫和磷含量均不超过 0.035%。但是，磷可提高钢材的强度和抗锈蚀性。常使用的高磷钢，其含量可达 0.12%，这时应减少钢材中的碳含量，以保持一定的塑性和韧性。

氧和氮都是钢中的有害杂质。氧的作用和硫类似，使钢热脆；氮的作用和磷类似，使钢冷脆。氧、氮一般不会超过极限含量，故通常不要求做含量分析。

硅和锰是钢中的有益元素，它们都是炼钢的脱氧剂。它们使钢材的强度提高，含量不过高时，对塑性和韧性无显著的不良影响。在碳素结构钢中，硅的含量应不大于 0.3%，锰的含量为 0.3%～0.8%。对于低合金高强度结构钢，锰的含量可达 1.0%～1.6%，硅的含量可达 0.55%。

钒和钛是钢中的合金元素，既能提高钢的强度和抗腐蚀性能，又不显著降低钢的塑性。铜在碳素结构钢中属于杂质成分。它既可以显著地提高钢的抗腐蚀性能，也可以提高钢的强度，但对焊接性能有不利影响。

2.4.2　冶金缺陷

常见的冶金缺陷有偏析、非金属夹杂、气孔、裂纹及分层等。偏析是指钢中化学成分不一致和不均匀，特别是硫、磷偏析严重恶化钢材的性能。非金属夹杂是钢中含有硫化物与氧化物等杂质。气孔部分是浇铸钢锭时，由氧化铁与碳作用所生成的一氧化碳气体不能充分逸出而形成的。这些缺陷都将影响钢材的力学性能。浇铸时的非金属夹杂物在轧制后能造成钢材的分层，严重降低钢材的冷弯性能。

冶金缺陷对钢材性能的影响，不仅在结构或构件受力时表现出来，有时在加工制作过程中也可表现出来。

2.4.3　钢材硬化

冷拉、冷弯、冲孔、机械剪切等冷加工使钢材产生很大的塑性变形，从而提高了钢的屈服点，同时降低了钢的塑性和韧性，这种现象称为冷作硬化（或应变硬化）。

在高温时熔化于铁中的少量氮和碳，随着时间的延长逐渐从纯铁中析出，形成自由碳化物和氮化物，对基体的塑性变形起遏制作用，从而使钢材的强度提高，塑性、韧性下降。这种现象称为时效硬化，俗称老化。时效硬化的过程一般很长，但如在材料塑性变形后加热，可使时效硬化发展特别迅速。这种方法谓之人工时效。

此外还有应变时效，是应变硬化（冷作硬化）后又加时效硬化。

一般钢结构不利用硬化提高强度，有些重要结构要求对钢材进行人工时效后检验其冲击韧性，以保证结构具有足够的抗脆性破坏能力。另外，局部硬化部分应用刨边或扩钻的方式予以消除。

2.4.4　温度影响

钢材性能随温度变动而有所变化。总的趋势是：温度升高，钢材强度降低，应变增大；温度降低，钢材强度会略有增加，塑性和韧性却会降低而变脆（见图 2-6）。

温度升高，在 200 ℃以内钢材性能没有很大变化，430～540 ℃强度急剧下降，600 ℃时强度很低不能承担荷载。但在 250 ℃左右，钢材的强度反而略有提高，同时塑性和韧性均下降，材料有转脆的倾向，钢材表面氧化膜呈现蓝色，称为蓝脆现象。钢材应避免在蓝脆温度范围内进行热加工。当温度在 260～320 ℃时，在应力持续不变的情况下，钢材以很缓慢的速度继续变形，此种现象称为徐变现象。

当温度从常温开始下降，特别是在负温度范围内时，钢材强度虽有些提高，但塑性和韧性降低，材料逐渐变脆，这种性质称为低温冷脆。图 2-7 是钢材冲击韧性与温度的关系曲线。由图可见，随着温度的降低，C_v 值迅速下降，材料由塑性破坏转变为脆性破坏，同时可见这一转变是在一个温度区间 T_1T_2 内完成的，此温度区 T_1T_2 称为钢材的脆性转变温度区，在此区间内曲线的反弯点（最陡点）所对应的温度 T_0 称为脆性转变温度。如果把低于 T_0 完全脆性破坏的最高温度 T_1 作为钢材的脆断设计温度即可保证钢结构低温工作的安全。每种钢材的脆性转变温度区及脆断设计温度需要由大量破坏或不破坏的使用经验和实验资料统计分析确定。

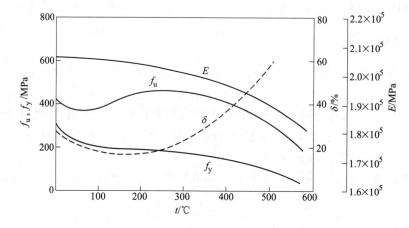

图 2-6   温度对钢材机械性能的影响

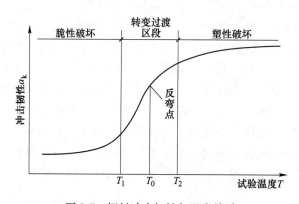

图 2-7   钢材冲击韧性与温度关系

2.4.5 应力集中

    钢材的工作性能和力学性能指标都是以轴心受拉杆件中应力沿截面均匀分布的情况作为基础的。实际上，钢结构的构件中经常存在孔洞、槽口、凹角、截面突然改变以及钢材内部缺陷等。此时，构件中的应力分布不再保持均匀，而是在某些区域产生局部高峰应力，在另外一些区域则应力降低，形成应力集中现象（见图 2-8）。高峰区的最大应力与净截面的平均应力之比称为应力集中系数。研究表明，在应力高峰区域总是存在着同号的双向或三向应力，这是因为由高峰拉应力引起的截面横向收缩受到附近低应力区的阻碍而引

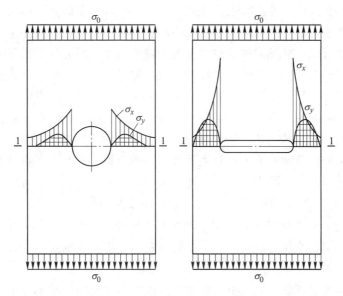

图 2-8　孔洞及槽孔处的应力集中

起垂直于内力方向的拉应力 σ_y，在较厚的构件里还产生 σ_z，使材料处于复杂受力状态。由能量强度理论得知，这种同号的平面或立体应力场有使钢材变脆的趋势。应力集中系数愈大，变脆的倾向亦愈严重。但建筑钢材塑性较好，在一定程度上能促使应力进行重分配，使应力分布严重不均的现象趋于平缓。故受静荷载作用的构件在常温下工作时，在计算中可不考虑应力集中的影响。但在负温下或动力荷载作用下工作的结构，应力集中的不利影响将十分突出，往往是引起脆性破坏的根源，故在设计中应采取措施避免或减小应力集中，并选用质量优良的钢材。

2.4.6　反复荷载作用

在反复荷载作用下，钢结构的抗力及性能都会发生重要变化，甚至发生疲劳破坏。在直接的连续反复的动力荷载作用下，根据试验，钢材的强度将降低，即低于一次静力荷载作用下拉伸试验的极限强度 f，这种现象称为钢的疲劳。疲劳破坏表现为突然发生的脆性断裂。

但是，实际上疲劳破坏乃是累积损伤的结果。材料总是有"缺陷"的，在反复荷载作用下，其先在缺陷处发生塑性变形和硬化而生成一些极小的裂纹。此后这种微观裂纹逐渐发展成宏观裂纹，试件截面削弱，而在裂纹根部出现应力集中现象，材料处于三向拉伸应力状态，塑性变形受到限制。当反复荷载达到一定的循环次数时，材料终于破坏，并表现为突然的脆性断裂。

关于钢材的疲劳性能，2.6 节还会较详细地叙述。

实践证明，构件的应力水平不高或反复次数不多的钢材一般不会发生疲劳破坏，计算中不必考虑疲劳的影响。但是，长期承受频繁的反复荷载的结构构件及其连接，如承受重级工作制吊车的吊车梁等，在设计中就必须考虑结构的疲劳问题。

本节介绍各种因素对建筑钢材基本性能的影响，研究和分析这些影响的最终目的是要了解建筑钢材在什么条件下可能发生脆性破坏，从而可以采取措施予以防止。钢材的脆性破坏往往是多种因素影响的结果，例如温度降低、荷载速度增大、使用应力较高，特别是这些因素同时存在时，材料或构件就有可能发生脆性断裂。根据现阶段研究情况来看，在建筑钢材中脆性破坏不是一个单纯由设计计算或者加工制造某一个方面来控制的问题，而是一个必须由材料、设计、制造及使用等多方面来共同加以防止的事情。

为了防止脆性破坏的发生，一般需要在设计、制造及使用中注意下列各点：

（1）合理设计。构件应力求合理，使其能均匀、连续地传递应力，避免构件截面剧烈变化。对于焊接结构，可参考第3章有关焊接连接的内容。低温下工作、受动力作用的钢结构应选择合适的钢材，使所用钢材的脆性转变温度低于结构的工作温度，例如分别选用Q235C（或D）、Q345C（或D）钢等，并尽量使用较薄的材料。

（2）正确制造。应严格遵守设计对制造所提出的技术要求，例如，尽量避免使材料出现应变硬化，因剪切、冲孔而造成的局部硬化区要通过扩钻或刨边等手段来除掉；要正确地选择焊接工艺，保证焊接质量，不在构件上任意起弧、锤击，必要时可用热处理的方法消除重要构件中的焊接残余应力，重要部位的焊接要由相应项目考试合格的焊工操作。

（3）正确使用。例如，不在主要结构上任意焊接附加的零件，不任意悬挂重物，不任意超负荷使用结构；要注意检查维护，及时刷油漆防锈，避免任何撞击和机械损伤；原设计在室温工作的结构，在冬季停产检修时要注意保暖等。

对设计工作者来说，除要注意选择合适的材料和正确处理细部构造设计外，对制造工艺的影响也不能忽视，此外还应提出在使用期中应注意的主要问题。

2.5　复杂应力作用下钢材的屈服条件

在单向拉力试验中，单向应力达到屈服点时，钢材即进入塑性状态。在复杂应力如平面应力或立体应力（见图2-9）作用下，钢材由弹性状态转入塑性状态的条件是按能量强度理论（或第四强度理论）计算的折算应力 σ_{red} 与单向应力下的屈服点 f_y 相比较来判断：

$$\sigma_{red} = \sqrt{\sigma_x^2 + \sigma_y^2 + \sigma_z^2 - (\sigma_x\sigma_y + \sigma_y\sigma_z + \sigma_z\sigma_x) + 3(\tau_{xy}^2 + \tau_{yz}^2 + \tau_{zx}^2)} \qquad (2\text{-}1)$$

当 $\sigma_{red} < f_y$ 时，为弹性状态；当 $\sigma_{red} \geq f_y$ 时，为塑性状态。

如果三向应力中有一向应力很小（如厚度较小，厚度方向的应力可忽略不计）或为零时，则属于平面应力状态，式（2-1）成为：

$$\sigma_{red} = \sqrt{\sigma_x^2 + \sigma_y^2 - \sigma_x\sigma_y + 3\tau_{xy}^2} \qquad (2\text{-}2)$$

一般的梁中，只存在正应力 σ 和剪应力 τ，当只有剪应力时，$\sigma = 0$，则：

$$\sigma_{red} = \sqrt{3\tau^2} = \sqrt{3}\tau = f_y \qquad (2\text{-}3)$$

由此得：

$$\tau = \frac{f_y}{\sqrt{3}} = 0.58 f_y \qquad (2\text{-}4)$$

当平面或立体应力皆为拉应力时，材料破坏时没有明显的塑性变形产生，即材料处于脆性状态。

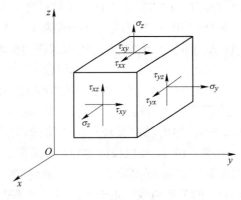

图 2-9　复杂应力

2.6　钢材的疲劳

前已论及，钢材的疲劳断裂是微观裂纹在连续重复荷载作用下不断扩展直至断裂的脆性破坏。

钢材的疲劳强度取决于应力集中（或缺口效应）和应力循环次数。截面几何形状突然改变处的应力集中，对疲劳很为不利。高峰应力处形成双向或三向同号拉应力场，在反复应力作用下，此外首先出现微观裂纹，然后逐渐发展形成宏观裂缝。在反复荷载的继续作用下，裂缝不断发展，有效截面面积相应减小，应力集中现象越来越严重，这就促使裂缝的继续发展。同时，由于是双向或三向同号拉应力场，材料的塑性变形受到限制。因此，当反复循环荷载达到一定的循环次数时，裂缝的发展使截面削弱过多经受不住外力作用，就会发生脆性断裂，出现钢材的疲劳破坏。如果钢材中存在残余应力，在交变荷载作用下将更加剧疲劳破坏的倾向。

观察表明，钢材疲劳破坏后的截面断口一般具有光滑的和粗糙的两个区域。光滑部分表明裂缝的扩张和闭合过程是由裂缝逐渐发展引起的，说明疲劳破坏经历一个缓慢的转变过程；而粗糙部分表明钢材最终断裂一瞬间的脆性破坏性质，与拉伸试验的断口颇为相似，破坏是突然的，几乎以 2000 m/s 的速度断裂，因而比较危险。

通常钢结构的疲劳破坏属高周低应变疲劳，即总应变幅小，破坏前荷载循环次数多。疲劳强度的大小与应力循环的次数有关。《钢结构设计标准》（GB 50017—2017）规定，对直接承受动力荷载重复作用的钢结构构件及其连接，当应力变化的循环次数 n 等于或大于 5×10^4 次时，应进行疲劳强度计算。

2.6.1　常幅疲劳

根据应力循环中应力幅是否发生变化，疲劳问题可分为常幅疲劳和变幅疲劳两种。如果在所有应力循环内的应力幅保持常量，谓之常幅疲劳。下面先以常幅疲劳为对象，介绍钢结构疲劳计算基本思路。

由于现阶段对基于可靠度理论的疲劳极限状态设计方法的基础性研究还比较缺乏，因此仍沿用传统的按弹性状态计算容许应力幅的设计方法计算疲劳强度。

应力幅 $\Delta\sigma$ 为应力谱（见图 2-10 中的实线，拉应力为正、压应力为负）中最大应力 $\sigma_{\max}$ 与最小应力 $\sigma_{\min}$ 之差，即 $\Delta\sigma = \sigma_{\max} - \sigma_{\min}$，$\sigma_{\max}$ 为每次应力循环中的最大应力，$\sigma_{\min}$ 为每次应力循环中的最小应力。

应力循环特征也可用应力比 ρ 来表示，其含义为 $\sigma_{\max}$ 和 $\sigma_{\min}$ 两者（拉应力取正值，压应力取负值）中，绝对值较小者与绝对值较大者之比。图 2-10（a）的 $\rho = -1$，称为完全对称循环；图 2-10（b）的 $\rho = 0$，称为脉冲循环；图 2-10（c）和（d）的 ρ 在 $-1 \sim 0$ 之间，称为不完全对称循环，但图 2-10（c）以拉应力为主，而图 2-10（d）以压应力为主。

对于轧制钢材或非焊接结构，在循环次数 N 一定的情况下，根据试验资料可绘出 N 次循环的疲劳图，即 $\sigma_{\max}$ 和 $\sigma_{\min}$ 的关系曲线。由于此曲线的曲率不大，可近似用直线来代替，因此只要求得两个试验点便可决定疲劳图。

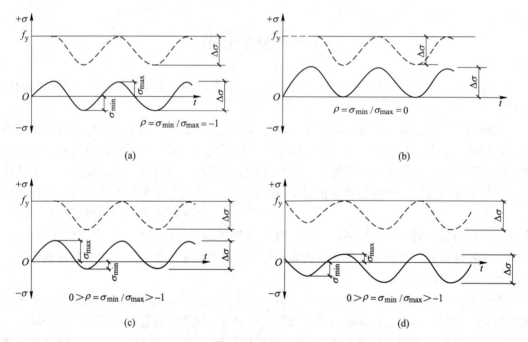

图 2-10　循环应力谱

图 2-11 为 $N = 2 \times 10^6$ 次的疲劳图。$\rho = 0$ 和 $\rho = -1$ 时的疲劳强度分别为 σ_0 和 σ_{-1}，由此便可决定 $B(-\sigma_{-1}, \sigma_{-1})$ 和 $C(0, \sigma_0)$ 两点，并通过 B、C 两点得直线 $ABCD$。D 点的水平线代表钢材的屈服强度，即使 $\sigma_{\max}$ 不超过 f_y。当坐标为 $\sigma_{\max}$ 和 $\sigma_{\min}$ 的点落在直线 $ABCD$ 上或其上方，则这组应力循环达到 N 次时，材料将发生疲劳破坏。线段 BCD 以受拉为主，线段 AB 以受压为主，$ABCD$ 直线的方程为：

$$\sigma_{\max} - k\sigma_{\min} = \sigma_0 \tag{2-5a}$$

$$\sigma_{\max}(1 - k\rho) = \sigma_0 \tag{2-5b}$$

式中，$k = (\sigma_0 - \sigma_{-1})/\sigma_{-1}$ 为直线 $ABCD$ 的斜率。

从上面的推导可知，对于轧制钢材或非焊接结构，疲劳强度与最大应力、应力比、循环次数和缺口效应（构造类型的应力集中情况）有关。

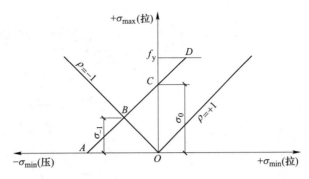

图 2-11 非焊接结构的疲劳图

对焊接结构并不是这样。焊接加热及随后的冷却，将在截面上产生垂直于截面的残余应力。焊缝及其附近主体金属残余拉应力通常达到钢材的屈服点 f_y，而此部位正是形成和发展疲劳裂纹最为敏感的区域。在重复荷载作用下，循环内应力开始处于增大阶段时，焊缝附近的高峰应力将不再增加（只是塑性范围加大），最大实际应力为 f_y，之后循环应力下降到最低 $f_y - \Delta\sigma$。再之后的实际应力循环范围仍在这两个值之间。因此，不论应力比 ρ 值如何，焊缝附近的实际应力循环情况均形成在 $(f_y - \Delta\sigma) \sim f_y$ 之间的拉应力循环（见图 2-10 中的虚线）。所以疲劳强度与名义最大应力和应力比无关，而与应力幅 $\Delta\sigma$ 有关。此观点已为国内外的大量疲劳试验所证实。图 2-10 中的实线为名义应力循环应力谱，虚线为实际应力谱。

根据试验数据可以画出构件或连接的应力幅 $\Delta\sigma$ 与相应的致损循环次数 N 的关系曲线如图 2-12（a）所示，按试验数据回归的 $\Delta\sigma$-N 曲线为平均值曲线。目前国内外都常用双对数坐标轴的方法使曲线变为直线（或分段直线），以便于简化，如图 2-12（b）所示。在双对数坐标图中，疲劳直线方程为：

$$\lg N = b_1 - \beta\lg(\Delta\sigma) \tag{2-6a}$$

或

$$N(\Delta\sigma)^\beta = 10^{b_1} = C \tag{2-6b}$$

式中 β——疲劳直线对纵坐标的斜率；

b_1——疲劳直线在横坐标轴上的截距；

N——循环次数。

考虑到试验数据的离散性，取平均值减去 2 倍 $\lg N$ 的标准差（$2s$）作为疲劳强度下限值（见图 2-12（b）中实线下方的虚线），如果 $\lg\Delta\sigma$ 为正态分布，从构件或连接的抗力方面来讲，保证率为 97.7%。下限值的直线方程为：

$$\lg N = b_1 - \beta\lg(\Delta\sigma) - 2s = b_2 - \beta\lg(\Delta\sigma) \tag{2-7}$$

或

$$N(\Delta\sigma)^\beta = 10^{b_2} = C \tag{2-8}$$

取此 $\Delta\sigma$ 作为容许应力幅：

$$[\Delta\sigma] = \left(\frac{C}{N}\right)^{\frac{1}{\beta}} \tag{2-9}$$

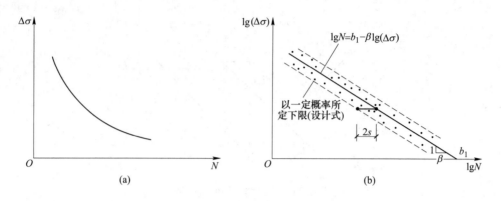

图 2-12 $\Delta\sigma$-N 曲线

疲劳计算的基本计算思路，就是保证构件或连接所计算部位的应力幅不得超过容许应力幅，容许应力幅根据构件和连接类别、结构使用寿命期内应力循环次数等因素确定。

2.6.2 正应力常幅疲劳的计算

对于不同焊接构件和连接形式，按试验数据回归的直线方程其斜率不尽相同。为了设计的方便，《钢结构设计标准》按连接方式、受力特点和疲劳强度，再适当考虑 $\Delta\sigma$-N 曲线（即应力幅值与该应力幅下发生疲劳破坏时所经历的应力循环次数的关系曲线）簇的等间距布置、归纳分类，将正应力作用下的构件和连接分为 14 类，各类别的 $\Delta\sigma$-N 曲线见图 2-13，对应的疲劳计算参数见表 2-2。

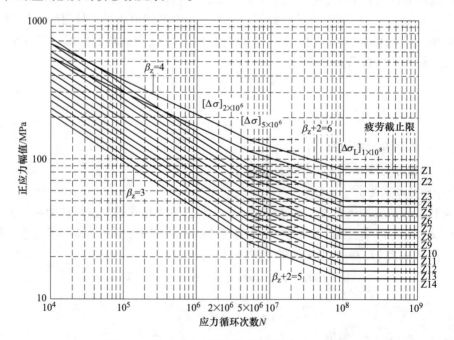

图 2-13 关于正应力常幅的疲劳强度 $\Delta\sigma$-N 曲线

表 2-2 正应力幅的疲劳计算参数

构件与连接类别	构件与连接相关系数		循环次数 $N=2×10^5$ 的容许正应力幅 $[\Delta\sigma]_{2×10^6}/MPa$	循环次数 $N=5×10^5$ 的容许正应力幅 $[\Delta\sigma]_{5×10^6}/MPa$	疲劳截止限 $[\Delta\sigma_L]_{1×10^8}/MPa$
	C_z	β_z			
Z1	$1920×10^{12}$	4	176	140	85
Z2	$861×10^{12}$	4	144	115	70
Z3	$3.91×10^{12}$	3	125	92	51
Z4	$2.81×10^{12}$	3	112	83	46
Z5	$2.00×10^{12}$	3	100	74	41
Z6	$1.46×10^{12}$	3	90	66	36
Z7	$1.02×10^{12}$	3	80	59	32
Z8	$0.72×10^{12}$	3	71	52	29
Z9	$0.50×10^{12}$	3	63	46	25
Z10	$0.35×10^{12}$	3	56	41	23
Z11	$0.25×10^{12}$	3	50	37	20
Z12	$0.18×10^{12}$	3	45	33	18
Z13	$0.13×10^{12}$	3	40	29	16
Z14	$0.09×10^{12}$	3	36	26	14

研究表明，低应力幅在高周循环阶段的疲劳损伤程度有所降低，且存在一个不会疲劳损伤的截止限。对于正应力常幅疲劳强度问题，当应力幅大于 $N=5×10^6$ 对应的应力幅时，S-N 曲线的斜率为 β_z，应力幅处于 $N=5×10^6 \sim 1×10^8$ 对应的应力幅之间时，斜率为 β_z+2（见图 2-13）。对于正应力常幅疲劳问题，取 $N=1×10^8$ 对应的应力幅为疲劳截止限。

（1）确定应力幅 $\Delta\sigma$。对于焊接部位：

$$\Delta\sigma = \sigma_{max} - \sigma_{min} \qquad (2-10)$$

对于非焊接部位，由式（2-5）可看出，疲劳寿命不仅与应力幅有关，也与名义最大应力有关。因此采用由该式确定的折算应力幅，以考虑 σ_{max} 的影响。经试验数据统计分析，取 $k=0.7$，即：

$$\Delta\sigma = \sigma_{max} - 0.7\sigma_{min} \qquad (2-11)$$

（2）疲劳强度快速计算。当应力幅较低时，可采用式（2-12）进行疲劳强度的快速验算：

$$\Delta\sigma < \gamma_L[\Delta\sigma_L]_{1×10^8} \qquad (2-12)$$

式中　γ_L——考虑厚板效应对焊缝疲劳强度影响及大直径螺栓尺寸效应对螺栓疲劳强度影响的修正系数。

低于疲劳截止限的应力幅一般不会导致疲劳破坏，因此，若式（2-12）能得到满足，则疲劳强度满足要求，无需做进一步计算。

对于横向角焊缝或对接焊缝连接，当连接板厚 $t>25$ mm 时：

$$\gamma_L = \left(\frac{25}{t}\right)^{0.25} \qquad (2-13)$$

对于螺栓轴向受拉连接，当螺栓的公称直径 $d>30$ mm 时：

$$\gamma_{\mathrm{t}} = \left(\frac{30}{d}\right)^{0.25} \tag{2-14}$$

（3）应力幅高于疲劳截止限时的计算。若不满足式（2-12），表明应力幅高于疲劳截止限，需进一步根据结构预期使用寿命，按式（2-15）进行计算。

$$\Delta\sigma < \gamma_{\mathrm{L}}[\Delta\sigma] \tag{2-15}$$

式（2-15）中，常幅疲劳的容许正应力幅 $[\Delta\sigma]$ 计算如下：

当 $N \leqslant 5\times10^{6}$ 时

$$[\Delta\sigma] = \left(\frac{C_{\mathrm{z}}}{N}\right)^{\frac{1}{\beta_{\mathrm{z}}}} \tag{2-16}$$

当 $5\times10^{6}<N\leqslant1\times10^{8}$ 时

$$[\Delta\sigma] = \left[([\Delta\sigma]_{5\times10^{6}})\frac{C_{\mathrm{z}}}{N}\right]^{\frac{1}{\beta_{\mathrm{z}}+2}} \tag{2-17}$$

当 $N>1\times10^{8}$ 时

$$[\Delta\sigma] = [\Delta\sigma_{\mathrm{L}}]_{1\times10^{8}} \tag{2-18}$$

2.6.3　剪应力常幅疲劳的计算

剪应力作用下的构件和连接分为 3 类（见附表 6-6），各类别的 $S\text{-}N$ 曲线如图 2-14 所示，对应的疲劳计算参数见表 2-3。

剪应力常幅疲劳的计算方法与前述正应力常幅疲劳的计算方法基本一致，简要说明如下。

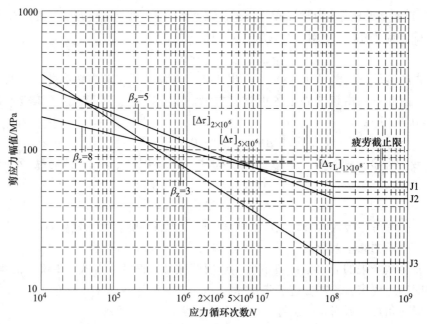

图 2-14　关于剪应力常幅的疲劳强度 $S\text{-}N$ 曲线

表 2-3 剪应力幅的疲劳计算参数

构件与连接类别	构件与连接相关系数		循环次数 $N=2\times10^6$ 的容许剪应力幅 $[\Delta\tau]_{2\times10^6}$/MPa	疲劳截止限 $[\Delta\tau_L]_{1\times10^8}$/MPa
	C_J	β_J		
J1	4.10×10^{11}	3	59	16
J2	2.00×10^{16}	5	100	46
J3	8.61×10^{21}	8	90	55

（1）确定剪应力幅 $\Delta\tau$。

对于焊接部位：

$$\Delta\tau = \tau_{\max} - \tau_{\min} \tag{2-19}$$

对于非焊接部位：

$$\Delta\tau = \tau_{\max} - 0.7\tau_{\min} \tag{2-20}$$

（2）疲劳强度快速计算。对于剪应力常幅疲劳问题，仍取 $N=1\times10^8$ 对应的应力幅为疲劳截止限。当应力幅低于剪应力幅疲劳截止限时，即

$$\Delta\tau < [\Delta\tau_L]_{1\times10^8} \tag{2-21}$$

则认为不会产生疲劳损伤，疲劳强度满足要求。

（3）应力幅高于疲劳截止限时的计算。当剪应力幅不满足式（2-21）要求时，需进一步按式（2-22）验算。

$$\Delta\tau < [\Delta\tau] \tag{2-22}$$

式中，常幅疲劳的容许剪应力幅 $[\Delta\tau]$ 根据应力循环次数 N 及构件和连接的类别计算如下：

当 $N \leqslant 1\times10^8$ 时

$$[\Delta\tau] = \left(\frac{C_J}{N}\right)^{\frac{1}{\beta_J}} \tag{2-23}$$

当 $N > 1\times10^8$ 时

$$[\Delta\tau] < [\Delta\tau_L]_{1\times10^8} \tag{2-24}$$

对于剪应力常幅疲劳强度问题，当应力幅大于 $N=1\times10^8$ 对应的应力幅时，斜率保持不变，为 β（见图 2-14）。

2.6.4 变幅疲劳和吊车梁的欠载效应系数

2.6.4.1 变幅疲劳

上面的分析皆属于常幅疲劳的情况，实际结构（如厂房吊车梁）所受荷载常小于计算荷载，且各次应力循环中，应力幅并非固定值，即性质为变幅的，或称随机荷载。变幅疲劳的应力谱如图 2-15 所示。

变幅疲劳问题同样可以按式（2-12）和式（2-22）进行快速计算，式中的 $\Delta\sigma$ 和 $\Delta\gamma$ 为最大正应力幅和最大剪应力幅。当计算不满足时，可将变幅疲劳等效为常幅疲劳问题计算疲劳强度。

欲将常幅疲劳的研究结果推广到变幅疲劳，须引入累积损伤法则。当前通用的是

Palmgren-Miner 方法，简称 Miner 方法。

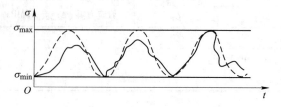

图 2-15 变幅疲劳的应力谱

从设计应力谱可知应力幅水平 $\Delta\sigma_1$，$\Delta\sigma_2$，$\cdots$，$\Delta\sigma_i$ 和对应的循环次数 n_1，n_2，$\cdots$，n_i，假设应力幅水平分别为 $\Delta\sigma_1$，$\Delta\sigma_2$，$\cdots$，$\Delta\sigma_i$ 的常幅疲劳寿命分别是 N_1，N_2，$\cdots$，N_i。其中 N_i 表示在常幅疲劳中 $\Delta\sigma_i$ 循环作用 N_i 次后，构件或连接发生疲劳破坏，则在应力幅 $\Delta\sigma_i$ 作用下的一次循环所引起的损伤为 $1/N_i$，n_i 次循环为 n_i/N_i。按累积损伤法则，将总的损伤按线性叠加计算，则得发生疲劳破坏的条件为：

$$\frac{n_1}{N_1} + \frac{n_2}{N_2} + \cdots + \frac{n_i}{N_i} = \sum \frac{n_i}{N_i} = 1 \tag{2-25}$$

或写成

$$\sum \frac{n_i}{\sum n_i} \cdot \frac{\sum n_i}{N_i} = 1 \tag{2-26}$$

若认为变幅疲劳与同类常幅疲劳有相同的曲线，则根据式（2-8），任一级应力幅水平均有

$$N_i = (\Delta\sigma_i)^\beta = C \tag{2-27}$$

或

$$N_i = \frac{C}{(\Delta\sigma_i)^\beta} \tag{2-28}$$

按照图 2-13、图 2-14 与 Miner 损伤定律，可将变幅疲劳问题换算成应力循环总次数为 2×10^6 的等效常幅疲劳进行计算。以变幅疲劳的等效正应力幅为例（见图 2-13），推导过程如下：

设有一变幅疲劳，其应力谱由 $(\Delta\sigma_i, n_i)$ 和 $(\Delta\sigma_j, n_j)$ 两部分组成，分别对应于应力谱中 $[\Delta\sigma] \geq [\Delta\sigma]_{1\times10^5}$ 和 $[\Delta\sigma]_{1\times10^8} \leq \Delta\sigma \leq [\Delta\sigma]_{5\times10^8}$ 范围内的正应力幅及频次。总的应力循环 $\sum n_i + \sum n_j$ 次后发生疲劳破坏，则按照 S-N 曲线的方程，分别对每 i 级的应力幅 $\Delta\sigma_i$、频次 n_i 和 j 级的应力幅 $\Delta\sigma_j$、频次 n_j，有：

$$N_i = \frac{C_z}{(\Delta\sigma_i)^{\beta_z}} \tag{2-29}$$

$$N_j = \frac{C_z'}{(\Delta\sigma_j)^{\beta_z+2}} \tag{2-30}$$

$$\sum \frac{n_i}{N_i} + \sum \frac{n_j}{N_j} = 1 \tag{2-31}$$

式中　C_z，C_z'——斜率 β_z 和 β_z+2 的 S-N 曲线参数。

由于斜率 β_z 和 β_z+2 的两条 S-N 曲线在 $N=5\times10^6$ 处交汇，设想上述变幅疲劳破坏与一常幅疲劳（应力幅为 $\Delta\sigma_e$，循环 2×10^6 次）的疲劳破坏具有等效的疲劳损伤效应，则：

$$C_z' = \frac{(\Delta\sigma_{5\times10^6})^{\beta_z+2}}{(\Delta\sigma_{5\times10^6})^{\beta_z}} C_z = (\Delta\sigma_{5\times10^6})^2 C_z \tag{2-32}$$

$$C_z = 2\times10^6 (\Delta\sigma_e)^{\beta_z} \tag{2-33}$$

将式（2-29）、式（2-30）、式（2-32）和式（2-33）代入式（2-31），可得到常幅疲劳 2×10^6 次的等效正应力幅表达式：

$$\Delta\sigma_e = \left[\frac{\sum n_i (\Delta\sigma_i)^{\beta_z} + ([\Delta\sigma]_{5\times10^6})^{-2}\sum n_j (\Delta\sigma_j)^{\beta_z+2}}{2\times10^6}\right]^{\frac{1}{\beta_z}} \tag{2-34}$$

对于剪应力变幅疲劳，根据图 2-14，采用类似方法经简单推导，可得到常幅疲劳 2×10^6 次的等效剪应力幅表达式：

$$\Delta\tau_e = \left[\sum n_i(\Delta\tau_i)^{\beta_J}\right]^{\frac{1}{\beta_J}} \tag{2-35}$$

算得变幅疲劳的等效正应力幅和等效剪应力幅后，可分别按式（2-36）和式（2-37）进行疲劳计算。

$$\Delta\sigma_e \leqslant \gamma_t[\Delta\sigma]_{2\times10^6} \tag{2-36}$$

$$\Delta\tau_e \leqslant [\Delta\tau]_{2\times10^6} \tag{2-37}$$

2.6.4.2 吊车梁的欠载效应系数

为方便计算，《钢结构设计标准》（GB 50017—2017）在计算重级工作制吊车梁和重级、中级工作制吊车桁架的变幅疲劳时，以 $N=2\times10^6$ 的疲劳强度为基准，计算出变幅疲劳等效应力幅与应力循环中最大应力幅之比，称为欠载效应系数 α_f，采用等效应力幅进行疲劳验算，从而将变幅疲劳问题等效为常幅疲劳问题。正应力幅和剪应力幅的疲劳计算应分别满足式（2-38）和式（2-39）的要求。

$$\alpha_f\Delta\sigma_{max} \leqslant \gamma_t[\Delta\sigma]_{2\times10^6} \tag{2-38}$$

$$\alpha_f\Delta\tau_{max} \leqslant [\Delta\tau]_{2\times10^6} \tag{2-39}$$

式中 $\Delta\sigma_{max}$ ——正应力变幅疲劳中的最大应力幅；

       $\Delta\tau_{max}$ ——剪应力变幅疲劳中的最大应力幅；

   $[\Delta\sigma]_{2\times10^6}$ ——循环次数 $N=2\times10^6$ 的容许正应力幅，根据构件和连接的类别，按表 2-2 取值；

   $[\Delta\tau]_{2\times10^6}$ ——循环次数 $N=2\times10^6$ 的容许剪应力幅，根据构件和连接的类别，按表 2-3 取值；

       α_f ——变幅荷载的欠载效应系数，按表 2-4 采用。

表 2-4   吊车梁和吊车桁架欠载效应的等效系数 α_f

吊 车 类 型	α_f
A6、A7 工作级别（重级）的硬钩吊车	1.0
A6、A7 工作级别（重级）的软钩吊车	0.8
A4、A5 工作级别（中级）吊车	0.5

2.6.5 疲劳设计中应予注意的其他事项

（1）目前，按概率极限状态方法进行疲劳强度计算尚处于研究阶段，因此疲劳强度计算用容许应力幅法，容许应力幅 $[\Delta\sigma]$ 是根据试验结果得到的，故应采用荷载标准值进行计算。另外，疲劳计算中采用的计算数据大部分是根据实测应力或疲劳试验所得，已包含了荷载的动力影响，因此，不应再乘动力系数。

（2）对于非焊接的构件和连接，在完全压应力（不出现拉应力）循环作用下，可不计算疲劳强度。焊接部位由于存在较大的残余拉应力，名义上受压应力的部位仍旧会疲劳开裂，只是裂纹扩展的速度比较缓慢，裂纹扩展的长度有限，裂纹在扩展到残余拉应力释放后便会停止。考虑到疲劳破坏通常发生在焊接部位，而鉴于钢结构连接节点的重要性和受力的复杂性，一般不容许开裂，因此《钢结构设计标准》（GB 50017—2017）规定完全压应力循环作用下的焊接部位仍需计算疲劳强度。

（3）根据试验，不同钢级的不同静力强度对焊接部位的疲劳强度无显著影响。但是轧制钢材（其残余应力较小）、经焰切的钢材和经过加工的对接焊缝（其残余应力因加工而大为改善），疲劳强度有随钢材强度提高而稍微增大的趋势，但这些连接和主体金属一般不在构件疲劳计算中起控制作用，故可认为疲劳容许应力幅与钢级无关，即疲劳强度所控制的构件采用强度较高的钢材是不经济的。

2.7 钢的种类和钢材规格

2.7.1 钢的种类

按用途，钢可分为结构钢、工具钢和特殊钢（如不锈钢等），其中结构钢又分建筑用钢和机械用钢。

按冶炼方法，钢可分为转炉钢和平炉钢（还有电炉钢，是特种合金钢）。当前的转炉钢主要采用氧气顶吹转炉钢，侧吹（空气）转炉钢所含杂质多，使钢易脆，质量很低，且目前多数侧吹转炉已改建成氧气转炉，故标准中已取消侧吹转炉钢的使用。平炉钢质量好，但冶炼时间长、成本高。氧气转炉钢质量与平炉钢质量相当而成本则较低。

按脱氧方法，钢又分为沸腾钢（代号为F）、镇静钢（代号为Z）和特殊镇静钢（代号为TZ），镇静钢和特殊镇静钢的代号可以省去。镇静钢脱氧充分，沸腾钢脱氧较差。一般采用镇静钢，尤其是轧制钢材的钢坯推广采用连续铸锭法生产，钢材必然为镇静钢。若采用沸腾钢，不但质量差，价格并不便宜，而且供货困难。

按成型方法，钢又分为轧制钢（热轧、冷轧）、锻钢和铸钢。

按化学成分，钢又分为碳素钢和合金钢。在建筑工程中采用的是碳素结构钢、低合金高强度结构钢和优质碳素结构钢。

2.7.1.1 碳素结构钢

我国于2006年11月1日发布了《碳素结构钢》（GB/T 700—2006），按质量等级将碳素结构钢分为A、B、C、D四级。在保证钢材力学性能符合标准规定的情况下，各牌号A级钢的碳、锰、硅含量可以不作为交货条件，但其含量应在质量证明书中注明。B、C、D

级钢均应保证屈服强度、抗拉强度、伸长率、冷弯及冲击韧性等力学性能。

碳素结构钢的牌号由代表屈服强度的汉语拼音字母（Q）、屈服强度数值、质量等级符号（A、B、C、D）、脱氧方法符号（F、Z、TZ）四个部分按顺序组成，如 Q235AF、Q235B 等。

根据钢材厚度（或直径）不大于 16 mm 时的屈服强度数值，碳素结构钢的牌号表达为 Q195、Q215、Q235、Q275 四大类。一般仅 Q235 钢用于钢结构，其用于钢结构工程设计的指标列入附录1。

碳素结构钢的部分力学性能见表 2-5。值得一提的是，2006 年以前我国相关标准以钢材下屈服点值作为其屈服强度的统计代表值，并以符号 σ_s 表示；表 2-5 中新标准则以钢材上屈服点值作为其屈服强度的统计代表值，并以符号 R_{eH} 表示。

表 2-5　碳素结构钢力学性能（GB/T 700—2006）

牌号	质量等级	屈服强度 $R_{eH}(\geqslant)$/MPa					抗拉强度 R_m/MPa	断后伸长率 $A(\geqslant)$/%				冲击试验（V 形）	
		厚度（或直径）/mm						厚度（或直径）/mm				温度/℃	冲击吸收功（纵向，$\geqslant$）/J
		≤16	16~40	40~60	60~100	100~150		≤40	40~60	60~100	100~150		
Q215	A	215	205	195	185	175	335~450	31	30	29	27		
	B											+20	27
Q235	A	235	225	215	205	195	370~500	26	25	24	22		
	B											+20	
	C											0	27
	D											-20	
Q275	A	275	265	255	245	225	410~540	22	21	20	18		
	B											+20	
	C											0	27
	D											-20	

注：Q195 钢的力学性能指标未列入，厚度（或直径）为 100~150 mm 的力学性能指标未列入，冷弯试验要求未列入。

2.7.1.2　低合金高强度结构钢

《低合金高强度结构钢》（GB/T 1591—2018）替代 GB/T 1591—2008，于 2019 年 2 月 1 日实施。与碳素结构钢类似的表示方法，按照钢材厚度（或直径）不大于 16 mm 时的上屈服强度值，低合金高强度结构钢牌号表述为："热轧"四大类——Q355、Q390、Q420、Q460；"正火及正火轧制"四大类——Q355N、Q390N、Q420N、Q460N；"热机械轧制"八大类——Q355M、Q390M、Q420M、Q460M、Q500M、Q550M、Q620M、Q690M。低合金高强度结构钢不设 A 质量等级，E 级和 F 级分别要求 -40 ℃和-60 ℃冲击韧性。低合金高强度结构钢均为镇静钢，因此，其牌号中不需要标注脱氧方法。

目前，在建筑钢结构中应用最为广泛的是 Q355 钢（在 GB/T 1591—2008 中其以下屈服强度值标识，表达为 Q345 钢），而 Q390、Q420、Q460 等虽然近年来也已开始使用（如国家体育场、CCTV 新楼等），但量不大，使用经验也还需继续积累。低合金高强度结构钢相关设计指标按附录 1 取用。

低合金高强度结构钢的部分力学与工艺性能见表 2-6~表 2-8，表 2-9 则给出了低合金高强度结构钢夏比（V 形缺口）冲击试验的温度和冲击吸收能量。

表 2-6　（热轧）低合金高强度结构钢力学与工艺性能（GB/T 1591—2018）

牌　号		上屈服强度 R_{eH}^a（≥）/MPa					抗拉强度 R_m/MPa	断后伸长率 A（≥）/%			
钢级	质量等级	公称厚度或直径/mm						试样方向	≤40	40~63	63~100
		≤16	16~40	40~63	63~80	80~100	≤100				
Q355	B、C、D	355	345	335	325	315	470~630	纵向	22	21	20
								横向	20	19	18
Q390	B、C、D	390	380	360	340	340	490~650	纵向	21	20	20
								横向	20	19	19
Q420^c	B、C	420	410	390	370	370	520~680	纵向	20	19	19
Q460^c	C	460	450	430	410	410	550~720	纵向	18	17	17

注：1. "a"处表示当屈服不明显时，可用规定塑性延伸强度 $R_{p0.2}$ 代替上屈服强度。

　　2. "c"处表示只适用于型钢和棒材。

表 2-7　（正火、正火轧制）低合金高强度结构钢力学与工艺性能（GB/T 1591—2018）

牌　号		上屈服强度 R_{eH}^a（≥）/MPa					抗拉强度 R_m/MPa	断后伸长率 A（≥）/%	
钢级	质量等级	公称厚度或直径/mm						≤63	63~80
		≤16	16~40	40~63	63~80	80~100	≤100		
Q355N	B、C、D、E、F	355	345	335	325	315	470~630	22	21
Q390N	B、C、D、E	390	380	360	340	340	490~650	20	19
Q420N	B、C、D、E	420	400	390	370	360	520~680	19	18
Q460N	C、D、E	460	440	430	410	400	540~720	17	17

注："a"处表示当屈服不明显时，可用规定塑性延伸强度 $R_{p0.2}$ 代替上屈服强度。

表 2-8　（热机械轧制）低合金高强度结构钢力学与工艺性能（GB/T 1591—2018）

牌　号		上屈服强度 R_{eH}^a（≥）/MPa					抗拉强度 R_m/MPa			断后伸长率 A（≥）/%
钢级	质量等级	公称厚度或直径/mm					≤40	40~63	63~80	
		≤16	16~40	40~63	63~80	80~100				
Q355M	B、C、D、E、F	355	345	335	325	325	470~630	450~610	440~600	22
Q390M	B、C、D、E	390	380	360	340	340	490~650	480~640	470~630	20
Q420M	B、C、D、F	420	400	390	380	370	520~680	500~660	480~640	19
Q460M	C、D、E	460	440	430	410	400	540~720	530~710	510~690	17
Q500M	C、D、E	500	490	480	460	450	610~770	600~760	590~750	17
Q550M	C、D、E	550	540	530	510	500	670~830	620~810	600~790	16

牌　号		上屈服强度 R_{eH}^{a}（≥）/MPa					抗拉强度 R_m/MPa			断后伸长率 A（≥）/%
钢级	质量等级	公称厚度或直径/mm								
		≤16	16~40	40~63	63~80	80~100	≤40	40~63	63~80	
Q620M	C、D、E	620	610	600	580		710~880	690~880	670~860	15
Q690M	C、D、E	690	680	670	650		770~940	750~920	730~900	14

注："a"处表示当屈服不明显时，可用规定塑性延伸强度 $R_{p0.2}$ 代替上屈服强度。

表 2-9　低合金高强度结构钢夏比（V 形缺口）冲击试验的温度和冲击吸收能量（GB/T 1591—2018）

牌　号		以下试验温度的冲击吸收能量最小值 KV_2/J									
钢级	质量等级	20 ℃		0 ℃		-20 ℃		-40 ℃		-60 ℃	
		纵向	横向	纵向	横向	纵向	横向	纵向	横向	纵向	横向
Q355、Q390、Q420	B	34	27								
Q355、Q390、Q420、Q460	C			34	27						
Q355、Q390	D					34	27				
Q355N、Q390N、Q420N	B	34	27								
Q355N、Q390N、Q420N、Q460N	C			34	27						
	D	55	31	47	27	40	20				
	E	63	40	55	34	47	27	31	20		
Q355N	F	63	40	55	34	47	27	31	20	27	16
Q355M、Q390M、Q420M	B	34	27								
Q355M、Q390M、Q420M、Q460M	C			34	27						
	D	55	31	47	27	40	20				
	E	63	40	55	34	47	27	31	20		
Q355M	F	63	40	55	34	47	27	31	20	27	16
Q500M、Q550M、Q620M、Q690M	C			55	34						
	D					47	27				
	E							31	20		

《低合金高强度结构钢》（GB/T 1591— 2018）包含的信息量很大，在 $R≤460$ MPa 范围，基本上同时对标于国际标准《结构钢》ISO 630-2、ISO 630-3 和欧盟标准《结构钢热轧产品》EN10025-2、EN10025-3、EN10025-4。这就为在全球范围内规划、设计、建造钢结构时，国内、国外结构钢材料等同代换做好了准备。

根据国内结构钢的统计资料，同一牌号或钢级的上屈服强度值比其下屈服强度值高约 10 MPa。GB/T 1591—2008 以下屈服强度标识的 Q345 钢，在 GB/T 1591—2018 以上屈服强度标识规则下，表达改为 Q355 钢，并非 Q345 钢是一种牌号，Q355 钢又是另一种牌号。

2.7.1.3　优质碳素结构钢

优质碳素结构钢主要应用于钢结构某些节点或用作连接件。例如用于制造高强度螺栓的 45 号优质碳素结构钢，需要经过热处理，其强度较高，而塑性、韧性又未受到显著影响。

2.7.1.4　建筑结构用钢板

高性能建筑结构钢材（GJ 钢）也制定了相应产品标准，2005 年 9 月 22 日首次发布国家标准《建筑结构用钢板》（GB/T 19879—2005），该标准于 2006 年 2 月 1 日实施。

GJ 钢牌号由代表屈服强度的汉语拼音字母（Q）、屈服强度数值、代表高性能建筑结构用钢的汉语拼音字母（GJ）、质量等级符号（B、C、D、E）四部分按顺序组成，如 Q345GJC、Q420GJD 等。对于厚度方向性能钢板，在质量等级后面加上厚度方向性能级别（Z15、Z25 或 Z35），如 Q345GJCZ25。

GJ 钢适用于建造高层建筑结构、大跨度结构及其他重要建筑结构，这正是钢结构与其他材料的建筑结构相比，最能体现优势的领域。其与碳素结构钢、低合金高强度结构钢的主要差异：规定了屈强比和屈服强度的波动范围；规定了碳当量和焊接裂纹敏感性指数；降低了 P、S 含量，提高了冲击功值；降低了强度的厚度效应；等等。

GJ 钢从 2000 年前后开始在国内建设工程中尝试使用，其比相同强度等级的低合金高强度结构钢有更好的综合性能。例如 16 mm 厚与 100 mm 厚的 Q420GJ 钢，屈服强度值分别是 420 MPa 和 410 MPa，而 16 mm 厚与 100 mm 厚的 Q420 钢，屈服强度值则分别是 420 MPa 和 370 MPa。前者厚度效应约为 2.4%，后者厚度效应则为 11.9%，两者差异非常明显。

2023 年 12 月，国家发布 GJ 钢新标准 GB/T 19879—2023，表 2-10 列出了其一部分性能指标。

表 2-10　Q235GJ、Q355GJ、Q390GJ、Q420GJ、Q460GJ 钢板的拉伸性能（GB/T 19879—2023）

牌号	质量等级	上屈服强度 R/MPa				抗拉强度 R_m/MPa			屈强比 R_{eH}/R_m		断后伸长率 $A(\geqslant)$/%
		钢板公称厚度/mm									
		6~16	>16~100	>100~150	>150~200	≤100	>100~150	>150~200	6~150	>150~200	
Q235GJ	B、C、D、E	≥235	235~345	215~325	—	400~510	380~510	—	≤0.80	—	23
Q355GJ	B、C、D、E	≥355	355~475	335~455	325~445	490~610	470~600	470~600	≤0.83	≤0.83	22
Q390GJ	B、C、D、E	≥390	390~510	370~490	—	510~660	490~640	—	≤0.83	—	20
Q420GJ	B、C、D、E	≥420	420~540	400~520	—	530~680	510~660	—	≤0.85	—	20
Q460GJ	B、C、D、E	≥460	460~590	440~570	—	570~720	550~700	—	≤0.85	—	18

注：Q500GJ、Q550GJ、Q620GJ、Q690GJ 未列入。

GJ 钢用于工程设计的有关参数从 GB/T 19879—2005 发布即着手研究和论证，条件成熟的已经纳入工程技术类标准，如《高层民用建筑钢结构技术规程》（JGJ 99—2015）、《钢结构设计标准》（GB 50017—2017）。GJ 钢相关设计指标按附录 1 取用。

GB/T 19879—2005 是国内率先用上屈服强度 R_{eH} 标识的，这与 GB/T 700—2006 和 GB/T 1591—2018 的标识完全协同一致。国际标准化组织（ISO）认定的结构钢相关标准、欧洲标准中认定的结构钢热轧产品相关标准也是以上屈服强度 R_{eH} 标识的，因此，国内材料与国外材料相互等同代换便有了可能，这将大大方便国内建筑结构钢走出国门。但 GB/T 19879—2015 又回到用下屈服强度 R_{eL} 来标识 GJ 钢的屈服强度值。

2.7.2 钢材的选择

2.7.2.1 选用原则

钢材的选择在钢结构设计中是首要的一环，选择的目的是保证安全可靠和经济合理。选择钢材时考虑的因素有：

（1）结构的重要性。对于重型工业建筑结构、大跨度结构、高层或超高层的民用建筑结构或构筑物等重要结构，应考虑选用质量好的钢材；对于一般工业与民用建筑结构，可按工作性质分别选用普通质量的钢材。另外，按《建筑结构可靠性设计统一标准》规定的安全等级，建筑物分为一级（重要的）、二级（一般的）和三级（次要的），安全等级不同，要求的钢材质量也应不同。

（2）荷载情况。荷载可分为静态荷载和动态荷载两种。直接承受动态荷载的结构和强烈地震区的结构，应选用综合性能好的钢材；一般承受静态荷载的结构则可选用价格较低的 Q355 钢。

（3）连接方法。钢结构的连接方法有焊接和非焊接两种。由于在焊接过程中，钢材会产生焊接变形、焊接应力以及其他焊接缺陷，如咬边、气孔、裂纹、夹渣等，有导致结构产生裂缝或脆性断裂的危险，因此焊接结构对材质的要求应严格一些。例如，在化学成分方面，焊接结构必须严格控制碳、硫、磷的极限含量，而非焊接结构对碳含量可降低要求。

（4）结构所处的温度和环境。钢材处于低温时容易冷脆，因此在低温条件下工作的结构，尤其是焊接结构，应选用具有良好抗低温脆断性能的镇静钢。此外，露天结构的钢材容易产生时效，有害介质作用的钢材容易腐蚀、疲劳和断裂，也应加以区别地选择不同材质。

（5）钢材厚度。薄钢材辊轧次数多，轧制的压缩比大；厚度大的钢材压缩比小。所以厚度大的钢材不但强度较小，而且塑性、冲击韧性和焊接性能也较差。因此，厚度大的焊接结构应采用材质较好的钢材。

2.7.2.2 选择规定

承重结构所用的钢材应具有屈服强度、抗拉强度、断后伸长率和硫、磷含量的合格保证，对于焊接结构尚应具有碳的极限含量保证或者碳当量的合格保证。焊接承重结构以及重要的非焊接承重结构采用的钢材应具有冷弯试验的合格保证；直接承受动力荷载或需验算疲劳的构件所用钢材尚应具有冲击韧性的合格保证。

钢材质量等级选择应符合下列规定：

（1）A 级钢仅可用于结构工作温度高于 0 ℃的不需要验算疲劳的结构，且 Q235A 钢不宜用于焊接结构。

（2）对于需要验算疲劳的焊接结构，当结构工作温度高于 0 ℃时其质量等级不应低于 B 级；当结构工作温度不高于 0 ℃但高于−20 ℃时，Q235 钢、Q355 钢的质量等级不应低于 C 级，Q390 钢、Q420 钢及 Q460 钢的质量等级不应低于 D 级；当结构工作温度不高于−20 ℃时，Q235 钢、Q355 钢的质量等级不应低于 D 级，Q390 钢、Q420 钢及 Q460 钢的质量等级应选用 E 级。

（3）需验算疲劳的非焊接结构，其钢材质量等级要求可较上述焊接结构降低一级但不应低于 B 级。吊车起重量不小于 50 t 的中级工作制吊车梁，其钢材质量等级要求与需要验算疲劳的构件相同。

2.7.3 钢材的规格

钢结构采用的型材有热轧成型的钢板和型钢以及冷弯（或冷压）成型的薄壁型钢。

热轧钢板有厚钢板（厚度为 4.5～60 mm）、薄钢板（厚度为 0.35～4 mm）以及扁钢（厚度为 4～60 mm，宽度为 30～200 mm，此钢板宽度小）。钢板的表示方法是在符号"−"后加"宽度×厚度×长度"，如 −1200×8×6000，单位皆为 mm。

热轧型钢有角钢、工字钢、槽钢和钢管（见图 2-16）。

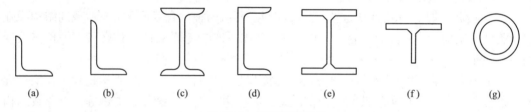

图 2-16 热轧型钢截面
（a）等边角钢；（b）不等边角钢；（c）工字钢；（d）槽钢；（e）H 型钢；（f）T 型钢；（g）钢管

角钢分等边和不等边两种。不等边角钢的表示方法是在符号"∟"后加"长边宽×短边宽×厚度"，如∟100×80×8，等边角钢则以边宽和厚度表示，如∟100×8，单位皆为 mm。

工字钢有普通工字钢、轻型工字钢和 H 型钢。普通工字钢和轻型工字钢用号数表示，号数即为其截面高度的厘米数。20 号以上的工字钢，同一号数有三种腹板厚度分别为 a、b、c 三类，如 I30a、I30b、I30c，a 类腹板较薄用作受弯构件较为经济。轻型工字钢的腹板和翼缘均较普通工字钢薄，因而在相同质量下其截面模量和回转半径均较大。H 型钢是世界各国使用很广泛的热轧型钢，与普通工字钢相比，其翼缘内外两侧平行，便于与其他构件相连。H 型钢可分为宽翼缘 H 型钢（代号 HW，翼缘宽度 B 与截面高度 H 相等）、中翼缘 H 型钢［代号 HM，$B=(1/2～2/3)H$］、窄翼缘 H 型钢［代号 HN，$B=(1/3～1/2)H$］。各种 H 型钢均可剖分为 T 型钢供应，代号分别为 TW、TM 和 TN。H 型钢和剖分 T 型钢的规格标记均采用高度 H×宽度 B×腹板厚度 t_1×翼缘厚度 t_2 表示，例如 HM340×250×9×14，其剖分 T 型钢为 TM170×250×9×14，单位皆为 mm。

槽钢有普通槽钢和轻型槽钢两种，也以其截面高度的厘米数编号，如［30a。号码相同的轻型槽钢，其翼缘较普通槽钢宽而薄，腹板也较薄，回转半径较大，质量较轻。

钢管有无缝钢管和焊接钢管两种，用符号"ϕ"后面加"外径×厚度"表示，如 $\phi400\times6$，单位皆为 mm。

薄壁型钢（见图 2-17）是用薄钢板（一般采用 Q235 钢或 Q355 钢），经模压或弯曲而制成，其壁厚一般为 1.5~5 mm，在国外薄壁型钢厚度有加大范围的趋势，如美国可用到 25.4 mm 厚。

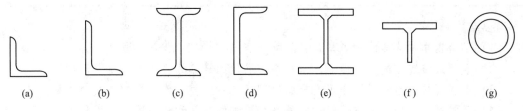

图 2-17　薄壁型钢截面

（a）等边型钢；（b）不等边型钢；（c）工字钢；（d）槽钢；（e）H 型钢；（f）T 型钢；（g）钢管

2-1　Q235 钢的应力-应变曲线可以分为哪四个阶段？可得到哪些强度指标？

2-2　什么叫屈强比，它对结构设计有何意义？

2-3　什么叫塑性破坏和脆性破坏，各有什么特征？

2-4　钢结构对钢材有哪些要求？

2-5　以圆形试件为例，试建立钢材的伸长率与断面收缩率的关系式。

2-6　某焊接工形吊车梁，上、下翼缘板为−400×22，腹板为−1400×12，钢材为 Q345B，翼缘板与腹板连接采用角焊缝（自动焊），重级工作制软钩吊车，吊车产生的最大弯矩标准值为 1980 kN·m，最大剪力标准值为 970 kN。试验算下翼缘连接焊缝处的主体金属的疲劳强度。

3 钢结构的连接

本章数字资源

【学习要点】

（1）了解钢结构连接的种类与各自的特点。

（2）了解焊接连接的工作性能，掌握焊接连接的计算方法与构造要求。

（3）掌握焊接应力和焊接变形产生的原因及其对结构工作的影响与减少措施。

（4）了解螺栓连接的工作性能，掌握螺栓连接的计算和构造要求。

【思政元素】

以实际工程钱塘江大桥钢结构桥梁为背景，以茅以升精神为灵魂，使学生了解早期钢结构的连接方法主要为铆钉连接，而现代的钢结构主要采用高强度螺栓连接，熟悉两种连接方法的发展历史、材料、施工工艺、受力原理、优缺点及工程应用等专业知识点，践行与传承茅以升的工程教育理念和"爱国、科学、奋斗、奉献"的精神，培育学生的科学精神与职业素养。

钢结构由若干构件组合而成，而构件往往又是由一定数量的零件（包括板件或型钢）组合而成。不管是零件组合成构件，还是构件组合成结构，都必须通过一定的连接方式使其成为一个共同工作的整体。连接的合理设计与合理施工对于结构能否安全承载非常重要。

钢结构常用的连接方式有焊缝连接和螺栓连接（见图3-1），本章将对这两种连接的工作性能和设计计算进行讲解。

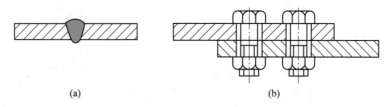

(a)　　　　　　　　　　(b)

图 3-1　钢结构的连接方法

（a）焊缝连接；（b）螺栓连接

3.1 焊缝连接的基本知识

3.1.1 焊缝连接的特点

焊缝连接是钢结构主要的连接方式之一。其优点是：构造简单，任何形式的构件都可直接相连；用料经济，不削弱截面；制作加工方便，可实现自动化操作；连接的密闭性好，结构刚度大。其缺点是：在焊缝附近的热影响区内，钢材的金相组织发生改变，导致局部材质变脆；焊接残余应力和焊接变形使受压构件承载力降低；焊接结构对裂纹很敏感，局部裂纹一旦发生，就容易扩展到整体，低温冷脆问题较为突出。

3.1.2 焊缝连接的形式

焊缝有两种受力特性不同的形式，一种是角焊缝，另一种是对接焊缝。

3.1.2.1 角焊缝

角焊缝是最常用的焊缝，其按截面形式的不同，可分为直角角焊缝和斜角角焊缝。

直角角焊缝通常做成表面微平的等腰直角三角形截面（见图 3-2（a））。在直接承受动力荷载的结构中，正面角焊缝的截面常采用图 3-2（b）所示的坦式，侧面角焊缝的截面常做成凹面式（见图 3-2（c））。

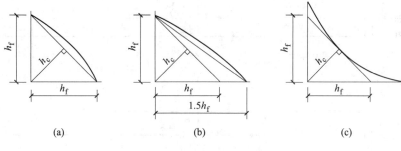

图 3-2　直角角焊缝截面

两焊脚边的夹角 $\alpha>90°$ 或 $\alpha<90°$ 的焊缝称为斜角角焊缝（见图 3-3）。斜角角焊缝常用于钢漏斗和钢管连接中。

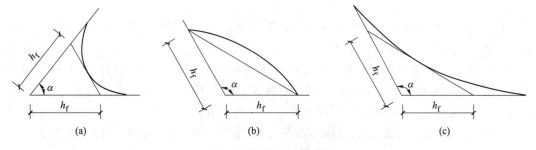

图 3-3　斜角角焊缝截面

按作用力与焊缝之间位置关系的不同，角焊缝可分为正面角焊缝（作用力与焊缝垂直）、侧面角焊缝（作用力与焊缝平行）和斜焊缝（作用力与焊缝成 α 角，$0°<\alpha<90°$），如图 3-4 所示。

3.1.2.2 对接焊缝

为了保证焊透，对接焊缝的焊件常需做成坡口（见图 3-5（b）~（f）），其中斜坡口和根部间隙 b 共同组成一个焊条能够运转的施焊空间，使焊缝易于焊透；钝边 p 有托住熔化

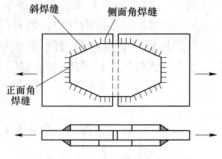

图 3-4　角焊缝与作用力的关系

金属的作用。仅当焊件厚度 t 较小（手工焊 $t \leqslant 6$ mm，埋弧焊 $t \leqslant 10$ mm）时，可用直边缝（见图 3-5 （a））。

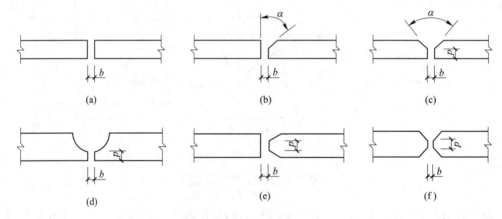

图 3-5　对接焊缝的坡口形式

（a）直边缝；（b）单边 V 形坡口；（c）V 形坡口；（d）U 形坡口；（e）K 形坡口；（f）X 形坡口

采用坡口的对接焊缝，其坡口形式与焊件厚度有关。当焊件厚度 $t \leqslant 20$ mm 时，可采用具有斜坡口的单边 V 形（见图 3-5 （b））或 V 形坡口（见图 3-5 （c））；对于较厚的焊件（$t > 20$ mm），则通常采用 U 形、K 形和 X 形坡口（见图 3-5 （d）~（f））。对于 V 形坡口和 U 形坡口，焊缝根部必须进行补焊。对接焊缝坡口形式，可根据板厚和施工条件参照《钢结构焊接规范》（GB 50661—2011）的要求进行选用。

按作用力与焊缝的位置关系，对接焊缝分为正对接焊缝和斜对接焊缝，如图 3-6 所示。

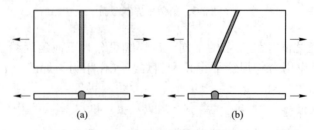

图 3-6　对接焊缝与作用力的关系

（a）正对接焊缝；（b）斜对接焊缝

按焊缝焊透与否，对接焊缝分为焊透的对接焊缝（见图 3-5）和部分焊透的对接焊缝（见图 3-7）。部分焊透的对接焊缝主要起联系作用，用于一些受力较小的连接处。

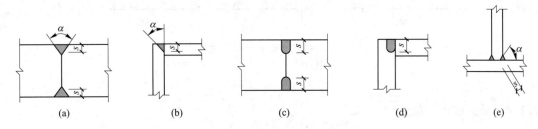

图 3-7　部分焊透对接焊缝的截面
（a）V 形坡口；（b）单边 V 形坡口；（c）U 形坡口；（d）J 形坡口；（e）K 形坡口

3.1.3　焊缝符号表示

焊缝符号一般由基本符号及指引线组成，必要时还可以加上补充符号和焊缝尺寸等。基本符号表示焊缝的横截面形状，如用"△"表示角焊缝，用"V"表示 V 形坡口的对接焊缝；补充符号则补充说明焊缝的某些特征，如用"["表示焊件三面带有焊缝。

指引线一般由横线和带箭头的斜线组成，箭头指到图形相应焊缝处，横线的上方和下方用来标注基本 符号和焊缝尺寸。当引出线的箭头指向焊缝所在的一面时，应将基本符号和焊缝尺寸等标注在水平横线的上方；当箭头指向对应焊缝所在的另一面时，则应将基本符号和焊缝尺寸标注在水平横线的下方。

表 3-1 列出了一些常用焊缝符号，可供设计时参考。

表 3-1　常用焊缝符号

	角　焊　缝				对接焊缝	塞焊缝	三面围焊
	单面焊缝	双面焊缝	安装焊缝	相同焊缝			
形式							
标注方法							

当焊缝分布比较复杂或用上述方法不能表达清楚时，可在标注焊缝符号的同时在图形

上加栅线以便表示清楚，如图 3-8 所示。

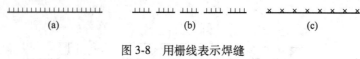

图 3-8　用栅线表示焊缝

（a）正面焊缝；（b）背面焊缝；（c）安装焊缝

3.1.4　焊缝施焊的位置

焊缝按施焊位置可分为平焊、横焊、立焊和仰焊（见图 3-9）。平焊（或称俯焊）施焊方便，焊接质量容易保证，是最常用的焊位。立焊和横焊对焊工的操作技术要求比平焊高一些。仰焊的操作条件最差，焊缝质量不易保证，因此应尽量避免采用仰焊。

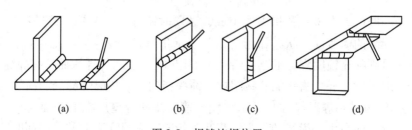

图 3-9　焊缝施焊位置

（a）平焊；（b）横焊；（c）立焊；（d）仰焊

3.1.5　焊缝施焊的方法

钢结构通常采用电弧焊。电弧焊有手工电弧焊、埋弧焊以及气体保护焊等。

3.1.5.1　手工电弧焊

手工电弧焊是很常用的一种焊接方法（见图 3-10）。通电后，涂有药皮的焊丝与焊件之间产生电弧，电弧的温度可高达 3000 ℃。在高温作用下，电弧周围的焊件金属变成液态，形成熔池；同时焊条中的焊丝熔化滴落入熔池中，与焊件的熔融金属相互结合，冷却后即形成焊缝。焊条药皮在焊接过程中产生气体，保护电弧和熔化金属，并形成熔渣覆盖焊缝，防止空气中的氧、氮等有害气体与熔化金属接触而形成易脆的化合物。

手工电弧焊设备简单，操作灵活方便，适用于任意空间位置的焊接，特别适合焊接短焊缝。但其生产效率低，劳动强度大，焊接质量不稳定，一般用于工地焊接。建筑钢结构中常用的焊条型号有 E43、E50、E55 和 E60 系列，其中字母"E"表示焊条，后两位数字表示熔敷金属抗拉强度的最小值，如 E43 型焊条，其抗拉强度即为 422 MPa。手工电弧焊所用焊条应与焊件钢材（或称主体金属）强度相适应。

相同钢种的钢材之间焊接时，对 Q235 钢采用 E43 型焊条；对 Q355、Q390 钢采用 E50 或 E55 型焊条；对 Q420、Q460 钢采用 E55 或 E60 型焊条。不同钢种的钢材之间焊接时采用低组配方案，即采用与低强度钢材相适应的焊条。例如根据试验，Q235 钢与 Q355 钢之间焊接时，若用 E50 型焊条，焊缝强度比用 E43 型焊条时提高不多，设计时只能取用

E43 型焊条的焊缝强度设计值。因此，从连接的韧性和经济方面考虑，规定宜采用与低强度钢材相适应的焊接材料。

3.1.5.2 埋弧焊

埋弧焊是电弧在焊剂层下燃烧的一种电弧焊方式。埋弧焊的焊丝不涂药皮，但施焊端被焊剂（主要起保护焊缝的作用）所覆盖。如果焊丝送进以及电弧按焊接方向的移动由专门机构控制完成的，称为埋弧自动电弧焊（见图 3-11）；如果焊丝送进由专门机构控制，而电弧按焊接方向的移动靠人手工操作完成的，称为埋弧半自动电弧焊。埋弧焊一般用于工厂焊接。

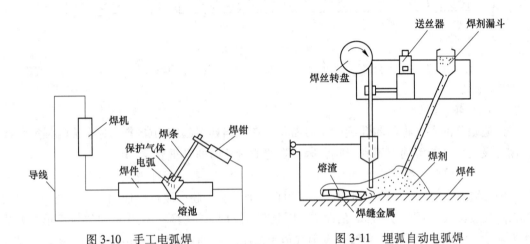

图 3-10　手工电弧焊　　　　　　图 3-11　埋弧自动电弧焊

埋弧焊能对较细的焊丝采用大电流，电弧热量集中，熔深大。埋弧焊由于采用自动或半自动化操作，生产效率高，焊接工艺条件稳定，焊缝成型良好、化学成分均匀，同时较高的焊速减少了热影响区的范围，从而减小焊件变形。但埋弧焊对焊件边缘的装配精度（如间隙）要求比手工电弧焊高。

3.1.5.3 气体保护焊

气体保护焊是利用二氧化碳气体或其他惰性气体作为保护介质的一种电弧熔焊方法。它直接依靠保护气体在电弧周围形成局部的保护层，以防止有害气体的侵入并保证焊接过程的稳定性。

气体保护焊的焊缝熔化区没有熔渣，焊工能够清楚地看到焊缝成型的过程；保护气体呈喷射状有助于熔滴的过渡，适用于全位置的焊接；由于焊接时热量集中，焊件熔深大，形成的焊缝质量比手工电弧焊好。但风较大时保护效果不好。

3.1.6　焊缝缺陷与检验

3.1.6.1　焊缝缺陷

焊缝缺陷是指焊接过程中产生于焊缝金属或附近热影响区钢材表面或内部的缺陷。常见的焊缝缺陷有裂纹、焊瘤、烧穿、弧坑、气孔、夹渣、咬边、未熔合、未焊透（见图 3-12）以及焊缝尺寸不符合要求、焊缝成型不良等。裂纹是焊缝连接中最危险的缺陷，产生裂纹的原因很多，如钢材的化学成分不当，焊接工艺条件（如电流、电压、焊速、施焊次序等）选择不合理，焊件表面油污未清除干净等。

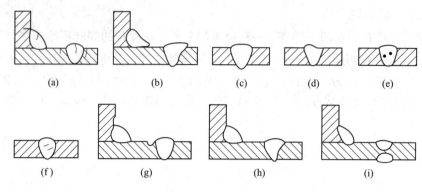

图 3-12　焊缝缺陷

（a）裂纹；（b）焊瘤；（c）烧穿；（d）弧坑；（e）气孔；（f）夹渣；（g）咬边；（h）未熔合；（i）未焊透

3.1.6.2　焊缝检验

焊缝缺陷的存在将削弱焊缝的受力面积，在缺陷处引起应力集中，对连接的强度、冲击韧性及冷弯性能等均有不利影响，因此焊缝质量检验非常重要。

焊缝质量检验一般可用外观检查和内部无损检验。前者检查外观缺陷和几何尺寸，后者检查内部缺陷。内部无损检验目前广泛采用超声波检验。超声波检验使用灵活、经济，对内部缺陷反应灵敏，但不易识别缺陷性质，因此有时还用磁粉检验、荧光检验等较简单的方法作为辅助。此外还可采用 X 射线或 γ 射线透照拍片，但其应用不及超声波探伤广泛。

《钢结构工程施工质量验收规范》规定焊缝按其检验方法和质量要求分为一级、二级和三级。三级焊缝只要求对全部焊缝做外观检查且符合三级质量标准；一级、二级焊缝则除外观检查外，还要求一定数量的超声波检验并符合相应级别的质量标准，其中一级焊缝探伤比例为 100%，二级焊缝探伤比例为 20%，三级焊缝可不做探伤检查。角焊缝由于连接处钢板之间存在未熔合的部位，故一般按三级焊缝进行外观检查，特殊情况下可以要求按二级焊缝进行外观检查。

3.2　角焊缝连接的设计

3.2.1　角焊缝的工作性能

不同角焊缝工作性能如下：

（1）侧面角焊缝（见图 3-13）。大量试验结果表明，侧面角焊缝主要承受剪应力，弹性模量较低，强度也较低，但塑性较好。传力线通过侧面角焊缝时产生弯折，因而应力沿焊缝长度方向的分布不均匀，呈两端大而中间小的状态。焊缝越长，应力分布不均匀性越显著，但在临塑性工作阶段时，产生应力重分布，可使应力分布的不均匀现象渐趋缓和。

（2）正面角焊缝（见图 3-14）。正面角焊缝受力复杂，截面中的各面均存在正应力和剪应力，焊根处存在很严重的应力集中。其原因主要有两点：一是力线弯折；二是焊根处正好是两个焊件接触面的端部，相当于裂缝的尖端。正面角焊缝的受力以正应力为主，因而刚度较大，强度较高，其破坏强度高于侧面角焊缝（是侧面焊缝的 1.35～1.55 倍），但塑性变形要差一些。

（3）斜焊缝。斜焊缝的受力性能和强度值介于正面角焊缝和侧面角焊缝之间。

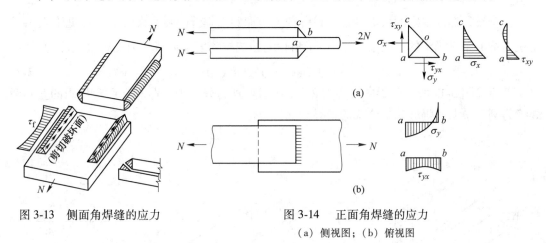

图 3-13　侧面角焊缝的应力　　　　图 3-14　正面角焊缝的应力

（a）侧视图；（b）俯视图

3.2.2　直角角焊缝强度计算的基本公式

直角角焊缝的截面如图 3-15 所示，其中直角边边长 h_f 称为角焊缝的焊脚尺寸。试验表明角焊缝的破坏常发生在焊喉，故取直角角焊缝 45° 方向的最小厚度 $h_e = \dfrac{\sqrt{2}}{2}h_f \approx 0.7h_f$ 为角焊缝的有效厚度，即以有效厚度与焊缝计算长度的乘积作为角焊缝破坏时的有效截面（或计算截面）。

作用于焊缝有效截面上的应力如图 3-16 所示，这些应力包括垂直于焊缝有效截面的正应力 $\sigma_\perp$，有效截面上垂直于焊缝长度方向的剪应力 $\tau_\perp$，以及有效截面上平行于焊缝长度方向的剪应力 $\tau_{//}$。

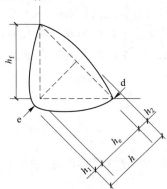　　　　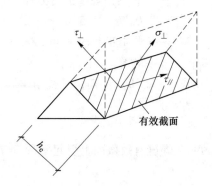

图 3-15　直角角焊缝的截面　　　　图 3-16　焊缝有效截面上的应力

h—焊缝厚度；h_f—焊脚尺寸；

h_e—焊缝有效厚度（焊喉部位）；

h_1—熔深；h_2—凸度；d—焊趾；e—焊根

　　《钢结构设计标准》在对角焊缝进行计算时，假定焊缝在有效截面处破坏，各应力分量满足折算应力公式（3-1）。

$$\sqrt{\sigma^2 + 3(\tau_\perp^2 + \tau_{//}^2)} = f_u^w \tag{3-1}$$

式中，f_u^w 为焊缝金属的抗拉强度。

　　由于设计标准规定的角焊缝强度设计值 f_y（即侧面焊缝的强度设计值，详见附表 1-2）是根据抗剪条件确定的，而 $\sqrt{3}f_f^w$ 相当于角焊缝的抗拉强度设计值，因此式（3-1）变为：

$$\sqrt{\sigma^2 + 3(\tau_\perp^2 + \tau_{//}^2)} = \sqrt{3}f_f^w \tag{3-2}$$

　　下面以图 3-17 所示受斜向轴心力 $2N$（互相垂直的分力为 $2N_y$ 和 $2N_x$）作用的直角角焊缝为例，说明角焊缝基本公式的推导。

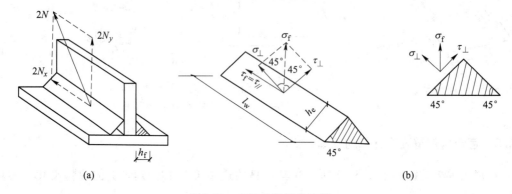

图 3-17　直角角焊缝的计算

　　考虑一条焊缝的受力，N_y 在焊缝有效截面（$h_e l_w$）上引起垂直于焊缝一个直角边的应力 σ_f（该应力是 $\sigma_\perp$ 和 $\tau_\perp$ 的合应力）：

$$\sigma_f = \frac{N_y}{h_e l_w} \tag{3-3}$$

式中　N_y ——垂直于焊缝长度方向的轴心力；

　　　　h_e ——直角角焊缝的有效厚度（见图 3-2），当两个焊件间隙 $b \leqslant 1.5$ mm 时，$h_e = 0.7h_f$；1.5 mm$< b \leqslant 5$ mm 时，$h_e = 0.7(h_f - b)$，h_f 为焊脚尺寸；

　　　　l_w ——焊缝的计算长度，考虑起灭弧缺陷，按各条焊缝的实际长度每端减去 h_f 计算。

　　由图 3-17（b）可知，对直角角焊缝有：

$$\sigma_\perp = \tau_\perp = \frac{\sigma_f}{\sqrt{2}} \tag{3-4}$$

　　N_x 在焊缝有效截面上引起平行于焊缝长度方向的剪应力 $\tau_f = \tau_{//}$：

$$\tau_f = \tau_{//} = \frac{N_x}{h_e l_w} \tag{3-5}$$

　　将式（3-4）、式（3-5）代入式（3-2）可得：

$$\sqrt{4\frac{\sigma^2}{\sqrt{2}} + 3\tau_f^2} \leqslant \sqrt{3}f_f^w \tag{3-6}$$

化简后即得到直角角焊缝强度计算的基本公式：

$$\sqrt{\frac{\sigma_f}{\beta_f} + \tau_f^2} \leqslant f_f^w \tag{3-7}$$

式中 β_f——正面角焊缝的强度增大系数，$\beta_f = \sqrt{\frac{3}{2}} \approx 1.22$。

对于正面角焊缝，此时 $\tau_f = 0$，由式（3-7）可得：

$$\sigma_f = \frac{N}{h_e l_w} \leqslant \sigma_f f_f^w \tag{3-8}$$

对于侧面角焊缝，此时 $\sigma_f = 0$，由式（3-7）可得：

$$\tau_f = \frac{N}{h_e l_w} \leqslant f_f^w \tag{3-9}$$

式（3-7）~式（3-9）即为角焊缝强度的基本计算公式。只要将焊缝应力分解为垂直于焊缝长度方向的应力 σ_f 和平行于焊缝长度方向的应力 τ_f，上述基本公式就可适用于任何受力状态。

对于直接承受动力荷载结构中的焊缝，虽然正面角焊缝的强度试验值比侧面角焊缝高，但判别结构或连接的工作性能，除是否具有较高的强度指标外，还需检验其延性指标（也即塑性变形力）。由于正面角焊缝的刚度大、韧性差，应力集中现象较为严重，需将其强度降低使用，因此对于直接承受动力荷载荷载结构中的角焊缝，取 $\beta_f = 1.0$，相当于按 σ_f 和 τ_f 的合应力进行计算，即 $\sqrt{\sigma^2 + \tau^2} \leqslant f_f^w$。

3.2.3 斜角角焊缝的计算

斜角角焊缝一般用于腹板倾斜的 T 形接头（见图 3-18），采用与直角角焊缝相同的计算公式进行计算。考虑到斜角角焊缝的受力复杂性，不论其有效截面上的应力情况如何，均不考虑焊缝的方向，一律取 $\beta_f = 1.0$，即计算公式采用如下形式：

$$\sqrt{\sigma^2 + \tau^2} \leqslant f_f^w \tag{3-10}$$

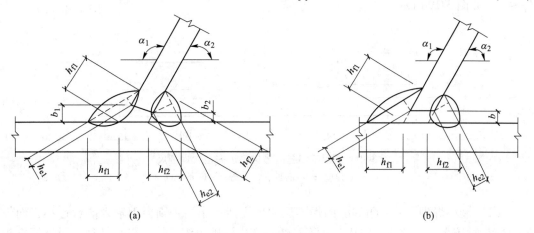

图 3-18 斜角角焊缝

在确定斜角角焊缝的有效厚度时，假定焊缝在其所成夹角的最小斜面上发生破坏，当两焊边夹角 $60° \leqslant \alpha \leqslant 90°$，即图 3-18 中的 $60° \leqslant \alpha_2 < 90°$ 或 $90° < \alpha_1 \leqslant 135°$，且根部间隙（$b$、$b_1$ 或 b_2）不大于 1.5 mm 时，焊缝有效厚度 h_e 为：

$$h_e = h_f \cos \frac{\alpha}{2} \tag{3-11}$$

当根部间隙（b、b_1 或 b_2）大于 1.5 mm 时，焊缝有效厚度计算时应扣除根部间隙，即应取为：

$$h_e = \left(h_f - \frac{b(\text{或 } b_1 、 b_2)}{\sin \alpha} \right) \cos \frac{\alpha}{2} \tag{3-12}$$

任何根部间隙不得大于 5 mm，当图 3-18（a）中的 $b > 5$ mm 时，可将板边切割成图 3-18（b）的形式。

当 $30° \leqslant \alpha \leqslant 60°$ 或 $\alpha < 30°$ 时，斜角角焊缝计算厚度 h_e 应按现行国家标准《钢结构焊接规范》的有关规定计算取值。

3.2.4　角焊缝的等级要求

由于角焊缝的内部质量不易探测，因此规定其质量等级一般为三级，只对直接承受动力荷载且需要验算疲劳和起重量 $Q \geqslant 50$ t 的中级工作制吊车梁以及梁柱、牛腿等重要节点才规定角焊缝的外观质量应符合二级。

3.2.5　角焊缝的构造要求

角焊缝的构造要求如下：

（1）最大焊脚尺寸。焊缝在施焊后，由于冷却引起了收缩应力，施焊的焊脚尺寸愈大，则收缩应力愈大，因此，为避免焊缝区的基本金属"过烧"，减小焊件的焊接残余应力和焊接变形，焊脚尺寸不必过于加大。

对板件边缘的角焊缝，当板件厚度 $t > 6$ mm 时，根据焊工的施焊经验，不易焊满全厚度，故取 $h_f \leqslant t - (1 \sim 2)$ mm；当 $t \leqslant 6$ m 时，通常采用小焊条施焊，易于焊满全厚度，则取 $h_f \leqslant \tau$，如图 3-19 所示。

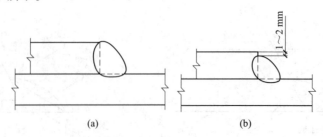

图 3-19　搭接角焊缝沿母材棱边的最大焊脚尺寸
（a）母材厚度 $t \leqslant 6$ mm 时；（b）母材厚度 $t > 6$ mm 时

（2）最小焊脚尺寸。角焊缝的焊脚尺寸也不能过小，否则会因输入能量过小，而焊件厚度相对较大，以致施焊时冷却速度过快，产生淬硬组织，导致母材开裂。设计标准规定的角焊缝最小焊脚尺寸见表 3-2，其中母材厚度 t 的取值与焊接方法有关。当采用不预热的非低氢焊接方法进行焊接时，t 等于焊接连接部位中较厚件的厚度，并宜采用单道焊缝；当采用预热的非低氢焊接方法或低氢焊接方法进行焊接时，t 等于焊接连接部位中较薄件的厚度。此外，承受动荷载的角焊缝最小焊脚尺寸不宜小于 5 mm。

表 3-2　角焊缝最小焊脚尺寸　　　　　　　　　（mm）

母材厚度 t	角焊缝最小焊脚尺寸 h_f
$t \leqslant 6$	3
$6 < t \leqslant 12$	5
$12 < t \leqslant 20$	6
$t > 20$	8

（3）侧面角焊缝的最大计算长度。前已述及，搭接焊接连接中的侧面角焊缝在弹性阶段沿长度方向受力不均匀，两端大而中间小。在静力荷载作用下，如果焊缝长度不过大，当焊缝两端点处的应力达到屈服强度后，由于焊缝材料的塑性变形性能，继续加载应力则会渐趋均匀。但如果焊缝长度超过某一限值时，由于焊缝越长，应力不均匀现象越显著，则有可能首先在焊缝的两端破坏。为避免发生这种情况，一般规定侧面角焊缝的计算长度 $l_w \leqslant 60h_f$。当实际长度大于上述限值时，其超过部分在计算中可以不予考虑；或者也可采用对全长焊缝的承载力设计值乘以折减系数来处理，折减系数 $\alpha_f = 1.5 - \dfrac{l_w}{120h_f}$，且不小于 0.5，式中的有效焊缝计算长度 l_w 不应超过 $180h_f$。

若内力沿侧面角焊缝全长分布，比如焊接梁翼缘板与腹板的连接焊缝、屋架中弦杆与节点板的连接焊缝、梁的支承加劲肋与腹板连接焊缝等，其计算长度可不受最大计算长度要求的限制。

（4）角焊缝的最小计算长度。角焊缝的焊脚尺寸大而长度较小时，焊件局部加热严重，焊缝起灭弧所引起的缺陷相距太近，焊缝中可能产生的其他缺陷（气孔、非金属夹杂等），使焊缝不够可靠。另外，对于搭接连接的侧面角焊缝而言，如果焊缝长度过小，由于力线弯折大也会造成严重应力集中。因此，为使焊缝能具有一定的承载能力，根据使用经验，侧面角焊缝或正面角焊缝的计算长度不得小于 $8h_f$ 和 40 mm；焊缝计算长度应为扣除引弧、收弧长度后的焊缝长度。

（5）搭接连接的构造要求。当板件端部仅有两条侧面角焊缝连接时（见图 3-20），试验结果表明，连接的承载力与 b/l_w 的比值有关。b 为两侧焊缝的距离，l_w 为侧焊缝长度。当 $b/l_w > 1$ 时，连接的承载力随着 b/l_w 比值的增大而明显下降，这主要是由于应力传递的过分弯折使构件中应力分布不均匀所致。为使连接强度不致过分降低，应使每条侧焊缝的长度不小于两侧焊缝之间的距离，即 $b/l_w \leqslant 1$。两侧角焊缝之间的距离 b 还不应大于 200 mm，当 $b > 200$ mm 时，应加横向角焊缝或中间塞焊，以免因焊缝横向收缩而引起板件向外发生较大拱曲。

在搭接连接中，当仅采用正面角焊缝时（见图 3-21），其搭接长度不得小于焊件较小厚度的 5 倍，也不得小于 25 mm。采用角焊缝焊接连接时，不宜将厚板焊接到较薄板上。

杆件端部搭接采用三面围焊时，在转角处截面突变，会产生应力集中，如在此处起灭弧，可能出现弧坑或咬边等缺陷，从而加大应力集中的影响，故所有围焊的转角处必须连续施焊。对于非围焊情况，当角焊缝的端部在构件转角处时，可连续地作长度为 $2h_f$ 的绕角焊（见图3-20）。

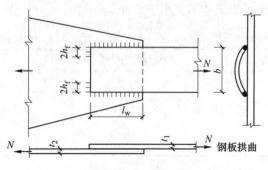

图 3-20　焊缝长度及两侧焊缝间距

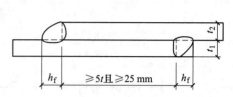

图 3-21　搭接连接双角焊缝的要求

（6）断续角焊缝。在次要构件或次要焊接连接中，可采用断续角焊缝。断续角焊缝焊段的长度不得小于 $10h_f$ 或 50 mm，其净距不应大于 $15t$（对受压构件）或 $30t$（对受拉构件），t 为较薄焊件厚度。腐蚀环境中板件间需要密闭，因而不宜采用断续角焊缝。承受动荷载时，严禁采用断续坡口焊缝和断续角焊缝。

3.2.6　直角角焊缝连接计算的应用举例

3.2.6.1　承受轴心力作用

【例3-1】　试验算图 3-22 所示直角角焊缝的强度。已知焊缝承受的静态斜向力设计值 $N = 280$ kN，$\theta = 60°$，角焊缝的焊脚尺寸 $h_f = 8$ mm，实际长度 $l_w = 155$ mm，钢材为 Q355B，手工焊，焊条为 E50 型。

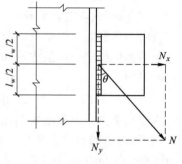

图 3-22　例 3-1 图

解： 将斜向力 N 分解为垂直于焊缝的分力 N_y 和平行于焊缝的分力 N_x，即：

$$N_x = N\sin\theta = N\sin 60° = 280 \times \frac{\sqrt{3}}{2} = 242.5 \text{ kN}$$

$$N_y = N\cos\theta = N\cos 60° = 280 \times \frac{1}{2} = 140.0 \text{ kN}$$

$$\sigma_f = \frac{N_x}{2 \times 0.7 h_f l_w} = \frac{242.5 \times 10^3}{2 \times 0.7 \times 8 \times (155 - 16)} = 155.8 \text{ MPa}$$

$$\tau_f = \frac{N_y}{2 \times 0.7 h_f l_w} = \frac{140.0 \times 10^3}{2 \times 0.7 \times 8 \times (155 - 16)} = 89.9 \text{ MPa}$$

角焊缝同时承受 σ_f 和 τ_f 的作用，可用式（3-7）验算。

$$\sqrt{\left(\frac{\sigma_f}{\beta_f}\right)^2 + \tau_f^2} = \sqrt{\left(\frac{155.8}{1.22}\right)^2 + 89.9^2} = 156.2 \text{ MPa} < f_f^w = 200 \text{ MPa}$$

【例3-2】　试设计用两块拼接盖板对接连接（见图3-23）。已知钢板宽 $B = 270$ mm，厚度 $t_1 = 28$ mm，拼接盖板厚度 $t_2 = 16$ mm。该连接承受的静态轴心力设计值 $N = 1750$ kN，钢材为 Q355B，手工焊，焊条为 E50 型的非低氢型焊条，焊前不预热。

解： 设计拼接盖板的对接连接时可以先假定焊脚尺寸求焊缝长度，再由焊缝长度确定

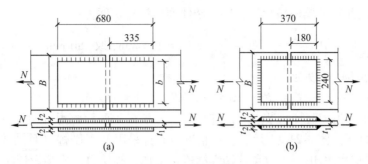

图 3-23　例 3-2 图

拼接盖板的尺寸。

角焊缝的最大焊脚尺寸：$h_{max} = t_2 - (1 \sim 2)\ \text{mm} = 16 - (1 \sim 2) = 14 \sim 15\ \text{mm}$。焊接采用不预热的非低氢型焊接方法，焊接连接部位中较厚板件厚度 $t_1 = 28\ \text{mm} > 20\ \text{mm}$，由表 3-2 可查得角焊缝的最小焊脚尺寸为 8 mm。故可取 $h_1 = 10\ \text{mm}$。

（1）采用两面侧焊（见图 3-23（a））。按式（3-9）可得连接一侧所需焊缝的总长度：

$$\sum l_w = \frac{N}{h_e f_f^w} = \frac{1750 \times 10^3}{0.7 \times 10 \times 200} = 1250\ \text{mm}$$

此对接连接采用上下两块拼接盖板，共有 4 条侧焊缝，故一条侧焊缝的实际长度为：

$$l_w' = \frac{\sum l_w}{4} + 2h_f = \frac{1250}{4} + 2 \times 10 = 332.5\ \text{mm} < 60h_f = 60 \times 10 = 600\ \text{mm}$$

考虑两块被连接钢板间的间隙（10 mm）后，所需拼接盖板长度为：

$$L = 2l_w' + 10 = 2 \times 332.5 + 10 = 675\ \text{mm}，取\ 680\ \text{mm}$$

拼接盖板的宽度 b 就是两条侧面角焊缝之间的距离，应根据强度条件（等强）和构造要求确定。

强度条件：在钢材种类相同的情况下，拼接盖板的截面积 A' 应等于或大于被连接钢板的截面面积 A。

选定拼接盖板宽度 $b = 240\ \text{mm}$，则 $A' = 240 \times 2 \times 16 = 7680\ \text{mm}^2 > A = 270 \times 28 = 7560\ \text{mm}^2$，$b > 7560/(2 \times 16) = 236.3\ \text{mm}$，取 $b = 240\ \text{mm}$ 可满足强度条件。

构造要求：$b = 240\ \text{mm} < l_w = 335\ \text{mm}$，但 $b > 200\ \text{mm}$，不满足构造要求，应对连接盖板加横向角焊缝或中间塞焊方能满足设计要求。考虑到需要增设横向角焊缝，因此，本题可直接采用三面围焊方式进行设计。

（2）采用三面围焊（见图 3-23（b））。三面围焊形式可以减小两侧侧面角焊缝长度，从而减小拼接盖板的尺寸。设拼接盖板的宽度与采用两面侧焊时相同，故仅需求得盖板长度。考虑到正面角焊缝的强度及刚度均较侧面角焊缝大，所以采用三面围焊连接时先计算正面角焊缝所能够承受的最大内力 N'，余下内力（$N - N'$）再由侧面角焊缝承担。

已知正面角焊缝的长度 $l_w = b = 240\ \text{mm}$，则正面角焊缝所能承受的内力：

$$N' = 2h_e l_{w1} \beta_f f_f^w = 2 \times 0.7 \times 10 \times 240 \times 1.22 \times 200 = 819.8\ \text{kN}$$

连接一侧侧面角焊缝总长度为：

$$\sum l_w = \frac{N - N'}{h_e f_f^w} = \frac{1750 \times 10^3 - 819.8 \times 10^3}{0.7 \times 10 \times 200} = 664\ \text{mm}$$

连接一侧共有 4 条侧面角焊缝，则一条侧面角焊缝长度为：

$$l'_w = \frac{\sum l_w}{4} + h_f = \frac{664}{4} + 10 = 176 \text{ mm}，取 180 \text{ mm}$$

所需拼接盖板的长度为：

$$L = 2l'_w + 10 = 2 \times 180 + 10 = 370 \text{ mm}$$

在钢桁架中，角钢腹杆与节点板的连接焊缝一般采用两面侧焊（见图 3-24（a）），也可采用三面围焊（见图 3-24（b）），特殊情况也允许采用 L 形围焊（见图 3-24（c））。桁架角钢腹杆受轴心力作用，为避免杆端焊缝连接出现偏心受力，连接设计时应考虑将焊缝群所传递的合力作用线与角钢杆件轴线相重合。

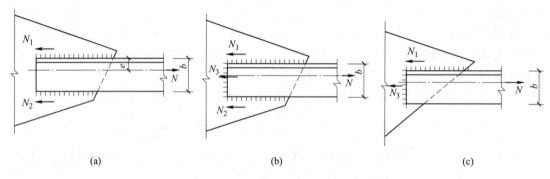

图 3-24　桁架腹杆与节点板的连接

1）对于三面围焊，已知正面角焊缝的计算长度 l_{w3} 等于角钢肢宽 b，故先假定正面角焊缝的焊脚尺寸 h_{f3}，求出正面角焊缝所分担的轴心力 N_3 为：

$$N_3 = 2 \times 0.7 h_{f3} l_{w3} \beta_f f_f^w \tag{3-13}$$

由平衡条件（$\sum M = 0$）可分别求得角钢肢背和肢尖侧面角焊缝所分担的轴力：

$$N_1 = \frac{N(b-e)}{b} - \frac{N_3}{2} = \alpha_1 N - \frac{N_3}{2} \tag{3-14}$$

$$N_2 = \frac{Ne}{b} - \frac{N_3}{2} = \alpha_2 N - \frac{N_3}{2} \tag{3-15}$$

式中　N_1，N_2——角钢肢背和肢尖上的侧面角焊缝所分担的轴力；

　　　　e——角钢的形心距；

　　　　α_1，α_2——角钢肢背和肢尖焊缝的内力分配系数，设计时可近似取 $\alpha_1 = \frac{2}{3}$，$\alpha_2 = \frac{1}{3}$。

2）对于两面侧焊，因 $N_3 = 0$，由式（3-14）和式（3-15）可得：

$$N_1 = \alpha_1 N \tag{3-16}$$

$$N_2 = \alpha_2 N \tag{3-17}$$

由式（3-14）~式（3-17）求得各条侧面角焊缝所受的内力后，按构造要求（角焊缝的尺寸限制）假定肢背和肢尖焊缝的焊脚尺寸，即可求出两侧面角焊缝的计算长度：

$$l_{w1} = \frac{N_1}{2 \times 0.7 h_{f1} f_f^w} \tag{3-18}$$

$$l_{w2} = \frac{N_2}{2 \times 0.7 h_{f2} f_f^i} \tag{3-19}$$

式中　h_{f1}，l_{w1}——一个角钢肢背上侧面角焊缝的焊脚尺寸及计算长度；

$\qquad$ h_{f2}，l_{w2}——一个角钢肢尖上侧面角焊缝的焊脚尺寸及计算长度。

对于三面围焊，由于在杆件端部转角处必须连续施焊，每条侧面角焊缝只有一端可能起灭弧，故侧面角焊缝实际长度为计算长度加 h_f。对于两面侧焊，如果在杆件端部转角处连续做 $2h_f$ 的绕角焊，则侧面角焊缝实际长度为计算长度加 h_f；如果在杆件端部未做绕角焊，则侧面角焊缝实际长度为计算长度加 $2h_f$。

3）对于 L 形围焊，其仅在杆件受力很小时采用，由于只有正面角焊缝和角钢肢背上的侧面角焊缝，可令式（3-15）中的 $N_2 = 0$，得：

$$N_3 = 2\alpha_2 N \tag{3-20}$$
$$N_1 = N - N_3 \tag{3-21}$$

角钢肢背上的角焊缝计算长度可按式（3-18）计算，由于在杆件端部转角处必须连续施焊，侧面角焊缝只有一端可能起灭弧，因此侧面角焊缝实际长度为计算长度加 h_f。角钢端部的正面角焊缝的长度已知，可按式（3-22）计算其焊脚尺寸：

$$h_{f3} = \frac{N_3}{2 \times 0.7 l_{w3} \beta_f f_f^w} \tag{3-22}$$

式中，$l_{w3} = b$（采用 $2h_f$ 的绕角焊）或 $l_{w3} = b - h_{f3}$（未采用绕角焊）。

【例 3-3】　如图 3-25 所示钢桁架，角钢腹杆与节点板连接，承受静态轴心力，采用三面围焊连接，试确定该连接的承载力及肢尖焊缝长度。已知角钢为 2L125×10，与厚度 8 mm 的节点板连接，搭接长度（肢背焊缝长度）为 300 mm，焊缝焊脚尺寸均为 $h_f = 8$ mm，钢材为 Q355B，手工焊，焊条为 E50 型。

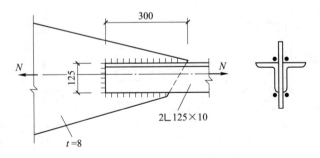

图 3-25　例 3-3 图

解：由式（3-13）可得正面角焊缝所能承担的内力 N_3 为：

$\qquad N_3 = 2 \times 0.7 h_f b \beta_f f_f^w = 2 \times 0.7 \times 8 \times 125 \times 1.22 \times 200 = 341.6$ kN

肢背角焊缝承受的内力 N_1 为：

$\qquad N_1 = 2 \times 0.7 h_f l_{w1} f_f^w = 2 \times 0.7 \times 8 \times (300 - 8) \times 200 = 654.1$ kN

由式（3-14）知，$N_1 = \alpha_1 N - \dfrac{N_3}{2} = 0.67N - \dfrac{341.6}{2} = 654.1\ \text{kN}$，可求得：

$$N = 1231.2\ \text{kN}$$

由式（3-15）计算肢尖焊缝承受的内力 N_2，为：

$$N_2 = \alpha_2 N - \frac{N_3}{2} = 0.33 \times 1231.2 - \frac{341.6}{2} = 235.5\ \text{kN}$$

由此可算出肢尖焊缝的实际长度为：

$$l'_{w2} = \frac{N_2}{2 \times 0.7 h_f f_f^w} + h_f = \frac{235.5 \times 10^3}{2 \times 0.7 \times 8 \times 200} + 8 = 113\ \text{mm}$$

3.2.6.2　承受弯矩、剪力或轴力作用

图 3-26（a）所示的双面角焊缝连接承受偏心斜拉力 N 作用，将作用力 N 分解为 N_x 和 N_y 两个分力后，可知角焊缝同时受轴心力 N_x、剪力 N_y 以及偏心弯矩 $M = N_x e$ 的共同作用。从焊缝计算截面上的应力分布（见图 3-26（b））可以看出，A 点应力最大为控制设计点，此时对整个角焊缝连接的计算就转化为对 A 点应力的验算，如果该点强度满足要求，则角焊缝连接可以安全承载。

A 点处垂直于焊缝长度方向的应力由轴心拉力 N_x 产生的应力 σ_N 以及由弯矩 M 产生的应力 σ_M 两部分组成，这两部分应力在 A 点处的方向相同，可直接叠加，故 A 点垂直于焊缝长度方向的应力为：

$$\sigma_f = \sigma_N + \sigma_M = \frac{N_x}{A_e} + \frac{M}{W_e} = \frac{N_x}{2h_e l_w} + \frac{6M}{2h_e l_w^2} \tag{3-23}$$

式中　A_e——全部焊缝有效截面面积。

　　　W_e——全部焊缝有效截面对中和轴的抗弯截面模量。

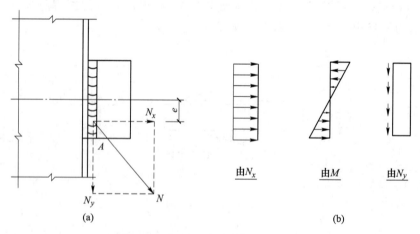

图 3-26　承受偏心斜拉力的角焊缝

A 点处平行于焊缝长度方向的应力由剪力 N_y 产生，有：

$$\tau_f = \frac{N_y}{A_e} = \frac{N_y}{2h_e l_w} \tag{3-24}$$

将 σ_f、τ_f 代入式（3-7）即可验算焊缝 A 点处的强度。

图 3-27（a）所示的工字形梁（或牛腿）与钢柱翼缘的角焊缝连接，承受弯矩 M 和剪力 V 的联合作用。在计算该类连接焊缝应力时有以下两种方法。

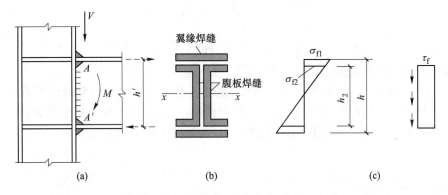

图 3-27 工字形梁（或牛腿）的角焊缝连接

方法一：假设腹板焊缝承受全部剪力，全部焊缝承受弯矩。由于翼缘焊缝只承受垂直于焊缝长度方向的弯曲应力，此弯曲应力沿梁高呈三角形分布（见图 3-27（c）），最大应力发生在翼缘焊缝的最外纤维处，因此该处的应力需满足角焊缝的强度条件为：

$$\sigma_{f1} = \frac{M}{I_w} \cdot \frac{h}{2} \leq \beta_f f_f \tag{3-25}$$

式中　M——全部焊缝能承受的弯矩；

　　　h——上下翼缘焊缝有效截面最外纤维之间的距离；

　　　I_w——全部焊缝有效截面对中和轴的惯性矩。

腹板焊缝承受两种应力的联合作用，即垂直于焊缝长度方向并沿梁高呈三角形分布的弯曲应力，以及平行于焊缝长度方向并沿焊缝截面均匀分布的剪应力。设计控制点为翼缘焊缝与腹板焊缝的交点处 A（或 A'），此处的弯曲应力和剪应力分别按式（3-26）和式（3-27）计算。

$$\sigma_{f2} = \frac{M}{I_w} \cdot \frac{h_2}{2} \tag{3-26}$$

$$\tau_f = \frac{V}{\sum (h_{e2} l_{w2})} \tag{3-27}$$

式中　　h_2——腹板焊缝的实际长度；

$\sum (h_{e2} l_{w2})$——腹板焊缝有效截面面积之和。

则腹板焊缝在 A 点（或 A' 点）的强度验算式为：

$$\sqrt{\left(\frac{\sigma_{f2}}{\beta_f}\right)^2 + \tau_f^2} \leq f_f^w \tag{3-28}$$

方法二：假设腹板焊缝承受全部剪力，翼缘焊缝承受全部弯矩。由于翼缘焊缝承担全部弯矩，因此可以将弯矩 M 化为一对水平力 $H = M/h'$，其中 h' 为翼缘板中心间的距离，详见图 3-27（a），则翼缘焊缝的强度计算式为：

$$\sigma_{\mathrm{f}} = \frac{H}{h_{\mathrm{e}1}l_{\mathrm{w}1}} \leqslant \beta_{\mathrm{f}}f_{\mathrm{f}}^{\mathrm{w}} \tag{3-29}$$

腹板焊缝的强度计算式为：

$$\tau_{\mathrm{f}} = \frac{V}{2h_{\mathrm{e}2}l_{\mathrm{w}2}} \leqslant f_{\mathrm{f}}^{\mathrm{w}} \tag{3-30}$$

式中　　$h_{\mathrm{e}1}l_{\mathrm{w}1}$ —— 一个翼缘上的角焊缝有效截面面积；

　　　　$2h_{\mathrm{e}2}l_{\mathrm{w}2}$ ——两条腹板焊缝的有效截面面积。

【例3-4】　如图 3-28（a）所示的牛腿与钢柱连接节点，静态荷载设计值 $N = 365$ kN，偏心距 $e = 350$ mm，焊脚尺寸 $h_{\mathrm{f}1} = 8$ mm，$h_{\mathrm{f}2} = 6$ mm，试验算连接角焊缝的强度。钢材为Q355B，焊条为 E50 型，手工焊。图 3-28（b）为焊缝有效截面的示意图。

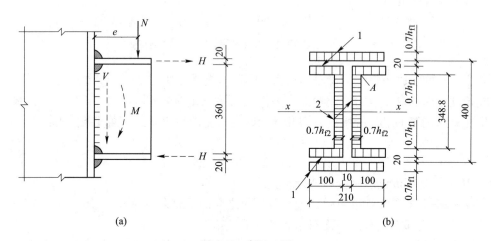

(a)　　　　　　　　　　　　　　　　　(b)

图 3-28　例 3-4 图

解：竖向力 N 在角焊缝形心处引起剪力 $V = N = 365$ kN 和弯矩 $M = Ne = 365 \times 0.35 = 127.8$ kN·m。

方法一：考虑腹板焊缝参与传递弯矩。全部焊缝有效截面对中和轴的惯性矩为：

$$\begin{aligned} I_x &= 2 \times \frac{4.2 \times 348.8^3}{12} + 2 \times 210 \times 5.6 \times 202.8^2 + 4 \times 100 \times 5.6 \times 177.2^2 \\ &= 196.8 \times 10^6 \text{ mm}^4 \end{aligned}$$

由式（3-25）可知，翼缘焊缝的最大应力为：

$$\sigma_{\mathrm{f}} = \frac{M}{I_x} \cdot \frac{h}{2} = \frac{127.8 \times 10^6}{196.8 \times 10^6} \times 205.6 = 133.5 \text{ MPa} < \beta_{\mathrm{f}}f_{\mathrm{f}}^{\mathrm{w}} = 1.22 \times 200 = 244 \text{ MPa}$$

可见翼缘焊缝满足强度要求。

由比例关系得腹板焊缝由弯矩 M 引起的最大应力（图中"A"点处）为：

$$\sigma_{\mathrm{f}2} = 133.5 \times \frac{174.4}{205.6} = 113.2 \text{ MPa}$$

由式（3-27）可知，剪力 V 在腹板焊缝中产生的平均剪应力为：

$$\tau_{\mathrm{f}} = \frac{V}{\sum(h_{\mathrm{e}2}l_{\mathrm{w}2})} = \frac{365 \times 10^3}{2 \times 0.7 \times 6 \times 348.8} = 124.6 \text{ MPa}$$

将求得的 σ_{f2}、τ_f 代入式（3-28），得腹板焊缝的强度（A 点为设计控制点）为：

$$\sqrt{\left(\frac{\sigma_{f2}}{\beta_f}\right)^2 + \tau_f^2} = \sqrt{\left(\frac{113.2}{1.22}\right)^2 + 124.6^2} = 155.4 \text{ MPa} < f_f^w = 200 \text{ MPa}$$

可见腹板焊缝也满足强度要求。

方法二：不考虑腹板焊缝参与传递弯矩。翼缘焊缝所承担的水平力为：

$$\tau_T = \frac{Tr}{I_p}$$

$$H = \frac{M}{h} = \frac{127.8 \times 10^6}{380} = 336.3 \text{ kN}(h \text{ 值近似取为翼缘板中线间距离})$$

由式（3-29）可知，翼缘焊缝的强度：

$$\sigma_f = \frac{H}{h_{e1}l_{w1}} = \frac{336.3 \times 10^3}{0.7 \times 8 \times (210 + 2 \times 100)} = 146.5 \text{ MPa} < \beta_f f_f^w = 244 \text{ MPa}$$

满足要求。

腹板焊缝仅承担剪力，方法一中已计算，满足要求。

3.2.6.3 承受扭矩与剪力作用

图 3-29 所示为三面围焊的角焊缝连接，承受静态竖向剪力 $V = F$ 以及扭矩 $T = F(e_1 + e_2)$ 作用。

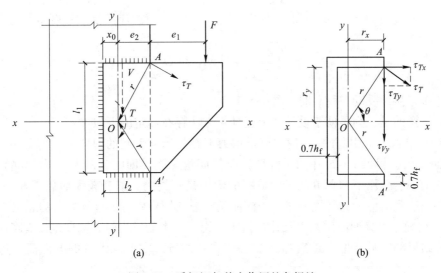

图 3-29 受扭矩与剪力作用的角焊缝

计算焊缝群在扭矩 T 作用下产生的应力时，可基于下列假定：

（1）假设角焊缝是弹性的，被连接件是绝对刚性并有绕焊缝形心 O 旋转的趋势；

（2）焊缝群上任一点的应力方向垂直于该点与焊缝形心的连线，且应力大小与连线长 r 成正比。

由以上假设，求解焊缝群在扭矩 T 作用下的剪应力可采用式（3-31）。

$$\tau_T = \frac{Tr}{I_{\mathrm{p}}} \tag{3-31}$$

式中　I_{p}——焊缝有效截面的极惯性矩，$I_{\mathrm{p}} = I_x + I_y$。

由图 3-29 可知，A 点（或 A' 点）距形心 O 点最远，由扭矩 T 引起的剪应力 τ_T 最大，故 A 点（或 A' 点）为设计控制点。

在扭矩 T 作用下 A 点（或 A' 点）的应力为：

$$\tau_T = \frac{Tr}{I_{\mathrm{p}}} = \frac{Tr}{I_x + I_y} \tag{3-32}$$

将 τ_T 沿 x 轴和 y 轴分解为：

$$\tau_{Tx} = \tau_T \sin\theta = \frac{Tr}{I_{\mathrm{p}}} \cdot \frac{r_y}{r} = \frac{Tr_y}{I_{\mathrm{p}}} \tag{3-33}$$

$$\tau_{Ty} = \tau_T \cos\theta = \frac{Tr}{I_{\mathrm{p}}} \cdot \frac{r_x}{r} = \frac{Tr_x}{I_{\mathrm{p}}} \tag{3-34}$$

由剪力 V 在焊缝群引起的剪应力 τ_V 按均匀分布考虑，A 点（或 A' 点）引起的应力 τ_{Vy} 为：

$$\tau_{Vy} = \frac{V}{\sum (h_{\mathrm{e}} l_{\mathrm{w}})} \tag{3-35}$$

则 A 点（或 A' 点）受到垂直于焊缝长度方向的应力为 $\sigma_{\mathrm{f}} = \tau_{Ty} + \tau_{Vy}$，$A$ 点（或 A' 点）沿焊缝长度方向的应力为 τ_{Tx}，最后得到 A 点（或 A' 点）合应力应满足的强度条件为：

$$\sqrt{\left(\frac{\tau_{Ty} + \tau_{Vy}}{\beta_{\mathrm{f}}} \right)^2 + \tau_{Tx}^2} \leqslant f_{\mathrm{f}}^{\mathrm{w}} \tag{3-36}$$

当连接直接承受动态荷载时，取 $\beta_{\mathrm{f}} = 1.0$。

需要注意的是，为了便于设计，上述计算方法存在一定的近似性：

（1）在求剪力 V 引起的 τ_{Ty} 时，假设剪力 V 在焊缝群引起的剪应力均匀分布。事实上由于正面角焊缝（即图 3-29 中水平焊缝）与侧面角焊缝（即图 3-29 中竖向焊缝）的强度不同，在轴心力作用下两者单位长度分担的应力是不同的，前者较大而后者较小，因此，假设轴心力产生的应力为平均分布，与前面基本公式推导中考虑焊缝方向的思路不符。

（2）在确定焊缝形心位置以及计算扭矩作用下产生的应力时，同样也没有考虑焊缝方向对计算结果的影响，但是最后却又在验算式（3-36）中考虑焊缝的方向而引进了系数 β_{f}。

【例 3-5】　如图 3-29 所示，钢板长度 $l_1 = 400$ mm，搭接长度 $l_2 = 300$ mm，静态荷载设计值 $F = 217$ kN，荷载至柱边缘的偏心距离 $e_1 = 300$ mm，焊缝焊脚尺寸均为 $h_{\mathrm{f}} = 8$ mm，试验算该角焊缝群的强度。钢材为 Q355B，焊条为 E50 型，手工焊。

解：图 3-29 所示三段焊缝组成的围焊共同承受剪力 $V = F$ 和扭矩 $T = F(e_1 + e_2)$ 的作用，焊缝有效截面的重心位置为：

$$x_0 = \frac{2l_2 \cdot l_2/2}{2l_2 + l_1} = \frac{300^2}{2 \times 300 + 400} = 90 \text{ mm}$$

在计算形心距 x_0 时，由于焊缝的实际长度稍大于 l_1 和 l_2，故焊缝的计算长度直接采

用 l_1 和 l_2，不再扣除水平焊缝的端部缺陷。

焊缝有效截面的极惯性矩：

$$I_x = \frac{1}{12} \times 0.7 \times 8 \times 400^3 + 2 \times 0.7 \times 8 \times 300 \times 200^2 = 164.3 \times 10^6 \ \text{mm}^4$$

$$I_y = \frac{1}{12} \times 2 \times 0.7 \times 8 \times 300^3 + 2 \times 0.7 \times 8 \times 300 \times (150 - 90)^2 + 0.7 \times 8 \times 400 \times 90^2$$
$$= 55.4 \times 10^6 \ \text{mm}^4$$

$$I_p = I_x + I_y = 219.7 \times 10^6 \ \text{mm}^4$$
$$r_x = e_2 = l_2 - x_0 = 300 - 90 = 210 \ \text{mm}$$
$$r_y = 200 \ \text{mm}$$

在扭矩 $T = F(e_1 + ez) = 217 \times (0.3 + 0.21) = 110.7 \ \text{kN·m}$ 作用下，A 点（或 A' 点）的应力分量 τ_{Tx} 与 τ_{Ty} 可由式（3-33）、式（3-34）计算，为：

$$\tau_{Tx} = \frac{Tr_y}{I_p} = \frac{110.7 \times 10^6 \times 200}{219.7 \times 10^6} = 100.8 \ \text{MPa}$$

$$\tau_{Ty} = \frac{Tr_x}{I_p} = \frac{110.7 \times 10^6 \times 210}{219.7 \times 10^6} = 105.8 \ \text{MPa}$$

在剪力 $V = 217 \ \text{kN}$ 作用下 A 点（或 A' 点）的应力 τ_{Vy} 由式（3-35）计算，为：

$$\tau_{Vy} = \frac{V}{\sum (h_e l_w)} = \frac{217 \times 10^3}{0.7 \times 8 \times (2 \times 300 + 400)} = 38.8 \ \text{MPa}$$

由图 3-29（b）可知，τ_{Ty} 与 τ_{Vy} 在 A 点（或 A' 点）的作用方向相同且垂直于焊缝长度方向，则：

$$\sigma_f = \tau_{Ty} + \tau_{Vy} = 105.8 + 38.8 = 144.6 \ \text{MPa}$$

τ_{Tx} 平行于焊缝长度方向，则 $\tau_f = \tau_{Tx}$。

最后由式（3-36）得：

$$\sqrt{\left(\frac{\sigma_f}{\beta_f}\right)^2 + \tau_f^2} = \sqrt{\left(\frac{144.6}{1.22}\right)^2 + 100.8^2} = 155.6 \ \text{MPa} < f_f^w = 200 \ \text{MPa}$$

焊缝强度满足要求。

3.3 对接焊缝连接的设计

3.3.1 焊透的对接焊缝连接设计

3.3.1.1 等级要求与强度计算

焊透的对接焊缝在连接处为完全熔透焊，如果焊缝中不存在任何缺陷的话，焊缝强度通常高于母材强度。但由于焊接技术问题，焊缝中可能有气孔、夹渣、咬边、未焊透等缺陷。实验证明，焊接缺陷对受压、受剪的对接焊缝影响不大，故可认为受压、受剪的对接焊缝强度与母材强度相等。但受拉的对接焊缝对缺陷甚为敏感，当缺陷面积与焊件截面面积之比超过 5% 时，对接焊缝强度的抗拉强度将明显下降。由于三级检验的对接焊缝允许存在的缺陷较多,因此其抗拉强度取为母材抗拉强度的85%,而一、二级检验的对接焊缝的抗拉强度可认为与母材抗拉强度相等。

由于焊透的对接焊缝已经成为焊件截面的组成部分,所以焊透的对接焊缝的强度计算与构件的强度计算一样(只是在计算三级焊缝的抗拉连接时,其强度设计值有所降低),即:

$$\sigma = \frac{N_y}{h_e l_w} \leqslant f_t^w \text{ 或} f_e^w \qquad (3\text{-}37)$$

式中　　l_w——对接焊缝的计算长度,当未采用引弧板(引出板)时,取实际长度减去$2t$;

　　　　h_e——对接焊缝的计算厚度,在对接连接节点中取连接件的较小厚度;

　　f_t^w,f_e^w——对接焊缝的抗拉、抗压强度设计值。

对于需进行疲劳验算的构件,为提高连接可靠性,要求垂直于作用力方向的横向对接焊缝受拉时应为一级,受压时不应低于二级;平行于作用力方向的纵向对接焊缝不应低于二级。对于不需要计算疲劳的构件,其要求可适当降低,此时受拉对接焊缝不应低于二级,受压对接焊缝不宜低于二级。

3.3.1.2　构造要求

在对接焊缝的拼接处,当焊件的宽度不同或厚度在一侧相差4 mm以上时,宜分别在宽度方向或厚度方向从一侧或两侧做成坡度不大于1:2.5的斜角(见图3-30),以使截面过渡平缓,减小应力集中。不同板厚的对接连接承受动载时,均应按此要求做成平缓过渡。

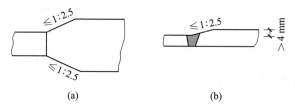

图3-30　不等宽和不等厚钢板的拼接
(a)改变宽度;(b)改变厚度

在对接焊缝的起灭弧处常会出现弧坑等缺陷,这些缺陷对连接承载力影响很大,故焊接时一般应设置引弧板和引出板(见图3-31),焊后将它割除。凡要求等强的对接焊缝施焊时均应采用引弧板和引出板,以避免焊缝两端的起、落弧缺陷。承受静力荷载的结构在设置引弧板(引出板)有困难时,允许不设置引弧板(引出板),此时可令焊缝计算长度等于实际长度减去$2t$(t为较薄板件厚度)。

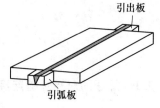

图3-31　引弧板和引出板

3.3.2　焊透的对接焊缝连接应用举例

3.3.2.1　承受轴心力作用

【例3-6】　如图3-32所示,两块钢板通过对接焊缝连接成一个整体,钢板宽度$a =$

540 mm，厚度 $t = 22$ mm，轴拉力设计值为 $N = 3100$ kN。钢材为 Q355B，手工焊，焊条为 E50 型，对接焊缝为三级，施焊时加引弧板（引出板），试验算该对接焊缝的强度。（注：由于对接焊缝一般采用焊透的对接焊缝形式，因此如果不做特别说明，对接焊缝就是指焊透的对接焊缝）

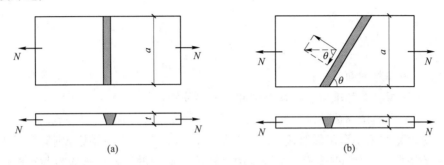

图 3-32 对接焊缝受轴心力

分析：焊透的对接焊缝的强度计算与构件的强度计算方法相同，而构件的应力 $c = 3100 \times 10^3 / (540 \times 22) = 260.9$ MPa $\leqslant f = 295$ MPa，所以，如果该焊缝采用一级或二级对接焊缝（焊缝强度与母材强度等强），则该连接可以不必计算。

由于本题为三级对接焊缝受拉，因此需验算受拉时的对接焊缝强度（三级对接焊缝受压也不必计算），计算公式见式（3-38），式中 t 为对接接头中连接件的较小厚度。

$$\sigma = \frac{N_y}{l_w t} \leqslant f_t^w \tag{3-38}$$

如果图 3-32（a）所示的直缝形式不能满足强度要求时，可采用图 3-32（b）所示的斜对接焊缝。计算表明：当焊缝与作用力间的夹角 θ 满足 $\tan\theta \leqslant 1.5$（即 $\theta \leqslant 56°$）时，斜焊缝的强度不低于母材强度，可不再进行验算。

解：直对接焊缝的计算长度 $l_w = 540$ mm，由式（3-38）得焊缝正应力为：

$$\sigma = \frac{N}{l_w t} = \frac{3100 \times 10^3}{540 \times 22} = 260.9 \text{ MPa} > f_w^w = 250 \text{ MPa}$$

由计算可知采用直对接焊缝不满足要求，改用斜对接焊缝并取 $\theta = 56°$，则焊缝计算长度 $l_w = 651$ mm。斜对接焊缝的应力计算如下：

正应力

$$\sigma = \frac{N\sin\theta}{l_w t} = \frac{3100 \times 10^3 \times \sin56°}{651 \times 22} = 179.4 \text{ MPa} < f_w^w = 250 \text{ MPa}$$

剪应力

$$\tau = \frac{N\cos\theta}{l_w t} = \frac{3100 \times 10^3 \times \cos56°}{651 \times 22} = 121.0 \text{ MPa} < f_v^w = 170 \text{ MPa}$$

此题也印证了：当三级焊缝受拉采用斜对接焊缝并取 $\tan\theta \leqslant 1.5$ 时，对接焊缝能够满足强度要求，故可不必验算。

3.3.2.2 承受弯矩、剪力或轴力作用

先讨论对接焊缝受弯矩、剪力或轴力作用时的一般情况。

（1）受弯剪的钢板对接焊缝（见图 3-33（a））。由于焊缝截面是矩形，根据材料力学的知识可知，正应力与剪应力图形分别为三角形与抛物线形，其最大值应分别满足式（3-39）和式（3-40）所列强度条件。

$$\sigma_{\max} = \frac{M}{W_w} = \frac{6M}{l_w^2 t} \leqslant f_t^w \tag{3-39}$$

$$\tau_{\max} = \frac{VS_w}{I_w t} = \frac{3}{2} \cdot \frac{V}{l_w t} \leqslant f_v^w \tag{3-40}$$

式中　　W_w ——焊缝截面模量；

　　　　S_w ——焊缝中和轴以上截面对中和轴的面积矩；

　　　　I_w ——焊缝截面惯性矩。

（2）受弯剪的工字形截面对接焊缝（见图 3-33（b））。焊缝除应分别验算最大正应力和最大剪应力外，对于同时受有较大正应力和较大剪应力的位置（如腹板与翼缘的交接点处），还应按式（3-41）验算折算应力（即材料力学中的第四强度理论）。

$$\sigma_{red} = \sqrt{\sigma_1^2 + 3\tau_1^2} \leqslant 1.1 f_t^w \tag{3-41}$$

式中　　σ_1，τ_1 ——验算点处的焊缝正应力和剪应力；

　　　　1.1 ——考虑到最大折算应力只在局部位置出现，而将强度设计值适当提高。

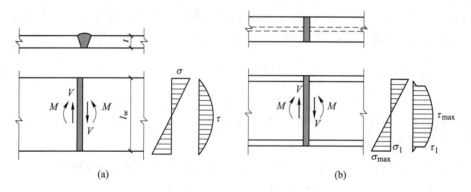

图 3-33　对接焊缝受弯矩和剪力联合作用

（3）受弯剪以及轴力共同作用的对接焊缝。当轴力与弯矩、剪力共同作用时，焊缝的最大正应力即为轴力和弯矩引起的正应力之和，最大剪应力按式（3-40）验算，折算应力仍按式（3-41）验算。

【例 3-7】　如图 3-34 所示，工字形截面牛腿与钢柱通过对接焊缝连接在一起，竖向集中力设计值 $F = 550$ kN，偏心距 $e = 300$ mm。钢材为 Q355B，手工焊，焊条为 E50 型，对接焊缝为三级，上、下翼缘施焊时加引弧板（引出板），试验算该对接焊缝的强度。

解：本题即上述分析中的情况（2），故需验算 $\sigma_{\max}$、$T_{\max}$ 以及 "1" 点的 σ_{red}（因为上翼缘和腹板交接处 "1" 点同时受有较大的正应力和剪应力）。由于对接焊缝计算截面与牛腿截面相同，因此可求得焊缝截面特性如下：

$$I_x = \frac{1}{12} \times 12 \times 380^3 + 2 \times 16 \times 260 \times 198^2 = 381.0 \times 10^6 \text{ mm}^4$$

$$S_{x1} = 260 \times 16 \times 198 = 823.7 \times 10^3 \text{ mm}^3$$

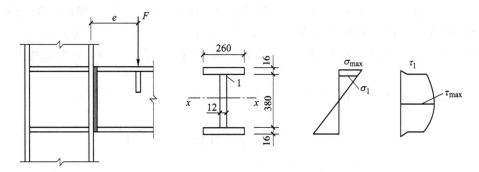

图 3-34 例 3-7 图

$$V = F = 550 \text{ kN}$$
$$M = 550 \times 0.3 = 165 \text{ kN} \cdot \text{m}$$

最大正应力：

$$\sigma_{max} = \frac{M}{I_x} \cdot \frac{h}{2} = \frac{165 \times 10^6 \times 206}{381.0 \times 10^6} = 89.2 \text{ MPa} < f_t^w = 260 \text{ MPa}$$

最大剪应力：

$$\tau_{max} = \frac{V}{I_x t} S_x = \frac{550 \times 10^3}{381.0 \times 10^6 \times 12} \times \left(260 \times 16 \times 198 + 190 \times 12 \times \frac{190}{2}\right)$$
$$= 125.1 \text{ MPa} < f_v^w = 175 \text{ MPa}$$

"1"点的正应力：

$$\sigma_1 = \sigma_{max} \frac{190}{206} = 89.2 \times \frac{190}{206} = 82.3 \text{ MPa}$$

"1"点的剪应力：

$$\tau_{-1} = \frac{V S_{x1}}{I_x t} = \frac{550 \times 10^3 \times 823.7 \times 10^3}{381.0 \times 10^6 \times 12} = 99.1 \text{ MPa}$$

"1"点的折算应力：

$$\sigma_{red} = \sqrt{82.3^2 + 3 \times 99.1^2} = 190.4 \text{ MPa} < 1.1 \times 260 = 286 \text{ MPa}$$

由上述计算可知，该对接焊缝连接的强度满足承载力要求。

3.3.3 部分焊透的对接焊缝连接设计

对于受力较小的对接焊缝，没有必要全部焊透，此时可采用部分焊透的对接焊缝（见图 3-7）。部分焊透的对接焊缝坡口形式分 V 形、单边 V 形、U 形、J 形和 K 形。

部分焊透的对接焊缝实际上可视为在坡口内焊接的角焊缝，故其强度计算方法与前述直角角焊缝相同，除在垂直于焊缝长度方向的压力作用下取 $\beta_f = 1.22$ 外，其他情况均偏安全地取 $\beta_f = 1.0$。由于焊缝熔合线上的强度略低，而对于图 3-7（b）、（d）和（e）所示这三种情况，熔合线处焊缝截面边长等于或接近于最短距离 s，故对这三种情况的抗剪强度设计值应按角焊缝的强度设计值乘以 0.9。

相应于角焊缝的有效厚度 h_e，部分焊透对接焊缝 h'_e 的取法规定如下：

（1）对 U 形、J 形和坡口角 $\alpha \geqslant 60°$ 的 V 形坡口焊缝，h_e 取为焊缝根部至焊缝表面（不考虑余高）的最短距离 s，即 $h_e = s$；

（2）对于 $\alpha < 60°$ 的 V 形坡口焊缝，考虑到焊缝根部处不易焊满，因此，将 h_e 降低，取 $h_e = 0.75s$；

（3）对 K 形和单边 V 形坡口焊缝，当 $\alpha = 45° \pm 5°$ 时，取 $h_e = s - 3$ mm。

3.4　焊接残余应力和焊接变形

3.4.1　焊接残余应力的分类

焊接过程是一个不均匀加热和冷却的过程。施焊时焊件上产生不均匀的温度场，焊缝及附近温度最高，可达 1600 ℃ 以上，而邻近区域温度则急剧下降，如图 3-35（a）和（b）所示。不均匀的温度场产生不均匀的膨胀，温度高的钢材膨胀大，但受到周围温度较低、膨胀量较小的钢材所限制，产生热态塑性压缩。焊缝冷却时，被塑性压缩的焊缝区趋向于缩短，但受到周围钢材限制而产生拉应力。在低碳钢和低合金钢中，这种拉应力经常达到钢材的屈服强度。焊接残余应力是一种无荷载作用下的内应力，因此会在焊件内部自相平衡，这就必然在距焊缝稍远区段内产生压应力。

焊接残余应力分为沿焊缝长度方向的纵向残余应力、垂直于焊缝长度方向的横向残余应力以及沿钢板厚度方向的残余应力。

（1）纵向焊接残余应力。纵向焊接残余应力是由焊缝的纵向收缩引起的。一般情况下，焊缝区及近焊缝两侧的纵向应力为拉应力区，远离焊缝的两侧为压应力区，如图 3-35（c）所示。

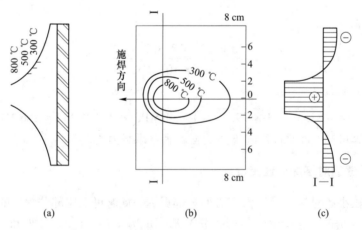

图 3-35　施焊时焊缝及附近的温度场和焊接残余应力

（a），（b）施焊时焊缝及其附近的温度场；（c）钢板上的纵向焊接残余应力

（2）横向焊接残余应力。横向焊接残余应力是由两部分收缩力引起的。一是由于焊缝纵向收缩，两块钢板趋向于形成反方向的弯曲变形，但实际上焊缝将两块钢板连成整体不能分开，于是两块板的中间产生横向拉应力，而两端则产生压应力，如图 3-36（a）和（b）所示；二是由于先焊的焊缝已经凝固，阻止后焊焊缝在横向自由膨胀，使后焊焊缝

发生横向的塑性压缩变形。当后焊焊缝冷却时，其收缩受到已凝固的先焊焊缝限制而产生横向拉应力，而先焊部分则产生横向压应力，因应力自相平衡，更远处的另一端焊缝则受拉应力，如图 3-36（c）所示。焊缝的横向应力就是上述两部分应力合成的结果，如图 3-36（d）所示。

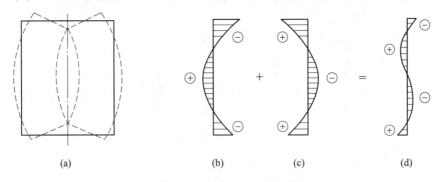

图 3-36 焊缝的横向焊接残余应力

（3）厚度方向的焊接残余应力。在厚钢板的焊接连接中，焊缝需要多层施焊。因此，除有纵向和横向残余应力 σ_x、σ_y 外，还存在沿钢板厚度方向的焊接残余应力 σ_z，如图 3-37 所示。这三种应力形成三向拉应力场，将大大降低连接的塑性。

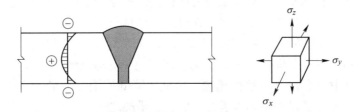

图 3-37 厚板中的焊接残余应力

3.4.2 焊接残余应力对结构性能的影响

焊接残余应力对结构性能的影响如下：

（1）对结构静力强度的影响。对在常温下工作并具有一定塑性的钢材，在静荷载作用下，焊接残余应力不会影响结构强度。设轴心受拉构件在受荷前（$N=0$）截面上就存在纵向焊接残余应力，并假设其分布如图 3-38（a）所示。由于截面 A 中，部分的焊接残余拉应力已达屈服点 f_y，在轴心力 N 作用下该区域的应力将不再增加，如果钢材具有一定的塑性，拉力 N 就仅由受压的弹性区 A_t 承担。两侧受压区应力由原来受压逐渐变为受拉，最后应力也达到屈服点 f_y，这时全截面应力都达到 f_y，如图 3-38（b）所示。

由于焊接残余应力自相平衡，因此受拉区应力面积 A_t 必然和受压区应力面积 A_e 相等，即 $A_e = A_t = Btf_y$。则构件全截面达到屈服点 f_y 时所承受的外力 $N_y = A_e + (B-b)tf_y = Btf_y$，而 Btf_y 也就是无焊接残余应力且无应力集中现象的轴心受拉构件在全截面上的应力达到 f_y 时所承受的外力。由此可知，有焊接残余应力构件的承载能力和无焊接残余应力者完全相同，即焊接残余应力不影响结构的静力强度。

（2）对结构刚度的影响。构件内存在焊接残余应力时会降低结构的刚度。现仍以轴心

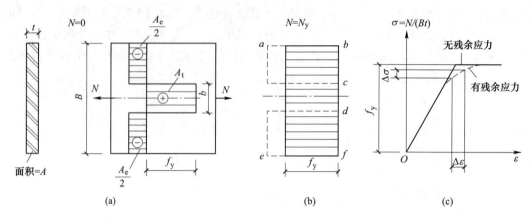

图 3-38　具有焊接残余应力的轴心受拉杆加荷时应力的变化情况

受拉构件为例加以说明，如图 3-38（a）所示。由于受荷前截面 $b \times t$ 部分的拉应力已达到 f_y，这部分截面的弹性模量为零，因而构件在拉力 N 作用下的应变增量为 $\Delta\varepsilon_1 = \Delta N[(B - b)tE]$；如果构件上无焊接残余应力存在，则在拉力作用下的应变增量为 $\Delta\varepsilon_2 = \Delta N/(BtE)$，显然 $\Delta\varepsilon_1 > \Delta\varepsilon_2$，如图 3-38（c）所示。因此，焊接残余应力的存在增大了结构的变形，降低了结构的刚度。对于轴心受压构件，焊接残余应力使其挠曲刚度减小，导致压杆稳定承载力降低，这方面的内容将在轴压构件章节中详细讨论。

（3）对低温工作的影响。厚板焊接处或具有交叉焊缝（见图 3-39）的部位，将产生三向焊接残余拉应力，阻碍这些区域塑性变形的发展，增加钢材在低温下的脆断倾向。因此，降低或消除焊缝中的焊接残余应力是改善结构低温冷脆性能的重要措施之一。

（4）对疲劳强度的影响。在焊缝及其附近的主体金属，焊接残余拉应力通常会达到钢材的屈服点，此部位正是形成和发展疲劳裂纹最为敏感的区域，因此，焊接残余应力对结构的疲劳强度有明显不利影响。

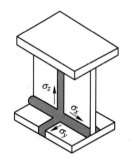

图 3-39　三向焊接残余应力

3.4.3　焊接变形的形式

在焊接过程中由于不均匀的加热和冷却，焊接区沿纵向和横向收缩时，构件势必产生焊接变形。焊接变形包括纵向收缩变形、横向收缩变形、弯曲变形、角变形和扭曲变形等（见图 3-40），通常表现为几种变形的组合。任一焊接变形超过《钢结构工程施工质量验收规范》的规定时，必须进行校正，以免影响构件在正常使用条件下的承载能力。

3.4.4　减少焊接应力和焊接变形的方法

3.4.4.1　设计上的措施

（1）焊接位置安排要合理。只要结构上允许，焊缝的布置宜对称于构件截面的形心轴，以减小焊接变形。图 3-41（a）和（c）所示的焊接处理措施就分别优于图 3-41（b）和（d）所示的情况。

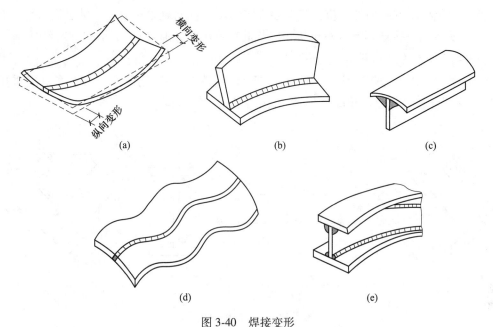

图 3-40 焊接变形

（a）纵、横向收缩变形；（b）弯曲变形；（c）角变形；（d）波浪变形；（e）扭曲变形

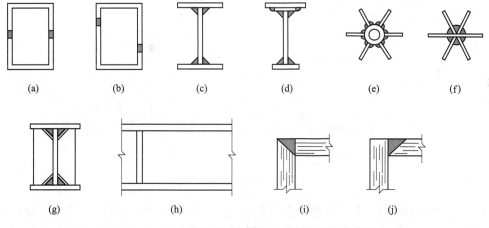

图 3-41 减小焊接应力和焊接变形影响的设计措施

（a）、（c）、（e）、（g）、（i）推荐；（b）、（d）、（f）、（h）、（j）不推荐

（2）焊缝尺寸要适当。在保证安全的前提下，不得随意加大焊缝厚度。焊缝尺寸过大容易引起过大的焊接残余应力，且在施焊时易发生焊穿、过烧等缺陷，未必有利于连接的强度。

（3）焊缝不宜过分集中。当几块钢板交汇于一处进行连接时，宜采取图 3-41（e）所示的方式；如采用图 3-41（f）所示的方式，热量高度集中会引起过大的焊接变形。

（4）避免焊缝双向或三向交叉。如图 3-41（g）和（h）所示，梁腹板加劲肋与腹板及翼缘的连接焊缝，就应通过切角的方式予以中断，以保证主要焊缝（翼缘与腹板的连接焊缝）连续通过。

（5）避免板厚方向的焊接应力。厚度方向的焊接收缩应力易引起板材层状撕裂，如图3-41（i）所示的焊接处理方式对于防止层状撕裂就比图3-41（j）所示的方式要好。

3.4.4.2   工艺上的措施

（1）采取合理的施焊次序。如图3-42所示，钢板对接采用分段退焊，厚焊缝采用分层焊，工字形截面采用对角跳焊，钢板拼接时采用分块拼接。

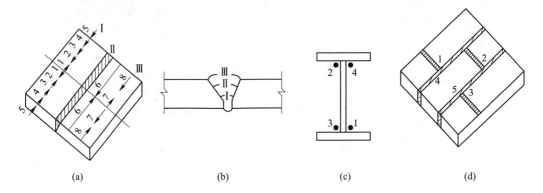

(a)   (b)   (c)   (d)

图 3-42   合理的施焊次序

（a）分段退焊；（b）沿厚度分层焊；（c）对角跳焊；（d）钢板分块拼接

（2）采用反变形。施焊前给构件一个与焊接变形反方向的预变形，使之与焊接所引起的变形相抵消，从而达到减小焊接变形的目的（见图3-43）。

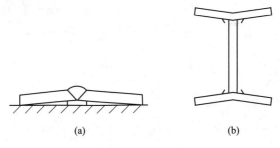

(a)   (b)

图 3-43   焊接前的反变形

（3）对于小型焊件，焊前预热或焊后回火（加热至600 ℃左右然后缓慢冷却）可以部分消除焊接应力和焊接变形，也可采用刚性固定法将构件加以固定来限制焊接变形，但增加了焊接应力。

3.5   螺栓连接的基本知识

3.5.1   螺栓连接的形式与特点

螺栓连接有普通螺栓连接和高强度螺栓连接两大类。

3.5.1.1   普通螺栓连接

普通螺栓分为A、B、C三级，其中A级和B级为精制螺栓，C级为粗制螺栓。A级和B级普通螺栓的性能等级有5.6级和8.8级两种，C级普通螺栓的性能等级有4.6级和

4.8级两种。以常用的4.6级C级普通螺栓为例，螺栓性能等级的含义为：小数点前的数字"4"表示螺栓的最低抗拉强度为400 MPa，小数点及小数点后面的数字".6"表示其屈强比（屈服强度与抗拉强度之比）为0.6。

A级与B级普通螺栓是由毛坯在车床上经过切削加工精制而成，其表面光滑、尺寸准确，A、B级普通螺栓的孔径 d。仅比螺栓公称直径 d 大0.2~0.5 mm，对成孔质量要求高（Ⅰ类孔）。A级与B级普通螺栓由于有较高的精度，因而受剪性能好，但制作和安装复杂、造价偏高，较少在钢结构中采用。

C级普通螺栓由未经加工的圆钢压制而成，其表面粗糙，一般采用在单个零件上一次冲成或不用钻模钻成设计孔径的孔（Ⅱ类孔），螺栓孔径比螺栓杆直径大1.0~1.5 mm。由于螺栓杆与螺栓孔壁之间有较大的间隙，因此C级螺栓连接受剪力作用时将会产生较大的剪切滑移。但C级螺栓安装方便，且能有效传递拉力，宜用于沿其杆轴方向受拉的连接，如承受静力荷载或间接承受动力荷载结构中的次要连接、承受静力荷载的可拆卸结构的连接、临时固定构件用的安装连接。

3.5.1.2　高强度螺栓连接

高强度螺栓一般采用45号钢、40B钢和20MnTiB钢并经热处理加工而成，其性能等级有8.8级和10.9级两种，分别对应螺栓的抗拉强度不低于830 MPa和1040 MPa。

高强度螺栓根据外形来分，有大六角头型和扭剪型两种，如图3-44所示。这两种高强度螺栓都是通过拧紧螺帽使螺杆受到拉伸，从而产生很大的预拉力，以使被连接板层间产生压紧力。但两种螺栓对预拉力的控制方法各不相同：大六角头型高强度螺栓是通过控制拧紧力矩或转动角度来控制预拉力；扭剪型高强度螺栓采用特制电动扳手，将螺杆顶部的十二面体拧断则连接达到所要求的预拉力（见图3-45）。

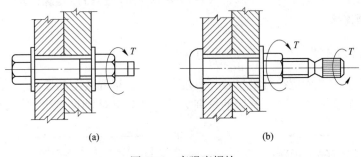

(a)　　　　　　　　(b)

图3-44　高强度螺栓

（a）大六角头型；（b）扭剪型

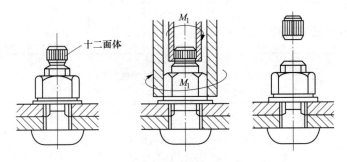

图3-45　扭剪型高强度螺栓安装过程

　　高强度螺栓根据设计准则来分，有高强度螺栓摩擦型连接和高强度螺栓承压型连接。高强度螺栓摩擦型连接只依靠板层间的摩擦阻力传力，并以剪力不超过接触面摩擦力作为设计准则，其连接的剪切变形小，弹性性能好，耐疲劳，特别适用于直接承受动力荷载构件的连接。直接承受动力荷载构件的抗剪螺栓连接应采用高强度螺栓摩擦型连接。而高强度螺栓承压型连接允许连接达到破坏前接触面滑移，以螺栓杆被剪断或板件被挤压破坏时的极限承载力作为设计准则，其连接的剪切变形比摩擦型大，故只适用于承受静力荷载或间接承受动力荷载的结构。

　　高强度螺栓孔应采用钻成孔（一般为Ⅱ类孔）。当高强度螺栓承压型连接采用标准圆孔时，其孔径 d_0 可按表 3-3 采用；高强度螺栓摩擦型连接可采用标准孔、大圆孔和槽孔，孔型尺寸可按表 3-3 采用。采用扩大孔连接时，同一连接面只能在盖板和芯板其中之一的板上采用大圆孔或槽孔，其余仍采用标准孔。高强度螺栓摩擦型连接盖板按大圆孔、槽孔制孔时，应增大垫圈厚度或采用连续型垫板，其孔径与标准垫圈相同，对于 M24 及以下的螺栓，厚度不宜小于 8 mm；对于 M24 以上的螺栓，厚度不宜小于 10 mm。对垫圈或垫板提出厚度构造要求，主要是为了保证非标准孔时螺栓连接处垫圈或垫板有较好的刚度。

表 3-3　高强度螺栓连接的孔型尺寸匹配　　　　　　　　　　　　　　（mm）

螺栓公称直径			M12	M16	M20	M22	M24	M27	M30
孔型	标准孔	直径	13.5	17.5	22	24	26	30	33
	大圆孔	直径	16	20	24	28	30	35	38
	槽孔	短向	13.5	17.5	22	24	26	30	33
		长向	22	30	37	40	45	50	55

　　需要注意的是，根据设计的要求，大六角头型和扭剪型高强度螺栓均可设计用于摩擦型连接或承压型连接。

3.5.2　螺栓的排列要求

　　螺栓在构件上的排列应符合简单整齐、规格统一、布置紧凑的原则，其连接中心宜与被连接构件截面的重心相一致。常用的排列方式有并列和错列两种形式，如图 3-46 所示。

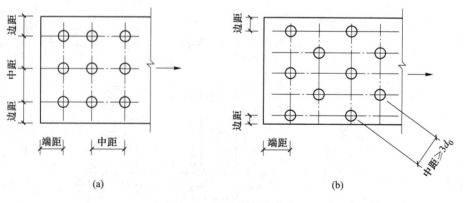

(a)　　　　　　　　　　　　　　　　(b)

图 3-46　钢板的螺栓排列
（a）并列；（b）错列

并列简单整齐，连接板尺寸较小，对构件截面削弱较大；错列对截面削弱较小，但螺栓排列不如并列紧凑，连接板尺寸较大。

螺栓在构件上排列的距离要求应符合表 3-4 的要求，规定螺栓的最小中心距和边距（端距）的取值是基于受力要求和施工安装要求而定，规定螺栓的最大中心距和边距（端距）是为了保证钢板间的紧密贴合。

表 3-4　螺栓或铆钉的最大、最小容许距离　　　　　　　（mm）

名称	位置和方向			最大容许距离 （取两者的较小值）	最小容许距离
中心间距	外排（垂直内力方向或顺内力方向）			$8d_0$ 或 $12t$	$3d_0$
	中间排	垂直内力方向		$16d_0$ 或 $24t$	
		顺内力方向	构件受压力	$12d_0$ 或 $18t$	
			构件受拉力	$16d_0$ 或 $24t$	
	沿对角线方向				
中心至构件边缘距离	顺内力方向			$4d_0$ 或 $8t$	$2d_0$
	垂直内力方向	剪切边或手工气割边			$1.5d_0$
		轧制边、自动气割或锯割边	高强度螺栓		$1.5d_0$
			其他螺栓或铆钉		$1.2d_0$

表 3-4 中的 d_0 为螺栓孔直径，t 为外层较薄板件的厚度。钢板边缘与刚性构件（如角钢、槽钢等）相连的高强度螺栓的最大间距，可按中间排的数值采用。计算螺栓孔引起的截面削弱时可取 $d+4$ mm 和 d_0 的较大值。

根据表 3-4 的排列要求，螺栓在型钢上排列的间距（见图 3-47）应满足表 3-5～表 3-7 的要求。在 H 型钢截面上排列螺栓腹板上的 c 值可参照普通工字钢，翼缘上的 e 值或 e_1、e_2 值可根据其外伸宽度参照角钢。

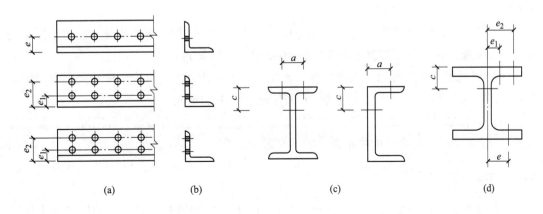

图 3-47　型钢的螺栓排列

表 3-5　角钢上螺栓或铆钉间距　　　　　　　　　　　　　　（mm）

单行排列	角钢肢宽	40	45	50	56	63	70	75	80	90	100	110	125
	间距 e	25	25	30	30	35	40	40	45	50	55	60	70
	螺孔最大直径	11.5	13.5	13.5	15.5	17.5	20	22	22	24	24	26	26

双行错排	角钢肢宽	125	140	160	180	200		双行并列	角钢肢宽	160	180	200
	e_1	55	60	70	70	80			e_1	60	70	80
	e_2	90	100	120	140	160			e_2	130	140	160
	螺孔最大直径	24	24	26	26	26			螺孔最大直径	24	24	26

表 3-6　工字钢和槽钢腹板上的螺栓间距　　　　　　　　　　　（mm）

工字钢型号	12	14	16	18	20	22	25	28	32	36	40	45	50	56	63
间距 $C_{\min}$	40	45	45	45	50	50	55	60	60	65	70	75	75	75	75
槽钢型号	12	14	16	18	20	22	25	28	32	36	40				
间距 $C_{\min}$	40	45	50	50	55	55	55	60	65	70	75				

表 3-7　工字钢和槽钢翼缘上的螺栓间距表　　　　　　　　　（mm）

工字钢型号	12	14	16	18	20	22	25	28	32	36	40	45	50	56	63
间距 $a_{\min}$	40	40	50	55	60	65	65	70	75	80	80	85	90	95	95
槽钢型号	12	14	16	18	20	22	25	28	32	36	40				
间距 $d_{\min}$	30	35	35	40	40	45	45	45	50	56	60				

3.5.3　螺栓连接的构造要求

螺栓连接除满足上述排列的容许距离外，根据不同情况尚应满足下列构造要求：

（1）为使连接可靠，螺栓连接或拼接节点中，每一杆件一端的永久性螺栓数不宜少于 2 个。对组合构件的缀条，其端部连接可采用 1 个螺栓，某些塔桅结构的腹杆也有用 1 个螺栓的情况。

（2）直接承受动力荷载构件的普通螺栓受拉连接，应采用双螺帽或其他能防止螺帽松动的有效措施，比如采用弹簧垫圈或将螺帽和螺杆焊死等方法。

（3）当型钢构件拼接采用高强度螺栓连接时，由于构件本身抗弯刚度较大，为了保证高强度螺栓摩擦面的紧密贴合，拼接件宜采用刚度较弱的钢板。

（4）沿杆轴方向受拉的螺栓连接中的端板（法兰板），应适当加大其刚度（如加设加劲肋），以减少撬力对螺栓抗拉承载力的不利影响。

3.5.4　螺栓的符号表示

螺栓及其孔眼图例见表 3-8，在钢结构施工图上需要将螺栓及其孔眼的施工要求用图例表示清楚，以免发生混淆。

表 3-8 螺栓及其孔眼图例

名称	永久螺栓	高强度螺栓	安装螺栓	圆形螺栓孔	长圆形螺栓孔
图例					

3.6 普通螺栓连接的设计

3.6.1 螺栓抗剪的工作性能

抗剪连接是最常见的螺栓连接形式。图 3-48（a）所示的螺栓连接试件抗剪试验，可得出试件上 a、b 两点之间的相对位移 δ 与作用力 N 之间的关系曲线，如图 3-48（b）所示。

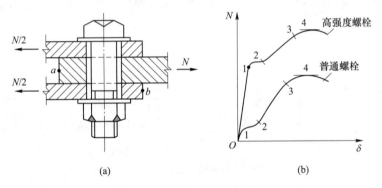

(a)   (b)

图 3-48 单个螺栓抗剪试验结果

由此关系曲线可知，试件由零载一直加载至连接破坏的全过程，经历了以下四个阶段：

（1）摩擦传力的弹性阶段。在施加荷载的最初阶段，荷载较小，连接中的剪力也较小，荷载靠板层间接触面的摩擦力传递，螺栓杆与孔壁之间的间隙保持不变，连接处于弹性工作阶段，在 N-δ 图中呈现出 O—1 斜直线段。但由于板件间摩擦力的大小取决于拧紧螺帽时施加于螺杆中的初始拉力，而普通螺栓的初拉力一般很小，因此此阶段很短，可略去不计。

（2）滑移阶段。当荷载增大，连接中的剪力达到板件间摩擦力的最大值，板件间突然产生相对滑移直至螺栓杆与孔壁接触，其最大滑移量即为螺栓杆与孔壁之间的间隙，该阶段在 N-δ 图中表现为 1—2 的近似水平线段。

（3）螺杆直接传力的弹性阶段。当荷载继续增大，连接所承受的外力就主要靠螺栓杆与孔壁之间的接触传递。此时螺栓杆除主要受剪力外，还有弯矩作用，而孔壁则受到挤压。由于接头材料的弹性性质，N-δ 图呈直线上升状态，达到弹性极限"3"点后此阶段结束。

（4）弹塑性阶段。当荷载进一步增大，在此阶段即使给荷载很小的增量，连接的剪切变形也迅速加大，直到连接最后破坏。N-δ 图中曲线的最高点"4"对应的荷载即为螺栓抗剪连接的极限荷载。

3.6.2 普通螺栓的抗剪连接

普通螺栓抗剪连接达到极限承载力时可能发生的破坏形式有：

（1）当螺杆直径较小而板件较厚时，螺杆可能先被剪断（见图 3-49（a）），这种破坏形式称为螺栓杆受剪破坏。

（2）当螺杆直径较大而板件较薄时，板件可能先被挤坏（见图 3-49（b）），这种破坏形式称为孔壁承压破坏。由于螺杆和板件的挤压是相互的，因此也把这种破坏叫作螺栓承压破坏。

（3）当板件净截面面积因螺栓孔削弱太多时，板件可能被拉断（见图 3-49（c）），这种破坏形式可以通过构件的强度计算来保证（详见第 4 章），故不将其纳入连接设计范畴。

（4）当螺栓排列的端距太小，端距范围内的板件有可能被螺杆冲剪破坏（见图 3-49（d）），但如果满足规范规定的螺栓排列要求（端距不小于 $2d_0$），这种破坏形式就不会发生。

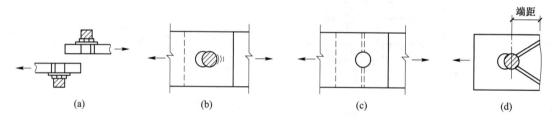

图 3-49 普通螺栓抗剪连接的破坏形式

由普通螺栓抗剪连接可能发生的破坏形式可以知道，连接计算只须考虑螺栓杆受剪破坏和孔壁承压破坏两种情况。设计时可以分别求得螺栓杆受剪承载力 N_v^b、孔壁承压承载力 N_c^b，取二者之中较小的承载力作为单个普通螺栓抗剪连接的承载力设计值，即 $N_{min}^b = \min(N_v^b, N_c^b)$。

（1）螺栓杆受剪承载力 N_v^b。假定螺栓杆受剪面上的剪应力是均匀分布的，则螺栓杆受剪承载力设计值计算公式为：

$$N_v^b = n_v \frac{\pi d^2}{4} f_v^b \tag{3-42}$$

式中 n_v——受剪面数目，单剪 $n_v = 1$，双剪 $n_v = 2$，四剪 $n_v = 4$；

　　　　d——螺栓杆直径；

　　　　f_v^b——螺栓抗剪强度设计值。

（2）孔壁承压承载力 N_c^b。由于螺栓的实际承压应力分布情况较难确定，为简化计算假定螺栓承压应力分布于螺栓直径平面上（见图 3-50），而且假定该承压面上的应力为均匀分布，则螺栓承压（或孔壁承压）时承载力设计值为：

$$N_c^b = d(\sum t)f_v^b \tag{3-43}$$

式中　$\sum t$——在同一受力方向的承压构件的较小总厚度；

　　　f_v^b——螺栓承压强度设计值。

试验表明，螺栓群（包括普通螺栓和高强度螺栓）的抗剪连接承受轴心力时，螺栓群在长度方向上的各螺栓受力不均匀（见图3-51），表现为两端螺栓受力大而中间螺栓受力小。

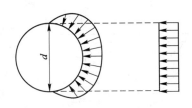

图 3-50　孔壁承压的计算承压面积

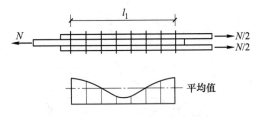

图 3-51　长接头螺栓的内力分布

当连接长度 $L \leq 15d_0$（d_0 为螺孔直径）时，由于连接工作进入弹塑性阶段后内力发生重分布，螺栓群中各螺栓受力逐渐接近，故可认为轴心力 N 由每个螺栓平均分担。

当连接长度 $L > 15d_0$ 时，由于接头较长，连接工作进入弹塑性阶段后各螺栓所受内力不易均匀，端部螺栓首先达到极限强度而破坏，随后由外向里依次破坏。

故《钢结构设计标准》（GB 50017—2017）规定：在构件的节点处或拼接接头的一端，当螺栓（包括普通螺栓和高强度螺栓）沿轴向受力方向的连接长度 $L > 15d_0$ 时，应将螺栓的承载力设计值乘以长接头折减系数 $\eta = 1.1 - \dfrac{l_1}{150d_0}$；当 $L > 60d_0$ 时，折减系数取为定值 0.7。

3.6.3　普通螺栓的抗拉连接

抗拉螺栓连接在外力作用下，构件的接触面有脱开趋势。此时螺栓受到沿杆轴方向的拉力作用，故抗拉螺栓连接的破坏形式表现为螺栓杆被拉断。

单个抗拉螺栓的承载力设计值为：

$$N_t^b = A_e f_t^b = \frac{\pi d_e^2}{4}f_t^b \tag{3-44}$$

式中　A_e——螺栓在螺纹处的有效截面面积（见附表8-1）；

　　　d_e——螺栓在螺纹处的有效直径；

　　　f_t^b——螺栓抗拉强度设计值。

螺栓受拉时，通常不可能使拉力正好作用在每个螺栓轴线上，而是通过与螺杆垂直的板件传递。如图3-52所示的T形连接，如果连接件的刚度较小，受力后与螺栓垂直的连接件总会有变形，因而形成杠杆作用，螺栓有被撬开的趋势，使螺杆中的拉力增加并产生弯曲现象。

考虑杠杆作用时，螺杆的轴心力为：

$$N_t = N + Q$$

式中　Q——由于杠杆作用对螺栓产生的撬力。

　　撬力的大小与连接件的刚度有关，连接件的刚度越小撬力越大。同时，撬力也与螺栓直径和螺栓所在位置等因素有关。由于撬力的确定比较复杂，为了简化计算，可将普通螺栓抗拉强度设计值 f_t^b 取为螺栓钢材抗拉强度设计值 f 的 4/5（即 $f_t^b = 0.8f$），以考虑撬力的影响。此外，在构造上也可采取一些措施加强连接件的刚度，如设置加劲肋（见图 3-53），可以减小甚至消除撬力的影响。

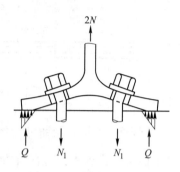

图 3-52　受拉螺栓的撬力

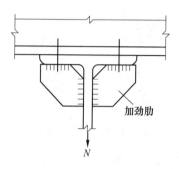

图 3-53　T 形连接中螺栓受拉

3.6.4　普通螺栓受拉剪共同作用

　　如图 3-54 所示连接，螺栓群承受剪力 V 和偏心拉力 N（偏心拉力 N 可以看作轴心拉力 N 和弯矩 $M = Ne$ 的合成）的联合作用。承受剪力和拉力联合作用的普通螺栓应考虑两种可能的破坏形式：一是螺栓杆受剪兼受拉破坏；二是孔壁承压破坏。

　　（1）螺栓杆受剪兼受拉计算。根据试验结果可知，兼受剪力和拉力的螺栓杆，将剪力和拉力分别除以各自单独作用时的承载力，这样无量纲化后的相关关系近似为一圆曲线。故螺栓杆受剪兼受拉的计算式为：

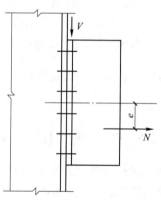

图 3-54　螺栓群受剪力和
拉力联合作用

$$\left(\frac{N_v}{N_v^b}\right)^2 + \left(\frac{N_t}{N_t^b}\right)^2 \leqslant 1 \qquad (3\text{-}45)$$

或

$$\sqrt{\left(\frac{N_v}{N_v^b}\right)^2 + \left(\frac{N_t}{N_t^b}\right)^2} \leqslant 1 \qquad (3\text{-}46)$$

式中　N_v——单个螺栓所受的剪力设计值，一般假定剪力 V 由每个螺栓平均承担，即
　　　　　　$N_v = \dfrac{V}{n}$，n 为螺栓个数；

　　　　N_t——单个螺栓所受的拉力设计值；

　N_v^b，N_t^b——单个螺栓的抗剪和抗拉承载力设计值。

　　需要注意的是，在式（3-46）左侧加根号，数学上没有意义，但加根号后可以更明确地看出计算结果的富余量或不足量。假如按式（3-45）左侧算出的数值为 0.9，不能误认为富余量为 10%，实际上应为式（3-46）算出的数值 0.95，富余量仅为 5%。

（2）孔壁承压计算。孔壁承压的计算式为：

$$N_v \leqslant N_c^b \tag{3-47}$$

式中　N_c^b——单个螺栓的孔壁承压承载力设计值，按式（3-43）计算。

3.6.5　普通螺栓连接计算的应用举例

3.6.5.1　普通螺栓群承受轴心剪力作用

【例 3-8】　设计两块钢板用普通螺栓连接的盖板拼接。已知轴心拉力设计值 $N = 413$ kN，钢材为 Q355B，螺栓直径 $d = 20$ mm（粗制螺栓）。

解：先求单个螺栓抗剪连接的承载力设计值。

螺栓杆受剪承载力设计值：

$$N_v^b = n_v \frac{\pi d^2}{4} f_v^b = 2 \times \frac{3.14 \times 20^2}{4} \times 140 = 87920 \text{ N} = 87.92 \text{ kN}$$

孔壁承压承载力设计值：

$$N_c^b = d(\sum t) f_c^b = 20 \times 8 \times 385 = 61600 \text{ N} = 61.6 \text{ kN}$$

在轴心剪力作用下可认为每个螺栓平均受力，则连接一侧所需螺栓数：

$$n = \frac{N}{N_{min}^b} = \frac{413}{61.6} = 6.7$$

取 8 个，按图 3-55 排列。

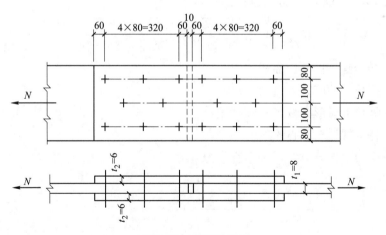

图 3-55　螺栓的排列

3.6.5.2　普通螺栓群承受偏心剪力作用

图 3-56 所示即为螺栓群承受偏心剪力的情形，剪力 F 的作用线至螺栓群中心线的距离为 e，故螺栓群同时受到轴心剪力 F 和扭矩 $T = Fe$ 的联合作用。

在轴心剪力 F 作用下，每个螺栓平均承受竖直向下的剪力，则：

$$N_{1F} = \frac{F}{n} \tag{3-48}$$

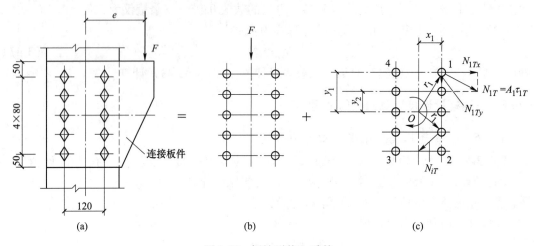

图 3-56 螺栓群偏心受剪

在扭矩 $T = Fe$ 作用下每个螺栓均受剪，但承受的剪力大小或方向均有所不同。为了便于设计，连接计算从弹性设计法的角度出发，并基于下列假设计算扭矩 T 作用下的螺栓剪力：

（1）连接板件为绝对刚性，螺栓为弹性体。

（2）连接板件绕螺栓群形心旋转，各螺栓所受剪力大小与该螺栓至形心距离 r_1 成正比，剪力方向则与连线 r_1 垂直，如图 3-56（c）所示。

螺栓 1 距形心 O 最远，其所受剪力 N_{1T} 最大：

$$N_{1T} = A_1 \tau_{1T} = A_1 \frac{Tr_1}{I_p} = A_1 \frac{Tr_1}{A_1 \sum r_i^2} = \frac{Tr_1}{\sum r_i^2} \tag{3-49}$$

式中　A_1——单个螺栓的截面面积；

　　　τ_{1T}——螺栓 1 的剪应力；

　　　I_p——螺栓群对形心 O 的极惯性矩；

　　　r_i——任一螺栓至形心的距离。

将 N_{1T} 分解为水平分力 N_{1Tx} 和垂直分力 N_{1Ty}：

$$N_{1Tx} = N_{1T} \frac{y_1}{r_1} = \frac{Ty_1}{\sum r_i^2} = \frac{Ty_1}{\sum x_i^2 + \sum y_i^2} \tag{3-50}$$

$$N_{1Ty} = N_{1T} \frac{x_1}{r_1} = \frac{Tx_1}{\sum r_i^2} = \frac{Tx_1}{\sum x_i^2 + \sum y_i^2} \tag{3-51}$$

由此可得螺栓群偏心受剪时，受力最大的螺栓 1 所受合力为：

$$N_1 = \sqrt{N_{1Tx}^2 + (N_{1Ty} + N_{1F})^2} = \sqrt{\left(\frac{Ty_1}{\sum x_i^2 + \sum y_i^2}\right)^2 + \left(\frac{Tx_1}{\sum x_i^2 + \sum y_i^2} + \frac{F}{n}\right)^2} \leq N_{min}^b \tag{3-52}$$

当螺栓群布置在一个狭长带，例如 $y_1 > 3x_1$ 时，可取 $x_i = 0$ 以简化计算，则式（3-52）写为：

$$\sqrt{\left(\frac{Ty_1}{\sum y_i^2}\right)^2 + \left(\frac{F}{n}\right)^2} \leqslant N_{\min}^b \tag{3-53}$$

设计时通常是先按构造要求排好螺栓，再用式（3-52）验算受力最大的螺栓。由于连接是由受力最大螺栓的承载力控制，而其他大多数螺栓受力较小，不能充分发挥作用，因此这是一种偏安全的弹性设计法。

【例 3-9】 试验算图 3-56（a）所示的普通螺栓连接。柱翼缘板厚度为 10 mm，连接板厚度为 8 mm，钢材为 Q355B，荷载设计值 $F = 150$ kN，偏心距 $e = 250$ mm，螺栓为 M22 粗制螺栓。

解：

$$\sum x_i^2 + \sum y_i^2 = 10 \times 60^2 + (4 \times 80^2 + 4 \times 160^2) = 0.164 \times 10^6 \text{ mm}^2 = 0.164 \text{ m}^2$$

$$T = Fe = 150 \times 0.25 = 37.5 \text{ kN} \cdot \text{m}$$

$$N_{1Tx} = \frac{Ty_1}{\sum x_i^2 + \sum y_i^2} = \frac{37.5 \times 0.16}{0.164} = 36.6 \text{ kN}$$

$$N_{1Ty} = \frac{Tx_1}{\sum x_i^2 + \sum y_i^2} = \frac{37.5 \times 0.06}{0.164} = 13.7 \text{ kN}$$

$$N_{1F} = \frac{F}{n} = \frac{150}{10} = 15 \text{ kN}$$

$$N_1 = \sqrt{N_{1Tx}^2 + (N_{1Ty} + N_{1F})^2} = \sqrt{36.6^2 + (13.7 + 15)^2} = 46.5 \text{ kN}$$

螺栓直径 $d = 22$ mm，单个螺栓的设计承载力为：

螺栓杆抗剪 $\quad N_v^b = n_v \dfrac{\pi d^2}{4} f_v^b = 1 \times \dfrac{3.14 \times 22^2}{4} \times 140 = 53191 \text{ N} \approx 53.2 \text{ kN} > 46.5 \text{ kN}$

孔壁承压 $\quad N_c^b = d \sum t \cdot f_c^b = 22 \times 8 \times 385 = 67760 \text{ N} = 67.76 \text{ kN} > 46.5 \text{ kN}$

故该连接强度满足要求。

3.6.5.3 普通螺栓群轴心受拉

图 3-57 所示为螺栓群在轴心力作用下的抗拉连接，通常假定每个螺栓平均受力，则连接所需螺栓数为：

$$n = \frac{N}{N_t^b} \tag{3-54}$$

式中　N_t^b——单个螺栓的抗拉承载力设计值。

3.6.5.4 普通螺栓群弯矩受拉

图 3-58 所示为螺栓群在弯矩作用下的抗拉连接（图中的剪力 V 通过承托板传递）。设中和轴至端板受压边缘的距离为 c，在弯矩作用下，离中和轴越远的螺栓所受拉力越大，而压应力则由弯矩指向一侧的部分端板承受。

这种连接的受力有如下特点：受拉螺栓截面只是孤立的几个螺栓点，而端板受压区则是宽度较大的实体矩形截面（见图 3-58（c））。当计算其形心位置并将形心轴作为中和轴时，所求得的端板受压区高度 c 总是很小，中和轴通常在弯矩指向一侧最外排螺栓附近的

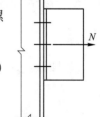

图 3-57　螺栓群
承受轴心拉力

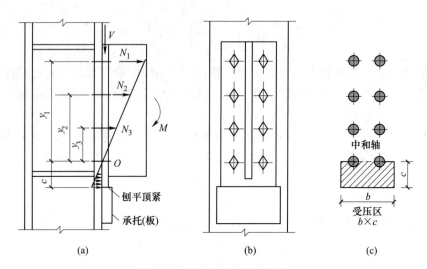

图 3-58　普通螺栓群弯矩受拉

某个位置。因此，弯矩作用方向如图 3-58（a）所示时，实际计算时可近似取中和轴位于最下排螺栓 O 处，即认为连接变形为绕 O 处水平轴转动，螺栓拉力与 O 点算起的纵坐标 y 成正比。

按弹性设计法，仿照式（3-49）推导时的基本假设，并在对 O 处水平轴列弯矩平衡方程时，偏安全地忽略力臂很小的端板受压区部分的力矩而只考虑受拉螺栓部分，则得（$y_1 \cdots y_n$ 均自 O 点算起）：

$$\frac{N_1}{y_1} = \frac{N_2}{y_2} = \cdots = \frac{N_i}{y_i} = \cdots = \frac{N_n}{y_n}$$

$$\begin{aligned} M &= N_1 y_1 + N_2 y_2 + \cdots + N_i y_i + \cdots + N_n y_n \\ &= (N_1/y_1) y_1^2 + (N_2/y_2) y_2^2 + \cdots + (N_i/y_i) y_i^2 + \cdots + (N_n/y_n) y_n^2 \\ &= (N_i/y_i) \sum y_i^2 \end{aligned}$$

故得螺栓 i 的拉力为：

$$N_i = \frac{My_i}{\sum y_i^2} \tag{3-55}$$

设计时要求受力最大的最外排螺栓 1 的拉力不超过单个螺栓的抗拉承载力设计值：

$$N_1 = \frac{My_1}{\sum y_i^2} \leqslant N_t^b \tag{3-56}$$

【例 3-10】　如图 3-59（a）所示，牛腿通过 C 级普通螺栓以及承托与柱连接，该连接承受竖向荷载设计值 $F = 220$ kN，偏心距 $e = 200$ mm，钢材采用 Q355B，螺栓为 M20 粗制螺栓，试设计该螺栓连接。

解： 牛腿的剪力 $V = F = 220$ kN，由端板刨平顶紧于承托传递；弯矩 $M = Fe = 220 \times 0.2 = 44$ kN·m，由螺栓群连接传递，使螺栓受拉。

初步假定螺栓布置如图 3-59（b）所示，对最下排螺栓 O 轴取矩，最大受力螺栓（最上排螺栓 1）的拉力为：

$$N_1 = \frac{My_1}{\sum y_i^2} = (44 \times 10^3 \times 320)/[2 \times (80^2 + 160^2 + 240^2 + 320^2)]$$
$$= 36.7 \text{ kN}$$

单个螺栓的抗拉承载力设计值为：

$$N_t^b = A_e f_t^b = 245 \times 170 = 41650 \text{ N} \approx 41.7 \text{ kN} > N_1 = 36.7 \text{ kN}$$

故所设计的螺栓连接满足承载力要求，确定采用。

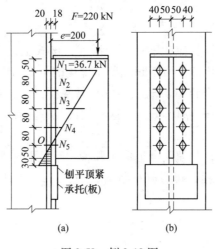

图 3-59　例 3-10 图

3.6.5.5　普通螺栓群偏心受拉

由图 3-60（a）可知，螺栓群偏心受拉相当于连接承受轴心拉力 N 和弯矩 $M = Ne$ 的联合作用。按弹性设计法，根据偏心距的大小可能出现小偏心受拉和大偏心受拉两种情况。

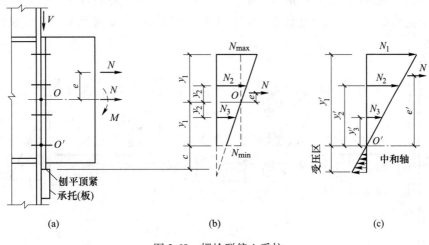

图 3-60　螺栓群偏心受拉

（1）小偏心受拉。对于小偏心受拉（见图 3-60（b）），所有螺栓均承受拉力作用，端板与柱翼缘有分离趋势，故轴心拉力 N 由各螺栓均匀承受，而弯矩 M 则引起以螺栓群形心 O 处水平轴为中和轴的三角形应力分布，表现为上部螺栓受拉，下部螺栓受压；与轴心拉力叠加后全部螺栓均为受拉。这样可得受力最小和最大螺栓的拉力计算公式如下（y_1，$\cdots$，y_n 均自 O 点算起）：

$$N_{\min} = \frac{N}{n} - \frac{Ney_1}{\sum y_i^2} \geqslant 0 \tag{3-57}$$

$$N_{\max} = \frac{N}{n} + \frac{Ney_1}{\sum y_i^2} \leqslant N_{\mathrm{t}}^{\mathrm{b}} \tag{3-58}$$

式（3-57）表示全部螺栓受拉，不存在受压区，该式也是小偏心受拉的条件验算式；式（3-58）表示受力最大螺栓的拉力不超过单个螺栓的承载力设计值。

（2）大偏心受拉。当由条件验算式（3-57）计算得到 $N_{\min} = N/n - N e y_1 / \sum y_i^2 < 0$ 时，则端板底部将出现受压区（见图 3-60（c）），这种情况往往是在偏心距 e 比较大时出现，故称为大偏心受拉。

仿照式（3-55）的推导，并偏安全地取中和轴位于最下排螺栓 O' 处，按相似步骤列出对 O 处水平轴的弯矩平衡方程，可得（e' 和 y_1，$\cdots$，y_n 均自 O' 点算起，最上排螺栓 1 的拉力 N_1 最大）：

$$N_1 / y_1' = N_2 / y_2' = \cdots = N_i / y_i' = \cdots = N_n / y_n'$$

$$\begin{aligned}
Ne' &= N_1 y_1' + N_2 y_2' + \cdots + N_i y_i' + \cdots + N_n y_n' \\
&= (N_1 / y_1') y_1'^2 + (N_2 / y_2') y_2'^2 + \cdots + (N_i / y_i') y_i'^2 + \cdots + (N_n / y_n') y_n'^2 \\
&= (N_i / y_i') \sum y_i'^2
\end{aligned}$$

$$N_1 = Ne' y_1' / \sum y_i^2 \leqslant N_{\mathrm{t}}^{\mathrm{b}}$$

任意一点的螺栓拉力为：

$$N_i = Ne' y_i' / \sum y_i^2 \tag{3-59}$$

【例 3-11】 图 3-61（a）所示为一刚接屋架下弦节点，螺栓布置如图 3-61（b）所示，竖向力由承托承受，偏心拉力设计值 $N = 250$ kN，$e = 100$ mm，螺栓为 C 级。试确定该连接的螺栓大小。

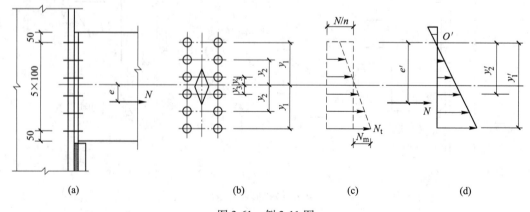

图 3-61　例 3-11 图

解：由式（3-57）可得：

$$N_{min} = \frac{N}{n} - \frac{Ney_1}{\sum y_i^2}$$

$$= \frac{250}{12} - \frac{250 \times 100 \times 250}{4 \times (50^2 + 150^2 + 250^2)} = 3.0 \text{ kN} \geqslant 0$$

故该连接属小偏心受拉（见图3-61（c）），应由式（3-58）进行计算：

$$N_{max} = \frac{N}{n} + \frac{Ney_1}{\sum y_i^2}$$

$$= \frac{250}{12} + \frac{250 \times 100 \times 250}{4 \times (50^2 + 150^2 + 250^2)} = 38.7 \text{ kN}$$

则 $N_1 = 38.7$ kN。

需要的螺栓有效面积：

$$A_e = \frac{N_1}{f_t^b} = \frac{38.7 \times 10^3}{170} = 228 \text{ mm}^2$$

故采用 M20 螺栓，$A_e = 245 \text{ mm}^2$。

【例3-12】 其他条件同例3-11，但取 $e = 200$ mm。

解：由式（3-57）可得：

$$N_{min} = \frac{N}{n} - \frac{Ney_1}{\sum y_i^2}(y_1, \cdots, y_n \text{ 均自 } O \text{ 点算起})$$

$$= \frac{250}{12} - \frac{250 \times 200 \times 250}{4 \times (50^2 + 150^2 + 250^2)} = -14.9 \text{ kN} < 0$$

故该连接属大偏心受拉（见图3-61（d）），应由式（3-59）进行计算：

$$N_1 = Ne'y_1' / \sum y_i'^2 (e' \text{ 和 } y_1', \cdots, y_n' \text{ 均自 } O' \text{ 点算起})$$

$$= \frac{250 \times (200 + 250) \times 500}{2 \times (500^2 + 400^2 + 300^2 + 200^2 + 100^2)} = 51.1 \text{ kN}$$

需要的螺栓有效面积：

$$A_e = \frac{51.1 \times 10^3}{170} = 301 \text{ mm}^2$$

故采用 M22 螺栓，$A_e = 303 \text{ mm}^2$。

3.6.5.6　普通螺栓群受拉剪共同作用

【例3-13】 图3-62（a）所示为短横梁与柱翼缘的连接，剪力设计值 $V = 250$ kN，$e = 120$ mm，螺栓为 C 级，钢材为 Q355B，手工焊，焊条 E50 型，按设承托和不设承托两种情况分别设计此连接。

解：（1）设承托。设承托时，考虑承托传递全部剪力 $V = 250$ kN，则螺栓群只承受由偏心力引起的弯矩 $M = Ve = 250 \times 0.12 = 30$ kN·m。按弹性设计法，可假定螺栓群旋转中心在弯矩指向一侧最下排螺栓的轴线上。螺栓排列如图3-62（b）所示，设螺栓为 M20（$A_e = $

245 mm²），则单个螺栓的抗拉承载力设计值为：

$$N_t^b = A_e f_t^b = 245 \times 170 = 41650 \text{ N} \approx 41.7 \text{ kN}$$

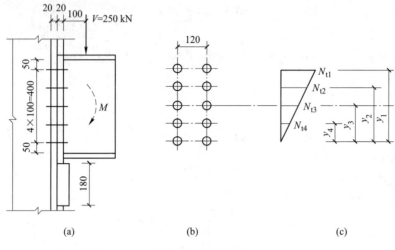

图 3-62　例 3-13 图

由式（3-56）可知，受力最大的螺栓承受的拉力为：

$$N_1 = \frac{My_1}{\sum y_i^2} = \frac{30 \times 10^3 \times 400}{2 \times (100^2 + 200^2 + 300^2 + 400^2)}$$

$$= 20 \text{ kN} < N_t^b = 41.7 \text{ kN}$$

剪力 V 由承托板承受，需要验算承托板的连接焊缝，设承托与柱翼缘的连接角焊缝为两面侧焊，并取焊脚尺寸 $h_f = 10$ mm，则焊缝应力为：

$$\tau_f = \frac{1.35V}{\sum(h_e l_w)} = \frac{1.35 \times 250 \times 10^3}{2 \times 0.7 \times 10 \times (180 - 2 \times 10)}$$

$$= 150.7 \text{ MPa} < f_f^w = 200 \text{ MPa}$$

式中的常数 1.35 是考虑剪力 V 对承托与柱翼缘连接角焊缝的偏心影响。

（2）不设承托。当不设承托时，则螺栓群同时承受剪力 $V = 250$ kN 和弯矩 $M = 30$ kN·m 作用。

单个螺栓承载力设计值为：

$$N_v^b = n_v \frac{\pi d^2}{4} f_v^b = 1 \times \frac{3.14 \times 20^2}{4} \times 140 = 43960 \text{ N} \approx 44.0 \text{ kN}$$

$$N_c^b = d(\sum t) f_c^b = 20 \times 20 \times 385 = 154000 \text{ N} = 154 \text{ kN}$$

$$N_t^b = 41.7 \text{ kN}$$

由前计算可知，单个螺栓的最大拉力 $N_1 = 20$ kN；单个螺栓的剪力为

$$N_v = \frac{V}{n} = \frac{250}{10} = 25 \text{ kN} < N_v^b = 44.0 \text{ kN}$$

在剪力和拉力联合作用下:

$$\sqrt{\left(\frac{N_v}{N_v^b}\right)^2 + \left(\frac{N_t}{N_t^b}\right)^2} = \sqrt{\left(\frac{25}{44.0}\right)^2 + \left(\frac{20}{41.7}\right)^2} = 0.744 < 1$$

3.7　高强度螺栓连接的设计

3.7.1　高强度螺栓的预拉力与抗滑移系数

前已述及,高强度螺栓连接按其设计准则分为摩擦型连接和承压型连接两种类型。摩擦型连接是依靠被连接件之间的摩擦阻力传递内力,并以荷载设计值引起的剪力不超过摩擦阻力这一条件作为设计准则。高强度螺栓的预拉力 P(即板件间的法向压紧力)、摩擦面间的抗滑移系数等因素直接影响高强度螺栓连接的承载力。

3.7.1.1　高强度螺栓的预拉力

高强度螺栓的设计预拉力 P 由式(3-60)计算得到。

$$P = \frac{0.9 \times 0.9 \times 0.9}{1.2} A_e f_u \tag{3-60}$$

式中　A_e——螺纹处的有效面积;

　　　f_u——螺栓材料经热处理后的最低抗拉强度,对 8.8 级螺栓,$f_u = 830$ MPa;对 10.9 级螺栓,$f_u = 1040$ MPa。

式(3-60)中的系数考虑了以下几个因素:

(1)拧紧螺帽时螺栓同时受到预拉力引起的拉应力 σ 和由螺纹力矩引起的扭转剪应力 τ 共同作用,其折算应力为:

$$\sqrt{\sigma^2 + 3\tau^2} = \eta\sigma$$

根据试验分析,系数 η 在 1.15~1.25 之间,取平均值为 1.2。式(3-60)中分母的 1.2 即为考虑拧紧螺栓时扭矩对螺杆的不利影响系数。

(2)施工时为了补偿高强度螺栓预拉力的松弛损失,一般超张拉 5%~10%,故式(3-60)右端分子中考虑了一个超张拉系数0.9。

(3)考虑螺栓材质不均匀性,式(3-60)分子中引入一个折减系数0.9。

(4)由于以螺栓的抗拉强度 f_u 而非通常情况下的屈服强度为基准(高强度螺栓没有明显的屈服点),为安全起见,式(3-60)分子中再引入一个附加安全系数0.9。

各种规格高强度螺栓预拉力的取值见表3-9。

表 3-9　一个高强度螺栓的设计预拉力值　　　　　　　　　　　　(kN)

螺栓的承载性能等级	螺栓公称直径					
	M16	M20	M22	M24	M27	M30
8.8 级	80	125	150	175	230	280
10.9 级	100	155	190	225	290	355

3.7.1.2　高强度螺栓的抗滑移系数

高强度螺栓的抗滑移系数国内外研究和工程实践表明,摩擦型连接的摩擦面抗滑移系

数 μ 主要与钢材表面处理工艺和涂层厚度有关，表 3-10 规定了对应不同接触面处理方法的抗滑移系数值。根据工程实践及相关研究，限制抗滑移系数最大值不超过 0.45。试验表明，此系数会随着被连接构件接触面间的压紧力减小而降低，故与物理学中的摩擦系数有区别。

表 3-10 摩擦面的抗滑移系数 μ 值

连接处构件接触面的处理方法	构件的钢材牌号		
	Q235 钢	Q355 钢或 Q390 钢	Q420 钢或 Q460 钢
喷硬质石英砂或铸钢棱角砂	0.45	0.45	0.45
抛丸（喷砂）	0.40	0.40	0.40
钢丝刷清除浮锈或未经处理的干净轧制表面	0.30	0.35	—

在对摩擦面进行处理时，钢丝刷除锈方向应与受力方向垂直；当连接构件采用不同钢材牌号时，摩擦面抗滑移系数按相应较低强度者取值；如摩擦面采用其他方法处理时，其处理工艺及抗滑移系数值均需经试验确定。考虑到高强度钢材连接需要较高的连接强度，表 3-10 中列入接触面处理为钢丝刷清除浮锈或未经处理的干净轧制面的抗滑移系数。试验证明，摩擦面涂红丹防锈漆后 $\mu<0.15$，即使经处理后 μ 仍然很低，故严禁在摩擦面上涂刷防锈漆。另外，若在潮湿或淋雨条件下拼装，μ 值也会降低，故应采取有效措施保证连接处表面的干燥。

3.7.2 高强度螺栓的抗剪连接

3.7.2.1 高强度螺栓摩擦型连接

高强度螺栓在拧紧时，螺杆中产生了很大的预拉力，而被连接板件间则产生很大的预压力。如图 3-48（b）所示，连接受力后，由于接触面上产生的摩擦力能在相当大的荷载情况下阻止板件间的相对滑移，因而摩擦传力的弹性工作阶段较长。当外力超过接触面摩擦力后，板件间即产生相对滑动。高强度螺栓摩擦型连接以板件间出现滑动为抗剪承载力极限状态，故它的最大承载力不能取图 3-48（b）的最高点，而应取板件产生相对滑动的起始点"1"。

摩擦型连接的承载力取决于构件接触面的摩擦力，而此摩擦力的大小与螺栓所受预拉力、摩擦面的抗滑移系数以及连接的传力摩擦面数有关。因此，单个高强度螺栓摩擦型连接的抗剪承载力设计值由式（3-61）给出。当高强度螺栓摩擦型连接采用大圆孔或槽孔时，由于连接的摩擦面面积有所减小，应对抗剪承载力进行折减，因此，式（3-61）右侧乘以孔型折减系数 k。本章在未对孔型做特别注明情况时，均指标准孔。

$$N_v^b = 0.9kn_f\mu P \qquad (3-61)$$

式中　0.9——抗力分项系数 $Y_k(Y_k=1.111)$ 的倒数；

　　　k——孔型系数，标准孔取 1.0，大圆孔取 0.85，内力与槽孔长向垂直时取 0.7，内力与槽孔长向平行时取 0.6；

　　　n_f——高强度螺栓的传力摩擦面数目，单剪时 $n_f=1$，双剪时 $n_f=2$；

　　　P——单个高强度螺栓的设计预拉力，按表 3-9 采用；

　　　μ——摩擦面抗滑移系数，按表 3-10 采用。

试验证明，低温对高强度螺栓摩擦型连接抗剪承载力无明显影响，但当环境温度为

100~150 ℃时，螺栓的预拉力将产生温度损失，故应将高强度螺栓连接的抗剪承载力设计值降低 10%；当高强度螺栓连接长期受热达 150 ℃以上时，应采用加耐热隔热涂层、热辐射屏蔽等隔热防护措施。

3.7.2.2 高强度螺栓承压型连接

按承压型连接设计的高强度螺栓安装时同样也按表 3-9 施加预拉力，当螺栓受剪时，从受力直至破坏的荷载-位移（N-δ）曲线如图 3-48（b）所示。由于它允许接触面滑动并以连接达到破坏（螺栓杆被剪断或板件承压破坏）的极限状态作为设计准则，接触面的摩擦力只起着延缓滑动的作用，因此，承压型连接的最大抗剪承载力应取图 3-48（b）所示曲线的最高点"4"。连接达到极限承载力时，由于螺杆伸长预拉力几乎全部消失，因此高强度螺栓承压型连接的计算方法与普通螺栓连接相同，仍可采用式（3-42）和式（3-43）计算单个螺栓的抗剪承载力，只是应采用承压型连接中的高强度螺栓强度设计值。抗剪承压型连接在正常使用极限状态下尚应符合摩擦型连接的设计要求。值得注意的是，只有采用标准孔时，高强度螺栓摩擦型连接的极限状态才可转变为承压型连接。

对不同螺栓剪切面的取法需要区别：当剪切面在螺纹处时，高强度螺栓承压型连接的抗剪承载力应按螺纹处的有效截面 A_e 计算。但对于普通螺栓，其抗剪承载力是根据连接的试验数据统计而定，试验时未区分剪切面是否在螺纹处，故计算普通螺栓的抗剪承载力时直接采用公称直径。

由于高强度螺栓承压型连接的计算准则与摩擦型连接不同，因此前者对构件接触面的要求较低，清除连接处构件接触面的油污及浮锈即可，仅承受拉力的高强度螺栓承压型连接，可不要求对接触面进行抗滑移处理。

3.7.3 高强度螺栓的抗拉连接

3.7.3.1 高强度螺栓摩擦型连接

高强度螺栓在承受外拉力前，螺杆中存在很大的预拉力 P，板层间存在与之相平衡的压紧力 C，拉力 P 与压力 C 是等值反向的，如图 3-63（a）所示。

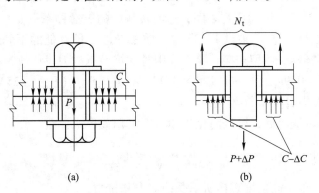

(a)　　　　　　(b)

图 3-63　高强度螺栓受拉

当对螺栓连接施加外拉力 N_t 后，栓杆被拉长，此时螺杆中拉力增量为 ΔP，压紧的板件被拉松，压力 C 减少了 ΔC，如图 3-63（b）所示。计算表明，即使当外拉力 N_t 为预拉力 P 的 80%时，螺杆拉力增加却很少（$\Delta P \approx 0$），因此，可认为此时螺杆的预拉力基本不变，但同时接触面间仍能保持一定的压紧力（压紧力约为 $P-N_t$），整个板面始终处于紧密接触状态。

同时由实验得知，当外拉力 N_t 大于螺栓预拉力 P 时，卸荷后螺杆中的预拉力会变小，即发生松弛现象。但如果外拉力小于螺栓预拉力的80%时，则无松弛现象发生。

由上述分析知，沿杆轴方向受拉的高强度螺栓摩擦型连接中，单个高强度螺栓抗拉承载力设计值可取为：

$$N_t^b = 0.8P \tag{3-62}$$

应当注意，式（3-62）的取值没有考虑杠杆作用引起的撬力影响。研究表明，当螺栓连接所受外拉力 $N_t \leqslant 0.5P$ 时，连接不出现撬力；撬力 Q 大约在 N_t 达到 $0.5P$ 时开始出现，起初增加缓慢，以后逐渐加快，到临近破坏时因螺栓开始屈服而又有所下降。

由于撬力 Q 的存在，高强度螺栓的抗拉承载力有所下降，因此如果在设计中不计算撬力 Q，应使 $N_t \leqslant 0.5P$ 或者增大 T 形连接件翼缘板的刚度。分析表明，当翼缘板的厚度 t_1 不小于2倍螺栓直径时，螺栓中一般不产生撬力，但实际工程中很难满足这一条件，故一般采用设置加劲肋（见图3-53）来增大 T 形连接件翼缘板的刚度。

在直接承受动力荷载的结构中，由于高强度螺栓连接受拉时的疲劳强度较低，因此每个高强度螺栓的外拉力不宜超过 $0.6P$，当需考虑撬力影响时外拉力还应降低。

3.7.3.2 高强度螺栓承压型连接

尽管高强度螺栓承压型连接的预拉力 P 的施拧工艺和设计预拉力值大小与高强度螺栓摩擦型连接相同，但考虑到高强度螺栓承压型连接的设计准则与普通螺栓类似，故其抗拉承载力设计值 N_t^b 采用与普通螺栓相同的计算公式 $N_t^b = A_e f_t^b$（注意强度设计值 f_t^b 取值不同），不过按此式计算得到的结果与 $0.8P$ 相差不大。

3.7.4 高强度螺栓受拉剪共同作用

3.7.4.1 高强度螺栓摩擦型连接

如前所述，当螺栓连接所受外拉力 $N_t \leqslant 0.8P$ 时，螺杆中的预拉力 P 基本不变，但板层间压力将减小到 $P-N$。试验研究表明，这时接触面的抗滑移系数 μ 也有所降低，而且 μ 值随 N_t 的增大而减小。将 N_t 乘以 1.125 的系数来考虑 μ 值降低的不利影响，故采用标准孔时，单个高强度螺栓摩擦型连接有拉力作用时的抗剪承载力设计值为：

$$N_v^b = 0.9 n_f \mu (P - 1.125 \times 1.111 N_t) = 0.9 n_f \mu (P - 1.25 N_t) \tag{3-63}$$

式中   1.111——抗力分项系数 Y_k。

式（3-63）通过变化后，可以简化成如下直线相关形式：

$$\frac{N_v}{N_v^b} + \frac{N_t}{N_t^b} \leqslant 1 \tag{3-64}$$

式中 N_v，N_t——单个高强度螺栓所承受的剪力和拉力；

         N_v^b——单个高强度螺栓抗剪承载力设计值，$N_v^b = 0.9 n_f \mu P$，对于非标准孔引入孔型系数 k，有 $N_v^b = 0.9 k n_f \mu P$；

         N_t^b——单个高强度螺栓抗拉承载力设计值，$N_t^b = 0.8P$。

将 N_v^b 和 N_t^b 代入式（3-64），并令推导得出的 $0.9 n_f \mu (P - 1.25 N_t)$ 为 $N_{v,t}^b$，即可得到

式（3-63），可见二者是等效的，《钢结构设计标准》中采用式（3-64）进行计算。

3.7.4.2 高强度螺栓承压型连接

同时承受剪力和杆轴方向拉力的高强度螺栓承压型连接的计算方法与普通螺栓相同，即：

$$\sqrt{\frac{N_v}{N_v^b} + \frac{N_t}{N_t^b}} \leqslant 1 \tag{3-65}$$

高强度螺栓承压型连接只承受剪力时，由于板层间存在由高强度螺栓预拉力产生的强大压紧力，当板层间的摩擦力被克服，螺杆与孔壁接触挤压时，板件孔前区形成三向压应力场，因而高强度螺栓承压型连接的承压强度比普通螺栓的高得多（两者相差约 50%）。但当高强度螺栓承压型连接同时受有沿杆轴方向的拉力时，由于板层间压紧力随外拉力的增加而减小，因此其承压强度设计值也随之降低。

为了计算简便，《钢结构设计标准》规定只要有外拉力存在，就将承压强度设计值除以 1.2 予以降低，从而忽略承压强度设计值随外拉力大小而变化这一因素。因为所有高强度螺栓的外拉力一般均不大于 $0.8P$，此时整个板层间始终处于紧密接触状态，采用统一除以 1.2 的做法来降低承压强度，一般能保证安全。

因此，对于兼受剪力和杆轴方向拉力的高强度螺栓承压型连接，除按式（3-65）计算螺栓的强度外，尚应按下式计算孔壁承压：

$$N_v \leqslant \frac{N_c^b}{1.2} = \frac{1}{1.2} d(\sum t) f_c^b \tag{3-66}$$

式中　N_c^b——只承受剪力时孔壁承压承载力设计值；

　　　　f_c^b——高强度螺栓承压型连接的承压强度设计值，按附表 1-3 取值。

3.7.5 单个螺栓连接承载力设计值公式汇总

根据前述分析，现将各种受力情况的单个螺栓连接（包括普通螺栓和高强度螺栓）承载力设计值的计算式汇总于表 3-11 中，以便对照和应用。

表 3-11　单个螺栓连接承载力设计值

序号	螺栓种类	受力状态	计算式	备注
1	普通螺栓	受剪	$N_v^b = n_v \dfrac{\pi d_e^2}{4} f_v^b$ $N_c^b = d(\sum t) f_c^b$	取 N_v^b 与 N_c^b 中较小值
		受拉	$N_t^b = \dfrac{\pi d_e^2}{4} f_t^b$	
		兼受剪拉	$\sqrt{\left(\dfrac{N_v}{N_v^b}\right)^2 + \left(\dfrac{N_t}{N_t^b}\right)^2} < 1$ $N_v \leqslant N_c^b$	

序号	螺栓种类	受力状态	计算式	备　注
2	高强度螺栓摩擦型连接	受剪	$N_v^b = 0.9kn_f\mu P$	
		受拉	$N_t \leqslant 0.8P$	
		兼受剪拉	$\dfrac{N_v}{N_v^b} + \dfrac{N_t}{N_t^b} \leqslant 1$ $N_t \leqslant 0.8P$	
3	高强度螺栓承压型连接	受剪	$N_t^b = n_v \dfrac{\pi d_e^2}{4} f_t^b$ $N_c^b = d(\sum t) f_c^b$	当剪切面在螺纹处时 $N_t^b = n_v \dfrac{\pi d_e^2}{4} f_t^b$
		受拉	$N_t^b = \dfrac{\pi d_e^2}{4} f_t^b$	
		兼受剪拉	$\sqrt{\left(\dfrac{N_v}{N_v^b}\right)^2 + \left(\dfrac{N_t}{N_t^b}\right)^2} < 1$ $N_v \leqslant N_c^b / 1.2$	

3.7.6　高强度螺栓连接计算的应用举例

3.7.6.1　高强度螺栓群承受轴心剪力作用

【例 3-14】　试设计一双盖板拼接的钢板连接。钢材为 Q355B，高强度螺栓为 8.8 级的 M20，螺孔为标准孔，连接处构件接触面采用喷砂处理，作用在螺栓群连接形心处的轴心拉力设计值 $N = 800$ kN。

解：（1）采用摩擦型连接。由表 3-9 查得 8.8 级 M20 高强度螺栓的预拉力 $P = 125$ kN，由表 3-10 查得对于 Q355 钢材接触面做喷砂处理时 $\mu = 0.40$。

单个螺栓的抗剪承载力设计值为：

$$N_v^b = 0.9kn_f\mu P = 0.9 \times 1 \times 2 \times 0.40 \times 125 = 90.0 \text{ kN}$$

所需螺栓数：

$$n = \frac{N}{N_v^b} = \frac{800}{90.0} = 8.9，取 9 个$$

螺栓排列如图 3-64（a）所示。

（2）采用承压型连接。单个螺栓的抗剪承载力设计值为：

$$N_v^b = n_v \frac{\pi d^2}{4} f_v^b = 2 \times \frac{3.14 \times 20^2}{4} \times 250 = 157000 \text{ N} = 157.0 \text{ kN}$$

$$N_c^b = d(\sum t) f_c^b = 20 \times 20 \times 590 = 236000 \text{ N} = 236.0 \text{ kN}$$

所需螺栓数：

$$n = \frac{N}{N_{min}^b} = \frac{800}{157.0} = 5.1，取 6 个$$

螺栓排列如图 3-64（b）所示。

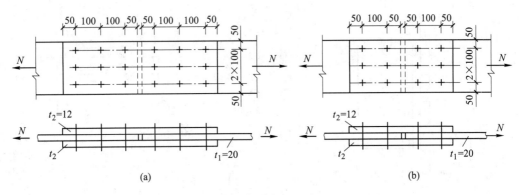

图 3-64　例 3-14 图
（a）摩擦型连接；（b）承压型连接

3.7.6.2　高强度螺栓群承受扭矩作用或扭矩、剪力共同作用

高强度螺栓群在扭矩作用或扭矩、剪力共同作用时的抗剪计算方法与普通螺栓群的相同，但应采用高强度螺栓承载力设计值进行计算。

3.7.6.3　高强度螺栓群承受轴心拉力作用

高强度螺栓群承受轴心拉力作用时所需螺栓数目：

$$n \geqslant \frac{N}{N_t^b} \qquad (3-67)$$

式中　N_t^b——沿杆轴方向受拉力时，单个高强度螺栓（摩擦型连接或承压型连接）的承载力设计值（见表 3-11）。

3.7.6.4　高强度螺栓群弯矩受拉

高强度螺栓连接（包括摩擦型和承压型）的外拉力 N，设计要求总是小于或等于 $0.8P$，在连接受弯矩而使螺栓沿螺杆方向受力时，被连接构件的接触面仍一直保持紧密贴合，因此，可认为中和轴在螺栓群的形心轴上（见图 3-65），而最外排螺栓受力最大。按照普通螺栓群小偏心受拉中关于弯矩使螺栓产生最大拉力的推导方法，同样可得高强度螺栓群弯矩受拉时的最大拉力的计算式为：

$$N_1 = \frac{My_1}{\sum y_i^2} \leqslant N_t^b \qquad (3-68)$$

式中　y_1——螺栓群形心轴至最外排螺栓的距离；

　　$\sum y_i^2$——形心轴上、下每个螺栓至形心轴距离的平方和。

需要明确的是，式（3-68）计算的 N_1 实际上是由弯矩产生的作用于高强度螺栓连接的最大外拉力，而不是螺栓杆实际受到的拉力。由前述可知，此时螺栓杆受到的拉力基本上保持着预拉力 P 的大小不变。式（3-68）计算的目的就是为了确保在外拉力作用下，每个螺栓环周边区域板件间的压紧力仍然存在，而不是直接验算螺栓杆本身。

3.7.6.5　高强度螺栓群偏心受拉

高强度螺栓群偏心受拉时，螺栓的最大设计外拉力不会超过 $0.8P$，板层间始终保持

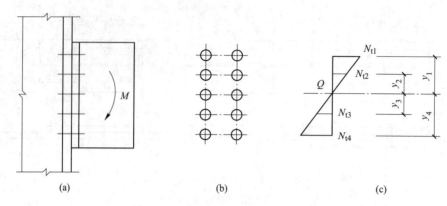

(a)   (b)   (c)

图 3-65   承受弯矩的高强度螺栓连接

紧密贴合，端板不会被拉开，故高强度螺栓摩擦型连接和高强度螺栓承压型连接均可按普通螺栓连接小偏心受拉计算，即：

$$N_1 = \frac{N}{n} + \frac{My_1}{\sum y_i^2} \leqslant N_t^b \qquad (3-69)$$

3.7.6.6   高强度螺栓群受拉弯剪共同作用

（1）高强度螺栓摩擦型连接。图 3-66 所示为高强度螺栓摩擦型连接承受拉力、弯矩和剪力共同作用时的情况。由前述可知，高强度螺栓摩擦型连接承受剪力和拉力联合作用时，其单个螺栓的承载力计算可按式（3-64）计算。

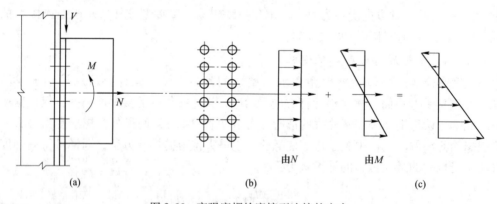

(a)   (b)   由N   由M   (c)

图 3-66   高强度螺栓摩擦型连接的应力

在剪力 V 作用下，各螺栓平均受剪力 $N_v = V/n$，n 为螺栓数量；在弯矩 M 及拉力 N 共同作用下，由图 3-66（c）可知，每行螺栓所受外拉力 N_u 各不相同。对此连接螺栓群可找出其受拉最大处的最不利螺栓，将该螺栓的拉力 N_{t1} 以及平均剪力 N_{v1}。代入式（3-64）进行计算。如果受力最不利螺栓满足承载力要求，则该高强度螺栓群在拉弯剪共同作用下也满足要求。需要注意的是，该方法以最不利螺栓作为控制条件，对于整个螺栓群而言是偏安全的。

此外，螺栓的最大外拉力尚应满足：

$$N_u \leqslant N_t^b \qquad (3-70)$$

（2）高强度螺栓承压型连接。对高强度螺栓承压型连接，应按式（3-65）计算螺栓杆的抗拉、抗剪强度，并按式（3-66）验算孔壁承压。

【例 3-15】 图 3-67 所示为高强度螺栓摩擦型连接，图中内力均为设计值。被连接构件的钢材为 Q355B，螺栓为 10.9 级 M20，螺孔为标准孔，接触面采用喷砂处理，试验算此连接的承载力。

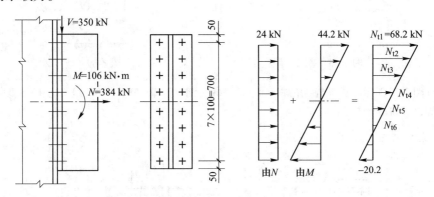

图 3-67　例 3-15 图

解： 由表 3-9 和表 3-10 查得预拉力 $P = 155$ kN，抗滑移系数 $\mu = 0.40$。

单个螺栓的最大外拉力为：

$$N_{t1} = \frac{N}{n} + \frac{My_1}{\sum y_i^2} = \frac{384}{16} + \frac{106 \times 10^3 \times 350}{2 \times 2 \times (350^2 + 250^2 + 150^2 + 50^2)}$$

$$= 24.0 + 44.2 = 68.2 \text{ kN} < 0.8P = 124 \text{ kN}$$

对受力最不利的单个螺栓进行验算，最不利螺栓为螺栓群上部最外排螺栓，其对应的内力设计值 及单个螺栓承载力为：

$$N_{v1} = 384/16 = 24 \text{ kN}$$

$$N_{t1} = 68.2 \text{ kN}$$

$$N_t^b = 0.8P = 0.8 \times 155 = 124.0 \text{ kN}$$

$$N_v^b = 0.9 k n_f \mu P = 0.9 \times 1 \times 1 \times 0.40 \times 155 = 55.8 \text{ kN}$$

将以上计算结果代入式（3-64）计算，可得：

$$\frac{N_v}{N_v^b} + \frac{N_t}{N_t^b} = \frac{24}{55.8} + \frac{68.2}{124.0} = 0.98 < 1$$

满足要求。

习　题

3-1　试设计双角钢与节点板的角焊缝连接（见图 3-68）。钢材为 Q355B，焊条为 E50 型的非低氢型焊条，手工焊，焊前不预热。轴心力设计值 $N = 1000$ kN，分别采用三面围焊和两面侧焊进行设计。

3-2　试求图 3-69 所示连接的最大设计荷载。钢材 Q355B，焊条为 E50 型，手工焊，角焊缝焊脚尺寸 $h_f = 8$ mm，$e_1 = 300$ mm。

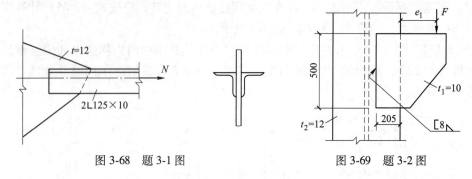

图 3-68　题 3-1 图　　　　　　　　　图 3-69　题 3-2 图

3-3　试设计图 3-70 所示牛腿与连接角焊缝①、②、③。钢材为 Q355B，焊条为 E50 型的非低氢型焊条，手工焊，焊前不预热。

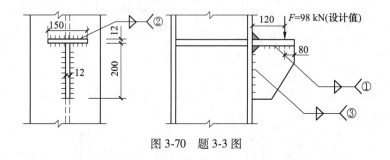

图 3-70　题 3-3 图

3-4　习题 3-3 的连接中，如将焊缝②及焊缝③改为对接焊缝（按三级质量标准检验），试求该连接的最大荷载。

3-5　焊接工字形梁在腹板上设一道拼接的对接焊缝（见图 3-71），拼接处作用有弯矩设计值 $M = 1122$ kN·m，剪力设计值 $V = 374$ kN，钢材为 Q355B，焊条为 E50 型，半自动焊，三级检验标准，试验算该焊缝的强度。

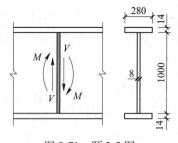

图 3-71　题 3-5 图

3-6　试设计图 3-69 所示的粗制螺栓连接，$F = 100$ kN（设计值），$e_1 = 300$ mm。

3-7　如图 3-72 所示构件连接，钢材为 Q355B，螺栓为粗制螺栓，$d_1 = d_2 = 170$ mm。试设计：

（1）角钢与连接板的螺栓连接。

（2）竖向连接板与柱翼缘板的螺栓连接。

3-8　按高强度螺栓摩擦型连接设计习题 3-7 中所要求的连接（取消承托板），螺栓强度级别及接触面处理方式自选。试分别按 $d_1 = d_2 = 170$ mm 和 $d_1 = 150$ mm、$d_2 = 190$ mm 两种情况进行设计。

3-9　按高强度螺栓承压型连接设计习题 3-7 中角钢与连接板的连接。螺栓强度级别及接触面处理方式自选。

3-10　图 3-73 所示的牛腿用 2∟100×20（由大角钢截得）及 10.9 级 M22 高强度螺栓与柱相连，要求按摩擦型连接设计，构件钢材为 Q355B，接触面采用喷砂处理，试确定连接角钢两个肢上的螺栓数目。

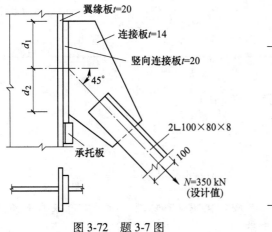

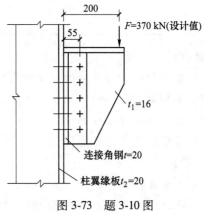

图 3-72　题 3-7 图　　　　　　　　图 3-73　题 3-10 图

4 　　　轴心受力构件

本章数字资源

【学习要点】

（1）掌握轴心受力构件的强度和刚度计算。

（2）掌握轴心受压构件的稳定计算。

（3）掌握轴心受压柱的设计。

（4）了解柱头和柱脚的设计。

【思政元素】

激发学生对轴心受力构件设计的学习兴趣，使学生意识到工程设计底线的重要性，增强学生规范设计意识，培养良好的设计素养。

4.1　概　　述

在钢结构中，轴心受力构件的应用十分广泛，如桁架、塔架和网架、网壳等的杆件体系。这类结构通常假设其节点为铰接连接，当无节间荷载作用时，只受轴向拉力和压力的作用，分别称为轴心受拉构件和轴心受压构件。轴心受力构件在工程中应用的一些实例如图 4-1 所示。

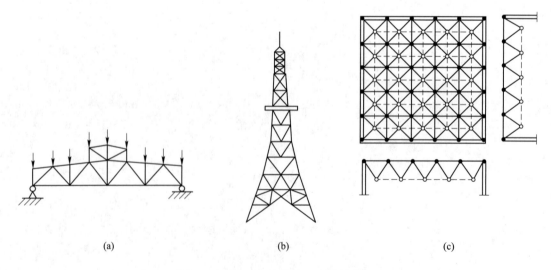

(a) 　　　　　　　　　　　(b) 　　　　　　　　　　(c)

图 4-1　轴心受力构件在工程中的应用

（a）桁架；（b）塔架；（c）网架

　　轴心压杆也经常用作工业建筑的工作平台支柱。柱由柱头、柱身和柱脚三部分组成（见图4-2）。柱头用来支承平台梁或桁架，柱脚的作用是将压力传至基础。

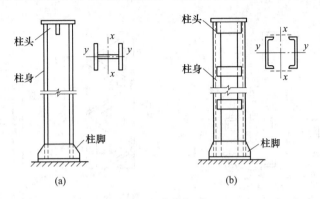

图4-2　柱的组成

　　轴心受力构件的常用截面形式可分为实腹式和格构式两大类。

　　实腹式构件制作简单，与其他构件连接也较方便。其常用截面形式很多，可直接选用单个型钢截面，如圆钢、钢管、角钢、T型钢、槽钢、工字钢、H型钢等（见图4-3（a）），也可选用由型钢或钢板组成的组合截面（见图4-3（b））；一般桁架结构中的弦杆和腹杆，除T型钢外，常采用角钢或双角钢组合截面（见图4-3（c）），在轻型结构中则可采用冷弯薄壁型钢截面（见图4-3（d））。以上这些截面中，截面紧凑（如圆钢和组成板件宽厚比较小截面）或对两主轴刚度相差悬殊者（如单槽钢、工字钢），一般只可能用于轴心受拉构件。受压构件通常采用较为开展、组成板件宽而薄的截面。

　　格构式构件容易使压杆实现两主轴方向的等稳定性，刚度大，抗扭性能也好，用料较省。其截面一般由两个或多个型钢肢件组成（见图4-4），肢件间采用缀条（见图4-5（a））或缀板（见图4-5（b））连成整体，缀板和缀条统称为缀材。

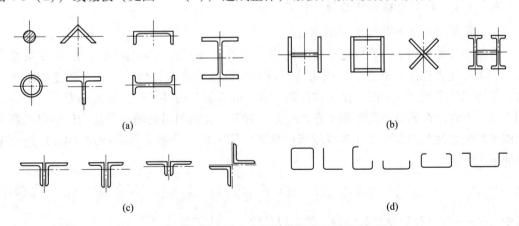

图4-3　轴心受力实腹式构件的截面形式

　　轴心受力构件在设计时，应同时满足第一极限状态和第二极限状态的要求。对于承载能力的极限状态，受拉构件一般以强度控制，而受压构件需同时满足强度和稳定性的要求。对于正常使用的极限状态，是通过保证构件的刚度——限制其长细比来达到的。因此，按其受力性质的不同，轴心受拉构件的设计需分别进行强度和刚度的验算，而轴心受压构件的设计需分别进行强度、稳定性和刚度的验算。

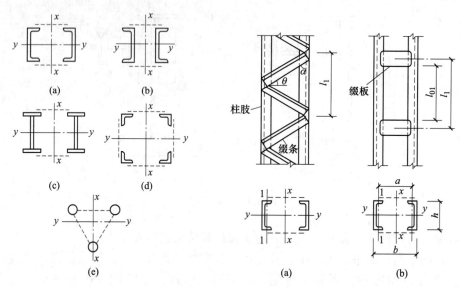

图 4-4　格构式构件的常用截面形式　　　　图 4-5　格构式构件的缀材布置
　　　　　　　　　　　　　　　　　　　　　　　（a）缀条柱；（b）缀板柱

4.2　轴心受力构件的强度和刚度

4.2.1　强度计算

4.2.1.1　轴心受拉构件的强度计算

A　截面无削弱的轴心受拉构件

在轴心拉力作用下，构件毛截面上的应力是均匀分布的，从钢材的应力-应变关系可知，当轴心受力构件的截面平均应力达到钢材的抗拉强度时，构件才达到强度极限承载力。但当构件毛截面屈服时，由于构件塑性变形的发展，构件将产生过大的变形，以致达到不适于继续承载的变形的极限状态。因此，对于无孔洞削弱的轴心受拉构件，以毛截面上的平均应力达到屈服强度作为强度极限状态，引入抗力分项系数后按式（4-1）进行毛截面强度计算。

$$\sigma = \frac{N}{A} \leq f \tag{4-1}$$

式中　N——构件计算截面处的轴心拉力设计值；

　　　　A——构件计算截面处的毛截面面积；

　　　　f——钢材的抗拉强度设计值。

B　有孔洞削弱的轴心受拉构件

有孔洞削弱的轴心受拉构件在孔洞处存在应力集中现象。在弹性阶段，随孔洞形状的不同，孔壁边缘的最大应力 σ_{max} 可能达到构件毛截面平均应力 σ_a 的 3～4 倍（见图 4-6（a）），若拉力继续增加，当孔壁边缘的最大应力达到材料的屈服强度以后，应力不再继续增加而只发展塑性变形，由于应力重分布，净截面的应力可以均匀地达到屈服强度，如图 4-6（b）所示。因此，对于有孔洞削弱的轴心受拉构件，仍以其净截面的平均应力达到其强度限值作为极限状态。这要求在设计时选用具有良好塑性性能的材料。

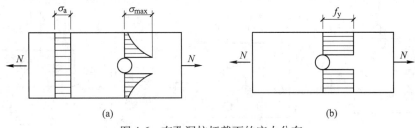

图 4-6 有孔洞拉杆截面的应力分布

（a）弹性状态应力；（b）极限状态应力

（1）端部连接或中部拼接采用螺栓连接的轴心受拉构件（见图 4-7（a））。毛截面上的应力仍须满足式（4-1）的要求，以防止构件产生不适于继续承载的变形。另外，孔洞削弱处的截面是薄弱部位，须按净截面核算强度。由于少数截面的屈服不会使构件产生过大的变形，即便净截面屈服，构件还能承担更大的拉力，直至净截面被拉断。因此可以净截面上的拉应力达到抗拉强度 f_u 作为轴心受拉构件的强度准则，引入相应的抗力分项系数 γ_R。由于净截面孔眼附近应力集中较大，容易首先出现裂缝，且拉断的后果要比构件屈服严重得多，因此，抗力分项系数应予提高，可取 $\gamma_R = 1.1 \times 1.3 = 1.43$，其倒数约为 0.7。引入抗力分项系数后构件的净截面强度应按式（4-2）进行计算。

$$\sigma = \frac{N}{A_n} \leqslant 0.7 f_u \tag{4-2}$$

式中　f_u——钢材抗拉强度最小值；

　　　A_n——构件的净截面面积。

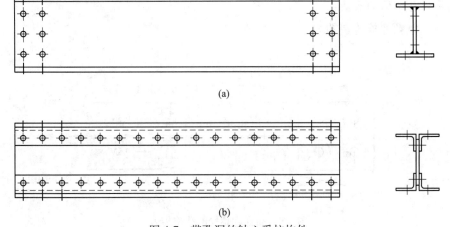

图 4-7 带孔洞的轴心受拉构件

（a）端部螺栓连接的轴心受拉构件；（b）采用较密螺栓连接的组合受拉构件

当轴心受力构件采用普通螺栓（或铆钉）连接时，若螺栓（或铆钉）为并列布置（见图4-8（a）），按最危险的正交截面（Ⅰ—Ⅰ截面）计算。若螺栓（或铆钉）为错列布置（见图4-8（b）和（c）），构件既可能沿正交截面Ⅰ—Ⅰ破坏，也可能沿齿状截面Ⅱ—Ⅱ破坏。截面Ⅱ—Ⅱ的毛截面长度较大但孔洞较多，其净截面面积不一定比截面Ⅰ—Ⅰ的净截面面积大。A_n应取截面Ⅰ—Ⅰ和截面Ⅱ—Ⅱ的较小面积。

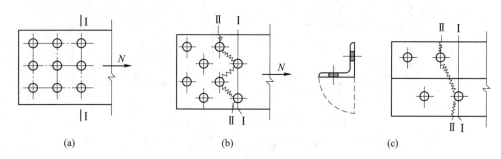

图 4-8　净截面面积计算

（a）钢板上螺栓并列排列；（b）钢板上螺栓错列排列；（c）角钢上螺栓错列排列

当端部连接或中部拼接采用高强度螺栓摩擦型连接时，考虑到螺栓传递的剪力是由摩擦力传递的，截面上每个螺栓所传之力的一部分已由摩擦力在孔前传走，净截面上的内力应当扣除孔前传走的力（见图4-9）。因此，验算最外列螺栓处净截面的强度时，式（4-2）应按式（4-3）进行修正。

$$N' = N\left(1 - 0.5\,\frac{n_1}{n}\right) \tag{4-3a}$$

$$\sigma = \frac{N'}{A_n} \leqslant 0.7f_u \tag{4-3b}$$

式中　n——计算截面（最外列螺栓处）上的高强度螺栓数目；

n_1——节点或拼接处，构件一端连接的高强度螺栓数目；

0.5——孔前传力系数；

N'——单颗螺栓传递的力。

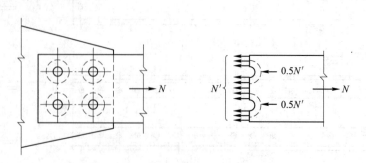

图 4-9　高强度螺栓的孔前传力

（2）沿全长都有排列较密螺栓的组合受拉构件（见图4-7（b））。当构件沿长度方向分布有较密的螺栓孔时，每个螺栓孔处构件的屈服也将导致杆件出现相当可观的变形，此时，应以净截面上的平均应力达到屈服强度作为轴心受拉构件的强度准则，按式（4-4）进行计算。

$$\sigma = \frac{N}{A_n} \leqslant f \qquad (4\text{-}4)$$

4.2.1.2 轴心受压构件的强度计算

轴心受压构件毛截面强度按式（4-1）进行计算。当端部连接或中部拼接采用高强度螺栓摩擦型连接时，净截面强度应按式（4-3）进行计算；其他情况，若孔洞内有螺栓填充，由于在净截面处部分轴力已经通过螺栓与孔壁的承压传走，因此，不必验算净截面强度，仅当存在虚孔时，才须按式（4-2）计算孔心处的强度。

沿全长都有排列较密螺栓的组合受压构件强度按式（4-4）进行计算。

4.2.1.3 轴心受力构件的有效截面系数

轴心受力构件的端部连接或中间拼接应尽量采用全部直接传力的连接方式。如图 4-10（a）所示的 H 形截面，上、下翼缘及腹板均设拼接板，力可以通过翼缘、腹板直接传递，因此，这种连接构造净截面全部有效。图 4-10（b）为仅设置翼缘拼接板的部分直接传力的连接方式，由于腹板没有拼接板，其内力要通过剪切传入翼缘，继而传给焊缝，在 B—B 截面，正应力分布不均匀，这种现象称为剪力滞后。正应力分布不均匀使得 B—B 截面应力最大处在达到全截面屈服之前出现裂缝，从而使得 B—B 截面并非全部有效。因此，对未采用全部直接传力连接构造的节点或拼接，按以上各公式对轴心受力构件进行强度计算时，应对危险截面的面积乘以有效截面系数 η。不同构件截面形式和连接方式的 η 值可按表 4-1 的规定采用。

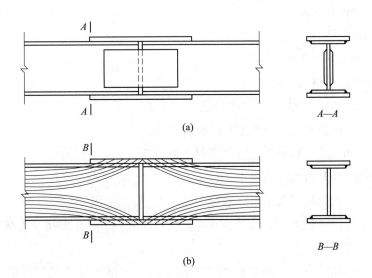

图 4-10 H 形截面轴心受力构件的全部直接连接和部分直接连接

（a）全部直接连接；（b）部分直接连接

表 4-1　轴心受力构件节点或拼接处危险截面有效截面系数

构件截面形式	连接形式	η	图　例
角钢	单边连接	0.85	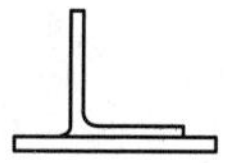
工字形、H 形	翼缘连接	0.90	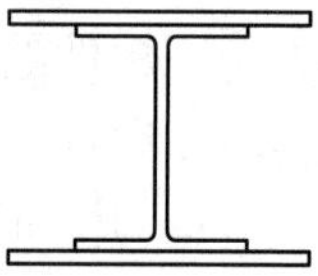
	腹板连接	0.70	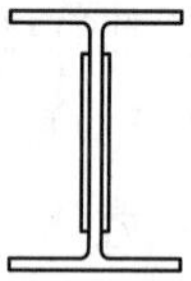

4.2.2　刚度计算

为满足结构的正常使用要求，轴心受力构件不应做得过分柔细，而应具有一定的刚度，以保证构件不会产生过度的变形。

受拉和受压构件的刚度是以保证其长细比限值 λ 来实现的，即：

$$\lambda = \frac{l_0}{i} \leqslant [\lambda] \tag{4-5}$$

式中　λ——构件的最大长细比；

l_0——构件的计算长度；

i——截面的回转半径；

$[\lambda]$——构件的容许长细比。

验算受压构件的长细比时，可不考虑扭转效应。

当构件的长细比太大时，会产生下列不利影响：

（1）在运输和安装过程中产生弯曲或过大的变形；

（2）使用期间因其自重而明显下挠；

（3）在动力荷载作用下发生较大的振动；

（4）构件的极限承载力显著降低，同时，初弯曲和自重产生的挠度也将对构件的整体稳定带来不利影响。

《钢结构设计标准》（GB 50017—2017）在总结了钢结构长期使用经验的基础上，根据构件的重要性和荷载情况，对受拉构件的容许长细比规定了不同的要求和数值，见表 4-2。

表 4-2 受拉构件的容许长细比

构件名称	承受静力荷载或间接承受动力荷载的结构			直接承受动力荷载的结构
	一般建筑结构	对腹杆提供平面外支点的弦杆	有重级工作制吊车的厂房	
桁架的杆件	350	250	250	250
吊车梁或吊车桁架以下的柱间支撑	300		200	
除张紧的圆钢外的其他拉杆、支撑、系杆等	400		350	

注：1. 在直接或间接承受动力荷载的结构中，计算单角钢受拉构件的长细比时，应采用角钢的最小回转半径，但在计算交叉点相互连接的交叉构件平面外的长细比时，可采用与角钢肢边平行的回转半径。

2. 除对腹杆提供平面外支点的弦杆外，承受静力荷载的结构受拉构件，可仅计算竖向平面内的长细比。

3. 中、重级工作制吊车桁架下弦杆的长细比不宜超过 200。

4. 受拉构件在永久荷载与风荷载组合作用下受压时，其长细比不宜超过 250。

5. 跨度等于或大于 60 m 的桁架，其受拉弦杆和腹杆的长细比，承受静力荷载或间接承受动力荷载时不宜超过 300，直接承受动力荷载时不宜超过 250。

6. 在设有夹钳或刚性料耙等硬钩起重机的厂房中，支撑的长细比不宜超过 300。

由于受压构件刚度不足产生的不利影响比受拉构件严重，因此《钢结构设计标准》对受压构件的容许长细比的规定更为严格，见表 4-3。

表 4-3 受压构件的容许长细比

构 件 名 称	容许长细比
轴心受压柱、桁架和天窗架中的压杆	150
柱的缀条、吊车梁或吊车桁架以下的柱间支撑	150
支撑	200
用以减小受压构件长细比的杆件	200

注：1. 计算单角钢受压构件的长细比时，应采用角钢的最小回转半径，但在计算交叉点相互连接的交叉构件平面外的长细比时，可采用与角钢肢边平行的回转半径。

2. 跨度不小于 60 m 的桁架，其受压弦杆、端压杆和直接承受动力荷载的受压腹杆的长细比不宜大于 120。

3. 当杆件内力设计值不大于承载能力的 50% 时，容许长细比值可取 200。

4.2.3 轴心拉杆的设计

受拉构件没有整体稳定和局部稳定问题，极限承载能力一般由强度控制，所以设计时只考虑强度和刚度。

钢材比其他材料更适合于受拉，所以钢拉杆不但用于钢结构，而且还用于钢与混凝土或木材的组合结构中。这种组合结构的受压杆件用钢筋混凝土或木材制作，而拉杆用钢材做成。

【例 4-1】 图 4-11 所示为一中级工作制吊车的厂房屋架的双角钢拉杆，截面为 2∟100×10，填板厚度为 10 mm，角钢上有交错排列的普通螺栓孔，孔径 $d_0 = 20$ mm。试计算此拉杆所能承受的最大拉力及容许达到的最大计算长度。钢材为 Q355B 钢。

解：查附表 7-5 可知：角钢 2∟100×10，$A = 38.52$ cm^2，$i_x = 3.05$ cm，$i_y = 4.52$ cm；由附表 1-1 可知：Q355B 钢，角钢的厚度为 10 mm，$f = 305$ MPa，$f_y = 470$ MPa。

（1）承载力计算。

1）毛截面屈服承载力计算。根据式（4-1）可得毛截面屈服承载力为：

$$N = Af = 38.52 \times 10^2 \times 305 = 1174860 \text{ N} \approx 1175 \text{ kN}$$

2）净截面断裂承载力计算。角钢的厚度为 10 mm，在确定危险截面之前先把它按中面展开，如图 4-11（b）所示。

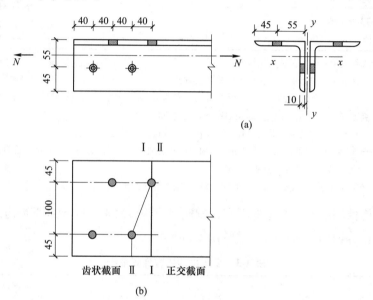

图 4-11 例 4-1 图

正交净截面（Ⅰ—Ⅰ）的面积为：

$$A_{n1} = 38.52 \times 102 - 2 \times 10 \times 20 = 3452 \text{ mm}^2$$

齿状净截面（Ⅱ—Ⅱ）的面积为：

$$A_{n2} = 2 \times (45 + \sqrt{100^2 + 40^2} + 45 - 2 \times 20) \times 10 = 3160 \text{ mm}^2 \leqslant A_{n1}$$

危险截面是Ⅱ—Ⅱ截面。根据式（4-2）可得净截面断裂承载力为：

$$N = 0.7A_{n2}f_u = 0.7 \times 3160 \times 470 = 1039640 \approx 1040 \text{ kN}$$

此拉杆承载力由净截面断裂承载力控制，所能承受的最大拉力为 1040 kN。

（2）最大计算长度计算。查表 4-2 可知该拉杆的容许长细比为 $[\lambda] = 350$，根据式（4-5）可知：

对 x 轴 $l_{0x} = [\lambda]i_x = 350 \times 3.05 \times 10 = 10675$ mm

对 y 轴 $l_{0y} = [\lambda]i_y = 350 \times 4.52 \times 10 = 15820$ mm

此拉杆最大容许计算长度为 10675 mm。

4.3 轴心受压构件的稳定

轴心受压构件在长细比较大而截面又没有孔洞削弱时，一般不会因截面的平均应力达到抗压强度设计值而丧失承载能力，因而不必进行强度计算。近几十年来，结构形式的不断发展和较高强度钢材的应用，使构件更超轻型而且是薄壁，以致更容易出现失稳现象。在钢结构工程事故中，因失稳而导致破坏的情况时有发生，因而对轴心受压构件来说，整体稳定是确定构件截面的最重要因素。

4.3.1 整体稳定的计算

4.3.1.1 整体稳定的临界应力

轴心受压构件的整体稳定临界应力和许多因素有关，而这些因素的影响又是错综复杂的，这就给压杆承载能力的计算带来了复杂性。确定轴心压杆整体稳定临界应力的方法，一般有下列四种。

A 屈曲准则

屈曲准则是建立在理想轴心压杆的假定上的。理想轴心压杆就是假定杆件完全挺直、荷载沿杆件形心轴作用，杆件在受荷之前没有初始应力，也没有初弯曲和初偏心等缺陷，截面沿杆件是均匀的。此种杆件失稳，叫作发生屈曲。屈曲形式可分为弯曲屈曲、扭转屈曲和弯扭屈曲三种：

（1）弯曲屈曲。只发生弯曲变形，杆件的截面只绕一个主轴旋转，杆的纵轴由直线变为曲线，这是双轴对称截面最常见的屈曲形式。

（2）扭转屈曲。失稳时杆件除支承端外的各截面均绕纵轴扭转，这是某些双轴对称截面压杆可能发生的屈曲形式。

（3）弯扭屈曲。单轴对称截面绕对称轴屈曲时，杆件在发生弯曲变形的同时必然伴随着扭转。

这三种屈曲形式中最基本且最简单的屈曲形式是弯曲屈曲。细长的理想直杆，在弹性阶段弯曲屈曲时的临界力 N_{cr} 和临界应力 σ_{cr} 可由欧拉（Euler）公式求出：

$$N_{cr} = \frac{\pi^2 EI}{l^2}$$

$$\sigma_{cr} = \frac{\pi^2 E}{\lambda^2}$$

式中 λ——构件的长细比。

由于欧拉公式的推导中假定构件材料为理想弹性体，当杆件的长细比 $\lambda < \lambda_p$ $\left(\lambda_p = \pi \sqrt{\dfrac{E}{f_p}} \right)$ 时，临界应力超过了材料的比例极限 f_p，构件受力已进入弹塑性阶段，材料的应力-应变关系成为非线性的。德国科学家恩格塞尔（Engesser）于 1889 年提出了切线模量理论，该理论提出的 σ_{cr} 计算公式为：

$$\sigma_{cr} = \frac{\pi^2 E_t}{\lambda^2}$$

式中 E_t——非弹性区的切线模量（见图 4-12）。

切线模量公式提出后，曾经过试验验证，认为比较符合压杆的实际临界应力，但仅适用于材料有明确的应力-应变曲线时。

建立在屈曲准则上的稳定计算方法，弹性阶段以欧拉临界力为基础，弹塑性阶段以切线模量临界力为基础，通过提高安全系数来考虑初偏心、初弯曲等不利影响。

B　边缘屈服准则

实际的轴心压杆与理想柱的受力性能之间是有很大差别的，这是因为实际轴心压杆是带有初始缺陷的构件。边缘屈服准则以有初偏心和初弯曲等的压杆为计算模型，截面边缘应力达到屈服点即视为压杆承载能力的极限。

图 4-13 为一两端铰支的压杆，跨中最大等效初始弯曲挠度（综合考虑初弯曲、初偏心和残余应力的影响）为 v_0，该压杆一经加载，挠度就会增加至 v。由于实际压杆并非无限弹性体，因此只要挠度增大到一定程度，杆件跨中截面在轴心力 N 和弯矩 N_v 作用下边缘开始屈服（图 4-14 中的 A 点或 A' 点），随后截面塑性区不断增加，杆件即进入弹塑性阶段，致使在压力还未达到临界力 N_{cr} 之前就丧失承载能力。图 4-14 中的虚线即为弹塑性阶段的压力-挠度曲线。虚线的最高点（B 点和 B' 点）为压杆弹塑性阶段的极限压力点。

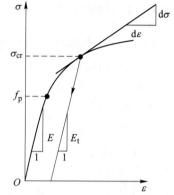

图 4-12　应力-应变曲线

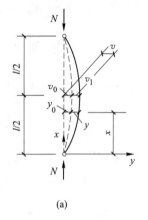

(a)

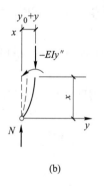

(b)

图 4-13　有初弯曲的轴心压杆

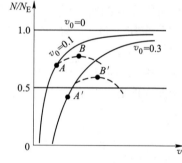

图 4-14　有初弯曲压杆的压力-挠度曲线
（v_0 和 v 为相对数值）

根据弹性理论，对无残余应力仅有初弯曲的轴心压杆，截面开始屈服的条件为：

$$\frac{N}{A} + \frac{N_v}{W} = \frac{N}{A} + \frac{N_{v0}}{W} \cdot \frac{N_E}{N_E - N} = f_y$$

或

$$\frac{N}{A}\left(1 + v_0 \frac{A}{W} \cdot \frac{\sigma_E}{\sigma_E - \sigma}\right) = f_y$$

$$\sigma\left(1 + \varepsilon_0 \cdot \frac{\sigma_E}{\sigma_E - \sigma}\right) = f_y \tag{4-6}$$

式中　ε_0——初弯曲率，$\varepsilon_0 = v_0 \dfrac{A}{W}$；

σ_E——欧拉临界应力；

W——截面模量。

式（4-6）为以 σ 为变量的一元二次方程，解出其有效根，就是以截面边缘屈服作为准则的临界应力 σ_{cr}。

$$\sigma_{cr} = \frac{f_y + (1 + \varepsilon_0)\sigma_E}{2} - \sqrt{\left[\frac{f_y + (1 + \varepsilon_0)\sigma_E}{2}\right]^2 - f_y\sigma_E} \qquad (4-7)$$

式（4-7）称为柏利（Perry）公式，它由"边缘屈服准则"导出，实际上已成为考虑压力二阶效应的强度计算式。

C 最大强度准则

以边缘屈服准则导出的 Perry 公式实质上是强度公式而不是稳定公式，而且所表达的并不是轴心压杆承载能力的极限。因为边缘纤维屈服以后塑性还可以深入截面，压力还可以继续增加，只是压力超过边缘屈服时的最大承载力 N_A 以后，构件进入弹性阶段。随着截面塑性区的不断扩展，v 值增加得更快，到达 B 点之后，压杆的抵抗能力开始小于外力的作用，不能维持稳定平衡。曲线最高点 B 处的压力 N_B，才是具有初始缺陷的轴心压杆真正的稳定极限承载力，以此为准则计算压杆稳定，称为"最大强度准则"。

最大强度准则仍以有初始缺陷（初偏心、初弯曲和残余应力等）的压杆为依据，但考虑塑性深入截面，以构件最后破坏时所能达到的最大轴心压力值作为压杆的稳定极限承载能力。

采用最大强度准则计算时，如果同时考虑残余应力和初弯曲缺陷，则沿横截面的各点以及沿杆长方向各截面，其应力-应变关系都是变数，很难列出临界力的解析式，只能借助计算机用数值方法求解。求解方法常用数值积分法。

由于运算方法不同，最大强度的计算又分为压杆挠曲线法（CDC 法）和逆算单元长度法等。

D 经验公式

临界应力主要根据试验资料确定，这是由于早期对柱弹塑性阶段的稳定理论还研究得很少，只能从实验数据中回归得出经验公式，作为压杆稳定承载能力的设计依据。

4.3.1.2 轴心受压构件的柱子曲线

压杆失稳时临界应力 σ_m 与长细比 λ 之间的关系曲线称为柱子曲线。《钢结构设计标准》（GB 50017—2017）所采用的轴心受压柱子曲线是按最大强度准则确定的，计算结果与国内各单位的试验结果进行了比较，较为吻合，说明了计算理论和方法的正确性。早期的《钢结构设计规范》（TJ 17—1974）采用单一柱子曲线，即考虑压杆的极限承载能力只与长细比 λ 有关。事实上，压杆的极限承载力并不仅仅取决于长细比。由于残余应力的影响，即使长细比相同的构件，随着截面形状、弯曲方向、残余应力水平及分布情况的不同，构件的极限承载能力有很大差异。所计算的轴压柱子曲线分布在图 4-13 所示虚线所包的范围内，呈相当宽的带状分布。这个范围的上、下限相差较大，特别是中等长细比的常用情况相差尤其显著。因此，若用一条曲线来代表，显然不合理。《钢结构设计标准》（GB 50017—2017）在上述计算资料的基础上，结合工程实际，将这些柱子曲线合并归纳为四组，取每组中柱子曲线的平均值作为代表曲线，即图 4-15 中的 a、b、c、d 四条曲线。在 $\lambda = 40 \sim 120$ 的常用范围，柱子曲线 a 比曲线 b 高出 $4\% \sim 15\%$，而曲线 c 比曲线 b 低 $7\% \sim 13\%$，曲线 d 则更低，主要用于厚板截面。

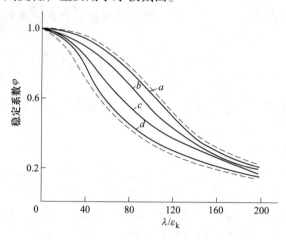

图 4-15　我国的柱子曲线

组成板件厚度 $t < 40$ mm 的轴心受压构件的截面分类见表 4-4，而 $t \geqslant 40$ mm 的截面分类见表 4-5。一般的截面情况属于 b 类。

表 **4-4**　**轴心受压构件的截面分类**（板厚 $t < 40$ mm）

截面形式		对 x 轴	对 y 轴
x —○— x　轧制		a 类	a 类
轧制	$b/h \leqslant 0.8$	a 类	b 类
	$b/h > 0.8$	a* 类	b* 类
轧制等边角钢		a* 类	a* 类
焊接,翼缘为焰切边　　焊接		b 类	b 类
轧制			

续表 4-4

截　面　形　式	对 x 轴	对 y 轴
轧制,焊接(板件宽厚比大于20)　　　　轧制,焊接		
焊接　　　　轧制截面和翼缘为焰切边的焊接截面	b 类	b 类
格构式　　　　焊接,板件边缘焰切		
焊接,翼缘为轧制或剪切边	b 类	c 类
焊接,板件边缘轧制或剪切　　　　轧制,焊接(板件宽厚比不大于20)	c 类	c 类

注:1. a* 类含义为 Q235 钢取 b 类,Q355、Q390、Q420 和 Q460 钢取 a 类;b* 类含义为 Q235 钢取 c 类,Q355、Q390、Q420 和 Q460 钢取 b 类。

2. 无对称轴且剪心和形心不重合的截面,其截面分类可按有对称轴的类似截面确定,如不等边角钢采用等边角钢的类别;当无类似截面时,可取 c 类。

　　轧制圆管以及轧制普通工字钢绕 x 轴失稳时其残余应力影响较小,故属 a 类。格构式件绕虚轴的稳定计算,由于此时不宜采用塑性深入截面的最大强度准则,参考《冷弯薄壁型钢结构技术规范》(GB 50018—2002),采用边缘屈服准则确定的 φ 值与曲线 b 接近,故取用曲线 b。

　　当槽形截面用于格构式柱的分肢时,由于分肢的扭转变形受到缀件的牵制,因此计算分肢绕其自身对称轴的稳定时,可用曲线 b。翼缘为轧制或剪切边的焊接工字形截面,绕弱轴失稳时边缘为残余压应力,使承载能力降低,故将其归入曲线 c。

　　另外,国内外针对高强钢轴心受压构件的稳定研究表明:热轧型钢的残余应力峰值和钢材强度无关,它的不利影响随钢材强度的提高而减弱。因此,对屈服强度达到和超过 355 MPa、$b/h>0.8$ 的 H 型钢和等边角钢,系数 φ 可比 Q235 钢提高一类采用。

　　板件厚度大于 40 mm 的轧制工字形截面和焊接实腹截面,残余应力不但沿板件宽度方向变化,而且在厚度方向的变化也比较显著。另外,厚板质量较差也会对稳定带来不利影响。故应按表 4-5 进行分类。

表 4-5 轴心受压构件的截面分类（板厚 $t \geqslant 40\ \text{mm}$）

截面形式		对 x 轴	对 y 轴
轧制工字形或H形截面	$t < 80\ \text{mm}$	b 类	c 类
	$t \geqslant 80\ \text{mm}$	c 类	d 类
焊接工字形截面	翼缘为焰切边	b 类	b 类
	翼缘为轧制或剪切边	c 类	d 类
焊接箱形截面	板件宽厚比大于20	b 类	b 类
	板件宽厚比不大于20	c 类	c 类

4.3.1.3 轴心受压构件的整体稳定计算

轴心受压构件所受应力应不大于整体稳定的临界应力，考虑抗力分项系数 γ_R 后，即为：

$$\sigma = \frac{N}{A} \leqslant \frac{\sigma_{cr}}{\gamma_R} = \frac{\sigma_{cr}}{f_r} \cdot \frac{f_y}{\gamma_R} = \varphi f$$

《钢结构设计标准》（GB 50017—2017）对轴心受压构件的整体稳定计算采用下列形式：

$$\frac{N}{\varphi A f} \leqslant 1.0 \tag{4-8a}$$

$$\varphi = \frac{\sigma_{cr}}{f_y} \tag{4-8b}$$

式中 φ ——轴心受压构件的整体稳定系数。

整体稳定系数 φ 值应根据表 4-4、表 4-5 的截面分类和构件的长细比，按附表 4-2~附表 4-5 查出。

稳定系数 φ 值可以拟合成柏利（Perry）公式（4-7）的形式来表达，即：

$$\varphi = \frac{\sigma_{cr}}{f_y} = \frac{1}{2}\left\{ \left[1 + (1 + \varepsilon_0)\frac{\sigma_E}{f_y} \right] - \sqrt{\left[1 + (1 + \varepsilon_0)\frac{\sigma_E}{f_y}\right]^2 - 4\frac{\sigma_E}{f_y}} \right\} \tag{4-9}$$

此时 φ 值不再以截面的边缘屈服为准则，而是先按最大强度理论确定出杆的极限承载力后再反算出 ε_0 值。因此式中的 ε_0 值实质为考虑初弯曲、残余应力等综合影响的等效初弯曲率。对于《钢结构设计标准》中采用的 4 条柱子曲线，ε_0 的取值为：

a 类截面：$\varepsilon_0 = 0.152\bar{\lambda} - 0.014$

b 类截面：$\varepsilon_0 = 0.300\bar{\lambda} - 0.035$

c 类截面：$\varepsilon_0 = 0.595\bar{\lambda} - 0.094$ （$\bar{\lambda} \leqslant 1.05$）

$$\varepsilon_0 = 0.302\overline{\lambda} - 0.216 \qquad (\overline{\lambda} > 1.05)$$

d 类截面：$\varepsilon_0 = 0.915\overline{\lambda} - 0.132 \qquad (\overline{\lambda} \leqslant 1.05)$

$$\varepsilon_0 = 0.432\overline{\lambda} - 0.375 \qquad (\overline{\lambda} > 1.05)$$

式中，$\overline{\lambda} = \dfrac{\lambda}{\pi}\sqrt{\dfrac{f_y}{E}}$ 为无量纲长细比。

上述 ε_0 值只适用于当 $\overline{\lambda} > 0.215$（相当于 $\lambda > 20\varepsilon_k\left(\varepsilon_k = \sqrt{\dfrac{235}{f_y}}\right)$ 时），将以上 ε_0 值代入式（4-9）中，就是附表 4-2~附表 4-5 中当 $\overline{\lambda} > 0.215$ 时的 φ 值表达式。

当 $\overline{\lambda} \leqslant 0.215$（即 $\lambda \leqslant 20\varepsilon_k$）时，Perry 公式不再适用，不能通过查表的方法得到 φ 值，标准采用一条近似曲线，使 $\overline{\lambda} = 0.215$ 与 $\overline{\lambda} = 0(\varphi = 1.0)$ 相衔接，即

$$\varphi = 1 - \alpha_1 \overline{\lambda}^2 \tag{4-10}$$

式中，系数 α_1 分别为 0.41（a 类截面）、0.65（b 类截面）、0.73（c 类截面）和 1.35（d 类截面）。

计算轴心受压构件整体稳定承载力时，构件长细比应根据失稳模式，按照下列规定确定：

（1）截面形心与剪心重合的构件，如截面为双轴对称或极对称的构件。

1）计算绕两个主轴的弯曲屈曲。

$$\lambda_x = \frac{l_{0x}}{i_x} \tag{4-11}$$

$$\lambda_y = \frac{l_{0y}}{i_y} \tag{4-12}$$

式中　l_{0x}，l_{0y}——构件对主轴 x 和 y 的计算长度；

i_x，i_y——构件截面对主轴 x 和 y 的回转半径。

2）计算扭转屈曲。

$$\lambda_t = \sqrt{\frac{I_0}{\dfrac{I_t}{25.7} + \dfrac{I_w}{l_w^2}}} \tag{4-13}$$

式中　I_0，I_t，I_w——构件毛截面对剪心的极惯性矩、自由扭转常数和扇性惯性矩，对十字形截面可近似取 $I_w = 0$；

l_w——扭转屈曲的计算长度，两端铰支且端截面可自由翘曲者，取几何长度 l，两端嵌固且端部截面的翘曲完全受到约束者，取 $0.5l$。

双轴对称十字形截面板件宽厚比不超过 $15\varepsilon_k$ 时，其扭转失稳临界力大于弯曲失稳临界力，因此可不计算扭转屈曲。

（2）截面为单轴对称的构件。

1）计算绕非对称主轴（设为 x 轴）的弯曲屈曲时，长细比应按式（4-11）计算。

2）对于单轴对称截面，由于截面形心与剪心（即剪切中心）不重合，当绕对称轴（设为 y 轴）失稳时，在弯曲的同时总伴随着扭转，即形成弯扭屈曲。在相同情况下，弯扭失稳比弯曲失稳的临界应力要低。因此，对双板 T 形和槽形等单轴对称截面进行弯扭

分析后，认为绕对称轴（y 轴）的稳定计算及扭转效应按下式换算长细比 λ_{yz} 代替 λ_y：

$$\lambda_{yz} = \frac{1}{\sqrt{2}}\left[(\lambda_y^2 + \lambda_z^2) + \sqrt{(\lambda_y^2 + \lambda_z^2)^2 - 4\left(1 - \frac{y_s^2}{i_0^2}\right)\lambda_y^2\lambda_z^2}\right]^{\frac{1}{2}} \tag{4-14}$$

$$i_0^2 = y_s^2 + i_x^2 + i_y^2 \tag{4-15}$$

式中　y_s——截面形心至剪心的距离；

$\quad\quad i_0$——截面对剪心的极回转半径；

$\quad\quad \lambda_z$——扭转屈曲的换算长细比，按式（4-13）计算。

3）对于等边单角钢（见图 4-16（a））轴心受压构件，当绕两主轴弯曲的计算长度相等时，计算分析和试验研究都表明，绕强轴弯扭屈曲的承载力总是高于绕弱轴弯曲屈曲承载力，因此，这类构件可不计算弯扭屈曲。

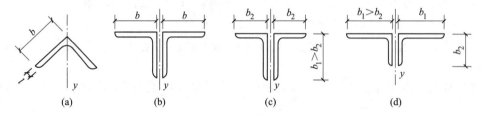

图 4-16　单角钢截面和双角钢组合 T 形截面

b—等边角钢肢宽度；b_1—不等边角钢长肢宽度；b_2—不等边角钢短肢宽度

4）双角钢组合 T 形截面绕对称轴的换算长细比 λ_{yz} 可采用下列简化方法确定：

① 等边双角钢截面（见图 4-16（b））。

当 $\lambda_y \geq \lambda_z$ 时

$$\lambda_{yz} = \lambda_y\left[1 + 0.16\left(\frac{\lambda_z}{\lambda_y}\right)^2\right] \tag{4-16}$$

当 $\lambda_y < \lambda_z$ 时

$$\lambda_{yz} = \lambda_y\left[1 + 0.16\left(\frac{\lambda_y}{\lambda_z}\right)^2\right] \tag{4-17}$$

$$\lambda_z = 3.9\frac{b}{t} \tag{4-18}$$

式中　t——角钢肢厚度。

② 长肢相并的不等边双角钢截面（见图 4-16（c））。

当 $\lambda_y \geq \lambda_z$ 时

$$\lambda_{yz} = \lambda_y\left[1 + 0.25\left(\frac{\lambda_z}{\lambda_y}\right)^2\right] \tag{4-19}$$

当 $\lambda_y < \lambda_z$ 时

$$\lambda_{yz} = \lambda_y\left[1 + 0.25\left(\frac{\lambda_y}{\lambda_z}\right)^2\right] \tag{4-20}$$

$$\lambda_z = 5.1\frac{b_2}{t} \tag{4-21}$$

③ 短肢相并的不等边双角钢截面（见图 4-16 （d））。

$$\lambda_{yz} = \lambda_y \left[1 + 0.06 \left(\frac{\lambda_z}{\lambda_y} \right)^2 \right] \tag{4-22}$$

$$\lambda_{yz} = \lambda_y \left[1 + 0.06 \left(\frac{\lambda_y}{\lambda_z} \right)^2 \right] \tag{4-23}$$

$$\lambda_z = 3.7 \frac{b_1}{t} \tag{4-24}$$

（3）不等边单角钢轴心受压构件（见图 4-17）的换算长细比可按下列简化公式确定：

当 $\lambda_y \geqslant \lambda_z$ 时

$$\lambda_{xyz} = \lambda_y \left[1 + 0.25 \left(\frac{\lambda_z}{\lambda_y} \right)^2 \right] \tag{4-25}$$

当 $\lambda_y < \lambda_z$ 时

$$\lambda_{xyz} = \lambda_y \left[1 + 0.25 \left(\frac{\lambda_z}{\lambda_y} \right)^2 \right] \tag{4-26}$$

$$\lambda_z = 4.21 \frac{b_1}{t} \tag{4-27}$$

截面无任何对称轴且剪心和形心不重合的构件（单面连接的不等边单角钢除外）不宜用作轴心受压构件。

对于单面连接的单角钢轴心受压构件，其强度计算和稳定计算考虑折减系数（见附表 1-4）后，可不考虑弯扭效应。

当槽形截面用于格构式构件的分肢，计算分肢绕对称轴（y 轴）的稳定性时，不必考虑扭转效应，直接用 λ_y 查出 φ_y 值。

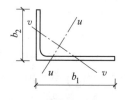

图 4-17 不等边单角钢
u—角钢的强轴；
v—角钢的弱轴；
b_1—角钢长肢宽度；
b_2—角钢短肢宽度

4.3.2 局部稳定计算

4.3.2.1 板件的局部稳定性

轴心受压构件都是由一些板件组成的，一般板件的厚度和板的宽度相比都较小，设计时应考虑局部稳定问题。图 4-18 所示为一工字形截面轴心受压构件发生局部失稳时的变形形态。构件丧失局部稳定后还可能继续维持着整体的平衡状态，但由于部分板件屈曲后退出工作，因此构件的有效截面减小，会加速构件整体失稳而丧失承载能力。

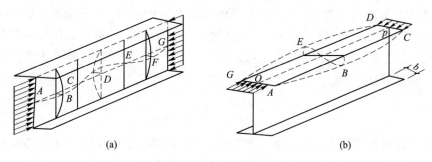

(a)　　　　　　　　　　　　(b)

图 4-18 轴心受压构件的局部失稳
（a）腹板失稳；（b）翼缘失稳

4.3.2.2 板件宽厚比限值

根据弹性稳定理论，板件在稳定状态所能承受的最大应力（即临界应力）与板件的形状、尺寸、支承情况以及应力情况等有关。板件的临界应力可用式（4-28）表达。

$$\sigma_{ct} = \frac{\sqrt{\eta}\chi\beta\pi^2 E}{12(1-\nu^2)}\left(\frac{t}{b}\right)^2 \tag{4-28}$$

式中 χ ——板边缘的弹性约束系数；

β ——屈曲系数；

ν ——钢材的泊松比；

E ——钢材的弹性模量；

η ——弹性模量折减系数，$\eta = E_t/E$，E_t 为钢材的切线模量，根据轴心受压构件局部稳定的试验资料，可取为：

$$\eta = 0.1013\lambda^2(1 - 0.0248\lambda^2 f_y/E)f_y/E \tag{4-29}$$

局部稳定验算考虑等稳定性，保证板件的局部失稳临界应力（见式（4-28））不小于构件整体稳定的临界应力（φf_y），即：

$$\frac{\sqrt{\eta}\chi\beta\pi^2 E}{12(1-\nu^2)}\left(\frac{t}{b}\right)^2 \geqslant \varphi f_y \tag{4-30}$$

式（4-30）中的整体稳定系数 φ 可用 Perry 公式（4-9）来表达。显然，φ 值与构件的长细比 λ 有关。由式（4-30）即可确定出板件宽厚比的限值，以工字形截面的板件为例：

（1）翼缘。由于工字形截面的腹板一般较翼缘板薄，腹板对翼缘板几乎没有嵌固作用，因此翼缘可视为三边简支一边自由的均匀受压板。取屈曲系数 $\beta = 0.425$，弹性约束系数 $\chi = 1.0$，由式（4-30）可以得到翼缘板悬伸部分的宽厚比 b/t 与长细比 λ 的关系曲线。此曲线的关系式较为复杂，为了便于应用，采用下列简单的直线式表达：

$$\frac{b}{t_f} \leqslant (10 + 0.1\lambda)\varepsilon_k \tag{4-31}$$

式中 b, t_f——翼缘板自由外伸宽度和厚度；

λ——构件两方向长细比的较大值，当 $\lambda < 30$ 时，取 $\lambda = 30$，当 $\lambda > 100$ 时，取 $\lambda = 100$。

（2）腹板。腹板可视为四边支承板，此时屈曲系数 $\beta = 4.0$。当腹板发生屈曲时，翼缘板作为腹板纵向边的支承，对腹板将起一定的弹性嵌固作用，这种嵌固作用可使腹板的临界应力提高，根据试验可取弹性约束系数 $\chi = 1.3$。仍由式（4-30），经简化后得到腹板高厚比 h_0/t_w 的简化表达式为：

$$\frac{h_0}{t_w} \leqslant (25 + 0.5\lambda)\varepsilon_k \tag{4-32}$$

其他截面构件的板件宽厚比限值见表 4-6。箱形截面中的板件（包括双层翼缘板的外层板），其宽厚比限值是近似借用了箱形梁翼缘板的规定（参见第 5 章）；圆管截面是根据材料为理想弹塑性体，轴向压应力达屈服强度的前提下导出的。

表 4-6　轴心受压构件板件宽厚比限值

截面及板件尺寸	宽厚比限值
	翼缘：$\dfrac{b}{t_f} \leqslant (10 + 0.1\lambda)\varepsilon_k$ 腹板：$\dfrac{h_0}{t_w} \leqslant (25 + 0.5\lambda)\varepsilon_k$
	翼缘：$\dfrac{b}{t_f} \leqslant (10 + 0.1\lambda)\varepsilon_k$ 腹板： 热轧剖分 T 形钢：$\dfrac{h_0}{t_w} \leqslant (15 + 0.2\lambda)\varepsilon_k$ 焊接 T 形钢：$\dfrac{h_w}{t_w} \leqslant (13 + 0.17\lambda)\varepsilon_k$
	$\dfrac{h_0}{t_w}\left(或\dfrac{b_0}{t_1}\right) \leqslant 40\varepsilon_k$
	当 $\lambda \leqslant 80\varepsilon_k$ 时：$\dfrac{w}{t} \leqslant 15\varepsilon_k$ 当 $\lambda > 80\varepsilon_k$ 时：$\dfrac{w}{t} \leqslant 5\varepsilon_k + 0.125\lambda$
	$\dfrac{d}{t} \leqslant 100\varepsilon_k^2$

式（4-31）和式（4-32）是按照构件的整体稳定承载力达到极限值时推导出来的，显然，当轴心受压构件的压力小于稳定承载力 φA_f 时，根据式（4-30）的原则所得出的板件宽厚比限值还可适当放宽，即可将表 4-6 中的板件宽厚比限值乘以放大系数 $\alpha = \sqrt{\dfrac{\varphi A_f}{N_0}}$，以构件实际承受的轴向应力 N/A 代换式（4-30）的右端。

4.3.2.3　板件屈曲后强度的利用

当轴心受压构件的板件宽厚比不满足表 4-6 的要求时，除了加厚板件（此方法不一定经济）外，对于箱形截面的壁板、H 形或工字形截面的腹板，较有效的方法是在腹板中部设置纵向加劲肋。由于纵向加劲肋与翼缘板构成了腹板纵向边的支承，因此加强后腹板的有效高度 h_0 成为翼缘与纵向加劲肋之间的距离，如图 4-19 所示。纵向加劲肋宜在腹板两侧成对配置，且应具有一定的刚度，所以其一侧外伸宽度不应小于 $10t_w$，厚度不应小于 $0.75t_w$。

限制板件宽厚比和设置纵向加劲肋是为了保证在构件丧失整体稳定之前板件不会出现局部屈曲。实际上，四边支承理想平板在屈曲后还有很大的承载能力，一般称之为屈曲后强度。板件的屈曲后强度主要来自于平板中面的横向张力，因而板件屈曲后还能继续承载，此时板内的纵向压力出现不均匀，图 4-20（a）所示为工字形截面腹板屈曲后的应力分布。

若近似以图 4-20（a）中虚线所示的应力图形来代替工字形截面腹板屈曲后纵向压应力的分布，即引入等效宽度和有效截面的概念。考虑腹板部分退出工作，实际腹板可由应力为 f_y、宽度为 ρh_0（板件有效截面系数）的等效平板代替，等效平板的截面即为有效截面。考虑板件屈曲后强度的利用，应先计算板件的有效截面，再分别按式（4-33）和式（4-35）计算构件的强度和整体稳定。

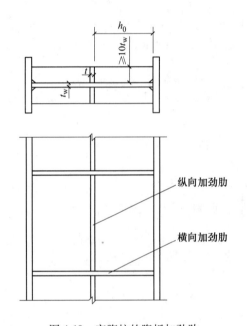

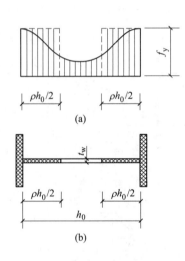

图 4-19　实腹柱的腹板加劲肋　　　　图 4-20　工字形截面腹板屈曲后的有效截面

强度计算：

$$\frac{N}{A_{ne}} \leqslant f \tag{4-33}$$

$$A_{ne} = \sum \rho_i A_{ni} \tag{4-34}$$

整体稳定计算：

$$\frac{N}{\varphi A_e f} \leqslant 1.0 \tag{4-35}$$

$$A_e = \sum \rho_i A_i \tag{4-36}$$

式中　A_{ne}，A_e——有效净截面面积和有效毛截面面积；

$\quad\quad A_{ni}$，A_i——各板件净截面面积和毛截面面积；

$\quad\quad\quad\quad \varphi$——整体稳定系数，可按毛截面计算；

$\quad\quad\quad\quad \rho_i$——各板件有效截面系数。

ρ_i 按下列方法计算：

（1）箱形截面的壁板、H 形或工字形截面的腹板。

当 $h_0/t_w \leqslant 42\varepsilon_k$ 时

$$\rho = 1.0 \tag{4-37}$$

当 $h_0/t_w > 42\varepsilon_k$ 时

$$\rho = \frac{1}{\lambda_{n,p}}\left(1 - \frac{0.19}{\lambda_{n,p}}\right) \tag{4-38}$$

$$\lambda_{n,p} = \frac{h_0/t_w}{56.2\varepsilon_k} \tag{4-39}$$

当 $\lambda > 52\varepsilon_k$ 时

$$\rho \geqslant (29\varepsilon_k + 0.25\lambda)t_w/h_0 \tag{4-40}$$

式中　h_0，t_w——壁板或腹板的净宽度和厚度。

（2）单角钢。

当 $\dfrac{w}{t} > 15\varepsilon_k$ 时

$$\rho = \frac{1}{\lambda_{n,p}}\left(1 - \frac{0.1}{\lambda_{n,p}}\right) \tag{4-41}$$

$$\lambda_{n,p} = \frac{w/t}{16.8\varepsilon_k} \tag{4-42}$$

当 $\lambda > 80\varepsilon_k$ 时

$$\rho \geqslant (5\varepsilon_k + 0.13\lambda)t/w \tag{4-43}$$

式中　w，t——角钢的平板宽度和厚度，简要计算时可取 $w = b - 2t$，b 为角钢宽度。

4.4　轴心受压柱的设计

4.4.1　实腹柱设计

4.4.1.1　截面形式

实腹式轴心受压柱一般采用双轴对称截面，以避免弯扭失稳。常用截面形式有轧制普通工字钢、H 型钢、焊接工字形截面、型钢和钢板的组合截面、圆管和方管截面等，如图 4-21 所示。

选择轴心受压实腹柱的截面时，应考虑以下几个原则：

（1）面积的分布应尽量开展，以增加截面的惯性矩和回转半径，提高柱的整体稳定性和刚度。

（2）使两个主轴方向等稳定性，即 $\varphi_x = \varphi_y$，以达到经济的效果。

（3）便于与其他构件进行连接。

（4）尽可能构造简单，制造省工，取材方便。

选择截面时一般应根据内力大小、两方向的计算长度值以及制造加工量、材料供应等情况综合考虑。单根轧制普通工字钢（见图 4-21（a））由于对 y 轴的回转半径比对 x 轴的回转半径小得多，因而只适用于计算长度 $l_{0x} \geqslant 3l_{0y}$ 的情况。热轧宽翼缘 H 型钢（见图 4-21（b））的最大优点是制造省工、腹板较薄、翼缘较宽，可以做到与截面的高度相

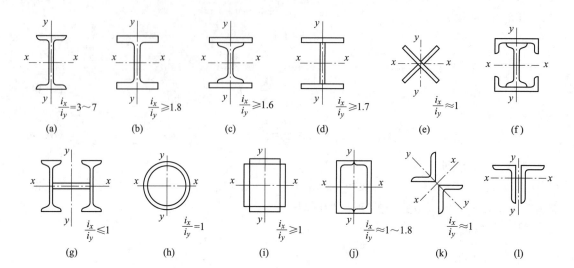

图 4-21　轴心受压实腹柱常用截面

同（HW 型），因而具有很好的截面特性。用三块板焊成的工字钢（见图 4-21（d））及十字形截面（见图 4-21（e））组合灵活，容易使截面分布合理，且制造不复杂。用型钢组成的截面（见图 4-21（c）、（f）、（g））适用于压力很大的柱。管形截面（见图 4-21（h）、（i）、（j））从受力性能来看，由于两个方向的回转半径相近，因而最适合于两方向计算长度相等的轴心受压柱。这类构件为封闭式，内部不易生锈，但与其他构件的连接和构造较麻烦。

4.4.1.2　截面设计

设计截面时，首先按上述原则选定合适的截面形式，再初步选择截面尺寸，然后进行强度、整体稳定、局部稳定、刚度等的验算。具体步骤如下：

（1）假定柱的长细比 λ，求出需要的截面积 A。一般假定 $\lambda = 50 \sim 100$，当压力大而计算长度小时取较小值，反之取较大值。根据 λ、截面分类和钢种可查得稳定系数 φ，则需要的截面面积为：

$$A = \frac{N}{\varphi f}$$

（2）求两个主轴所需要的回转半径 i_x、i_y。

$$i_x = \frac{l_{0x}}{\lambda} \qquad i_y = \frac{l_{0y}}{\lambda}$$

（3）由已知截面面积 A，两个主轴的回转半径 i_x、i_y，优先选用轧制型钢，如普通工字钢、H 型钢等。当现有型钢规格不满足所需截面尺寸时，可以采用组合截面，这时需先初步定出截面的轮廓尺寸，一般是根据回转半径确定所需截面的高度 h 和宽度 b：

$$h \approx \frac{i_x}{a_1} \qquad b \approx \frac{i_y}{a_2}$$

式中，a_1、a_2 为系数，分别表示 h、b 和回转半径 i_x、i_y 之间的近似数值关系，常用截面可由表 4-7 查得。如由三块钢板组成的工字形截面，$a_1 = 0.43$，$a_2 = 0.24$。

表 4-7　各种截面回转半径的近似值

表 4-7　各种截面回转半径的近似值

截面							
$i_x = a_1 h$	0.43h	0.38h	0.38h	0.40h	0.30h	0.28h	0.32h
$i_y = a_2 b$	0.24b	0.44b	0.60b	0.40b	0.215b	0.24b	0.20b

（4）由所需要的 A、h、b 等参数，再考虑构造要求、局部稳定以及钢材规格等，确定截面的初选尺寸。

（5）构件强度、稳定和刚度验算。

1）当截面有削弱时，需进行强度验算。

$$\sigma = \frac{N}{A_n} \leqslant f_u$$

式中　A_n——构件的净截面面积。

2）整体稳定验算。

$$\frac{N}{\varphi A f} \leqslant 1.0$$

3）局部稳定验算。如上所述，轴心受压构件的局部稳定是以限制其组成板件的宽厚比来保证的。对于热轧型钢截面，由于其板件的宽厚比较小，一般能满足要求，可不验算。对于组合截面，则应根据表 4-6 的规定对板件的宽厚比进行验算。

4）刚度验算。轴心受压实腹柱的长细比应符合规范所规定的容许长细比要求。事实上，在进行整体稳定验算时，构件的长细比已预先求出，以确定整体稳定系数 φ，因而刚度验算可与整体稳定验算同时进行。

4.4.1.3　构造要求

当实腹柱的腹板高厚比 $h_0/t_w > 80\varepsilon_k$ 时，为防止腹板在施工和运输过程中发生变形、提高柱的抗扭刚度，应设置横向加劲肋。横向加劲肋的间距不得大于 $3h_0$，其截面尺寸要求为双侧加劲肋的外伸宽度 b_s 应不小于 $\frac{h_0}{30} + 40$ mm，厚度 t_s 应大于外伸宽度的 1/15。

轴心受压实腹柱的纵向焊缝（翼缘与腹板的连接焊缝）受力很小，不必计算，可按构造要求确定焊缝尺寸。

【例 4-2】　图 4-22（a）所示为一管道支架，其支柱的设计压力为 $N = 1600$ kN（设计值），柱两端铰接，钢材为 Q355B，截面无孔眼削弱。试设计此支柱的截面：（1）用普通轧制工字钢；（2）用热轧 H 型钢；（3）用焊接工字形截面，翼缘板为焰切边。

解：支柱在两个方向的计算长度不相等，故取图 4-22（b）所示的截面朝向，将强轴顺 x 轴方向，弱轴顺 y 轴方向。这样，柱在两个方向的计算长度分别为 $l_{0x} = 6000$ mm、$l_{0y} = 3000$ mm。

材料 Q355B 的强度指标：

$$f_1 = 305 \text{ MPa}(t \leqslant 16 \text{ mm}), \quad f_2 = 295 \text{ MPa}(16 \text{ mm} < t \leqslant 40 \text{ mm})$$

修正系数：

$$k = \sqrt{235/355} = 0.814$$

（1）轧制工字钢（见图 4-22（b））。

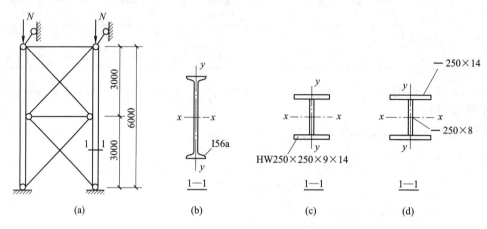

图 4-22　例 4-2 图

1）试选截面。假定 $\lambda = 90$，$\lambda/\varepsilon_k = 90/0.814 = 110.6$，对于轧制工字钢，当绕 x 轴失稳时属于 a 类截面，由附表 4-2 查得 $\varphi_x = 0.558$；绕 y 轴失稳时属于 b 类截面，由附表 4-3 查得 $\varphi_y = 0.489$。需要的截面几何量为：

$$A = \frac{N}{\varphi_{\min} f} = \frac{1600 \times 10^3}{0.489 \times 305 \times 10^2} = 107.3 \text{ cm}^2$$

$$i_x = \frac{l_{0x}}{\lambda} = \frac{6000}{90} = 66.7 \text{ mm} = 6.67 \text{ cm}$$

$$i_y = \frac{l_{0y}}{\lambda} = \frac{3000}{90} = 33.3 \text{ mm} = 3.33 \text{ cm}$$

由附表 7-1 中不可能选出同时满足 A、i_x 和 i_y 要求的型号，可适当照顾到 A 和 i_y 进行选择。现试选 I56a，$A = 135 \text{ cm}^2$，$i_x = 22.0 \text{ cm}$，$i_y = 3.18 \text{ cm}$。

2）截面验算。因截面无孔眼削弱，可不验算强度。又因轧制工字钢的翼缘和腹板均较厚，可不验算局部稳定，只需进行整体稳定和刚度验算。

长细比：

$$\lambda_x = \frac{l_{0x}}{i_x} = \frac{6000}{220} = 27.3 < [\lambda] = 150$$

$$\lambda_y = \frac{l_{0y}}{i_y} = \frac{3000}{31.8} = 94.3 < [\lambda] = 150$$

查表 4-4，对于轧制工字钢，$b/h = 0.3 < 0.8$，绕 x 轴失稳时属于 a 类截面，绕 y 轴失稳时属于 b 类截面。

由 $\lambda_x/\varepsilon_k = 27.3/0.814 = 33.5$，查附表 4-2 得 $\varphi_x = 0.956$；

由 $\lambda_y/\varepsilon_k = 94.3/0.814 = 115.8$，查附表 4-3 得 $\varphi_y = 0.459$。

$\varphi_y < \varphi_x$，构件的稳定承载力由 y 轴控制。因为翼缘厚度 $t=21$ mm>16 mm，故 $f=f_2=295$ MPa。

$$\frac{N}{\varphi_y Af} = \frac{1600 \times 10^3}{0.459 \times 135 \times 10^2 \times 295} = 0.875 < 1.0$$

整体稳定满足要求。

（2）热轧 H 型钢（见图 4-22（c））。

1）试选截面。由于热轧 H 型钢可以选用宽翼缘的形式，截面宽度较大，因此长细比的假设值可适当减小，假设 $\lambda=60$。对宽翼缘 H 型钢，因 $b/h>0.8$，所以，对 x 轴属于 a 类截面，对 y 轴属于 b 类截面。

由 $\lambda_x/\varepsilon_k = 60/0.814 = 73.7$，查附表 4-2 得 $\varphi_k=0.820$。

查附表 4-3 得 $\varphi_y=0.728$。所需截面几何量为：

$$A = \frac{N}{\varphi_{min} f} = \frac{1600 \times 10^3}{0.728 \times 305 \times 10^2} = 72.1 \text{ cm}^2$$

$$i_x = \frac{l_{0x}}{\lambda} = \frac{6000}{60} = 100 \text{ mm} = 10.0 \text{ cm}$$

$$i_y = \frac{l_{0y}}{\lambda} = \frac{3000}{60} = 50 \text{ mm} = 5.0 \text{ cm}$$

由附表 7-2 中试选 HW250×250×9×14：$A=91.43$ cm^2，$i_x=10.81$ cm，$i_y=6.32$ cm。

2）截面验算

因截面无孔眼削弱，可不验算强度。又因为热轧型钢，亦可不验算局部稳定，只需进行整体稳定和刚度验算。

整体稳定承载力验算：

$$\lambda_x = \frac{l_{0x}}{i_x} = \frac{6000}{108.1} = 55.5 < [\lambda] = 150$$

$$\lambda_y = \frac{l_{0y}}{i_y} = \frac{3000}{63.2} = 47.5 < [\lambda] = 150$$

查表 4-4，热轧 H 型钢，$b/h=10>0.8$，对 Q355 钢，绕 x 轴失稳时属于 a 类截面，绕 y 轴失稳时属于 b 类截面。

由 $\lambda_x/\varepsilon_k = 55.5/0.814 = 68.2$，查附表 4-2 得 $\varphi_x=0.848$。

由 $\lambda_y/\varepsilon_k = 47.7/0.814 = 58.6$，查附表 4-3 得 $\varphi_y=0.816$。

$\varphi_y < \varphi_x$，构件的稳定承载力由 y 轴控制。

$$\frac{N}{\varphi_y Af} = \frac{1600 \times 10^3}{0.816 \times 91.43 \times 10^2 \times 305} = 0.703 < 1.0$$

整体稳定满足要求。

（3）焊接工字形截面（见图 4-22（d））。

1）试选截面。参照 H 型钢截面，选用截面如图 4-22（d）所示，翼缘 2-250×14，腹板 1-250×8，截面几何特征为：

$$A = 2 \times 250 \times 14 + 250 \times 8 = 9000 \text{ mm}^2$$

$$I_x = \frac{1}{12} \times (250 \times 728^3 - 242 \times 250^3) = 13250 \times 10^4 \ \text{mm}^4$$

$$I_y = \frac{1}{12} \times (2 \times 14 \times 250^3 + 250 \times 8^3) = 3646.9 \times 10^4 \ \text{mm}^4$$

$$i_x = \sqrt{\frac{I_x}{A}} = \sqrt{\frac{13250 \times 10^4}{9000}} = 121.3 \ \text{mm} = 12.13 \ \text{cm}$$

$$i_y = \sqrt{\frac{I_y}{A}} = \sqrt{\frac{3646.9 \times 10^4}{9000}} = 63.6 \ \text{mm} = 6.36 \ \text{cm}$$

2）整体稳定承载力和刚度验算。

$$\lambda_x = \frac{l_{0x}}{i_x} = \frac{6000}{121.3} = 49.5 < [\lambda] = 150$$

$$\lambda_y = \frac{l_{0y}}{i_y} = \frac{3000}{63.6} = 47.2 < [\lambda] = 150$$

查表 4-4，翼缘为焰切边的焊接 H 型钢，绕 x 轴和 y 轴失稳时均属于 b 类截面。由于 $\lambda_x > \lambda_y$，由 $\lambda_x/\varepsilon_k = 49.5/0.814 = 60.8$，查附表 4-3 得 $\varphi_x = 0.803$。

$$\frac{N}{\varphi_x A f} = \frac{1600 \times 10^3}{0.803 \times 9000 \times 305} = 0.726 < 1.0$$

整体稳定满足要求。

3）局部稳定验算。

翼缘外伸部分：

$$\frac{b}{t} = \frac{(250-8)/2}{14} = 8.6 < (10 + 0.1\lambda)\varepsilon_k = (10 + 0.1 \times 49.5) \times 0.814 = 12.2$$

腹板的局部稳定：

$$\frac{h_0}{t_w} = \frac{250}{8} = 31.3 < (25 + 0.5\lambda)\varepsilon_k = (25 + 0.5 \times 49.5) \times 0.814 = 40.5$$

截面无孔眼削弱，不必验算强度。

4）构造。因腹板高厚比小于 $80\varepsilon_k$，故不必设置横向加劲肋。翼缘与腹板的连接焊缝最小焊脚尺寸 $h_f = 6$ mm，采用 $h_f = 6$ mm。

以上采用三种不同截面形式对本例中的支柱进行了设计，由计算结果可知，轧制普通工字钢截面要比热轧 H 型钢截面和焊接工字形截面约大 50%，这是由于普通工字钢绕弱轴的回转半径太小。在本例中，尽管弱轴方向的计算长度仅为强轴方向计算长度的 1/2，但是前者的长细比仍远大于后者，因而支柱的承载能力是由弱轴所控制的，对强轴则有较大富余，这显然是不经济的，若必须采用这种截面，宜再增加侧向支撑的数量。对于轧制 H 型钢和焊接工字形截面，由于其两个方向的长细比非常接近，基本上做到了等稳定性，因此用料较经济。但焊接工字形截面增加焊接工序，设计轴心受压实腹柱时宜优先选用轧制 H 型钢。

4.4.2　格构柱设计

4.4.2.1　格构柱的截面形式

轴心受压格构柱一般采用双轴对称截面，如用两根槽钢（见图 4-4（a）和（b））或

H 型钢（见图 4-4（c））作为肢件，两肢间用缀条（见图 4-5（a））或缀板（见图 4-5（b））连成整体。格构柱调整两肢间的距离很方便，易于实现对两个主轴的等稳定性。槽钢肢件的翼缘可以向内（见图 4-4（a）），也可以向外（见图 4-4（b）），前者外观平整优于后者。

在柱的横截面上穿过肢件腹板的轴叫实轴（见图 4-5 中的 y 轴），穿过两肢之间缀材面的轴称为虚轴（见图 4-5 中的 x 轴）。

用四根角钢组成的四肢柱（见图 4-4（d）），适用于长度较大而受力不大的柱，四面皆以缀材相连，两个主轴 x—x 和 y—y 都为虚轴。三面用缀材相连的三肢柱（见图 4-4（e）），一般用圆管作为肢件，其截面是几何不变的三角形，受力性能较好，两个主轴也都为虚轴。四肢柱和三肢柱的缀材一般采用缀条而不用缀板。

缀条一般用单根角钢做成，而缀板通常用钢板做成。

4.4.2.2 格构柱绕虚轴的换算长细比

格构柱绕实轴的稳定计算与实腹式构件相同，但绕虚轴的整体稳定临界力比长细比相同的实腹式构件低。

轴心受压构件整体弯曲后，沿杆长各截面上将存在弯矩和剪力。对实腹式构件，剪力引起的附加变形很小，对临界力的影响只占 3/1000 左右。因此，在确定实腹式轴心受压构件整体稳定的临界力时，仅仅考虑由弯矩作用所产生的变形，而忽略剪力所产生的变形。对于格构式柱，当绕虚轴失稳时，情况有所不同，因肢件之间并不是连续的板而只是每隔一定距离用缀条或缀板联系起来。柱的剪切变形较大，剪力造成的附加挠曲影响不能忽略。在格构式柱的设计中，对虚轴失稳的计算，常以加大长细比的办法来考虑剪切变形的影响，加大后的长细比称为换算长细比。

《钢结构设计标准》对缀条柱和缀板柱采用不同的换算长细比计算公式。

A 双肢缀条柱

根据弹性稳定理论，当考虑剪力的影响后，其临界力可表达为：

$$N_{cr} = \frac{\pi^2 EA}{\lambda_x^2} \cdot \frac{1}{1 + \frac{\pi^2 EA}{\lambda_x^2}\gamma} = \frac{\pi^2 EA}{\lambda_{0x}^2}$$

式中 λ_{0x}——格构柱绕虚轴临界力换算为实腹柱临界力的换算长细比，即：

$$\lambda_{0x} = \sqrt{\lambda_x^2 + \pi^2 EA\gamma} \tag{4-44}$$

γ——单位剪力作用下的轴线转角。

现取图 4-23（a）的一段进行分析，以求出单位剪切角 γ。如图 4-23（b）所示，在单位剪力作用下一侧缀材所受剪力 $V_1 = 1/2$。设一个节间内两侧斜缀条的面积之和为 A_1，其内力 $N_d = 1/\sin\alpha$；斜缀条长 $l_d = l_1/\cos\alpha$，则斜缀条的轴向变形为：

$$\Delta_d = \frac{N_d l_d}{EA_1} = \frac{l_1}{EA_1 \sin\alpha\cos\alpha}$$

假设变形和剪切角是有限的微小值，则由 Δ_d 引起的水平变位 Δ 为：

$$\Delta = \frac{\Delta_d}{\sin\alpha} = \frac{l_1}{EA_1 \sin^2\alpha\cos\alpha}$$

故剪切角 γ 为：

$$\gamma = \frac{\Delta}{l_1} = \frac{1}{EA_1\sin^2\alpha\cos\alpha} \tag{4-45}$$

这里，γ 为斜缀条与柱轴线间的夹角，代入式（4-44）中得：

$$\lambda_{0x} = \sqrt{\lambda_x^2 + \frac{\pi^2}{\sin^2\alpha\cos\alpha} \cdot \frac{A}{A_1}} \tag{4-46}$$

一般斜缀条与柱轴线间的夹角在 40°～70° 范围内，在此常用范围内，$\pi^2/(\sin^2\alpha\cos\alpha)$ 的值变化不大（见图4-24），我国标准加以简化取为常数 27，由此得双肢缀条柱的换算长细比为：

$$\lambda_{0x} = \sqrt{\lambda_x^2 + 27\frac{A}{A_1}} \tag{4-47}$$

式中　λ_x——整个柱对虚轴的长细比；

　　　　A——整个柱的毛截面面积。

需要注意的是，当斜缀条与柱轴线间的夹角不在 40°～70° 范围内，尤其是小于 40° 时，$\pi^2/(\sin^2\alpha\cos\alpha)$ 值将比 27 大很多，式（4-47）是偏于不安全的，此时应按式（4-46）计算换算长细比 λ_{0x}。

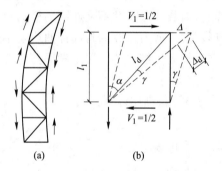

图 4-23　缀条柱的剪切变形

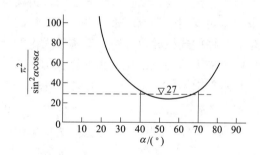

图 4-24　$\pi^2/(\sin^2\alpha\cos\alpha)$ 值

B　双肢缀板柱

双肢缀板柱中缀板与肢件的连接可视为刚接，因而分肢和缀板组成一个多层框架，假定变形时反弯点在各节的中点（见图4-25（a））。若只考虑分肢和缀板在横向剪力作用下的弯曲变形，取分离体如图4-25（b）所示，可得单位剪力作用下缀板弯曲变形引起的分肢变位 Δ_1 为：

$$\Delta_1 = \frac{l_1}{2}\theta_1 = \frac{l_1}{2} \cdot \frac{al_1}{12EI_b} = \frac{al_1^2}{24EI_b}$$

分肢本身弯曲变形时的变位 Δ_2 为：

$$\Delta_2 = \frac{l_1^3}{48EI_1}$$

由此得剪切角 γ：

$$\gamma = \frac{\Delta_1 + \Delta_2}{0.5l_1} = \frac{al_1}{12EI_b} + \frac{l_1^2}{24EI_1} = \frac{l_1^2}{24EI_1}\left(1 + 2\frac{I_1/l_1}{I_b/a}\right)$$

将此 γ 值代入式（4-44），并令 $K_1 = I_1/l_1$，$K_b = I_b/a$，得换算长细比 λ_{0x} 为：

$$\lambda_{0x} = \sqrt{\lambda_x^2 + \frac{\pi^2 A l_1^2}{24I_1}\left(1 + 2\frac{K_1}{K_b}\right)}$$

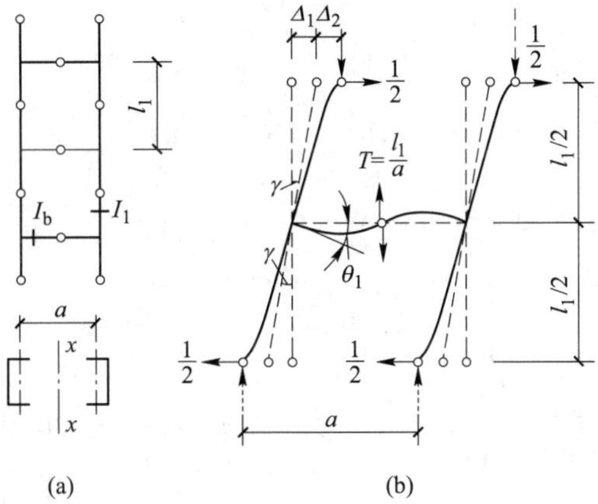

图 4-25　缀板柱的剪切变形

假设分肢截面面积 $A_1 = 0.5A$，$A_1 l_1^2/I_1 = \lambda_1^2$，则：

$$\lambda_{0x} = \sqrt{\lambda_x^2 + \frac{\pi^2}{12}\left(1 + 2\frac{K_1}{K_b}\right)\lambda_1^2} \tag{4-48}$$

式中　λ_1——分肢的长细比，$\lambda_1 = l_{01}/i_1$，i_1 为分肢弱轴的回转半径，l_0 为缀板间的净距离（见图 4-5（b））；

　　　K_1——一个分肢的线刚度，$K_1 = I_1/l_1$，l_1 为缀板中心距，I_1 为分肢绕弱轴的惯性矩；

　　　K_b——两侧缀板线刚度之和，$K_b = I_b/a$，I_b 为两侧缀板的惯性矩，a 为分肢轴线间距离。

根据《钢结构设计标准》的规定，缀板线刚度之和 K_b 应大于 6 倍的分肢线刚度，即 $K_b/K_1 \geqslant 6$。若取 $K_b/K_1 = 6$，则式（4-48）中的 $\frac{\pi^2}{12}\left(1 + 2\frac{K_1}{K_b}\right) \approx 1$。因此，标准规定双肢缀板柱的换算长细比采用：

$$\lambda_{0x} = \sqrt{\lambda_x^2 + \lambda_1^2} \tag{4-49}$$

若在某些特殊情况无法满足 $K_b/K_1 \geqslant 6$ 的要求时，则换算长细比 λ_{0x} 应按式（4-48）计算。四肢柱和三肢柱的换算长细比，参见《钢结构设计标准》（GB 50017—2017）第 7.2.3 条。

4.4.2.3　缀材设计

A　轴心受压格构柱的横向剪力

格构柱绕虚轴失稳发生弯曲时，缀材要承受横向剪力的作用。因此，需要首先计算出横向剪力的数值，然后才能进行缀材的设计。

图 4-26（a）所示一两端铰支轴心受压柱，绕虚轴弯曲时，假定最终的挠曲线为正弦曲线，跨中最大挠度为 v_0，则沿杆长任一点的挠度为：

$$y = v_0 \sin \frac{\pi z}{l}$$

任一点的弯矩为：

$$M = Ny = Nv_0 \sin \frac{\pi z}{l}$$

任一点的剪力为：

$$V = \frac{\mathrm{d}M}{\mathrm{d}z} = N \frac{\pi v_0}{l} \cos \frac{\pi z}{l}$$

即剪力按余弦曲线分布（见图 4-26（b）），最大值在杆件的两端为：

$$V_{\max} = \frac{N\pi}{l} v_0 \tag{4-50}$$

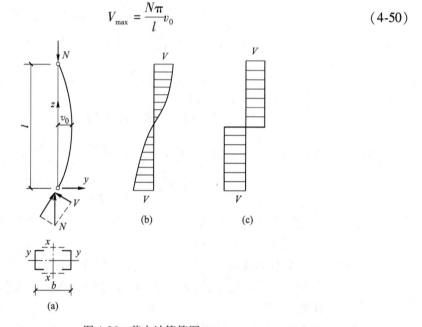

图 4-26 剪力计算简图

跨度中点的挠度 v_0 可由边缘纤维屈服准则导出。当截面边缘最大应力达屈服强度时，有：

$$\frac{N}{A} + \frac{Nv_0}{I_x} \cdot \frac{b}{2} = f_y$$

$$\frac{N}{Af_y} \left(1 + \frac{v_0}{i_x^2} \cdot \frac{b}{2} \right) = 1$$

上式中令 $\dfrac{N}{Af_y} = \varphi$，并取 $b \approx i_x / 0.44$（见表 4-7），得：

$$v_0 = 0.88 i_x (1 - \varphi) \frac{1}{\varphi} \tag{4-51}$$

将式（4-51）中的 v_0 值代入式（4-50）中得：

$$V_{max} = \frac{0.88\pi(1-\varphi)}{\lambda_x} \cdot \frac{N}{\varphi} = \frac{1}{k} \cdot \frac{N}{\varphi}$$

$$k = \frac{\lambda_x}{0.88\pi(1-\varphi)}$$

经过对双肢格构式柱的计算分析，在常用的长细比范围内，k 值与长细比 λ_x 的关系不大，可取为常数，对 Q235 钢构件，取 $k=85$；对其他钢种的钢构件，取 $k \approx 85\varepsilon_k$。

因此轴心受压格构柱平行于缀材面的剪力为：

$$V_{max} = \frac{N}{85\varphi\varepsilon_k}$$

式中 φ——按虚轴换算长细比确定的整体稳定系数。

令 $N = \varphi Af$，即得《钢结构设计标准》（GB 50017—2017）规定的最大剪力的计算式：

$$V = \frac{Af}{85\varepsilon_k} \tag{4-52}$$

在设计中，将剪力 V 沿柱长度方向取为定值，相当于简化为图 4-26（c）的分布图形。

B 缀条的设计

缀条的布置一般采用单系缀条（见图 4-27（a）），也可采用交叉缀条（见图 4-27（b））。缀条可视为以柱肢为弦杆的平行弦桁架的腹杆，内力与桁架腹杆的计算方法相同。在横向剪力作用下，一个斜缀条的轴心力为：

$$N_1 = \frac{V_1}{n\cos\theta} \tag{4-53}$$

式中 V_1——分配到一个缀材面上的剪力；

n——承受剪力 V_1 的斜缀条数，单系缀条时 $n=1$，交叉缀条时 $n=2$；

θ——缀条的倾角（见图 4-27）。

由于剪力的方向不定，斜缀条可能受拉也可能受压，应按轴心压杆选择截面。

缀条一般采用单角钢，与柱单面连接，考虑到受力时的偏心和受压时的弯扭，当按轴心受力构件设计（不考虑扭转效应）时，应按钢材强度设计值乘以下列折减系数 η：

（1）按轴心受力计算构件的强度和连接强度时，$\eta = 0.85$。

（2）按轴心受压计算构件的稳定性时，等边角钢 $\eta = 0.6 + 0.0015\lambda$，但不大于 1.0；短边相连的不等边角钢 $\eta = 0.5 + 0.0025\lambda$，但不大于 1.0；长边相连的不等边角钢 $\eta = 0.70$。

λ 为缀条的长细比，对中间无联系的单角钢压杆，按最小回转半径计算，当 $\lambda < 20$ 时，取 $\lambda = 20$。交叉缀条体系（见图 4-27（b））的横缀条按受压力 $N = V$ 计算。为了减小分肢的计算长度，单系缀条（见图 4-27（a））也可加横缀条，其截面尺寸一般与斜缀条相同，也可按容许长细比（$[\lambda] = 150$）确定。

C 缀板的设计

缀板柱可视为一多层框架（肢件视为框架立柱，缀板视为横梁）。当它整体挠曲时，假定各层分肢中点和缀板中点为反弯点（见图 4-25（a））。从柱中取出如图 4-28（a）所示脱离体，可得缀板内力为：

剪力

$$T = \frac{V_1 l_1}{a} \tag{4-54}$$

弯矩（与肢件连接处）

$$M = T \frac{a}{2} = \frac{V_1 l_1}{2} \tag{4-55}$$

式中　l_1——缀板中心线间的距离；

　　　　a——肢件轴线间的距离。

缀板与肢体间用角焊缝相连，角焊缝承受剪力和弯矩的共同作用。由于角焊缝的强度设计值小于钢材的强度设计值，因此只需用上述 M 和 T 验算缀板与肢件间的连接焊缝。缀板应有一定的刚度。相关规范规定，同一截面处两侧缀板线刚度之和不得小于一个分肢线刚度的 6 倍。一般取宽度 $d \geq 2a/3$（见图 4-28（b）），厚度 $t \geq a/40$，并不小于 6 mm。端缀板宜适当加宽，取 $d = a$。

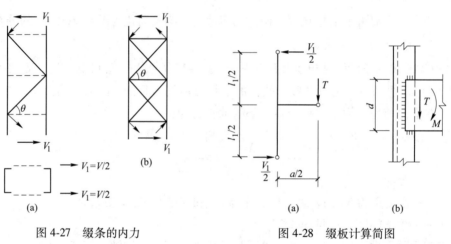

图 4-27　缀条的内力　　　　　　　　图 4-28　缀板计算简图

4.4.2.4　格构柱的设计步骤

格构柱的设计需首先选择柱肢截面和缀材的形式，中小型柱可用缀板柱或缀条柱，大型柱宜用缀条柱。然后按下列步骤进行设计：

（1）按对实轴（y—y 轴）的整体稳定性选择柱的截面，方法与实腹柱的相同。

（2）按对虚轴（x—x 轴）的整体稳定性确定两分肢的距离。为了获得等稳定性，应使两方向的长细比相等，即使 $\lambda_{0x} = \lambda_y$。

缀条柱（双肢）：

$$\lambda_{0x} = \sqrt{\lambda_x^2 + 27 \frac{A}{A_1}} = \lambda_y$$

即

$$\lambda_x = \sqrt{\lambda_y^2 - 27 \frac{A}{A_1}} \tag{4-56}$$

缀板柱（双肢）：

$$\lambda_{0x} = \sqrt{\lambda_x^2 + \lambda_1^2} = \lambda_y$$

即
$$\lambda_x = \sqrt{\lambda_y^2 - \lambda_1^2} \tag{4-57}$$

对缀条柱应预先确定斜缀条的截面 A_1；对缀板柱应先假定分肢长细比 λ_1。

按式（4-56）或式（4-57）计算得出 λ_x 后，即可得到对虚轴的回转半径：
$$i_x = l_{0x}/\lambda_x$$

根据表 4-7，可得柱在缀材方向的宽度 $b \approx i_x/a$，亦可由已知截面的几何量直接算出柱的宽度 b。

（3）验算对虚轴的整体稳定性，不合适时应修改柱宽 b 再进行验算。

（4）设计缀条或缀板（包括它们与分肢的连接）。

进行以上计算时应注意：

（1）柱对实轴的长细比 λ_y 和对虚轴的换算长细比 λ_{0x} 均不得超过容许长细比 $[\lambda]$。

（2）缀条柱的分肢长细比 $\lambda_1 = l_1/i_1$ 不得超过柱两方向长细比（对虚轴为换算长细比）较大值的 7/10，否则分肢可能先于整体失稳。

（3）缀板柱的分肢长细比 $\lambda_1 = l_1/i_1$ 不应大于 40，并不应大于柱较大长细比 λ_{max} 的 1/2（当 $\lambda_{max} < 50$ 时，取 $\lambda_{max} = 50$），这亦是为了保证分肢不先于整体构件失去承载能力。

4.4.3 柱的横隔

格构柱的横截面为中部空心的矩形，抗扭刚度较差。为了提高格构柱的抗扭刚度，保证柱子在运输和安装过程中截面形状不变，应每隔一段距离设置横隔。另外，大型实腹柱（工字形或箱形）也应设置横隔（见图 4-29）。横隔的间距不得大于柱子较大宽度的 9 倍或 8 m，且每个运送单元的端部均应设置横隔。

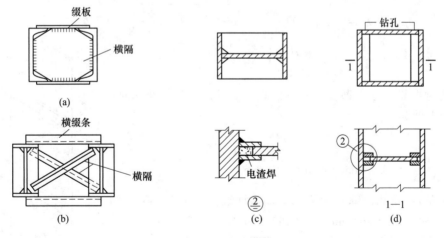

图 4-29 柱的横隔
（a），（b）格构柱；（c），（d）大型实腹柱

当柱身某一处受有较大水平集中力作用时，也应在该处设置横隔，以免柱肢局部受弯。横隔可用钢板（见图 4-29（a）、（c）和（d））或交叉角钢（见图 4-29（b））做成。工字形截面实腹柱的横隔只能用钢板，它与横向加劲肋的区别在于其与翼缘同宽（见图 4-29（c）），而横向加劲肋则通常较窄。箱形截面实腹柱的横隔，有一边或两边不能预先焊接，可先焊两边或三边，装配后再在柱壁钻孔用电渣焊焊接其他边（见图 4-29（d））。

【**例 4-3**】　一轴心受压柱，柱高 6 m，两端铰接，承受轴心压力 1000 kN（设计值），钢材为 Q355 钢，截面无孔眼削弱。试分别设计一缀条柱和一缀板柱。

解：由题意，柱的计算长度 $l_{0x} = l_{0y} = 6000$ mm，钢材强度设计值 305 MPa，修正系数 $\varepsilon_k = \sqrt{235/335} = 0.814$。

（1）缀条柱设计。

1）按实轴（$y—y$ 轴）的整体稳定性选择柱的截面。假设 $\lambda_y = 70$，$\lambda_x/\varepsilon_k = 70 \div 0.814 = 86.0$，查附表 4-3（b 类截面）得 $\varphi_y = 0.648$，需要的截面面积为：

$$A = \frac{N}{\varphi_y f} = \frac{1000 \times 10^3}{0.648 \times 305} = 5060 \text{ mm}^2$$

选用 2[22a，$A = 63.68$ cm^2，$i_y = 8.67$ cm。
验算整体稳定性：

$$\lambda_y = \frac{l_{0y}}{i_y} = \frac{6000}{8.67 \times 10} = 69.2 < [\lambda] = 150$$

由 $\lambda_y/\varepsilon_k = 69.2/0.814 = 85.0$，查附表 4-3（b 类截面）得 $\varphi_y = 0.654$。

$$\frac{N}{\varphi_y A f} = \frac{1000 \times 10^3}{0.654 \times 63.68 \times 10^2 \times 305} = 0.787 < 1.0$$

满足要求。

2）确定柱宽 b。初选缀条截面∟45×4，查得 $A'_1 = 3.49$ cm^2，$i_1 = 0.89$ cm。采用如图 4-30 所示的缀条柱形式，$A_1 = 2A'_1 = 6.98$ cm^2，为了获得等稳定性，柱绕虚轴（$x—x$ 轴）的长细比应满足：

$$\lambda_x = \sqrt{\lambda_y^2 - 27\frac{A}{A_1}} = \sqrt{69.2^2 - 27 \times \frac{63.6}{6.98}} = 67.4$$

$$i_x = \frac{l_{0x}}{\lambda_x} = \frac{600}{67.4} = 8.9 \text{ cm}$$

采用图 4-30 所示的截面形式，由表 4-7 可知，截面绕虚轴的回转半径近似为：

$$i_x \approx 0.44b$$

$$b \approx \frac{i_x}{0.44} = 20.23 \text{ cm}，取 b = 210 \text{ mm}。$$

查附表 7-4 可知，单个槽钢[22a 的截面数据（见图 4-30）为：
$A = 31.8$ cm^2，$Z_0 = 2.1$ cm，$I_1 = 157.8$ cm^4，$i_1 = 2.23$ cm。
整个截面对虚轴（$x—x$ 轴）的数据：

$$I_x = 2 \times \left[157.8 + 31.8 \times \left(\frac{21.0 - 2.1 \times 2}{2}\right)^2\right] = 4803.2 \text{ cm}^4$$

$$i_x = \sqrt{\frac{4803.2}{63.6}} = 8.69 \text{ cm}$$

$$\lambda_x = \frac{600}{8.69} = 69.0$$

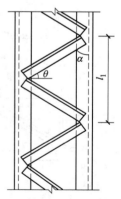

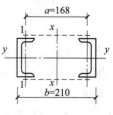

图 4-30　例 4-3 图

$$\lambda_{0x} = \sqrt{\lambda_x^2 + 27 \frac{A}{A_1}} = \sqrt{69.0^2 + 27 \times \frac{63.6}{6.98}} = 70.8 < [\lambda] = 150$$

由 $\lambda_{0x}/\varepsilon_k = 70.9/0.814 = 87.0$，查附表 4-3 得（b 类截面）$\varphi_x = 0.641$。

$$\frac{N}{\varphi_x A f} = \frac{1000 \times 10^3}{0.641 \times 63.68 \times 10^2 \times 305} = 0.803 < 1.0$$

绕虚轴的整体稳定满足要求。

3）缀条验算。如图 4-30 所示，取 $\theta = 45°$。缀条所受的剪力为：

$$V = \frac{Af}{85\varepsilon_k} = \frac{63.68 \times 10^2 \times 305}{85 \times 0.814} = 28071 \text{ N}$$

一个斜缀条的轴心力为：

$$N_1 = \frac{V/2}{\cos\theta} = \frac{28071/2}{\cos45°} = 19849 \text{ N}$$

$$a = b - 2Z_0 = 210 - 2 \times 21 = 168 \text{ mm}$$

缀条长度：

$$l_0 = \frac{a}{\cos45°} = \frac{168}{\sqrt{2}/2} = 238 \text{ mm}$$

长细比：

$$\lambda = \frac{0.9l_0}{i_1} = \frac{0.9 \times 238}{0.89 \times 10} = 24 < [\lambda] = 150$$

由 $\lambda_x/\varepsilon_k = 24/0.814 = 29.5$，查附表 4-3 得（b 类截面）$\varphi_x = 0.9375$。
等边单角钢与柱单面连接，强度应乘以折减系数：

$$\eta = 0.6 + 0.0015\lambda = 0.64$$

$$\frac{N_1}{\eta\varphi_x A_1' f} = \frac{19849}{0.64 \times 0.9375 \times 3.49 \times 10^2 \times 305} = 0.313 < 1.0$$

因为 L45×4 为最小截面，故缀条选用 L45×4 满足要求。
缀条与柱肢之间的连接角焊缝采用低氢焊接方法，取 $h_f = 4$ mm，则：
肢背：

$$l_{w1} \geqslant \frac{\frac{2}{3}N_1}{0.7h_f\eta f_f^w} = \frac{\frac{2}{3} \times 19849}{0.7 \times 4 \times 0.85 \times 200} = 28 \text{ mm}$$

肢尖：

$$l_{w2} \geqslant \frac{\frac{1}{3}N_1}{0.7h_f\eta f_f^w} = \frac{\frac{1}{3} \times 19849}{0.7 \times 4 \times 0.85 \times 200} = 14 \text{ mm}$$

考虑构造要求，肢背和肢尖的实际焊缝长度都取 50 mm。

4）单肢的稳定。柱单肢在平面内（绕 1 轴）的长细比：

$$i_1 = 2.23 \text{ cm}$$

缀条的节间长度：

$$l_1 = 2a \times \tan\alpha = 2 \times (210 - 2 \times 21) \times \tan45° = 336 \text{ mm}$$

$$\lambda_1 = \frac{l_1}{i_1} = \frac{336}{22.3} = 15 \ < \ 0.7 \ \{\lambda_{0x}, \lambda_y\}_{\max} = 0.7 \times 70.9 = 49.6$$

单肢的稳定能保证。

（2）缀板柱设计。

1）按实轴（y—y 轴）的整体稳定性选择柱的截面。

设计同缀条柱，仍选用 2[22a。

2）确定柱宽 b。假定 $\lambda_1 = 35$（约等于 $0.5\lambda_y$），则

$$\lambda_x = \sqrt{\lambda_y^2 - \lambda_1^2} = \sqrt{69.2^2 - 35^2} = 59.7$$

$$i_x = \frac{l_{0x}}{\lambda_x} = \frac{6000}{59.7} = 100.5 \text{ mm}$$

采用图 4-31 的截面形式，查表 4-7 得：

$$b \approx \frac{i_x}{0.44} = \frac{100.5}{0.44} = 228 \text{ mm}，取 \ b = 230 \text{ mm}$$

单个槽钢 [22a 的截面数据：$A = 31.84 \text{ cm}^2$，$Z_0 = 2.1 \text{ cm}$，$I_1 = 157.8 \text{ cm}^4$，$i_1 = 2.23 \text{ cm}$。

整个截面对虚轴（x—x 轴）的数据：

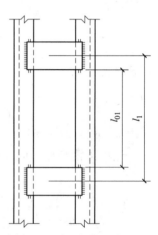

$$I_x = 2 \times \left[157.8 + 31.84 \times \left(\frac{18.8}{2} \right)^2 \right] = 5935 \text{ cm}^4$$

$$i_x = \sqrt{\frac{5935 \times 10^4}{2 \times 31.84 \times 10^2}} = 96.5 \text{ mm}$$

$$\lambda_x = \frac{6000}{96.5} = 62.2$$

$$\lambda_{0x} = \sqrt{\lambda_x^2 + \lambda_1^2} = \sqrt{62.2^2 + 35^2} = 71.4 \ < \ [\lambda] = 150$$

由 $\lambda_{0x}/\varepsilon_k = 71.4/0.814 = 87.7$，查附表 4-3（b 类截面）得 $\varphi_x = 0.636$。

$$\frac{N}{\varphi_x A f} = \frac{1000 \times 10^3}{0.636 \times 63.68 \times 10^2 \times 305} = 0.810 \ < \ 1.0$$

绕虚轴的整体稳定性满足要求。

3）缀板设计。

$$l_{01} = \lambda_1 i_1 = 35 \times 22.3 = 781 \text{ mm}$$

选用缀板 180×8，$l_1 = 781 + 180 = 961$ mm，取 $l_1 = 960$ mm。

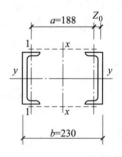

图 4-31　截面形式

分肢线刚度：

$$K_1 = \frac{I_1}{l_1} = \frac{157.8 \times 10^4}{960} = 1.64 \times 10^3 \text{ mm}^3$$

两侧缀板线刚度之和：

$$K_b = \frac{\sum I_b}{a} = \frac{2 \times \frac{1}{12} \times (8 \times 180^3)}{188} = 41.36 \times 10^3 \text{ mm}^3 > 6K_1 = 9.84 \times 10^3 \text{ mm}^3$$

由式（4-52）可知，横向剪力：

$$V = \frac{Af}{85\varepsilon_k} = \frac{63.68 \times 10^2 \times 305}{85 \times 0.814} = 28071 \text{ N}$$

$$V_1 = \frac{V}{2} = 14035.5 \text{ N}$$

缀板与分肢连接处的内力为：

$$T = \frac{V_1 l_1}{a} = \frac{14035.5 \times 960}{188} = 71670.6 \text{ N}$$

$$M = T\frac{a}{2} = \frac{V_1 l_1}{2} = \frac{14035.5 \times 960}{2} = 6.74 \times 10^6 \text{ N} \cdot \text{mm}$$

缀板与柱肢间用角焊缝相连，角焊缝承受剪力和弯矩的共同作用。由于角焊缝的强度设计值小于钢材的强度设计值，故只需用上述 M 和 T 验算缀板与肢件间的连接焊缝。

取角焊缝的焊脚尺寸 $h_f = 8$ mm，不考虑绕角部分长度（见图 4-28（b）），采用 $l_w = 180$ mm，剪力 T 产生的剪应力（顺焊缝长度方向）：

$$\tau_f = \frac{71670.6}{0.7 \times 8 \times 180} = 71.1 \text{ MPa}$$

弯矩 M 产生的应力（垂直焊缝长度方向）：

$$\sigma_f = \frac{6 \times 6.74 \times 10^6}{0.7 \times 8 \times 180^2} = 222.9 \text{ MPa}$$

合应力：

$$\sqrt{\left(\frac{\sigma_f}{1.22}\right)^2 + \tau_f^2} = \sqrt{\left(\frac{222.9}{1.22}\right)^2 + 71.1^2} = 196.1 \text{ MPa} < f_f^w = 200 \text{ MPa}$$

4）单肢的稳定。

$\lambda_1 = l_{01}/i = 780/22.3 = 35.0 < 40$，并小于 $0.5\{\lambda_{0x}, \lambda_y\}_{max} = 0.5 \times 71.4 = 35.7$

单肢的稳定性能保证。

（3）横隔。横隔采用钢板（见图 4-29（a）），间距应小于 9 倍柱宽（即 $9 \times 23 = 207$ cm）。缀板柱如图 4-32 所示。

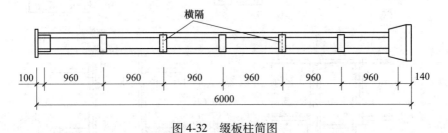

图 4-32 缀板柱简图

4.5 柱头和柱脚

单个构件必须通过相互连接才能形成结构整体，轴心受压柱通过柱头直接承受上部结构传来的荷载，同时通过柱脚将柱身的内力可靠地传给基础。最常见的上部结构是梁格系统。梁与柱的连接节点设计必须遵循传力可靠、构造简单和便于安装的原则。

4.5.1　梁与柱的连接

　　梁与轴心受压柱的连接只能是铰接，若为刚接，则柱将承受较大弯矩成为受压受弯柱。梁与柱铰接时，梁可支承在柱顶上（见图 4-33（a）~（c）），亦可连于柱的侧面（见图 4-33（d）和（e））。梁支于柱顶时，梁的支座反力通过柱顶板传给柱身。顶板与柱用焊缝连接，顶板厚度一般取 16~20 mm。为了便于安装定位，梁与顶板用普通螺栓连接。图 4-33（a）所示构造方案，将梁的反力通过支承加劲肋直接传给柱的翼缘。两相邻梁之间留一些空隙，以便于安装，最后用夹板和构造螺栓连接。这种连接方式构造简单，对梁长度尺寸的制作要求不高。缺点是当柱顶两侧梁的反力不等时柱将偏心受压。图 4-33（b）所示构造方案，梁的反力通过端部加劲肋的突出部分传给柱的轴线附近，因此即使两相邻梁的反力不等，柱仍接近于轴心受压。梁端加劲肋的底面应刨平顶紧于柱顶板。由于梁的反力大部分传给柱的腹板，因而腹板不能太薄且必须用加劲肋加强。两相邻梁之间可留一些空隙，安装时嵌入合适尺寸的填板并用普通螺栓连接。对于格构柱（见图 4-33（c）），为了保证传力均匀并托住顶板，应在两柱肢之间设置竖向隔板。

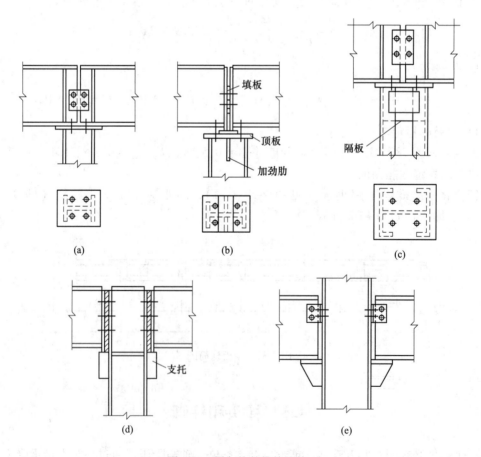

图 4-33　梁与柱的铰接连接

在多层框架的中间梁柱中，横梁只能在柱侧相连。图 4-33（d）和（e）是梁连接于柱侧面的铰接构造。梁的反力由梁端加劲肋传给支托，支托可采用 T 形（见图 4-33（e）），也可用厚钢板做成（见图 4-33（d）），支托与柱翼缘间用角焊缝相连。用厚钢板做支托的方案适用于承受较大的压力，但制作与安装的精度要求较高。支托的端面必须刨平并与梁的端加劲肋顶紧以便直接传递压力。考虑到荷载偏心的不利影响，支托与柱的连接焊缝按梁支座反力的 1.25 倍计算。为方便安装，梁端与柱间应留空隙加填板并设置构造螺栓。当两侧梁的支座反力相差较大时，应考虑偏心，按压弯柱计算。

4.5.2 柱脚

柱脚的构造应使柱身的内力能可靠地传给基础，并和基础有牢固的连接。轴心受压柱的柱脚主要传递轴心压力，与基础的连接一般采用铰接。图 4-34 是几种常用的平板式铰接柱脚。由于基础混凝土强度远比钢材低，因此必须把柱的底部放大，以增加其与基础顶部的接触面积。图 4-34（a）是一种最简单的柱脚构造形式，在柱下端仅焊一块底板，柱中压力由焊缝传至底板，再传给基础。这种柱脚只能用于小型柱，如果用于大型柱，底板会太厚。一般的铰接柱脚常采用图 4-34（b）~（d）的形式，在柱端部与底板之间增设一些中间传力零件，如靴梁、隔板和肋板等，以增加柱与底板的连接焊缝长度，并且将底板分隔成几个区格，使底板的弯矩减小，厚度减薄。图 4-34（b）中，靴梁焊于柱的两侧，在靴梁之间用隔板加强，以减小底板的弯矩，并提高靴梁的稳定性。

图 4-34（c）是格构柱的柱脚构造。图 4-34（d）中，在靴梁外侧设置肋板，底板做成正方形或接近正方形。

布置柱脚中的连接焊缝时，应考虑施焊的方便与可能。如图 4-34（b）隔板的里侧，图 4-34（c）和（d）中靴梁中央部分的里侧，都不宜布置焊缝。

柱脚是利用预埋在基础中的锚栓来固定位置的。铰接柱脚只沿着一条轴线设立两个连接于底板上的锚栓，如图 4-34 所示。底板的抗弯刚度较小，锚栓受拉时，底板会产生弯曲变形，阻止柱端转动的抗力不大，因而此种柱脚仍视为铰接。如果用完全符合力学图形的铰，安装工作将有很大困难，而且该结构构造复杂，一般情况没有此种必要。

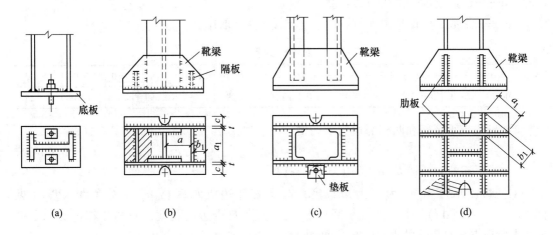

(a)　　　　　　(b)　　　　　　(c)　　　　　　(d)

图 4-34 平板式铰接柱脚

铰接柱脚不承受弯矩，只承受轴向压力和剪力。剪力通常由底板与基础表面的摩擦力传递。当此摩擦力不足以承受水平剪力时，应在柱脚底板下设置抗剪键（见图4-35），抗剪键可用方钢、短T字钢或H型钢做成。

铰接柱脚通常仅按承受轴向压力计算，轴向压力N一部分由柱身传给靴梁、肋板等，再传给底板，最后传给基础；另一部分是经柱身与底板间的连接焊缝传给底板，再传给基础。然而实际工程中，柱端难以做到齐平，而且为了便于控制柱长的准确性，柱端可能比靴梁缩进一些（见图4-34（c））。

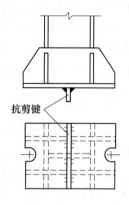

图4-35　柱脚的
抗剪键

4.5.2.1　底板的计算

（1）底板的面积。底板的平面尺寸决定于基础材料的抗压能力，基础对底板的压应力可近似认为是均匀分布的，这样，所需要的底板净面积A_n（底板宽乘以长，减去锚栓孔面积）应按下式确定：

$$A_n \geqslant \frac{N}{\beta_c f_c} \tag{4-58}$$

式中　f_c——基础混凝土的抗压强度设计值；

　　　β_c——基础混凝土局部承压时的强度提高系数。

f_c和β_c均按《混凝土结构设计规范（2015年版）》（GB 50010—2010）取值。

（2）底板的厚度。底板的厚度由板的抗弯强度决定。底板可视为一个支承在靴梁、隔板和柱端的平板，它承受基础传来的均匀反力。靴梁、肋板、隔板和柱的端面均可视为底板的支承边，并将底板分隔成不同的区格，其中有四边支承、三边支承、两相邻边支承和一边支承等区格。在均匀分布的基础反力作用下，各区格板单位宽度上的最大弯矩为：

1）四边支承区格。

$$M = \alpha q a^2 \tag{4-59}$$

式中　q——作用于底板单位面积上的压应力，$q = \dfrac{N}{A_n}$；

　　　a——四边支承区格的短边长度；

　　　α——系数，根据长边b与短边a之比按表4-8取用。

表4-8　α值

b/a	1.0	1.1	1.2	1.3	1.4	1.5	1.6	1.7	1.8	1.9	2.0	3.0	≥4.0
α	0.048	0.055	0.063	0.069	0.075	0.081	0.086	0.091	0.095	0.099	0.101	0.119	0.125

2）三边支承区格和两相邻边支承区格。

$$M = \beta q \tag{4-60}$$

式中　β——系数，根据b_1/a_1值由表4-9查得。

对三边支承区格a_1为自由边长度；对两相邻边支承区格a_1为对角线长度（见图4-34（b）和（d））。对三边支承区格b_1为垂直于自由边的宽度；对两相邻边支承区格b_1为内角顶点至对角线的垂直距离（见图4-34（b）和（d））。

表 4-9　β 值

b_1/a_1	0.3	0.4	0.5	0.6	0.7	0.8	0.9	1.0	1.1	≥1.2
β	0.026	0.042	0.056	0.072	0.085	0.092	0.104	0.111	0.120	0.125

当三边支承区格的 $b_1/a_1 < 0.3$ 时，可按悬臂长度为 b_1 的悬臂板计算。

3）一边支承区格（即悬臂板）。

$$M = \frac{1}{2}qc^2 \tag{4-61}$$

式中　c——悬臂长度（见图 4-34（b））。

这几部分板承受的弯矩一般不相同，取各区格板中的最大弯矩 M_{max} 来确定板的厚度 t：

$$t \geqslant \sqrt{\frac{6M_{max}}{f}} \tag{4-62}$$

设计时要注意到靴梁和隔板的布置应尽可能使各区格板中的弯矩相差不要太大，以免所需的底板过厚。当各区格板中弯矩相差太大时，应调整底板尺寸或重新划分区格。

底板的厚度通常为 20~40 mm，最薄一般不得小于 14 mm，以保证底板具有必要的刚度，从而满足基础反力是均匀分布的假设。

4.5.2.2　靴梁的计算

靴梁的高度由其与柱边连接所需要的焊缝长度决定，此连接焊缝承受柱身传来的压力 N。靴梁的厚度比柱翼缘厚度略小。

靴梁按支承于柱边的双悬臂梁计算，根据所承受的最大弯矩和最大剪力值，验算靴梁的抗弯和抗剪强度。

4.5.2.3　隔板与肋板的计算

为了支承底板，隔板应具有一定刚度，因此隔板的厚度不得小于其宽度 b 的 1/50，一般比靴梁略薄些，高度略小些。

隔板可视为支承于靴梁上的简支梁，荷载可按承受图 4-34（b）中阴影面积的底板反力计算，按此荷载所产生的内力验算隔板与靴梁的连接焊缝以及隔板本身的强度。注意隔板内侧的焊缝不易施焊，计算时不能考虑受力。

肋板按悬臂梁计算，承受的荷载为图 4-34（d）所示的阴影部分的底板反力。肋板与靴梁间的连接焊缝以及肋板本身的强度均应按其承受的弯矩和剪力来计算。

习　题

4-1　验算由 2L63×5 组成的水平放置的轴心拉杆的强度和长细比。轴心拉力的设计值为 270 kN，只承受静力作用，计算长度为 3 m。杆端有一排直径为 20 mm 的孔眼（见图 4-36），钢材为 Q355B 钢。如截面尺寸不够，应改用什么角钢？

注：计算时忽略连接偏心和杆件自重的影响。

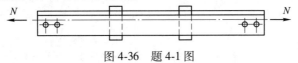

图 4-36　题 4-1 图

4-2　验算图 4-37 所示用摩擦型高强度螺栓连接的钢板净截面强度。螺栓直径 20 mm，孔径 22 mm，钢材为 Q355B，承受轴心拉力 N = 600 kN（设计值）。

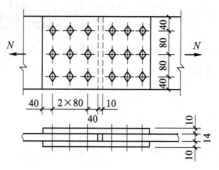

图 4-37　题 4-2 图

4-3　一个水平放置的轴心受拉构件，两端铰接，采用 Q355B 钢做成，长 9 m，截面为由 2∟90×8 组成的肢尖向下的 T 形截面，问是否能承受设计值为 870 kN 的轴心力？

4-4　某车间工作平台柱高 2.6 m，按两端铰接的轴心受压柱考虑。如果柱采用 I16（16 号热轧工字钢），试经计算解答：

（1）改用 Q355 钢时，设计承载力是否显著提高？

（2）如果轴心压力为 330 kN（设计值），I16 能否满足要求？如不满足，从构造上采取什么措施就能使其满足要求？

5 受弯构件

【学习要点】

(1) 了解钢结构受弯构件的形式和应用。

(2) 掌握梁的强度和刚度计算。

(3) 掌握梁的整体稳定性和局部稳定性计算。

(4) 掌握型钢梁、组合梁的设计。

(5) 了解梁的拼接、连接和支座设计。

【思政元素】

激发学生对受弯构件设计的学习兴趣，使学生意识到工程设计底线的重要性，增强学生规范设计意识，培养学生良好的设计素养。

5.1 受弯构件的形式和应用

承受横向荷载的构件称为受弯构件，其形式有实腹式和格构式两个系列。

5.1.1 实腹式受弯构件

实腹式受弯构件通常称为梁，在土木工程中应用很广泛，例如房屋建筑中的楼盖梁、工作平台梁、吊车梁、屋面檩条和墙架横梁，以及桥梁、水工闸门、起重机、海上采油平台中的梁等。

钢梁分为型钢梁和组合梁两大类。型钢梁构造简单、制造省工、成本较低，因而应优先采用。但在荷载较大或跨度较大时，由于轧制条件的限制，型钢的尺寸、规格不能满足梁承载力和刚度的要求，此时必须采用组合梁。

型钢梁的截面有热轧工字钢（见图 5-1（a））、热轧 H 型钢（见图 5-1（b））和槽钢（见图 5-1（c））三种，其中以热轧 H 型钢的截面分布最合理，翼缘内外边缘平行，与其他构件连接较方便，应予优先采用。用于梁的 H 型钢宜为窄翼缘型（HN 型）。槽钢因其截面扭转中心在腹板外侧，弯曲时将同时产生扭转，受荷不利，故只有在构造上使荷载作用线接近扭转中心，或能适当保证截面不发生扭转时才被采用。由于轧制条件的限制，

图 5-1　梁的截面类型

热轧型钢腹板的厚度较大，用钢量较多。某些受弯构件（如檩条）采用冷弯薄壁型钢（见图 5-1（d）~（f））较经济，但防腐要求较高。

组合梁一般采用三块钢板焊接而成的工字形截面（见图 5-1（g）），或由 T 型钢（用 H 型钢剖分而成）中间加板的焊接截面（见图 5-1（h））。当焊接组合梁翼缘需要很厚时，可采用两层翼缘板的截面（见图 5-1（i））。荷载很大而高度受到限制或梁的抗扭要求较高时，可采用箱形截面（见图 5-1（j））。组合梁的截面组成比较灵活，可使材料在截面上的分布更为合理，节省钢材。

钢梁可做成简支梁、连续梁、悬伸梁等。简支梁的用钢量虽然较多，但由于制造、安装、修理、拆换较方便，而且不受温度变化和支座沉陷的影响，因而用得最为广泛。

在土木工程中，除少数情况（如吊车梁、起重机大梁或上承式铁路板梁桥等）可由单根梁或两根梁成对布置外，通常由若干梁平行或交叉排列而成梁格，图 5-2 即为工作平台梁格布置示例。

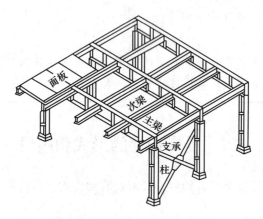

图 5-2　工作平台梁格布置示例

根据主梁和次梁的排列情况，梁格可分为三种类型（见图 5-3）：

（1）单向梁格。只有主梁，适用于楼盖或平台结构的横向尺寸较小或面板跨度较大的情况。

（2）双向梁格。有主梁及一个方向的次梁，次梁由主梁支承，是最为常用的梁格类型。

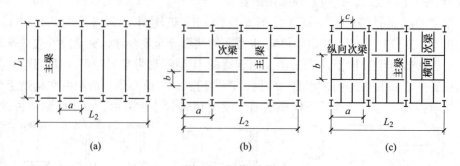

图 5-3　梁格形式
（a）单向梁格；（b）双向梁格；（c）复式梁格

（3）复式梁格。在主梁间设纵向次梁，纵向次梁间再设横向次梁。荷载传递层次多，梁格构造复杂，故应用较少，只适用于荷载重或主梁间距很大的情况。

5.1.2 格构式受弯构件

主要承受横向荷载的格构式受弯构件称为桁架。与梁相比，其特点是以弦杆代替翼缘、以腹杆代替腹板，而在各节点将腹杆与弦杆连接。这样，桁架整体受弯时，弯矩表现为上、下弦杆的轴心压力和拉力，剪力则表现为各腹杆的轴心压力或拉力。钢桁架可以根据不同使用要求制成所需的外形，对于跨度和高度较大的构件，其钢材用量比实腹梁有所减少，而刚度却有所增加。只是桁架的杆件和节点较多，构造较复杂，制造较为费工。

与梁一样，平面钢桁架在土木工程中应用很广泛，如建筑工程中的屋架、托架、吊车桁架（桁架式吊车梁），桥梁中的桁架桥，还有其他领域，如起重机臂架、水工闸门和海洋平台的主要受弯构件等。大跨度屋盖结构中采用的钢网架，以及各种类型的塔桅结构，则属于空间钢桁架。

钢桁架的结构类型有：

（1）简支梁式（见图5-4（a）~（d））。简支梁式受力明确，杆件内力不受支座沉陷的影响，施工方便，使用最广，图5-4（a）~（c）用作屋架，i 为屋面坡度。

（2）刚架横梁式。将图5-4（a）和（c）所示的桁架端部上下弦与钢柱相连组成单跨或多跨刚架，可提高其水平刚度，常用于单层厂房结构。

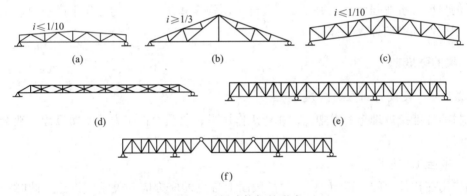

图 5-4 梁式桁架的形式

（3）连续式（见图5-4（e））。跨越较大的桥架常用多跨连续的桁架，可增加刚度并节约材料。

（4）伸臂式（见图5-4（f））。伸臂式既有连续式节约材料的优点，又有简支梁式不受支座沉陷影响的优点，只是铰接处构造较复杂。

（5）悬臂式。悬臂式主要用于塔架等（见图5-5），主要承受水平风荷载引起的弯矩。

钢桁架按杆件截面形式和节点构造特点可分为普通、重型和轻型三种。普通钢桁架通常指在每个节点用一块节点板相连的单腹壁桁架，杆件一般采用双角钢组成的 T 形、十字形截面或轧制 T 形截面，构造简单，应用最广。重型钢桁架的杆件受力较大，通常采用轧制 H 型钢或三板焊接工

图 5-5 悬臂桁架

字形截面，有时也采用四板焊接的箱形截面或双槽钢、双工字钢组成的格构式截面；每个节点处用两块平行的节点板连接，通常称为双腹壁桁架。轻型钢桁架指用冷弯薄壁型钢或小角钢及圆钢做成的桁架，节点处可用节点板相连，也可将杆件直接连接，主要用于跨度小、屋面轻的屋盖桁架（屋架或桁架式檩条等）。

桁架的杆件主要为轴心拉杆和轴心压杆，设计方法已在第 4 章叙述；在特殊情况，也可能出现压弯杆件，设计方法见第 6 章。桁架的腹杆体系、支撑布置和节点构造等可参见第 7 章的有关内容，以及钢桥和塔桅结构方面的书籍。

下面主要叙述实腹式受弯构件（梁）的工作性能和设计方法。

5.2   梁的强度和刚度

为了确保安全适用、经济合理，同其他构件一样，梁的设计必须同时考虑第一和第二两种极限状态。第一种极限状态即承载力极限状态，在钢梁的设计中包括强度、整体稳定和局部稳定三个方面。设计时，要求在荷载设计值作用下，梁的弯曲正应力、剪应力、局部压应力和折算应力均不超过标准规定的相应的强度设计值；整根梁不会侧向弯扭屈曲；组成梁的板件不会出现波状的局部屈曲。第二种极限状态即正常使用的极限状态，在钢梁的设计中主要考虑梁的刚度。设计时要求梁有足够的抗弯刚度，即在荷载标准值作用下，梁的最大挠度不大于规范规定的容许挠度。

梁的强度分抗弯强度、抗剪强度、局部承压强度和在复杂应力作用下的折算应力强度等，其中抗弯强度的计算是首要的。

5.2.1   梁的强度

5.2.1.1   梁截面正应力发展过程

钢材的性能接近理想的弹塑性，在弯矩作用下，梁截面正应力的发展过程一般会经历三个阶段。

A   弹性工作阶段

当作用在构件上的弯矩 M_x 较小时，截面上各点的应力应变关系成正比，此时截面上的最大应力小于钢材的屈服强度，构件全截面处于弹性阶段（见图 5-6（b）），此时截面边缘的最大正应力 σ 可按材料力学公式计算，即：

$$\sigma = \frac{M_x}{W_x} \tag{5-1}$$

式中 M_x——绕 x 轴的弯矩；

       W_x——截面对 x 轴的弹性截面模量。

弹性工作阶段的极限是截面最外边缘的正应力达到屈服强度 f_y（见图 5-6（c）），这时除截面边缘的纤维屈服以外，其余区域纤维的应力仍小于屈服强度。此时截面上的弯矩称为屈服弯矩（亦即弹性最大弯矩）M_{ex}，按式（5-2）计算。

$$M_{ex} = W_x W_f \tag{5-2}$$

如果以屈服弯矩 M_{ex} 作为梁抗弯承载能力的极限，称为边缘纤维屈服准则，则截面抗弯强度的计算式为：

$$M_x \leq M_{ex} = W_x f_y \tag{5-3}$$

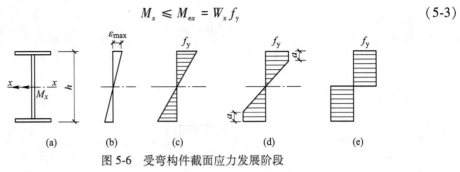

图 5-6 受弯构件截面应力发展阶段

B　弹塑性工作阶段

截面边缘屈服后，尚有继续承载的能力。如果弯矩 M_x 继续增加，截面上各点的应变继续发展，截面外侧及附近纤维的应力相继达到屈服点，形成塑性区，而主轴附近则保留一个弹性核（见图 5-6（d）），截面处于弹塑性阶段。

如果允许截面部分进入塑性，但将截面塑性区的范围（见图 5-6（d）中的 a 值）加以限制，并以与之对应的弹塑性弯矩作为梁抗弯承载力的极限，则称为有限塑性发展的强度准则。此时，如果用 γ_x 或 γ_y 来代表弹塑性截面模量和弹性截面模量的比值，则截面抗弯强度的计算公式为：

$$M_x \leq \gamma_x W_x < f_y \tag{5-4}$$

C　塑性工作阶段

如果弯矩 M_x 继续增加，梁截面的塑性区便不断向内发展，弹性区面积逐渐缩小，在理想状态下，最终整个截面都可进入塑性（图 5-6（e）），之后弯矩 M_x 不能再加大，而变形却可继续发展，该截面在保持极限弯矩的条件下形成"塑性铰"。此时的截面弯矩称为塑性弯矩或极限弯矩，塑性弯矩 M_{px} 可按下式计算：

$$M_{px} = (S_{1x} + S_{2x})f_y = W_{px} f_y \tag{5-5}$$

式中　S_{1x}，S_{2x}——中和轴以上和以下截面对中和轴 x 的面积矩；

　　　　W_{px}——截面绕 x 轴的塑性截面模量，$W_{px} = S_{1x} + S_{2x}$。

如果以塑性弯矩 M_{px} 作为构件抗弯承载能力的极限，称为全截面塑性准则，则截面抗弯强度的计算公式为：

$$M_x \leq W_{px} f_y \tag{5-6}$$

由式（5-2）和式（5-5）可以得到塑性铰弯矩与弹性最大弯矩之比：

$$\gamma_F = M_{px}/M_{ex} = W_{px}/W_{ex} \tag{5-7}$$

γ_F 也即是塑性截面模量与弹性截面模量之比，称为截面形状系数。显然，γ_F 值仅与截面的几何形状有关，而与材料无关，常用截面的 γ_F 值如图 5-7 所示。

γ_F 和式（5-4）中的塑性发展系数 γ_x 含义有差别，γ_x 不仅和截面形状有关，而且还和允许的塑性发展深度 a 有关。当 $a=0$ 时，全截面为弹性状态，$\gamma_x=1.0$；当 $a=h/2$ 时，全截面进入塑性状态，$\gamma_x=\gamma_F$。计算抗弯强度时若考虑截面塑性发展，可以获得较大的经济意义。但简支梁形成塑性铰后使结构成为机构，理论上构件的挠度会无限增长。普通梁为

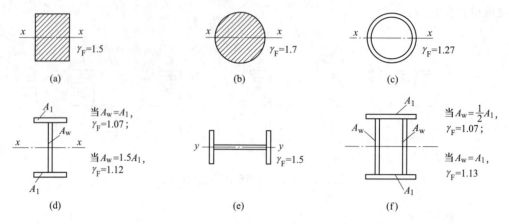

图 5-7　常用截面的 γ_F 值

防止过大的塑性变形影响受弯构件的使用，工程设计时塑性发展应该受到一定限制，即应采用塑性部分深入截面的弹塑性工作阶段（图 5-6（d）的应力状态）作为梁强度破坏时的极限状态。《钢结构设计标准》（GB 50017—2017）取截面塑性变形发展的深度 a 不超过梁截面高度的 1/8，此时 $1.0 \leqslant \gamma_x \leqslant \gamma_F$。

5.2.1.2　梁截面的宽厚比等级

梁是由若干板件组成的，如果板件的宽厚比（或高厚比）过大，板件可能在梁未达到塑性阶段甚至未进入弹塑性阶段便发生局部屈曲，从而降低梁的转动能力，也限制了梁所能承担的最大弯矩值。国际上（如欧洲钢结构设计规范）根据梁的承载力和塑性转动能力，将梁截面分为 4 类。GB 50017—2017 采用类似的分类方法，但考虑到在受弯构件的设计中采用截面塑性发展系数 γ_x，所以将梁截面划分为 5 个等级，分别为 S1、S2、S3、S4、S5。各个等级梁截面的转动能力可以通过弯矩 M 与构件变形后的曲率 φ 的相关曲线来表述，如图 5-8 所示。

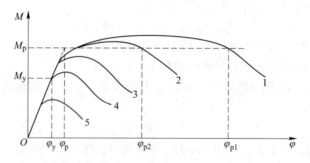

图 5-8　梁截面的分类及弯矩-曲率关系曲线

曲线 1 为 S1 级截面构件的 M-φ 曲线。该类构件的转动能力最强，不但弯矩可达到全截面塑性弯矩 M_p，而且在形成塑性铰后很长一段转动过程中承载力不降低，具有塑性设计的转动能力，此类截面又称为一级塑性截面，或塑性转动截面，一般要求梁弯矩下降段 M_p 对应的转动曲率 φ_{p1} 达到塑性弯矩 M_p 除以弹性初始刚度得到的曲率 φ_p 的 8~15 倍。在抗弯极限状态下，S1 级截面的应力分布如图 5-6（e）所示，对采用塑性及弯矩调幅设计的结构构件，需要形成塑性铰并发生塑性转动的截面，应采用这类截面。一般用于不直接承受动力荷载的超静定梁和框架梁采用塑性设计时。

曲线 2 为 S2 级截面构件的 $M\text{-}\varphi$ 曲线。该类构件弯矩也可达到全截面塑性弯矩 M_p，形成塑性铰，但由于之后组成板件的局部屈曲，塑性铰的转动能力有限，此类截面又称为二级塑性截面，梁弯矩下降段 M_p 对应的转动曲率 φ_{p2} 为 φ_p 的 $2\sim3$ 倍。在抗弯极限状态下，S2 级截面的应力分布同 S1 级，该类截面同样用于塑性及弯矩调幅设计，一般用于塑性设计时最后形成塑性铰的截面。

曲线 3 为 S3 级截面构件的 $M\text{-}\varphi$ 曲线。该类构件的弯矩可超过弹性弯矩值 M_y，但达不到塑性弯矩值 M_p。截面进入弹塑性阶段，翼缘全部和腹板不超过 1/4 截面高度的部分可屈服，此类截面称为弹塑性截面。在抗弯极限状态下，S3 级截面的应力分布如图 5-6（c）所示，普通钢结构梁当不需要计算疲劳时，可以采用这类截面，即按弹塑性方法设计。

曲线 4 为 S4 级截面构件的 $M\text{-}\varphi$ 曲线。该类构件的弯矩可达到弹性弯矩值 M_y，边缘纤维屈服，但由于组成板件的局部屈曲，截面不能发展成塑性状态，称为弹性截面。在抗弯极限状态下，S4 级截面的应力分布如图 5-6（b）所示。对直接承受动力荷载并需要计算疲劳的梁可以采用这类截面，即按弹性方法设计。

曲线 5 为 S5 级截面构件的 $M\text{-}\varphi$ 曲线，该类截面板件宽厚比（或高厚比）较大，在边缘纤维屈服前，组成板件可能已经发生局部屈曲，因此弯矩值不能达 M_y。此类截面又称为薄壁截面。S5 级截面设计需要运用屈曲后强度理论，一般用于普通钢结构受弯及压弯构件腹板高厚比较大时，或冷弯薄壁型钢截面构件的设计。

综上所述，影响截面塑性转动能力的主要因素是组成板件的局部稳定性。组成板件的局部稳定承载力越高，截面的塑性转动能力越强，截面所能承担的弯矩越大，因此，截面的分类取决于组成截面板件的分类。《钢结构设计标准》（GB 50017—2017）对各级截面组成板件的宽厚比（高厚比）限值见表 5-1。

表 5-1　受弯构件的截面板件宽厚比等级及限值

构件	截面板件宽厚比等级		S1 级	S2 级	S3 级	S4 级	S5 级
受弯构件（梁）	工字形截面	翼缘 b/t	$9\varepsilon_k$	$11\varepsilon_k$	$13\varepsilon_k$	$15\varepsilon_k$	20
		腹板 h_0/t_w	$65\varepsilon_k$	$72\varepsilon_k$	$93\varepsilon_k$	$124\varepsilon_k$	250
	箱形截面	壁板（腹板）间翼缘 b_0/t	$25\varepsilon_k$	$32\varepsilon_k$	$37\varepsilon_k$	$42\varepsilon_k$	—

注：ε_k 为钢号修正系数。

5.2.1.3　梁的抗弯强度计算

前面讲到，确定梁抗弯强度的设计准则有三种：边缘纤维屈服准则、全截面屈服准则、有限塑性发展强度准则。S1、S2、S3 级截面，最大弯矩均大于弹性弯矩 M_y，截面可以全部（S1、S2 级截面）或部分（S3 级截面）进入塑性阶段，设计时如考虑部分截面塑性发展，采用有限塑性发展的强度准则进行设计，既不会出现较大的塑性变形，还可以获得较大的经济效益。S4 级截面不能进入弹塑性阶段，因此只能采用边缘纤维屈服准则进行弹性设计。S5 级截面在弹性阶段内就有部分板件发生局部屈曲，并非全截面有效，设计时应扣除局部失稳部分，采用有效截面进行计算。

《钢结构设计标准》（GB 50017—2017）对梁的抗弯强度计算采用下列设计表达式：

单向受弯构件：

$$\frac{M_x}{\gamma_x W_{nx}} \leqslant f \tag{5-8}$$

双向受弯构件：

$$\frac{M_x}{W_{nx}} + \frac{M_y}{\gamma_y W_{ny}} \leqslant f \tag{5-9}$$

式中　M_x，M_y——绕 x 轴和 y 轴的弯矩设计值；

　　　W_{nx}，W_{ny}——对 x 轴和 y 轴的净截面模量，当截面板件宽厚比等级为 S1、S2、S3 或 S4 级时，应取全截面模量；当截面板件宽厚比等级为 S5 级时，可采用有效截面计算；

　　　γ_x，γ_y——截面塑性发展系数。

《钢结构设计标准》（GB 50017—2017）在确定截面塑性发展系数时，遵循不使截面塑性发展深度过大的原则，按下列规定取值：

（1）工字形和箱形截面，当截面板件宽厚比等级为 S4 或 S5 级时，按弹性设计，截面塑性发展系数取为 1.0；当截面板件宽厚比等级为 S1、S2、S3 级时，截面塑性发展系数应按下列规定取值：

1）工字形截面（x 轴为强轴，y 轴为弱轴）：$\gamma_x = 1.05$，$\gamma_y = 1.2$；

2）箱形截面：$\gamma_x = \gamma_y = 1.05$。

（2）其他截面根据其受压板件的内力分布情况确定其截面板件宽厚比等级，当满足 S3 级要求时，可按表 5-2 采用。

（3）需要计算疲劳的梁，不宜允许塑性发展，故宜取 $\gamma_x = \gamma_y = 1.0$。

表 5-2　截面塑性发展系数 γ_x、γ_y 值

项次	截　面　形　式	γ_x	γ_y
1	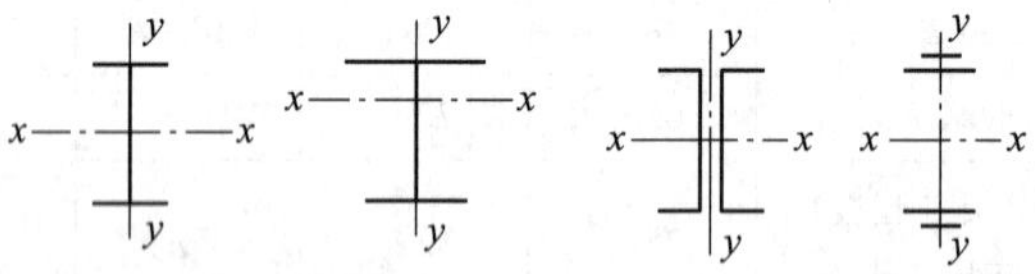		1.2
2	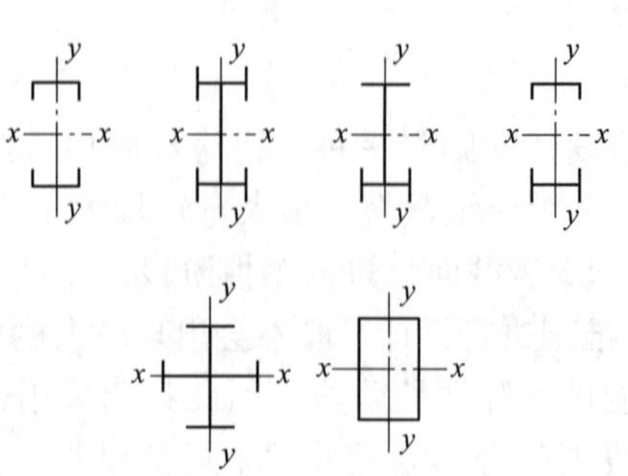	1.05	1.05

项次	截 面 形 式	γ_x	γ_y
3	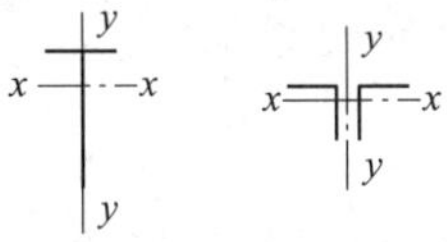	$\gamma_{x1}=1.05$ $\gamma_{x2}=1.2$	1.2
4	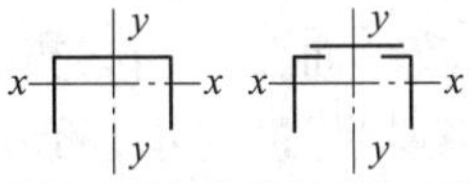		1.05
5	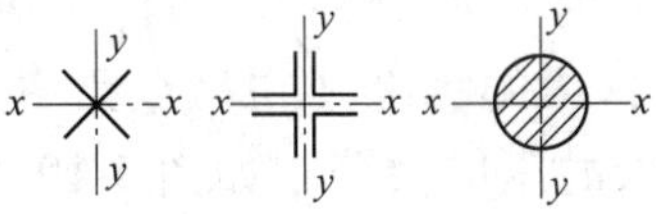	1.2	1.2
6	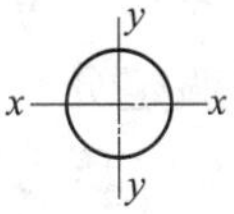	1.15	1.15
7	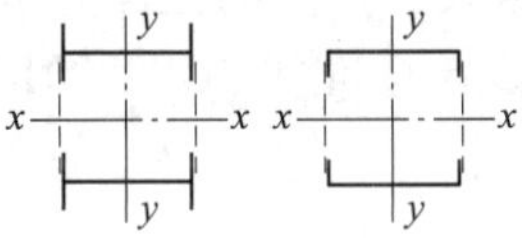	1.0	1.05
8	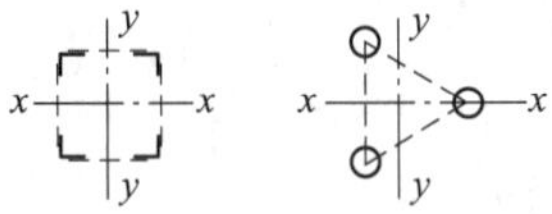		1.0

5.2.2 梁的抗剪强度

一般情况下，梁既承受弯矩，同时又承受剪力。工字形和槽形截面梁腹板上的剪应力分布如图 5-9 所示，剪应力的计算式为：

$$\tau = \frac{VS}{It_w} \tag{5-10}$$

式中 V——计算截面沿腹板平面作用的剪力；

      S——计算剪应力处以上（或下）毛截面对中和轴的面积矩；

      I——毛截面惯性矩；

      t_w——腹板厚度。

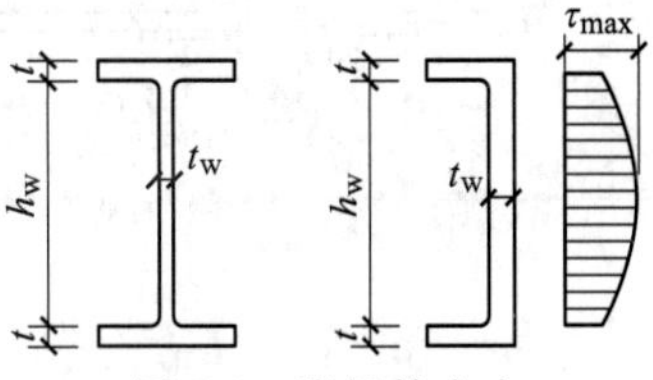

图 5-9 腹板剪应力

截面上的最大剪应力发生在腹板中和轴处，因此，在主平面受弯的实腹构件，其抗剪强度应按式（5-11）计算。

$$\tau = \frac{VS}{It_w} \leqslant f_v \tag{5-11}$$

式中 S——中和轴以上毛截面对中和轴的面积矩；

      f_v——钢材的抗剪强度设计值。

当梁的抗剪强度不足时（很少见），最有效的办法是增大腹板的面积，但腹板高度 h_{w} 一般由梁的刚度条件和构造要求确定，故设计时可采用加大腹板厚度 t_{w} 的办法来增大梁的抗剪强度。

5.2.3　梁的局部承压强度

作用在梁上的荷载一般以分布荷载或集中荷载的形式出现。实际工程中的集中荷载也是有一定分布长度的，只不过分布范围较小而已。当梁翼缘受有沿腹板平面作用的压力（包括集中荷载和支座反力），且该处又未设置支承加劲肋时（见图 5-10（a）），或受有移动的集中荷载（如吊车的轮压）时（见图 5-10（b）），应验算腹板计算高度边缘的局部承压强度。在集中荷载作用下，梁的翼缘（在吊车梁中，还包括轨道）类似支承于腹板的弹性地基梁，腹板高度边缘的压应力分布如图 5-10（c）的曲线所示。若假定集中荷载从作用处以一定的角度扩散，均匀分布于腹板计算高度边缘，即可将此集中力视为作用于长度 l_{z} 的均布荷载。研究表明，假定分布长度 l_{z} 与轨道和受压翼缘的抗弯刚度以及腹板的厚度有关，当轨道上作用有轮压，压力穿过具有抗弯刚度的轨道向腹板内扩散时，轨道及受压翼缘的抗弯刚度越大，扩散的范围越大；腹板厚度越小（即下部越软弱），则扩散的范围越大。《钢结构设计标准》（GB 50017—2017）关于假定分布长度采用计算式（5-12）

$$l_{\text{z}} = 3.25 \sqrt[3]{\frac{I_{\text{R}} + I_{\text{f}}}{t_{\text{w}}}} \qquad (5\text{-}12)$$

式中　I_{R}——轨道绕自身形心轴的惯性矩；

　　　　I_{f}——梁上翼缘绕翼缘中面的惯性矩。

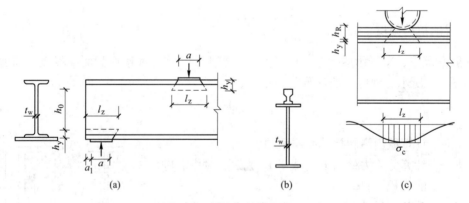

图 5-10　梁腹板的局部承压

此外，假定分布长度 l_{z} 的计算还可以采用简化公式（5-13），即假定集中荷载从作用处以 $1:2.5$（在 h_{y} 高度范围）和 $1:1$（在 h_{R} 高度范围）扩散，均匀分布于腹板计算高度边缘：

对跨中集中荷载　　　　　　　$l_{\text{z}} = a + 5h_{\text{y}} + 2h_{\text{R}}$　　　　　　　　（5-13a）

对梁端支反力　　　　　　　　$l_{\text{z}} = a + 2.5h_{\text{y}} + a_1$　　　　　　　　（5-13b）

式中　a——集中荷载沿梁跨度方向的支承长度，对钢轨上的轮压可取为 50 mm；

h_y——自梁顶面（或底面）至腹板计算高度边缘的距离；

h_R——轨道的高度，计算处无轨道时 $h_R = 0$；

a_1——梁端到支座板外边缘的距离，按实取，但不得大于 $2.5h_y$。

按上述假定分布长度计算的均布压应力不应超过材料的屈服强度，若以此作为局部承压的设计准则，则梁腹板上边缘处的局部承压强度可按式（5-14）计算。

$$\sigma_c = \frac{\varphi F}{t_w l_z} \leqslant f \tag{5-14}$$

式中　F——集中荷载设计值，对动态荷载应考虑动力系数；

　　　φ——集中荷载增大系数，用以考虑吊车轮压分配的不均，对于重级工作制吊车梁 $\varphi = 1.35$，其他梁 $\varphi = 1.0$；

　　　l_z——集中荷载在腹板计算高度上边缘的假定分布长度，宜按式（5-12）计算，也可采用简化式（5-13）计算。

当计算不能满足时，应在固定集中荷载处（包括支座处），设置支承加劲肋，对腹板予以加强（见图5-11），支承加劲肋的计算详见5.4.4节；对移动集中荷载，则只能加大腹板厚度。

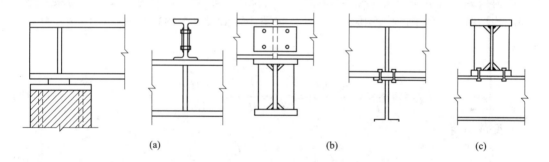

(a)　　　　　　　　　　(b)　　　　　　　　　　(c)

图 5-11　支承加劲肋

5.2.4　梁在复杂应力作用下的强度计算

在梁（主要是组合梁）的腹板计算高度边缘处，当同时受有较大的正应力、剪应力和局部压应力，或同时受有较大的正应力和剪应力（如连续梁中部支座处或梁的翼缘截面改变处等）时，应按下式验算该处的折算应力：

$$\sqrt{\sigma^2 + \sigma_c^2 + \sigma\sigma_c + 3\tau^2} \leqslant \beta_1 f \tag{5-15}$$

式中　σ，τ，σ_c——腹板计算高度边缘同一点上同时产生的弯曲正应力、剪应力和局部压应力，σ_c 按式（5-14）计算，τ 按式（5-10）计算，σ 按式（5-16）计算，σ 和 σ_c 均以拉应力为正值，压应力为负值；

　　　β_1——验算折算应力的强度设计值增大系数，当 σ 与 σ_c 异号时，取 $\beta_1 = 1.2$；当 σ 与 σ_c 同号或 $\sigma_c = 0$ 时，取 $\beta_1 = 1.1$。

$$\sigma = \frac{M_x h_0}{W_{nx} h} \tag{5-16}$$

在式（5-15）中，考虑到所验算的部位是腹板边缘的局部区域，几种应力皆以较大值在同一点上出现的概率很小，故将强度设计值乘以 β_1 予以提高。σ 与 σ_c 异号时的塑性变形能力比 σ 与 σ_c 同号时大，因此前者的 β_1 值大于后者。

5.2.5 梁的刚度

梁的刚度用荷载作用下的挠度大小来度量。梁的刚度不足，就不能保证其正常使用。例如，楼盖梁的挠度超过正常使用的某一限值时，一方面让人们感觉不舒服和不安全，另一方面可能使其上部的楼面及下部的抹灰开裂，影响结构的功能；吊车梁挠度过大，会加剧吊车运行时的冲击和振动，甚至使吊车运行困难；等等。因此，应按式（5-17）验算梁的刚度。

$$v \leqslant [v] \tag{5-17}$$

式中　v ——由荷载标准值（不考虑荷载分项系数和动力系数）产生的最大挠度；

　　　$[v]$ ——梁的容许挠度值，对某些常用的受弯构件，相关规范根据实践经验规定的容许挠度值 $[v]$ 见附表 2-1。

梁的挠度可按材料力学和结构力学的方法计算，也可由结构静力计算手册取用。受多个集中荷载的梁（如吊车梁、楼盖主梁等），其挠度的精确计算较为复杂，但与最大弯矩相同的均布荷载作用下的挠度接近。因此，可采用近似式（5-18）和式（5-19）验算梁的挠度。

对等截面简支梁：

$$\frac{v}{l} = \frac{5}{384} \frac{q_k l^2}{EI_k} = \frac{5}{48} \cdot \frac{q_k l^2 \cdot l}{8 EI_x} \approx \frac{M_k l}{10 EI_x} \tag{5-18}$$

对变截面简支梁：

$$\frac{v}{l} = \frac{M_k l}{10 EI_x} \left(1 + \frac{3}{25} \frac{I_x - I_{x1}}{I_x} \right) \leqslant \frac{[v]}{l} \tag{5-19}$$

式中　q_k ——均布线荷载标准值；

　　　M_k ——荷载标准值产生的最大弯矩；

　　　I_x ——跨中毛截面惯性矩；

　　　I_{x1} ——支座附近毛截面惯性矩；

　　　l ——梁的长度；

　　　E ——梁截面弹性模量。

计算梁的挠度 v 值时，取用的荷载标准值应与附表 2-1 规定的容许挠度值 $[v]$ 相对应。例如，对吊车梁，挠度 v 应按自重和起重量最大的一台吊车计算；对楼盖或工作平台梁，应分别验算全部荷载产生的挠度和仅有可变荷载产生的挠度。

5.3　梁的整体稳定

5.3.1 梁整体稳定的概念

为了提高抗弯强度，节省钢材，钢梁截面一般做成高而窄的形式，受荷方向刚度大，侧向刚度较小，如果梁的侧向支承较弱（比如仅在支座处有侧向支承），梁的弯曲会随荷载大小的不同而呈现两种截然不同的平衡状态。

如图 5-12 所示的工字形截面梁，荷载作用在其最大刚度平面内，当荷载较小时，梁的弯曲平衡状态是稳定的。虽然外界各种因素会使梁产生微小的侧向弯曲或扭转变形，但外界影响消失后，梁仍能恢复原来的弯曲平衡状态。然而，当荷载增大到某一数值后，梁在向下弯曲的同时，将突然发生侧向弯曲或扭转变形而破坏，这种现象称为梁的侧向弯扭屈曲或整体失稳。梁维持其稳定平衡状态所承担的最大荷载或最大弯矩，称为临界荷载或临界弯矩。

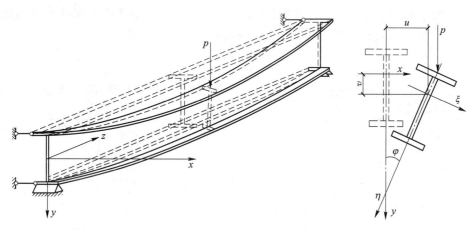

图 5-12　梁的整体失稳

梁整体稳定的临界荷载与梁的侧向抗弯刚度、抗扭刚度、荷载沿梁跨分布情况及其在截面上的作用点位置等因素有关。根据弹性稳定理论，双轴对称工字形截面简支梁的临界弯矩为：

$$M_{cr} = \beta \frac{\sqrt{EI_y GI}}{l_1} \tag{5-20}$$

临界应力为：

$$\sigma_{cr} = \frac{M_{cr}}{W_x} = \beta \frac{\sqrt{EI_y GI_t}}{l_1 W_x} \tag{5-21}$$

式中　I_y——梁对 y 轴（弱轴）的毛截面惯性矩；

I_t——梁毛截面扭转惯性矩；

l_1——梁受压翼缘的自由长度（受压翼缘侧向支承点之间的距离）；

W_x——梁对 x 轴的毛截面模量；

E，G——钢材的弹性模量及剪切模量；

β——梁的侧扭屈曲系数，与荷载类型、梁端支承方式以及横向荷载作用位置等有关。

由临界弯矩 M_{cr} 的计算公式和 β 值，可总结出如下规律：

（1）梁的侧向抗弯刚度 EI_y、抗扭刚度 GI_t 越大，临界弯矩 M_{cr} 越大。

（2）梁受压翼缘的自由长度 l_1 越大，临界弯矩 M_{cr} 越小。

（3）荷载作用于下翼缘比作用于上翼缘的临界弯矩 M_{cr} 大，这是由于梁一旦扭转，作用于下翼缘的荷载对剪心产生的附加扭矩与梁的扭转方向是相反的，因而会减缓梁的扭转。该条与 β 值相关，β 值计算可参见《钢结构设计标准》（GB 50017—2017）。

5.3.2 梁整体稳定的保证

为保证梁的整体稳定或增强梁抵抗整体失稳的能力，当梁上有密铺的刚性铺板（楼盖梁的楼面板或公路桥、人行天桥的面板等）时，应使之与梁的受压翼缘连接牢固（见图 5-13（a））；若无刚性铺板或铺板与梁受压翼缘连接不可靠，则应设置平面支撑（见图 5-13（b））。楼盖或工作平台梁格的平面支撑有横向平面支承和纵向平面支撑两种。横向支撑使主梁受压翼缘的自由长度由其跨长减小为 L（次梁间距）；纵向支撑是为了保证整个楼面的横向刚度。不论有无连接牢固的刚性铺板，支承工作平台梁格的支柱间均应设置柱间支撑，除非柱列设计为上端铰接、下端嵌固于基础的排架。

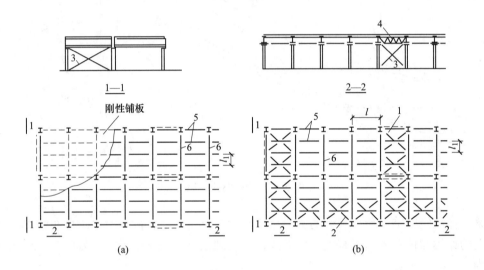

图 5-13　楼盖或工作平台梁格

（a）有刚性铺板；（b）无刚性铺板

1—横向平面支撑；2—纵向平面支撑；3—柱间垂直支撑；4—主梁间垂直支撑；5—次梁；6—主梁

《钢结构设计标准》（GB 50017—2017）规定，当符合下列情况之一时，梁的整体稳定可以得到保证，不必计算：

（1）有刚性铺板密铺在梁的受压翼缘上并与其连接牢固，能阻止梁受压翼缘的侧向位移时，图 5-13（a）中的次梁即属于此种情况。

（2）箱形截面简支梁，其截面尺寸（见图 5-14）满足 $h/b_0 \leqslant 6$，且 $l_1/b_0 \leqslant 95\varepsilon_k^2$ 时（箱形截面的此条件很容易满足）。

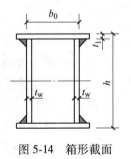

图 5-14　箱形截面

5.3.3 梁整体稳定的计算方法

当不满足前述不必计算整体稳定条件时，应对梁的整体稳定进行验算，即使梁截面上的最大受压纤维弯曲正应力不超过整体稳定的临界应力，考虑抗力分项系数 γ_R 后，可得：

（1）在最大刚度主平面内单向受弯的梁。

$$\sigma_{\max} = \frac{M_x}{W_x} \leqslant \frac{M_{cr}}{W_x} \cdot \frac{1}{\gamma_R} = \frac{\sigma_{cr}}{\gamma_r} = \frac{M_{cr}}{f_y} \cdot \frac{f_y}{\gamma_R} = \varphi_b f \tag{5-22}$$

$$\frac{M_x}{\varphi_b W_x f} \leqslant 1.0 \tag{5-23}$$

式中　M_x——绕截面强轴 x 作用的最大弯矩设计值；

W_x——按受压最大纤维确定的梁毛截面模量，当截面板件宽厚比等级为 S1、S2、S3 或 S4 级时，应取全截面模量，当截面板件宽厚比等级为 S5 级时，应取有效截面模量；

φ_b——梁整体稳定系数，$\varphi_b = \dfrac{\sigma_{cr}}{f_y}$。

式（5-22）是《钢结构设计标准》采用的形式。

（2）在两个主平面内受弯的 H 型钢截面或工字形截面梁。

$$\frac{M_x}{\varphi_b W_x f} + \frac{M_y}{\gamma_y W_y f} \leqslant 1.0 \tag{5-24}$$

式中　W_x，W_y——按受压纤维确定的对 x 轴（强轴）和对 y 轴的毛截面模量；

φ_b——绕强轴弯曲所确定的梁整体稳定系数。

式（5-24）为一经验公式，式中第二项表示绕弱轴弯曲的影响，但分母中 γ_y 在此处仅起适当降低此项影响的作用，并不表示截面允许发展塑性。

现以受纯弯曲的双轴对称工字形截面简支梁为例，导出 φ_b 的计算公式。此时，梁的侧扭屈曲系数 $\beta = \pi \sqrt{1 + \left(\dfrac{\pi h}{2 l_1}\right)^2 \dfrac{E I_y}{G I_t}}$，将其代入式（5-21）得，从而有：

$$\varphi_b = \frac{\sigma_{cr}}{f_y} = \pi \sqrt{1 + \left(\frac{\pi h}{2 l_1}\right)^2 \frac{E I_y}{G I_t}} \cdot \frac{\sqrt{E I_y G I_t}}{W_x l_1 f_y} = \frac{\pi^2 E I_y h}{2 l_1^2 W_x f_y} \sqrt{1 + \left(\frac{2 l_1}{\pi h}\right)^2 \frac{G I_t}{E I_y}} \tag{5-25}$$

上式中，代入数值 $E = 2.06 \times 10^5$ MPa，$E/G = 2.6$，令 $I_y = A i_y^2$，$\dfrac{l_1}{i_y} = \lambda_y$，钢号修正系数

$\varepsilon_k = \sqrt{\dfrac{235}{f_y}}$（$f_y$ 为钢材屈服点，MPa），并假定扭转惯性矩近似值为 $I_t \approx \dfrac{1}{3} A t_1^2$，可得：

$$\varphi_b = \frac{4320}{\lambda_y^2} \cdot \frac{Ah}{W_x} \sqrt{1 + \left(\frac{\lambda_y t_1}{4.4 h}\right)^2} \varepsilon_k^2 \tag{5-26}$$

式中，A 为梁毛截面面积；t 为受压翼缘厚度。

这就是受纯弯曲的双轴对称焊接工字形截面简支梁的整体稳定系数计算公式。

实际上梁受纯弯曲的情况是不多的。当梁受任意横向荷载，或梁为单轴对称截面时，式（5-26）应加以修正。《钢结构设计标准》（GB 50017—2017）对梁的整体稳定系数 φ_b 的规定，见附录 3。

上述整体稳定系数是按弹性稳定理论求得的。研究证明，当求得的 $\varphi_b > 0.6$ 时，梁已进入非弹性工作阶段，整体稳定临界应力有明显的降低，必须对 φ_b 进行修正。相关规范规定，当按上述公式或表格确定的 $\varphi_b > 0.6$ 时，用下式求得的 φ_b' 代替 φ_b 进行梁的整体稳定计算，即：

$$\varphi'_b = 1.07 - \frac{0.282}{\varphi_b} \leq 1.0 \qquad (5\text{-}27)$$

当梁的整体稳定承载力不足时，可采用加大梁的截面尺寸或增加侧向支承的办法予以解决，前一种办法中尤其是增大受压翼缘的宽度最有效。

必须指出的是：不论梁是否需要计算整体稳定性，梁的支承处均应采取构造措施以阻止其端截面的扭转（在力学意义上称为"夹支"，参见图5-15）。图5-13的平台结构纵向剖面2—2中，两主梁间的竖向支撑桁架"4"，即能阻止所连主梁端截面的扭转，其他主梁通过次梁和柱顶支撑杆与此支撑桁架相连，也不会发生端截面的扭转。

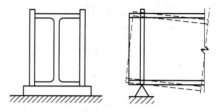

图5-15　梁支座夹支的力学图形

用作减小梁受压翼缘自由长度的侧向支承，应将梁的受压翼缘视为轴心压杆，按第4章的方法计算支撑力。图5-13（b）的横向平面支撑和纵向平面支撑应设置在（或靠近）梁的受压翼缘平面。交叉支撑杆可设计为只能承受拉力的柔性杆件，并视为以梁受压翼缘为弦杆的平行弦桁架的斜腹杆。横向腹杆则为次梁，此次梁应按压杆验算长细比（$[\lambda]=200$）。

【例5-1】　设图5-13的平台梁格，荷载标准值：恒荷载（不包括梁自重）1.5 kN/m²，活荷载9 kN/m²。试按平台铺板与次梁连接牢固和平台铺板不与次梁连接牢固两种情况，分别选择次梁的截面。次梁跨度为5 m，间距为2.5 m，钢材为Q355C钢。

解：（1）平台铺板与次梁连接牢固时，不必计算整体稳定。假设次梁自重为0.6 kN/m，次梁承受的线荷载标准值为：

$$q_k = (1.5 \times 2.5 + 0.6) + 9 \times 2.5$$
$$= 4.35 + 22.5 = 26.85 \text{ kN/m}$$
$$= 26.85 \text{ N/mm}$$

按荷载效应基本组合式（1-20）：恒荷载分项系数为1.3，活荷载分项系数为1.5：

$$q = 4.35 \times 1.3 + 22.5 \times 1.5 = 39.405 \text{ kN/m}$$

最大弯矩设计值为：

$$M_x = \frac{1}{8}ql^2 = \frac{1}{8} \times 39.405 \times 5^2 = 123.1 \text{ kN} \cdot \text{m}$$

根据抗弯强度选择截面，需要的截面模量为：

$$W_{nx} = \frac{M_x}{\gamma_x f} = \frac{123.1 \times 10^6}{1.05 \times 305} = 384 \times 10^3 \text{ mm}^3$$

选用 HN298×149×5.5×8，其 $W_x = 396.7$ cm³，跨中无孔眼削弱，此 W_x 大于需要的384 cm³，梁的抗弯强度已足够。由于型钢的腹板较厚，一般不必验算抗剪强度；若将次梁连于主梁的加劲肋上，也不必验算次梁支座处的局部承压强度。

其他截面特性，$I_x = 5911$ cm⁴；自重32 kg/m=0.32 kN/m，略小于假设自重，不必重新计算。验算挠度：

在全部荷载标准值作用下：

$$\frac{v_T}{l} = \frac{5}{384}\frac{q_k l^3}{EI_x} = \frac{5}{384} \cdot \frac{26.85 \times 5000^3}{2.06 \times 10^5 \times 5911 \times 10^4} = \frac{1}{279} < \frac{[v_T]}{l} = \frac{1}{250}$$

在可变荷载标准值作用下：

$$\frac{v_Q}{l} = \frac{1}{279} \cdot \frac{22.5}{26.85} = \frac{1}{333} < \frac{[v_Q]}{l} = \frac{1}{300}$$

注：若选用普通工字钢，则需 I25a，自重 38.1 kg/m，比 H 型钢重 19%。

（2）若平台铺板不与次梁连牢，则需要计算其整体稳定。

按整体稳定要求试选截面：式（5-23）有 φ_b 和 W_x 两个未知量，用试算法假设次梁自重为 0.6 kN/m，参考普通工字钢的整体稳定系数（见附表 3-2）$\varphi_b = 0.73 \times \varepsilon_k^2 = 0.73 \times \frac{235}{355} = 0.48$ 需要的截面模量为：

$$W_x = M_x/(\varphi_b f) = 123.1 \times 10^6/(0.48 \times 305) = 8.41 \times 10^5 \text{ mm}^3$$

选用 HN400×150×8×13，$W_x = 895.3$ cm³；自重 55.2 kg/m = 0.55 kN/m，与假设相符。另外，截面的 $i_y = 3.23$ cm，$A = 70.3$ cm³。

由于试选截面时，整体稳定系数是参考普通工字钢假定的。对 H 型钢应按附录 3 中式（附 3-1）进行计算：

$$\xi = \frac{l_1 t_1}{b_1 h} = \frac{5000 \times 13}{150 \times 400} = 1.08$$

$$\beta_b = 0.69 + 0.13 \times 1.08 = 0.8304$$

$$\lambda_y = 500/3.23 = 155$$

$$\varphi_b = \beta_b \frac{4320}{\lambda_y^2} \times \frac{Ah}{W_x} \left[\sqrt{1 + \left(\frac{\lambda_y t_1}{4.4h}\right)^2} + \eta_b \right] \varepsilon_k^2$$

$$= 0.8304 \times \frac{4320}{155^2} \times \frac{70.37 \times 40}{895.3} \times \sqrt{1 + \left(\frac{155 \times 1.3}{4.4 \times 40}\right)^2} \times \frac{235}{355}$$

$$= 0.47$$

验算整体稳定：

$$\frac{M_x}{\varphi_b W_x f} = \frac{123.1 \times 10^6}{0.47 \times 895.3 \times 10^3 \times 305} = 0.96 < 1.0$$

兼作为平面支撑桁架横向腹杆的次梁，其 $\lambda_y = 155 < [\lambda] = 200$，$\lambda_x$ 更小，满足要求。其他验算从略。

若选用普通工字钢则需 I36a，自重 60 kg/m，比型钢重 8.6%。

5.4 梁的局部稳定

组合梁一般由翼缘和腹板等板件组成，为了增加梁截面的抗弯强度或整体稳定，在保持梁截面尺寸不变的情况下，通常需加大其截面各板件的宽厚比或高厚比。但如果将这些板件不适当地减薄加宽，板中压应力或剪应力达到某一数值后，腹板或受压翼缘有可能偏离其平面位置，出现波形鼓曲（见图 5-16），这种现象称为梁局部失稳。

热轧型钢由于轧制条件，其板件宽厚比较小，都能满足局部稳定要求，不需要计算。对于冷弯薄壁型钢梁的受压或受弯板件，宽厚比不超过规定的限制时，认为板件全部有

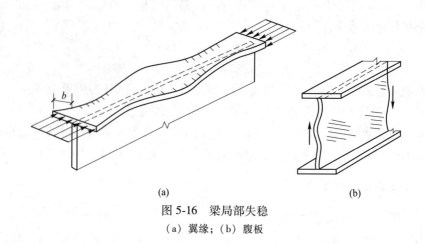

图 5-16　梁局部失稳

（a）翼缘；（b）腹板

效；当超过限制时，则只考虑一部分宽度有效（称为有效宽度），应按《冷弯薄壁型钢结构技术规范》（GB 50018—2002）计算。

这里主要叙述一般钢结构组合梁中翼缘和腹板的局部稳定。

5.4.1　受压翼缘的局部稳定

梁的受压翼缘板主要受均布压应力作用（见图 5-17）。为了充分发挥材料强度，翼缘的合理设计是采用一定厚度的钢板，让其临界应力 σ_{cr} 不低于钢材的屈服点 f_y，从而使翼缘不丧失稳定。一般采用限制宽厚比的办法来保证梁受压翼缘板的稳定性。

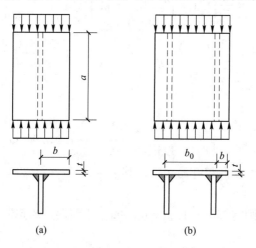

图 5-17　梁的受压翼缘板

根据弹性稳定理论，单向均匀受压板的临界应力可用式（5-28）表达。

$$\sigma_{cr} = \beta \chi \frac{\pi^2 E}{12(1 - \nu^2)} \left(\frac{t}{b} \right)^2 \tag{5-28}$$

式中　χ——板边缘的弹性约束系数，对简支边取 $\chi = 1.0$；

β——简支板的弹性屈曲系数，与荷载分布情况和支承边数有关，受弯构件的受压翼缘板可视为三边简支、一边自由的均匀受压板，因此，$\beta = 0.425$；

ν ——材料泊松比，对钢材 $\nu = 0.3$；

t，b ——翼缘板的厚度和外伸宽度，如图 5-17 所示。

为满足局部失稳不先于受压边缘最大应力屈服的条件，令式（5-28）的 $\sigma_{cr} \geq f_y$，则：

$$\sigma_{cr} = 0.425 \times 1.0 \times \frac{\pi^2 \times 206 \times 10^3}{12 \times (1 - 0.3^2)(t/b)^2} \geq f_y \tag{5-29}$$

$$b/t \leq 18.6\varepsilon_k \tag{5-30}$$

对不需要验算疲劳的梁，考虑梁塑性深入程度不同的影响，S1、S2、S3、S4、S5 级分类的受压翼缘界限宽厚比分别是式（5-30）右端的 18.6 乘以 0.5、0.6、0.7、0.8 和 1.1，取整数后，可按表 5-1 采用。

截面宽厚比等级 S1 或 S2 级为塑性截面，由于民用建筑在抗震性能化设计时，框架梁往往设计为塑性耗能区，要求在设防烈度的地震作用下形成塑性铰，因此设计标准对宽厚比限制更严格。

截面宽厚比等级 S3 级为弹塑性截面，当考虑截面部分发展塑性变形时，截面上形成塑性区和弹性区，翼缘板整个厚度上的应力均可达到屈服点 f_y，但在与压应力相垂直的方向仍然是弹性的，这种情况属正交异性板，其临界应力的精确计算较为复杂，一般可用 $\sqrt{\eta}E$ 代替弹性模量 E 来考虑这种影响（系数 $\eta \leq 1$，为切线模量 E_t 与弹性模量 E 之比）。若取 $\eta = 0.25$，则：

$$\sigma_{cr} = 0.425 \times 1.0 \times \frac{\pi^2 \times \sqrt{0.25} \times 206 \times 10^3}{12 \times (1 - 0.3^2)} \left(\frac{t}{b}\right)^2 \geq f_y \tag{5-31}$$

$$b/t \leq 13\varepsilon_k \tag{5-32}$$

截面宽厚比等级 S4 级为弹性截面，但考虑残余应力的影响，翼缘板部分区域纵向应力已超过有效比例极限进入了弹塑性阶段，如取 $\eta = 0.5$，再令式（5-28）的 $\sigma_{cr} \geq f_y$（即满足局部失稳不先于受压边缘最大应力屈服的条件），则：

$$\sigma_{cr} = 0.425 \times 1.0 \times \frac{\pi^2 \times \sqrt{0.5} \times 206 \times 10^3}{12 \times (1 - 0.3^2)} \left(\frac{t}{b}\right)^2 \geq f_y \tag{5-33}$$

$$b/t \leq 15\varepsilon_k \tag{5-34}$$

截面宽厚比等级 S5 级称为薄壁截面，带有自由边的板件，局部屈曲后可能带来截面刚度中心的变化，从而改变构件的受力，所以，即使 S5 级可采用有效截面法计算承载力，设计标准仍然对板件宽厚比给予限制。

对于箱形截面梁，受压翼缘板在两腹板间的部分（见图 5-17（b））可视为四边简支纵向均匀受压板，屈曲系数 $\beta = 4$，取弹性约束系数 $\chi = 1.0$，按式（5-28），令 $\sigma_{cr} \geq f_y$，板件宽厚比为：

$$b_0/t \leq 56.29\varepsilon_k \tag{5-35}$$

式中　b_0，t ——受压翼缘板在两腹板之间的宽度和厚度。

同理，S1、S2、S3 和 S4 级分类的界限宽厚比分别为 b/t 乘以 0.5、0.6、0.7、0.8，适当调整成整数，可按表 5-1 采用。对 S5 级，因为两纵向边支承的翼缘可以考虑屈曲后强度，所以板件宽厚比不再作额外限制。

5.4.2 腹板的局部稳定

承受静力荷载和间接承受动力荷载的组合梁，一般考虑腹板屈曲后强度，按《钢结构设计标准》（GB 50017—2017）的规定布置加劲肋并计算其抗弯和抗剪承载力，而直接承受动力荷载的吊车梁及类似构件，则按下列规定配置加劲肋，并计算各板段的稳定。

（1）当 $h_0/t_w \leqslant 80\varepsilon_k$ 时，对有局部压应力（$\sigma_c \neq 0$）的梁，宜按构造配置横向加劲肋，当局部压应力较小时，可不配置横向加劲肋（见图 5-18（a））。

（2）当 $h_0/t_w > 80\varepsilon_k$ 时，应按计算配置横向加劲肋（见图 5-18（a））。

（3）当 $h_0/t_w > 170\varepsilon_k$（受压翼缘扭转受到约束，如连有刚性铺板、制动板或焊有钢轨时）或 $h_0/t_w > 150\varepsilon_k$（受压翼缘扭转未受到约束时）或按计算需要时，应在弯矩较大区格的受压区增加配置纵向加劲肋（见图 5-18（b）和（c））。局部压应力很大的梁，必要时还宜在受压区配置短加劲肋（见图 5-18（c））。

任何情况下，h_0/t_w 均不应超过 $250\varepsilon_k$。

以上叙述中，h_0 为腹板计算高度，对焊接梁 h_0 等于腹板高度，对轧制型钢梁 h_0 为腹板与上、下翼缘相交接处两内弧起点间的距离。对单轴对称梁，上述（3）中的 h_0 应取腹板受压区高度 h_c 的 2 倍。

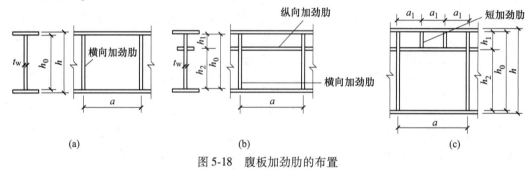

图 5-18　腹板加劲肋的布置

（4）梁的支座处和上翼缘受有较大固定集中荷载处宜设置支承加劲肋。为避免焊接后的不对称残余变形并减少制造工作量，焊接吊车梁宜尽量避免设置纵向加劲肋，尤其是短加劲肋。

梁的加劲肋和翼缘使腹板成为若干四边支承的矩形板区格。这些区格一般受有弯曲正应力、剪应力以及局部压应力。在弯曲正应力单独作用下，腹板的失稳形式如图 5-19（a）所示，凸凹波形的中心靠近其压应力合力的作用线。在剪应力单独作用下，腹板在 45° 方向产生主应力，主拉应力和主压应力数值上都等于剪应力。在主压应力作用下，腹板失稳形式如图 5-19（b）所示，为大约 45° 方向倾斜的凸凹波形。在局部压应力单独作用下，腹板的失稳形式如图 5-19（c）所示，产生一个靠近横向压应力作用边缘的鼓曲面。

横向加劲肋主要防止由剪应力和局部压应力可能引起的腹板失稳，纵向加劲肋主要防止由弯曲压应力可能引起的腹板失稳，短加劲肋主要防止由局部压应力可能引起的腹板失稳。计算时，先布置加劲肋，再计算各区格板的平均作用应力和相应的临界应力，使其满足稳定条件。若不满足（不足或太富裕），再调整加劲肋间距，重新计算。以下介绍各种加劲肋配置时的腹板稳定计算方法。

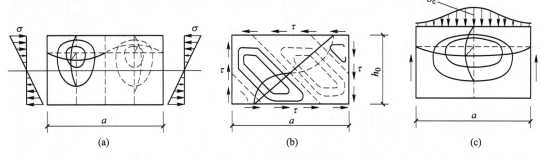

图 5-19　梁腹板的失稳

5.4.2.1　仅用横向加劲肋加强的腹板

腹板在两个横向加劲肋之间的区格，同时受有弯曲正应力 σ、剪应力 τ，有时还有边缘压应力 σ_c 共同作用，稳定条件可采用下式计算，取抗力分项系数 $\gamma_x = 1.0$，即腹板各区格稳定计算式为：

$$\left(\frac{\sigma}{\sigma_{cr}}\right)^2 + \frac{\sigma_c}{\sigma_{c,cr}} + \left(\frac{\tau}{\tau_{cr}}\right)^2 \leqslant 1 \qquad (5\text{-}36)$$

式中　σ——所计算腹板区格内，由平均弯矩产生的腹板计算高度边缘的弯曲压应力；

$\quad\sigma_c$——腹板边缘的局部压应力，应按式（5-14）计算，但集中荷载的增大系数 $\varphi = 1.0$；

$\quad\tau$——所计算腹板区格内，由平均剪力产生的腹板平均剪应力，$\tau = \dfrac{V}{h_w t_w}$，$h_w$ 为腹板高度。

σ_{cr}、$\sigma_{c,cr}$ 和 τ_{cr}（MPa）分别为在 σ、σ_c 和 τ 单独作用下板的临界应力，按下列方法计算。

A　σ_{cr} 的计算式

弯曲临界应力 σ_{cr} 的计算应考虑材料完全弹性、弹塑性（考虑残余应力）及塑性三个阶段，采用国际上通行的表达方法，以正则化宽厚比 $\lambda_{n,b} = \sqrt{\dfrac{f_y}{\sigma_{cr}}}$ 为参数。在弹性阶段，当受压翼缘扭转受到完全约束时，$\sigma_{cr} = 7.4 \times 10^6 \left(\dfrac{t_w}{h_0}\right)^2$ 则：

$$\lambda_{n,b} = \sqrt{\frac{f_y}{\sigma_{cr}}} = \frac{2\frac{h_c}{t_w}}{177} \cdot \frac{1}{\varepsilon_k} \qquad (5\text{-}37a)$$

在弹性阶段，当受压翼缘扭转未受到完全约束时，$\sigma_{cr} = 5.5 \times 10^6 \left(\dfrac{t_w}{h_0}\right)^2$，则：

$$\lambda_{n,b} = \sqrt{\frac{f_y}{\sigma_{cr}}} = \frac{2\frac{h_c}{t_w}}{138} \cdot \frac{1}{\varepsilon_k} \qquad (5\text{-}37b)$$

在弹性阶段，临界应力 $\sigma_{cr} = \dfrac{f_y}{\lambda_{n,b}^2}$（见图 5-20 中的 AB 段），用强度设计值表达，可取

$\sigma_{cr} = 1.1\dfrac{f}{\lambda_{n,b}^2}$，式中的 1.1 为抗力分项系数。

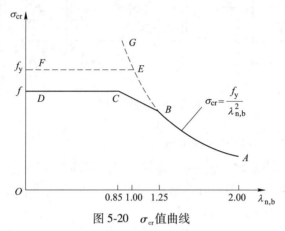

图 5-20 σ_{cr} 值曲线

由于钢材的弹塑性性能，当正则化宽厚比 $\lambda_{n,b}$ 较小（对没有缺陷的板，当 $\lambda_{n,b} \leqslant 1$ 时）时，按照薄板弹性稳定理论得到的临界应力 σ_{cr} 将大于或等于屈服点 f_y（见图 5-20 中虚线表示的 EG 段），此时钢材材料进入塑性阶段，临界应力应取 $\sigma_{cr} = f_y$（见图 5-20 中虚线表示的 FE 段）。考虑残余应力和几何缺陷的影响，令 $\lambda_{n,b} = 0.85$ 为弹塑性修正的上起始点 C，实际应用时取 $\lambda_{n,b} = 0.85$ 时，$\sigma_{cr} = f$（见图 5-20）。

弹塑性的下起始点 B 为弹性与弹塑性的交点，取弹性界限为 $0.6f_y$，相应的 $\lambda_{n,b} = \sqrt{\dfrac{f_y}{0.6f_y}} = \sqrt{\dfrac{1}{0.6}} = 1.29$，再考虑腹板局部屈曲受残余应力的影响不如整体屈曲大，取 $\lambda_{n,b} = 1.25$，即得弯曲临界应力的分段计算式：

当 $\lambda_{n,b} \leqslant 0.85$ 时

$$\sigma_{cr} = f \tag{5-38a}$$

当 $0.85 < \lambda_{n,b} \leqslant 1.25$ 时

$$\sigma_{cr} = [1 - 0.75(\lambda_{n,b}^2 - 0.85)]f \tag{5-38b}$$

当 $\lambda_{n,b} > 1.25$ 时

$$\sigma_{cr} = 1.1\dfrac{f}{\lambda_{n,b}^2} \tag{5-38c}$$

B τ_{cr} 的表达式

剪切临界应力 τ_{cr} 以正则化宽厚比 $\lambda_{n,b} = \sqrt{\dfrac{f_{vy}}{\tau_{cr}}}$ 作为参数，式中，f_{vy} 为剪切屈服强度，其值为 $\dfrac{f_y}{\sqrt{3}}$；τ_{cr} 为临界剪应力。

当 $a/h_0 \leqslant 1.0$ 时，$\tau_{cr} = 233 \times 10^3 \times \left[4 + 5.34\left(\dfrac{h_0}{a}\right)^2\right]\left(\dfrac{t_w}{h_0}\right)^2$，则：

$$\lambda_{n,s} = \frac{\dfrac{h_0}{t_w}}{37\eta \sqrt{4 + 5.34\left(\dfrac{h_0}{a}\right)^2}} \cdot \frac{1}{\varepsilon_k} \tag{5-39a}$$

当 $a/h_0 > 1.00$ 时, $\tau_{cr} = 233 \times 10^3 \times \left[5.34 + 4\left(\dfrac{h_0}{a}\right)^2\right]\left(\dfrac{t_w}{h_0}\right)^2$ 则:

$$\lambda_{n,s} = \frac{\dfrac{h_0}{t_w}}{37\eta \sqrt{5.34 + 4\left(\dfrac{h_0}{a}\right)^2}} \cdot \frac{1}{\varepsilon_k} \tag{5-39b}$$

式中 η ——系数, 简支梁取 1.11, 框架梁梁端最大应力区取 1。

取 $\lambda_{n,s} = 0.8$ 为 $\tau_{cr} = f_{vy}$ 的上起始点, $\lambda_{n,s} = 1.2$ 为弹塑性与弹性相交的下起始点, 过渡段仍用直线, 同理可得剪切临界应力 τ_{cr} 的分段计算式:

当 $\lambda_{n,s} \leqslant 0.8$ 时

$$\tau_{cr} = f_v \tag{5-40a}$$

当 $0.8 < \lambda_{n,s} \leqslant 1.2$ 时

$$\tau_{cr} = \left[1 - 0.59(\lambda_{n,s} - 0.8)\right]f_v \tag{5-40b}$$

当 $\lambda_{n,s} > 1.2$ 时

$$\tau_{cr} = \frac{f_{vy}}{\lambda_{n,s}^2} = 1.1\frac{f_v}{\lambda_{n,s}^2} \tag{5-40c}$$

当 $0.5 \leqslant a/h_0 \leqslant 1.5$ 时

$$\beta\chi = \left[7.4\frac{h_0}{a} + 4.5\left(\frac{h_0}{a}\right)^2\right]\left(1.81 - 0.255\frac{h_0}{a}\right) \approx 10.9 + 13.4 \times \left(1.83 - \frac{a}{h_0}\right)^3 \tag{5-41a}$$

当 $1.5 < a/h_0 \leqslant 2$ 时

$$\beta\chi = \left[11\frac{h_0}{a} + 0.9\left(\frac{h_0}{a}\right)^2\right]\left(1.81 - 0.255\frac{h_0}{a}\right) \approx 18.9 - 5\frac{a}{h_0} \tag{5-41b}$$

因此, $\lambda_{n,c}$ 的计算式如下:

当 $0.5 \leqslant a/h_0 \leqslant 1.5$ 时

$$\lambda_{n,c} = \frac{\dfrac{h_0}{t_w}}{28 \times \sqrt{10.9 + 13.4 \times \left(1.83 - \dfrac{a}{h_0}\right)^3}} \cdot \frac{1}{\varepsilon_k} \tag{5-42a}$$

当 $1.5 < a/h_0 \leqslant 2$ 时

$$\lambda_{n,c} = \frac{\dfrac{h_0}{t_w}}{28 \times \sqrt{18.9 - \dfrac{5a}{h_0}}} \cdot \frac{1}{\varepsilon_k} \tag{5-42b}$$

取 $\lambda_{n,c} \leqslant 0.9$ 为 $\tau_{c,cr} = f_y$ 的全塑性上起始点；$\lambda_{n,c} = 1.2$ 为弹塑性与弹性相交的下起始点，过渡段仍用直线，则 $\tau_{c,cr}$ 的取值如下：

当 $\lambda_{n,c} \leqslant 0.9$ 时

$$\tau_{c,cr} = f \qquad (5\text{-}43a)$$

当 $0.9 < \lambda_{n,c} \leqslant 1.2$ 时

$$\tau_{c,cr} = [1 - 0.79(\lambda_{n,c} - 0.9)]f \qquad (5\text{-}43b)$$

当 $\lambda_{n,c} > 1.2$ 时

$$\tau_{c,cr} = \frac{1.1f}{\lambda_{n,c}^2} \qquad (5\text{-}43c)$$

5.4.2.2　同时用横向加劲肋和纵向加劲肋加强的腹板

这种情况，纵向加劲肋将腹板分隔成区格 Ⅰ 和 Ⅱ，应分别计算这两个区格的局部稳定性（见图 5-18）。

A　受压翼缘与纵向加劲肋之间高度为 h_1 的区格

此区格按式（5-44）计算其局部稳定性。

$$\frac{\sigma}{\sigma_{cr1}} + \left(\frac{\sigma_c}{\sigma_{c,cr1}}\right)^2 + \frac{\tau}{\tau_{cr1}} \leqslant 1 \qquad (5\text{-}44)$$

σ_{cr1}、$\sigma_{c,cr1}$、τ_{cr1}（MPa）按下列方法计算：

（1）σ_{cr1} 按式（5-38）计算，但式中的 $\lambda_{n,b}$ 改用下列 $\lambda_{n,b1}$ 代替：

受压翼缘扭转受到完全约束时

$$\lambda_{n,b1} = \frac{\dfrac{h_1}{t_w}}{75\varepsilon_k} \qquad (5\text{-}45a)$$

其他情况时

$$\lambda_{n,b1} = \frac{\dfrac{h_1}{t_w}}{64\varepsilon_k} \qquad (5\text{-}45b)$$

（2）τ_{cr1} 按式（5-39）和式（5-40）计算，但式中的 h_0 改为 h_1。

（3）$\sigma_{c,cr1}$ 借用式（5-38）计算，但式中的 $\lambda_{n,b}$ 改用下列 $\lambda_{n,c1}$ 代替：

受压翼缘扭转受到完全约束时

$$\lambda_{n,c1} = \frac{\dfrac{h_1}{t_w}}{56\varepsilon_k} \qquad (5\text{-}46a)$$

其他情况时

$$\lambda_{n,c1} = \frac{\dfrac{h_1}{t_w}}{40\varepsilon_k} \qquad (5\text{-}46a)$$

B　受拉翼缘与纵向加劲肋之间高度为 h_2 的区格

稳定条件仍可用式（5-36）的形式，计算式为：

$$\left(\frac{\sigma_2}{\sigma_{cr2}}\right)^2 + \frac{\sigma_{c2}}{\sigma_{c,cr2}} + \left(\frac{\tau}{\tau_{cr2}}\right)^2 \leqslant 1 \tag{5-47}$$

式中 σ_2——所计算区格内，由平均弯矩产生的在纵向加劲肋边缘的弯曲压应力；

σ_{c2}——腹板在纵向加劲肋处的横向压应力，取 $\sigma_{c2} = 0.3\sigma_c$；

τ——与式（5-36）中的取值相同。

（1）σ_{cr2} 按式（5-38）计算，但式中的 $\lambda_{n,b}$ 改用下列 $\lambda_{n,b2}$ 代替：

$$\lambda_{n,b2} = \frac{\dfrac{h_2}{t_w}}{194\varepsilon_k} \tag{5-48}$$

（2）τ_{cr2} 按式（5-39）和式（5-40）计算，但式中的 h_0 改为 h_2。

（3）$\sigma_{c,cr2}$ 按式（5-42）和式（5-43）计算，但式中的 h_0 改为 h_2。当 $a/h_2>2$ 时，取 $a/h_2=2$。

C 在受压翼缘与纵向加劲肋之间设有短加劲肋的区格（见图 5-18（c））

其局部稳定性应按式（5-44）计算。该式中的 σ_{cr1} 按无短加劲肋时那样取值；σ_{cr1} 应按式（5-39）和式（5-40）计算，但将 h_0 和 a 分别改为 h_1 和 a_1（a_1 为短加劲肋间距）；$\sigma_{c,cr1}$ 应按式（5-38）计算，但式中的 $\lambda_{n,b}$ 改用下列 $\lambda_{n,c1}$ 代替：

对于 $a_1/h_1 \leqslant 1.2$ 的区格，当梁受压翼缘扭转受到约束时

$$\lambda_{n,c1} = \frac{\dfrac{a_1}{t_w}}{87\varepsilon_k} \tag{5-49a}$$

当梁受压翼缘扭转未受到约束时

$$\lambda_{n,c1} = \frac{\dfrac{a_1}{t_w}}{73\varepsilon_k} \tag{5-49b}$$

对于 $a_1/h_1 > 1.2$ 的区格，式（5-49）右侧应乘以 $1/\sqrt{(0.4 + 0.5a_1/h_1)}$，受拉翼缘与纵向加劲肋之间的区格 II 仍按式（5-47）计算。

5.4.3 加劲肋的构造和截面尺寸

焊接梁的加劲肋一般用钢板做成，并在腹板两侧成对布置（见图 5-21）。对非吊车梁的中间加劲肋，为了节约钢材和减少制造工作量，也可单侧布置。

横向加劲肋的间距 a 不得小于 $0.5h$，也不得大于 $2h$（对 $\sigma_c = 0$ 的梁，$h_0/t \leqslant 100$ 时，可采用 $2.5h_0$）。

加劲肋应有足够的刚度才能作为腹板的可靠支承，所以对加劲肋的截面尺寸和截面惯性矩应有一定要求。

双侧布置的钢板横向加劲肋的外伸宽度 b_s（mm）应满足式（5-50）要求：

$$b_s \geqslant \frac{h_0}{30} + 40 \tag{5-50}$$

单侧布置时，外伸宽度应比式（5-50）增大 20%。加劲肋的厚度不应小于实际取用外

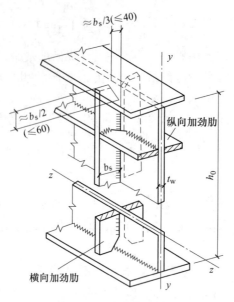

图 5-21　腹板加劲肋

伸宽度的 $1/15$，即 $t \geqslant b_s/15$。

当腹板同时用横向加劲肋和纵向加劲肋加强时，应在其相交处切断纵向加劲肋而使横向加劲肋保持连续。此时，横向加劲肋的断面尺寸除应符合上述规定外，其截面惯性矩（对 z—z 轴，图 5-21），尚应满足式（5-51）要求。

$$I_z \geqslant 3h_0 t_w^3 \tag{5-51}$$

纵向加劲肋的截面惯性矩（对 y—y 轴），应满足下列公式的要求：

当 $a/h_0 \leqslant 0.85$ 时

$$I_y \geqslant 1.5 h_0 t_w^3 \tag{5-52a}$$

当 $a/h_0 > 0.85$ 时

$$I_y \geqslant \left(2.5 - 0.45 \frac{a}{h_0} \right) \left(\frac{a}{h_0} \right)^2 h_0 t_w^3 \tag{5-52b}$$

对于大型梁，可采用以肢尖焊于腹板的角钢加劲肋，其截面惯性矩不得小于相应钢板加劲肋的惯性矩。计算加劲肋截面惯性矩的 y 轴和 z 轴，对于双侧加劲肋为腹板轴线，对于单侧加劲肋为与加劲肋相连的腹板边缘线。

为了避免焊缝交叉，减小焊接应力，在加劲肋端部应切去宽约 $b_s/3$（$\leqslant 40$）、高约 $b_s/2$（$\leqslant 60$）的斜角（见图 5-22）。对直接承受动力荷载的梁（如吊车梁），中间横向加劲肋下端不应与受拉翼缘焊接（若焊接，将降低受拉翼缘的疲劳强度），一般在距受拉翼缘 $50 \sim 100$ mm 处断开（见图 5-22（b））。

5.4.4　支承加劲肋的计算

支承加劲肋是指承受固定集中荷载或者支座反力的横向加劲肋。此种加劲肋应在腹板两侧成对设置，并应进行整体稳定和端面承压计算，其截面往往比中间横向加劲肋大。

（1）按轴心压杆计算支承加劲肋在腹板平面外的稳定性。此压杆的截面包括加劲肋以及每侧各 $15 t_w \varepsilon_k$ 范围内的腹板面积（图 5-22 中阴影部分），其计算长度近似取为 h_0。

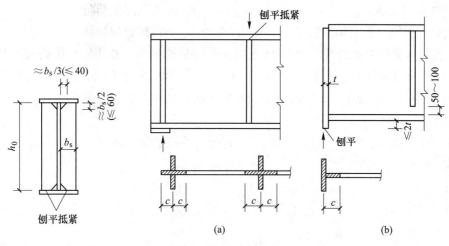

图 5-22 支承加劲肋（$c = 15t_w\varepsilon_k$）

（2）支承加劲肋一般刨平抵紧于梁的翼缘（见图 5-22（a））或柱顶（见图 5-22（b）），其端面承压强度按式（5-53）计算。

$$\sigma_{ce} = \frac{F}{A_{ce}} \leqslant f_{ce} \tag{5-53}$$

式中　F——集中荷载或支座反力；

　　　A_{ce}——端面承压面积；

　　　f_{ce}——钢材端面承压强度设计值。

突缘支座（见图 5-22（b））的伸出长度不应大于加劲肋厚度的 2 倍。

（3）支承加劲肋与腹板的连接焊缝，应按承受全部集中力或支反力进行计算。计算时假定应力沿焊缝长度均匀分布。

【例 5-2】　某简支吊车梁，跨度 12 m，钢材为 Q355C 钢，焊条为 E50 系列，承受两台 50/10 t 重级工作制桥式吊车。吊车梁截面如图 5-23（a）所示，钢轨与受压翼缘牢固连接。

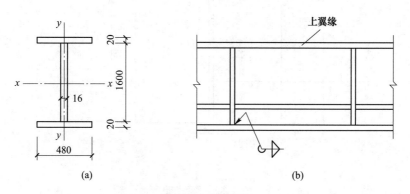

图 5-23　例 5-2 图

（a）吊车梁截面尺寸；（b）跨中加劲肋布置图

（1）为保证吊车梁的腹板局部稳定性，需（　　　）。

A. 配置横向加劲肋   B. 配置纵向加劲肋

C. 同时配置纵、横向加劲肋   D. 不需配置加劲肋

（2）若吊车梁改为承受两台 75/20 t 重级工作制桥式吊车，相应吊车梁的截面尺寸做了修改（仍然为双轴对称工字形组合截面），经验算此时吊车梁需同时配置纵、横向加劲肋。图 5-23（b）所示为该吊车梁跨中加劲肋布置图。从构造上看，其中共（　　）处不妥或错误之处。

A. 一处   B. 两处   C. 三处   D. 无不妥或错误之处

解：（1）A。

$$\frac{h_0}{t_w} = \frac{1600}{16} = 100 > 80\sqrt{\frac{235}{355}} = 65$$

且
$$\frac{h_0}{t_w} = \frac{1600}{16} = 100 < 170\sqrt{\frac{235}{355}} = 138$$

应按计算配置横向加劲肋。

（2）B。

纵向加劲肋应配置在受压区而不是受拉区；横向加劲肋不应与下翼缘焊牢，应在距下翼缘 50~100 mm 处断开。

【例 5-3】 一钢梁端部支承加劲肋设计采用突缘加劲肋，尺寸如图 5-24 所示，支座反力 $F = 920.5$ kN，钢材采用 Q355B，试验算该加劲肋。

解：（1）支承加劲肋在腹板平面外的整体稳定。

$$I_z = \frac{1}{12} \times 1.6 \times 16^3 + \frac{1}{12} \times 18 \times 1.2^3 = 5.49 \times 10^2 \ cm^4$$

$$A = 16 \times 1.6 + 18 \times 1.2 = 47.2 \ cm^2$$

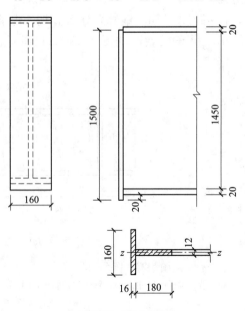

图 5-24　例 5-3 图

$$i_z = \sqrt{\frac{I_z}{A}} = \sqrt{\frac{5.49 \times 10^2}{47.2}} = 3.41 \text{ cm}$$

$$\lambda = \frac{h_0}{i_z} = \frac{145}{3.41} = 42.5$$

$$\frac{\lambda}{\varepsilon_k} = \lambda\sqrt{\frac{f_y}{235}} = 42.5 \times \sqrt{\frac{355}{235}} = 52.2$$

查附表 4-3 得 $\varphi = 0.846$（b 类）

$$\frac{F}{\varphi A f} = \frac{920.5 \times 10^3}{0.846 \times 4720 \times 305} = 0.76 < 1.0$$

（2）端部承压强度。查附表 1-1 可知，$f_{ce} = 400 \text{ MPa}$

$$\sigma_{ce} = \frac{F}{A_{ce}} = \frac{920.5 \times 10^3}{160 \times 16} = 359.6 \text{ MPa} < f_{ce} = 400 \text{ MPa}$$

（3）支承加劲肋于腹板的连接焊接。查附表 1-2 可知，$f_f^w = 200 \text{ MPa}$，取 $h_f = 8 \text{ mm}$。

$$\frac{F}{2 \times 0.7 h_f l_w} = \frac{920.5 \times 10^3}{2 \times 0.7 \times 8 \times (1450 - 16)} = 57.31 \text{ MPa} < f_f^w = 200 \text{ MPa}$$

所以该加劲肋满足要求。

5.5 型钢梁的设计

5.5.1 单向弯曲型钢梁

单向弯曲型钢梁的设计比较简单，通常先按抗弯强度（当梁的整体稳定有保证时）或整体稳定（当需要计算整体稳定时）求出需要的截面模量：

$$W_{nx} = \frac{M_{max}}{\gamma_x f}$$

或

$$W_x = \frac{M_{max}}{\varphi_b f}$$

式中的整体稳定系数 φ_b 可估计假定。

由截面模量选择合适的型钢（一般为 H 型钢或普通工字钢），然后验算其他项目。由于型钢截面的翼缘和腹板厚度较大，不必验算局部稳定；端部无大的削弱时，也不必验算剪应力。而局部压应力也只在有较大集中荷载或支座反力处才验算。

单向弯曲型钢梁的截面选择方法参见例 5-1。

5.5.2 双向弯曲型钢梁

双向弯曲型钢梁承受两个主平面方向的荷载，设计方法与单向弯曲型钢梁相同，应考虑抗弯强度、整体稳定、挠度等的计算，而剪应力和局部稳定一般不必计算，局部压应力只有在有较大集中荷载或支座反力的情况下，必要时才验算。

双向弯曲梁的抗弯强度按式（5-9）计算。

双向弯曲梁整体稳定的理论分析较为复杂，一般按经验近似公式计算，《钢结构设计标准》（GB 50017—2017）规定双向受弯的 H 型钢或工字钢截面梁应按式（5-54）计算其整体稳定。

$$\frac{M_x}{\varphi_b W_x} + \frac{M_y}{\gamma_y W_y} \le f \tag{5-54}$$

式中 φ_b——绕强轴（x 轴）弯曲所确定的梁整体稳定系数。

设计时应尽量满足不需计算整体稳定的条件，这样可按抗弯强度条件选择型钢截面，由式（5-9）可得：

$$W_{nx} = \left(M_x + \frac{\gamma_x}{\gamma_y}\frac{W_{nx}}{W_{ny}}M_y \right)\frac{1}{\gamma_x f} = \frac{M_x + aM_y}{\gamma_x f} \tag{5-55}$$

对于小型号的型钢，可近似取 $a=6$（窄翼缘 H 型钢和工字钢）或 $a=5$（槽钢）。

双向弯曲型钢梁最常用于檩条，其截面一般为 H 型钢（檩条跨度较大时）、槽钢（跨度较小时）或冷弯薄壁 Z 形钢（跨度不大且为轻型屋面时）等。这些型钢的腹板垂直于屋面放置，因而竖向线荷载 q 可分解为垂直于截面两个主轴 x—x 和 y—y 的分荷载 $q_x = q\cos\varphi$ 和 $q_y = q\sin\varphi$（见图 5-25），从而引起双向弯曲。φ 为荷载 q 与主轴 y—y 的夹角：对于 H 型钢和槽钢，φ 等于屋面坡角 α；对于 Z 形截面，$\varphi = |\alpha - \theta|$，其中 θ 为主轴 x—x 与平行于屋面轴 x_1—x_1 的夹角。

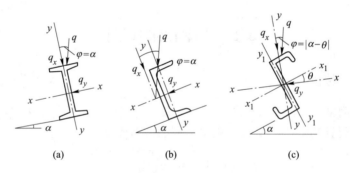

图 5-25   檩条的计算简图

槽钢和 Z 形钢檩条通常用于屋面坡度较大的情况，为了减小其侧向弯矩，提高檩条的承载能力，一般在跨中平行于屋面设置 1~2 道拉条（见图 5-26），把侧向变为跨度缩至 1/3~1/2 的连续梁。通常是跨度 $l \le 6$ m 时设置一道拉条，$l > 6$ m 时设置两道拉条。拉条一般用 ϕ16 圆钢（最小应为 ϕ12）。

拉条把檩条平行于屋面的反力向上传递，直到屋脊上左右坡面的力互相平衡（见图 5-26（a））。为使传力更好，常在顶部区格（或天窗两侧区格）设置斜拉条和撑杆，将坡向力传至屋架（见图 5-26（b）~（f））。Z 形檩条的主轴倾斜角 θ 可能接近或超过屋面坡角，拉力是向上还是向下并不十分确定，故除在屋脊处（或天窗架两侧）用上述方法固定外，还应在檐檩处设置斜拉条和撑杆（见图 5-26（e））或将拉条连于刚度较大的承重天沟或圈梁上（见图 5-26（f）），以防止 Z 形檩条向上倾覆。

拉条应设置于檩条顶部下 30~40 mm 处（见图 5-26（g））。拉条不但能减小檩条的侧向弯矩，而且可以大大增强檩条的整体稳定性，可以认为：设置拉条的檩条不必计算整体稳定。另外屋面板刚度较大且与檩条连接牢固时，也不必计算整体稳定。

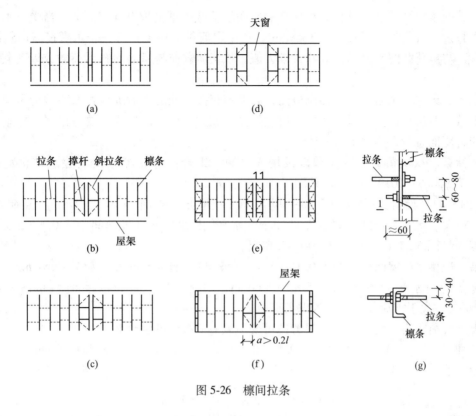

图 5-26 檩间拉条

檩条的支座处应有足够的侧向约束，一般每端用两个螺栓连于预先焊在屋架上弦的短角钢上（见图 5-27）。H 型钢檩条宜在连接处将下翼缘切去一半，以便于与支承短角钢相连（见图 5-27（a））；H 型钢的翼缘宽度较大时，可直接用螺栓连于屋架上，但宜设置支座加劲肋，以加强檩条端部的抗扭能力。短角钢的垂直高度不宜小于檩条截面高度的 3/4。

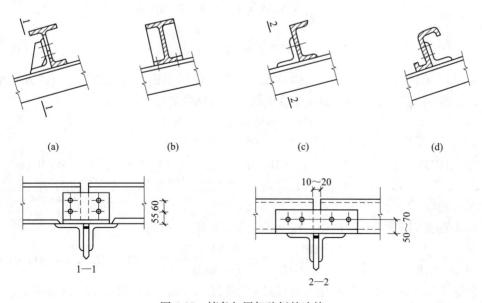

图 5-27 檩条与屋架弦杆的连接

设计檩条时，按水平投影面积计算的屋面活荷载标准值取 0.5 kN/m²（当受荷水平投影面积超过 60 m² 时，可取为 0.3 kN/m²，这个取值仅适用于只有一个可变荷载的情况）。此荷载不与雪荷载同时考虑，取两者较大值。积灰荷载应与屋面均布活荷载或雪荷载同时考虑。

在屋面天沟、阴角、天窗挡风板内，高低跨相接等处的雪荷载和积灰荷载应考虑荷载增大系数。对设有自由锻锤、铸件水爆池等振动较大的设备的厂房，要考虑竖向振动的影响，应将屋面总荷载增大 10% ~ 15%。

雪荷载、积灰荷载、风荷载以及增大系数、组合值系数等应按《建筑结构荷载规范》（GB 50009—2012）的规定采用。

【例 5-4】　设计一支承压型钢板屋面的檩条，屋面坡度为 1/10，雪荷载为 0.25 kN/m²，无积灰荷载。檩条跨度 12 m，水平间距为 5 m（坡向间距 5.025 m）。采用 H 型钢（见图 5-25（a）），材料为 Q355B 钢。

解：压型钢板屋面自重约为 0.15 kN/m²（坡向）。檩条自重假设为 0.5 kN/m。

檩条受荷水平投影面积为 $5 \times 12 = 60$ m²，未超过 60 m²，故屋面均布活荷载取 0.5 kN/m²，大于雪荷载，故不考虑雪荷载。

檩条线荷载为（对轻屋面，只考虑可变荷载效应控制的组合）：

标准值　　$q_k = 0.15 \times 5.025 + 0.5 + 0.5 \times 5 = 3.754$ kN/m = 3.754 N/mm

设计值　　$q = 1.3 \times (0.15 \times 5.025 + 0.5) + 1.5 \times 0.5 \times 5 = 5.380$ kN/m

$$q_x = q\cos\varphi = 5.380 \times \frac{10}{\sqrt{101}} = 5.35 \text{ kN/m}$$

$$q_y = q\sin\varphi = 5.380 \times \frac{1}{\sqrt{101}} = 0.535 \text{ kN/m}$$

弯矩设计值为：

$$M_x = \frac{1}{8} \times 5.35 \times 12^2 = 96.3 \text{ kN} \cdot \text{m}$$

$$M_y = \frac{1}{8} \times 0.535 \times 12^2 = 9.63 \text{ kN} \cdot \text{m}$$

采用紧固件（自攻螺钉、钢拉铆钉或射钉等）使压型钢板与檩条受压翼缘连接牢固，可不计算檩条的整体稳定性。由抗弯强度要求的截面模量近似值为：

$$W_{nx} = \frac{M_x + aM_y}{\gamma_x f} = \frac{(96.3 + 6 \times 9.63) \times 10^6}{1.05 \times 305} = 481 \times 10^3 \text{ mm}^3$$

选用 HN350×174×6×9，其 $I_x = 10456$ cm⁴，$W_x = 604.4$ cm³，$W_y = 90.9$ cm³，$i_x = 14.12$ cm，$i_y = 3.88$ cm。自重 0.41 kN/m，加上连接压型钢板零件重量，与假设自重 0.5 kN/m 相等。

验算强度（跨中无孔眼削弱，$W_{nx} = W_x$，$W_{ny} = W_y$）：

$$\frac{M_x}{\gamma_x W_{nx}} + \frac{M_y}{\gamma_y W_{ny}} = \frac{96.3 \times 10^6}{1.05 \times 604.4 \times 10^3} + \frac{9.63 \times 10^6}{1.2 \times 90.9 \times 10^3} = 240 \text{ MPa} \leqslant f = 305 \text{ MPa}$$

为使屋面平整，檩条在垂直于屋面方向的挠度 v_T（或相对挠度 v_T/l）不能超过其容许值 $[v_T]$（对压型钢板屋面 $[v_T] = 1/150$）：

$$\frac{v_{\text{T}}}{l} = \frac{5}{384} \cdot \frac{q_{kx}l^3}{EI_x} = \frac{5}{384} \cdot \frac{3.754 \times \dfrac{10}{\sqrt{101}} \times 12000^3}{206 \times 10^3 \times 10456 \times 10^4} = \frac{1}{256} < \frac{[v_{\text{T}}]}{l} = \frac{1}{150}$$

作为屋架上弦水平支撑横杆或刚性系杆的檩条，应验算其长细比（屋面坡向由于有压型钢板连接牢固，可不验算）。

$$\lambda_x = \frac{1200}{14.12} = 85 < [\lambda]$$

【**例 5-5**】 设计一支承波形石棉瓦屋面的檩条，屋面坡度 1/2.5，无雪荷载和积灰荷载。檩条跨度为 6 m，水平间距为 0.79 m（沿屋面坡向间距为 0.851 m），跨中设置一道拉条，采用槽钢截面（见图 5-25 (b)），材料为 Q355B 钢。

解：波形石棉瓦自重 0.20 kN/m² （坡向），预估檩条（包括拉条）自重 0.15 kN/m；无雪荷载，但屋面均布荷载为 0.50 kN/m² （水平投影面）。

檩条线荷载标准值为：

$$q_k = 0.2 \times 0.851 + 0.15 + 0.5 \times 0.79 = 0.715 \text{ kN/m} = 0.715 \text{ N/mm}$$

檩条线荷载设计值为：

$$q = 1.3 \times (0.2 \times 0.851 + 0.15) + 1.5 \times 0.5 \times 0.79 = 1.009 \text{ kN/m}$$

$$q_x = 1.009 \times \frac{2.5}{\sqrt{2.5^2 + 1^2}} = 1.009 \times \frac{2.5}{\sqrt{7.25}} = 0.94 \text{ kN/m}$$

$$q_y = 1.009 \times \frac{1}{\sqrt{2.5^2 + 1^2}} = 0.374 \text{ kN/m}$$

弯矩设计值（见图 5-28）：

$$M_x = \frac{1}{8} \times 0.94 \times 6^2 = 4.23 \text{ kN} \cdot \text{m}$$

$$M_y = \frac{1}{8} \times 0.374 \times 3^2 = 0.421 \text{ kN} \cdot \text{m}$$

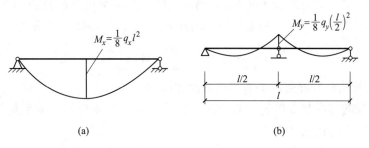

(a)   (b)

图 5-28 例 5-5 的弯矩图

由抗弯强度要求的截面模量近似值为：

$$W_{nx} = \frac{M_x + aM_y}{\gamma_x f} = \frac{(4.23 + 5 \times 0.421) \times 10^6}{1.05 \times 305} = 19.78 \times 10^3 \text{ mm}^3$$

选用槽钢 [10，自重 0.10 kN/m（加上拉条自重后与假设基本相符），截面几何特性：

$W_x = 39.7 \text{ cm}^3$，$W_{ymin} = 7.8 \text{ cm}^3$，$I_x = 198 \text{ cm}^4$，$i_x = 3.95 \text{ cm}$，$I_y = 1.42 \text{ cm}$。

因有拉条，不必验算整体稳定，按式（5-9）验算强度（此时 $W_{nx} = W_x$，$W_{ny} = W_{ymin}$）。

验算垂直于屋面方向的挠度：

$$\frac{v_T}{l} = \frac{5}{384} \cdot \frac{q_{kx}l^3}{EI_x} = \frac{5}{384} \cdot \left(\frac{0.715 \times \dfrac{2.5}{\sqrt{7.25}} \times 6000^3}{206 \times 10^3 \times 198 \times 10^4} \right) = \frac{1}{218} < \frac{[v_T]}{l} = \frac{1}{200}$$

作为屋架上弦平面支撑的横杆或刚性撑杆的檩条，应验算其长细比：

$$\lambda_x = \frac{600}{3.95} = 152 < 200$$

$$\lambda_y = \frac{300}{1.41} = 213 > 200$$

此种檩条在坡向的刚度不足，可焊小角钢（见图 5-29）予以加强。不作支撑横杆或刚性系杆的一般檩条不必加强。有时为了施工简便也可将檩条改为 $[12.6(i_y = 1.57)$，则不必考虑加强问题。

图 5-29　焊小角钢

5.6　组合梁的设计

5.6.1　试选截面

选择组合梁的截面时，首先要初步估算梁的截面高度、腹板厚度和翼缘尺寸。下面介绍焊接组合梁试选截面的方法。

5.6.1.1　梁的截面高度

确定梁的截面高度应考虑建筑高度、刚度条件和经济条件。

建筑高度是指梁的底面到铺板顶面之间的高度，它往往由生产工艺和使用要求决定。给定了建筑高度也就决定了梁的最大高度 h_{max}，有时还限制了梁与梁之间的连接形式。

刚度条件决定了梁的最小高度 h_{min}。刚度条件是要求梁在全部荷载标准值作用下的挠度 v_T 不大于容许挠度 $[v_T]$。现以 $M_k h / (2I_x) = \sigma_k$ 代入式（5-19）中得：

$$\frac{v_T}{l} \approx \frac{M_k l}{10EI_x} = \frac{\sigma_k l}{5Eh} \leqslant \frac{[v_T]}{l}$$

式中，σ_k 为全部荷载标准值产生的最大弯曲正应力。

若此梁的抗弯强度基本用足，可令 $\sigma_k = f/1.4$，这里 1.4 为假定的平均荷载分项系数。由此得梁的最小高跨比的计算式为：

$$\frac{h_{min}}{l} = \sigma_k l / 5E[v_T] = \frac{f}{1.44 \times 10^6} \cdot \frac{l}{v_T} \tag{5-56}$$

从用料最省出发，可以定出梁的经济高度。梁的经济高度，其确切含义是满足一切条件（强度、刚度、整体稳定和局部稳定）的、梁用钢量最少的高度。但条件多了之后，需按照优化设计的方法用计算机求解，比较复杂。对于楼盖和平台结构来说，组合梁一般用作主梁。由于主梁的侧向有次梁支承，整体稳定不是最主要的，因此梁的截面一般由抗弯强度控制。以下计算的便是满足抗弯强度的、梁用钢量最少的高度。这个高度在一般情况下就是梁的经济高度。由图 5-30 所示的截面有：

$$I_x = \frac{1}{12}t_w h_w^3 + 2A_f \left(\frac{h_1}{2}\right)^2 = W_x \frac{h}{2}$$

由此得每个翼缘的面积：

$$A_f = W_x \frac{h}{h_1^2} - \frac{1}{6}t_w \frac{h_w^3}{h_1^2}$$

近似取 $h \approx h_1 \approx h_w$，则翼缘面积为：

$$A_f = \frac{W_x}{h_w} - \frac{1}{6}t_w h_w \qquad (5-57)$$

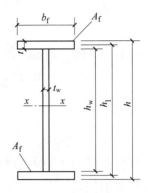

图 5-30 组合梁的截面尺寸
A_f—翼缘面积；b_f—翼缘板宽度；
h_w—腹板高度；t_w—腹板厚度

梁截面的总面积 A 为两个翼缘面积（$2A_f$）与腹板面积（$t_w h_w$）之和。腹板加劲肋的用钢量约为腹板用钢量的 20%，故将腹板面积乘以构造系数 1.2。由此得：

$$A = 2A_f + 1.2t_w h_w = 2\frac{W_x}{h_w} + 0.867t_w h_w$$

腹板厚度与其高度有关，根据经验可取 $t_w = \sqrt{h_w}/3.5$（t_w 和 h_w 的单位均为 mm），代入上式得：

$$A = \frac{2W_x}{h_w} + 0.248h_w^{3/2}$$

总截面积最小的条件为：

$$\frac{\mathrm{d}A}{\mathrm{d}h_w} = -2\frac{W_x}{h_w^2} + 0.372h_w^{1/2} = 0$$

由此得用钢量最小时经济高度 h_s 为：

$$h_s \approx h_w = (5.376W_x)^{0.4} = 2W_x^{0.4} \qquad (5-58)$$

式中，W_x 的单位为 mm^3，可按式（5-59）求出；h_s 和 h_w 的单位为 mm。

$$W_x = \frac{M_x}{af} \qquad (5-59)$$

式中，a 为系数，对于一般单向弯曲梁，当最大弯矩处无孔眼时 $a = y_x = 1.05$，有孔眼时 $a = 0.85 \sim 0.9$；对于吊车梁，考虑横向水平荷载的作用，可取 $a = 0.7 \sim 0.9$。

实际采用的梁高，应大于由刚度条件确定的最小高度 h_{min}，且大约等于或略小于经济高度 h_s。此外，梁的高度不能影响建筑物使用要求所需的净空尺寸，即不能大于建筑物的最大允许梁高。

确定梁高时，应适当考虑腹板的规格尺寸，一般取腹板高度为 50 mm 的倍数。

5.6.1.2 腹板厚度

腹板厚度应满足抗剪强度的要求。初选截面时，可近似地假定最大剪应力为腹板平均剪应力的 1.2 倍，腹板的抗剪强度计算公式简化为：

$$\tau_{max} \approx 1.2\frac{V_{max}}{h_w t_w} \leqslant f_v$$

于是

$$t_{\mathrm{w}} \geqslant 1.2 \frac{V_{\max}}{h_{\mathrm{w}} f_{\mathrm{v}}} \tag{5-60}$$

由式（5-60）确定的 t_{w} 值往往偏小。为了考虑局部稳定和构造等因素，腹板厚度一般用经验公式（5-61）进行估算。

$$t_{\mathrm{w}} = \frac{\sqrt{h_{\mathrm{w}}}}{3.5} \tag{5-61}$$

式中，t_{w} 和 h_{w} 的单位均为 mm。

实际采用的腹板厚度应考虑钢板的现有规格，一般为 2 mm 的倍数。对于非吊车梁，腹板厚度取值宜比式（5-61）的计算值略小；对于考虑腹板屈曲后强度的梁，腹板厚度可更小，但不得小于 6 mm，也不宜使高厚比超过 250。

5.6.1.3　翼缘尺寸

已知腹板尺寸，由式（5-57）即可求得需要的翼缘截面积 A_{f}。

翼缘板的宽度通常为 $b = (1/5 \sim 1/3)h$，厚度 $t = A_{\mathrm{f}}/b_{\mathrm{f}}$。翼缘板常用单层板做成，当厚度过大时，可采用双层板。

确定翼缘板的尺寸时，应注意满足局部稳定要求，使受压翼缘的外伸宽度 b 与其厚度 t 之比满足不同截面等级限值要求。应符合钢板规格，宽度取 10 mm 的倍数，厚度取 2 mm 的倍数。

5.6.2　截面验算

根据试选的截面尺寸，求出截面的各种几何数据，如惯性矩、截面模量等，然后进行验算。梁的截面验算包括强度、刚度、整体稳定和局部稳定几个方面。其中，腹板的局部稳定通常是采用配置加劲肋来保证的。

5.6.3　组合梁截面沿长度的改变

梁的弯矩是沿梁的长度变化的，因此，梁的截面如能随弯矩而变化，则可节约钢材。对跨度较小的梁，截面改变经济效果不大，或者改变截面节约的钢材不能抵消构造复杂带来的加工困难时，不宜改变截面。

单层翼缘板的焊接梁改变截面时，宜改变翼缘板的宽度（见图 5-31）而不改变其厚度。因为改变厚度时，翼缘板处应力集中严重，且使梁顶部不平，有时使梁支承其他构件不便。

梁改变一次截面可节约钢材 10% ~ 20%。如再多改变一次，可再多节约 3% ~ 4%，效果不显著。因此为了便于制造，一般只改变一次截面。

对于承受均布荷载的梁，截面改变位置在距支座 1/6 处（见图 5-31（b））最有利。较窄翼缘板宽度 b_1' 应由截面开始改变处的弯矩 M_1 确定。为了减少应力集中，宽板应从截面开始改变处向弯矩减小的一方以不大于 1∶2.5 的斜度切斜延长，然后与窄板对接。

多层翼缘板的梁，可用切断外层板的办法来改变梁的截面（见图 5-32）。理论切断点的位置可由计算确定。为了保证被切断的翼缘板在理论切断处能正常参加工作，其外伸长度 L_1 应满足下列要求：

（1）端部有正面角焊缝：

当 $h_f \geqslant 0.75t_1$ 时 $\qquad\qquad L_1 \geqslant b_1$

当 $h_f < 0.75t_1$ 时 $\qquad\qquad L_1 \geqslant 1.5b_1$

（2）端部无正面角焊缝：

$$L_1 \geqslant 2b_1$$

其中，b_1 和 t_1 分别为被切断翼缘板的宽度和厚度；h_f 为侧面角焊缝和正面角焊缝的焊脚尺寸。

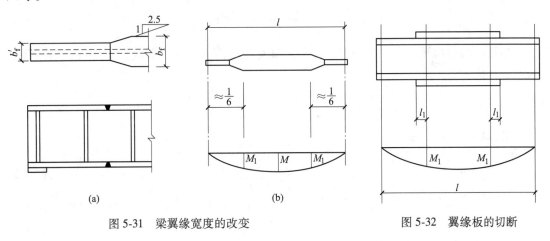

图 5-31 梁翼缘宽度的改变 $\qquad\qquad$ 图 5-32 翼缘板的切断

有时为了降低梁的建筑高度，简支梁可以在靠近支座处减小其高度，而使翼缘截面保持不变，如图 5-33 所示，其中图 5-33（a）构造简单、制作方便。梁端部高度应根据抗剪强度要求确定，但不宜小于跨中高度的 1/2。

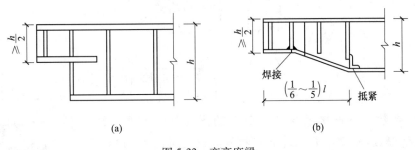

图 5-33 变高度梁

5.6.4 焊接组合梁翼缘焊缝的计算

当梁弯曲时，由于相邻截面中作用在翼缘截面的弯曲正应力有差值，翼缘与腹板间将产生水平剪应力（见图 5-34）。沿梁单位长度的水平剪力为：

$$V_1 = \tau_1 t_w = \frac{VS_1}{I_x t_w} t_w = \frac{VS_1}{I_x}$$

式中，$\tau_1 = VS_1/(I_x t_w)$ 为腹板与翼缘交界处的水平剪应力（与竖向剪应力相等）；S_1 为翼缘截面对梁中和轴的面积矩。

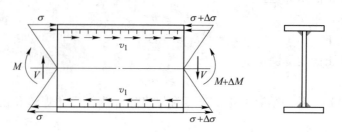

图 5-34　翼缘焊缝的水平剪力

当腹板与翼缘板用角焊缝连接时，角焊缝有效截面上承受的剪应力 τ_f 不应超过角焊缝强度设计值 f_f^w：

$$\tau_f = \frac{V_1}{2 \times 0.7 h_f} = \frac{V S_1}{1.4 h_f I_x} \leqslant f_f^w$$

需要的焊脚尺寸为：

$$h_f \geqslant \frac{V S_1}{1.4 I_x f_f^w} \tag{5-62}$$

当梁的翼缘上受有固定集中荷载而未设置支承加劲肋，或受有移动集中荷载（如吊车轮压）时，上翼缘与腹板之间的连接焊缝，除承受沿焊缝长度方向的剪应力 τ_f 外，还承受垂直于焊缝长度方向的局部压应力：

$$\sigma_f = \frac{\varphi F}{2 h_e l_z} = \frac{\varphi F}{1.4 h_e l_z}$$

因此，受有局部压应力的上翼缘与腹板之间的连接焊缝应按下式计算强度：

$$\frac{1}{1.4 h_t} \sqrt{\left(\frac{\varphi F}{\beta_f l_z}\right)^2 + \left(\frac{V S_1}{I_x}\right)^2} \leqslant f_f^w$$

从而

$$h_t \geqslant \frac{1}{1.4 f_f^w} \sqrt{\left(\frac{\varphi F}{\beta_f l_z}\right)^2 + \left(\frac{V S_1}{I_x}\right)^2}$$

式中，β_f 为系数，对直接承受动力荷载的梁（如吊车梁）$\beta_f = 1.0$，对其他梁 $\beta_f = 1.22$；F、φ、l_z 各符号的意义同式（5-14）。

对于承受动力荷载的梁（如重级工作制吊车梁和大吨位中级工作制吊车梁），腹板与上翼缘的连接焊缝常采用焊透的 T 形对接（见图 5-35），此种焊缝与基本金属等强，不用计算其强度。

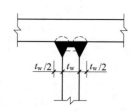

图 5-35　K 形焊缝

5.7　梁的拼接、连接和支座

5.7.1　梁的拼接

梁的拼接有工厂拼接和工地拼接两种。由于钢材尺寸的限制，必须将钢材接长或拼大，这种拼接常在工厂中进行，称为工厂拼接。由于运输或安装条件的限制，梁必须分段运输，然后在工地拼装连接，称为工地拼接。

型钢梁的拼接可采用对接焊缝连接（见图 5-36（a）），但由于翼缘与腹板连接处不易焊透，故有时采用拼接板拼接（见图 5-36（b））。上述拼接位置均宜放在弯矩较小处。

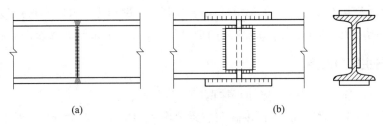

(a)   (b)

图 5-36　型钢梁的拼接

焊接组合梁的工厂拼接，翼缘和腹板的拼接位置最好错开并用直对接焊缝相连。腹板的拼接焊缝与横向加劲肋之间至少应相距 $10t_w$（见图 5-37）。对接焊缝施焊时宜加引弧板，并采用 1 级或 2 级焊缝（根据《钢结构工程施工质量验收标准》（GB 50205—2020）的规定分级），这样焊缝的强度可与基本金属等强。

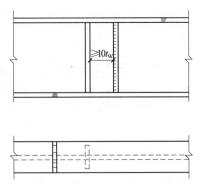

梁的工地拼接应使翼缘和腹板基本上在同一截面处断开，以便分段运输。高大的梁在工地施焊时不便翻身，应将上、下翼缘的拼接边缘均做成向上开口的 V 形坡口，以便俯焊（见图 5-38）。有时将翼缘和腹板

图 5-37　组合梁的工厂拼接

的接头略为错开一些（见图 5-38（b）），这样受力情况较好，但运输单元突出部分应特别保护，以免碰损。

图 5-38 中，将翼缘焊缝留一段不在工厂施焊，是为了减小焊缝收缩应力。注明的数字是工地施焊的适宜顺序。

由于现场施焊条件较差，焊缝质量难以保证，因此较重要或受动力荷载的大型梁，其工地拼接宜采用高强度螺栓（见图 5-39）。

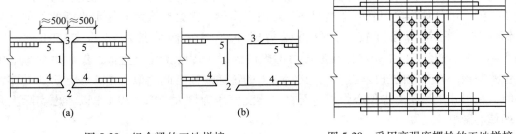

(a)   (b)

图 5-38　组合梁的工地拼接   图 5-39　采用高强度螺栓的工地拼接

当梁拼接处的对接焊缝强度不能与基本金属等强时，如采用 3 级焊缝时，应对受拉区翼缘焊缝进行计算，使拼接处弯曲拉应力不超过焊缝抗拉强度设计值。

对用拼接板的接头（见图 5-36（b）、图 5-39），应按下列规定的内力进行计算：翼缘拼接板及其连接所承受的内力 N_1 为翼缘板的最大承载力，即

$$N_1 = A_{nf} f$$

式中 A_{nf}——被拼接的翼缘板净截面面积。

腹板拼接板及其连接部位，主要承受梁截面上的全部剪力 V，以及按刚度分配到腹板上的弯矩 $M_w = MI_w/I$，式中，I_w 为腹板截面惯性矩；I 为整个梁截面的惯性矩。

5.7.2　次梁与主梁的连接

次梁与主梁的连接形式有叠接和平接两种。

叠接（见图 5-40）是将次梁直接搁在主梁上面，用螺栓或焊缝连接，构造简单，但需要的结构高度大，其使用常受到限制。图 5-40（a）是次梁为简支梁时与主梁连接的构造，图 5-40（b）是次梁为连续梁时与主梁连接的构造。如次梁截面较大时，应另采取构造措施防止支承处截面的扭转。

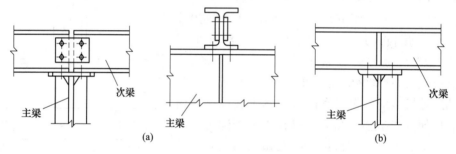

图 5-40　次梁与主梁的叠接

平接（见图 5-41）是使次梁顶面与主梁相平或略高、略低于主梁顶面，从侧面与主梁的加劲肋相连接，或与在腹板上专设的短角钢、支托相连接。图 5-41（a）~（c）是次梁为简支梁时与主梁连接的构造，图 5-41（d）是次梁为连续梁时与主梁连接的构造。平接虽构造复杂，但可降低结构高度，故在实际工程中应用较广泛。

每一种连接构造都要将次梁支座的压力传给主梁，实质上这些支座压力就是梁的剪力。而梁腹板的主要作用是抗剪，所以应将次梁腹板连于主梁的腹板上，或连于与主梁腹板相连的铅垂方向抗剪刚度较大的加劲肋上或支托的竖直板上。在次梁支座压力作用下，按传力的大小计算连接焊缝或螺栓的强度。由于主梁、次梁翼缘及支托水平板的外伸部分在铅垂方向的抗剪强度较小，分析受力时不考虑它们传给次梁的支座压力。在图 5-41（c）和（d）中，次梁支座压力 V 先由焊缝①传给支托竖直板，然后由焊缝②传给主梁腹板。在其他的连接构造中，支座压力的传递途径与此相似，不一一分析。具体计算时，在形式上可不考虑偏心作用，而将次梁支座压力增大 20%~30%，以考虑实际上存在的偏心影响。

对于刚接构造，次梁与次梁之间还要传递支座弯矩。图 5-41（b）的次梁本身是连续的，支座弯矩可以直接传递，不必计算。图 5-41（d）主梁两侧的次梁是断开的，支座弯矩靠焊缝连接的次梁上翼缘盖板、下翼缘支托水平顶板传递。由于梁的翼缘承受弯矩的大部分，因此连接盖板的截面及其焊缝可按承受水平力偶 $H = M/h$ 计算（M 为次梁支座弯

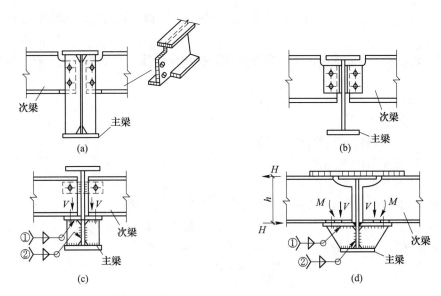

图 5-41　次梁与主梁的平接

矩，h 为次梁高度）。支托顶板与主梁腹板的连接焊缝也按力 H 计算。

5.7.3　梁的支座

梁通过在砌体、钢筋混凝土柱或钢柱上的支座，将荷载传给柱或墙体，再传给基础和地基。梁支于钢柱的支座或连接已在第 4 章中讨论，这里主要介绍支于砌体或钢筋混凝土上的支座。

支于砌体或钢筋混凝土上的支座有三种传统形式，即平板支座、弧形支座、铰轴式支座（见图 5-42）。

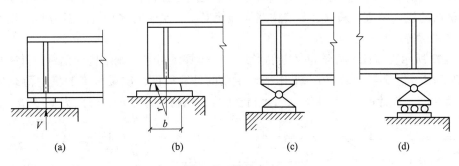

图 5-42　梁的支座

平板支座（见图 5-42（a））系在梁端下面垫上钢板做成，使梁的端部不能自由移动和转动，一般用于跨度小于 20 m 的梁中。弧形支座也叫切线式支座，如图 5-42（b）所示，由厚 40~50 mm 顶面切削成圆弧形的钢垫板制成，使梁能自由转动并可产生适量的移动（摩阻系数约为 0.2），并使下部结构在支承面上的受力较均匀，常用于跨度为 20~40 m、支反力不超过 750 kN（设计值）的梁中。铰轴式支座（见图 5-42（c））完全符合梁简支的力学模型，可以自由转动，下面设置滚轴时称为辊轴支座（见图 5-42（d））。辊轴支座能自由转动和移动,只能安装在简支梁的一端。铰轴式支座用于跨度大于 40 m 的梁中。

为了防止支承材料被压坏,支座板与支承结构顶面的接触面积按式(5-63)确定。

$$A = ab \geqslant \frac{V}{f_c} \tag{5-63}$$

式中　　V——支座反力;

　　　　f_c——支承材料的承压强度设计值;

　a, b——支座垫板的长和宽;

　　　　A——支座板的平面面积。

支座底板的厚度,按均布支反力产生的最大弯矩进行计算。

为了防止弧形支座的弧形垫块和辊轴支座的辊轴被劈裂,其圆弧面与钢板接触面(系切线接触)的承压力(劈裂应力),应满足式(5-64)的要求。

$$V \leqslant \frac{40 n d a_1 f^2}{E} \tag{5-64}$$

式中　　d——弧形支座板表面半径 r 的 2 倍或辊轴支座的辊轴半径,对弧形支座 $r \approx 3b$;

　　　　a_1——弧形表面或辊轴与平板的接触长度;

　　　　n——辊轴个数,对于弧形支座 $n=1$。

铰轴式支座的圆柱形枢轴,当接触面中心角 $\theta \geqslant 90°$ 时,其承压应力应满足式(5-65)的要求。

$$\sigma = \frac{2V}{dl} \leqslant f \tag{5-65}$$

式中　　d——枢轴直径;

　　　　l——枢轴纵向接触长度。

在设计梁的支座时,除了保证梁端可靠传递支反力并符合梁的力学计算模型外,还应与整个梁格的设计一道,采取必要的构造措施使支座有足够的水平抗震能力和防止梁端截面的侧移和扭转。

图 5-42 所示支座仅为力学意义上的形式,具体详图可参见钢结构或钢桥设计手册。

【例 5-6】 图 5-43(a)为一工作平台主梁的计算简图,次梁传来的集中荷载标准值为 $F_k = 253$ kN,设计值为 354 kN。试设计此主梁,钢材为 Q355C,焊条为 E43 型。

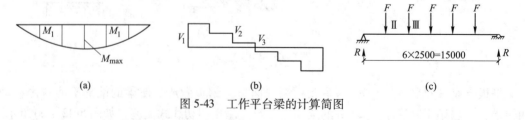

图 5-43　工作平台梁的计算简图

解: 根据经验假设此主梁自重标准值为 3 kN/m,设计值为 $1.3 \times 3 = 3.9$ kN/m。

支座处最大剪力为:

$$V_1 = R = 354 \times 2.5 + \frac{1}{2} \times 3.6 \times 15 = 914.3 \text{ kN}$$

跨中最大弯矩为：

$$M_x = 914.3 \times 7.5 - 354 \times (5 + 2.5) - 1/2 \times 3.9 \times 7.5^2 = 4093 \text{ kN} \cdot \text{m}$$

采用焊接组合梁，估计翼缘板厚度 $t \geqslant 16$ mm，故抗弯强度设计值 $f = 295$ MPa，需要的截面模量为：

$$W_x \geqslant \frac{M_x}{af} = \frac{4093 \times 10^6}{1.05 \times 295} = 13214 \times 10^3 \text{ mm}^3$$

最大的轧制型钢也不能提供如此大的截面模量，可见此梁需选用组合梁。

（1）试选截面。按刚度条件，梁的最小高度为：

$$h_{\min} = \frac{f}{1.44 \times 10^6} \cdot \frac{l}{[v_T]} = \frac{295}{1.44 \times 10^6} \times \frac{15000}{\dfrac{1}{400}} = 1229 \text{ mm}$$

经济高度为：

$$h_s = 2W_x^{0.4} = 2 \times (13214 \times 10^3)^{0.4} = 1411 \text{ mm}$$

取梁的腹板高度 $h_w = h_0 = 1300$ mm。

按抗剪要求的腹板厚度

$$t_w \geqslant 1.3 \frac{V_{\max}}{h_w f_v} = 1.3 \times \frac{914.3 \times 10^3}{1300 \times 175} = 5.2 \text{ mm}$$

经验公式

$$t_w = \frac{\sqrt{h_w}}{3.5} = \frac{\sqrt{1300}}{3.5} = 10.3 \text{ mm}$$

考虑腹板屈曲后强度，取腹板厚度 $t_w = 8$ mm。

每个翼缘所需截面积：

$$A_f = \frac{W_x}{h_w} - \frac{t_w h_w}{6} = \frac{13214 \times 10^3}{1300} - \frac{8 \times 1300}{6} = 8431 \text{ mm}$$

翼缘宽度

$$b_f = \frac{h_w}{5} \sim \frac{h_w}{3} = \frac{1300}{5} \sim \frac{1300}{3} = 260 \sim 433 \text{ mm}, \text{取 } b_f = 420 \text{ mm}$$

翼缘厚度

$$t_f = \frac{A_f}{b_f} = \frac{8431}{420} = 20.1 \text{ mm}, \text{取 } t_f = 25 \text{ mm}$$

翼缘板外伸宽度

$$b = \frac{b_f}{2} - \frac{t_w}{2} = \frac{420}{2} - \frac{8}{2} = 206 \text{ mm}$$

翼缘板外伸宽度与厚度之比为：

$$\frac{206}{25} = 8.24 \leqslant 13\sqrt{\frac{235}{355}} = 10.58$$

满足 S3 级截面局部稳定要求。

此组合梁的跨度并不是很大，为了施工方便，不沿梁长度改变截面。

（2）强度验算。梁的截面几何常数（见图 5-44）：

$$I_x = \frac{1}{12} \times (42 \times 135^3 - 41.2 \times 130^3) = 1068279 \text{ cm}^4$$

$$W_x = \frac{2I_x}{h} = \frac{2 \times 1068279}{135} = 15826 \text{ cm}^3$$

$$A = 130 \times 0.8 + 2 \times 42 \times 2.5 = 314 \text{ cm}^2$$

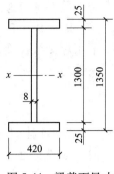

图 5-44 梁截面尺寸

梁自重（钢材质量密度为 7850 kg/m³，重量集度为 77 kN/m³）：

$$g_k = 0.0314 \times 77 = 2.4 \text{ kN/m}$$

考虑腹板加劲肋等增加的重量，原假设的梁自重 3 kN/m 比较合适。

验算抗弯强度（无孔眼 $W_{nx} = W_x$）：

$$\sigma = \frac{M_x}{\gamma_x W_{nx}} = \frac{4093 \times 10^6}{1.05 \times 15826 \times 10^3} = 246.3 \text{ MPa} < f = 295 \text{ MPa}$$

验算抗剪强度：

$$\tau = \frac{V_{max}}{I_x t_w} S = \frac{914.3 \times 10^3}{1068279 \times 10^4 \times 8} \times (420 \times 25 \times 662.5 + 650 \times 8 \times 325)$$

$$= 92.5 \text{ MPa} < f_v = 175 \text{ MPa}$$

主梁的支承处以及支承次梁处均配置支承加劲肋，故不验算局部承压强度（即 $\sigma_c = 0$）。

（3）梁整体稳定验算。由于梁上铺有刚性铺板并与次梁连牢，因此不需验算主梁的整体稳定性。

（4）刚度验算。由附表 2-1，挠度容许值为 $[v_T] = 1/400$（全部荷载标准值作用）或 $[v_Q] = 1/500$（仅有可变荷载标准值作用）。

全部荷载标准值在梁跨中产生的最大弯矩：

$$R_k = 253 \times 2.5 + 3 \times \frac{15}{2} = 655.0 \text{ kN}$$

$$M_k = 655 \times 7.5 - 253 \times (5 + 2.5) - 3 \times \frac{7.5^2}{2} = 2930.6 \text{ kN·m}$$

由式（5-18）得：

$$\frac{v_T}{l} \approx \frac{M_k l}{10 E I_x} = \frac{2930.6 \times 10^6 \times 15000}{10 \times 206000 \times 1068279 \times 10^4} = \frac{1}{501} < \frac{[v_T]}{l} = \frac{1}{400}$$

因 v_T 已小于 1/500，故不必再验算仅有可变荷载作用下的挠度。

（5）翼缘和腹板的连接焊缝计算。翼缘和腹板之间采用角焊缝连接，按式（5-62）：

$$h_f \geqslant \frac{V S_1}{1.4 I_x f_f^w} = \frac{914.3 \times 10^3 \times 420 \times 25 \times 662.5}{1.4 \times 1068279 \times 10^4 \times 200} = 2.1 \text{ mm}$$

取 $h_f = 8$ mm，满足最小焊脚尺寸要求。

（6）主梁加劲肋设计。

1）各板段的强度验算。此种梁腹板宜考虑屈曲后强度，应在支座处和每个次梁处（即固定集中荷载处）设置支承加劲肋。另外，端部板段采用图 5-45 所示的构造，另加横向加劲肋，使 $a_1 = 650$ mm，因 $a_1/h_0 < 1$ 有：

$$\lambda_{\mathrm{n,s}} = \frac{\dfrac{h_0}{t_{\mathrm{w}}}}{37\eta\sqrt{4 + 5.34 \times \left(\dfrac{h_0}{a_1}\right)^2}}$$

$$= \frac{\dfrac{1300}{8}}{37 \times 1.11 \times \sqrt{4 + 5.34 \times \left(\dfrac{1300}{650}\right)^2}}$$

$$= 0.79$$

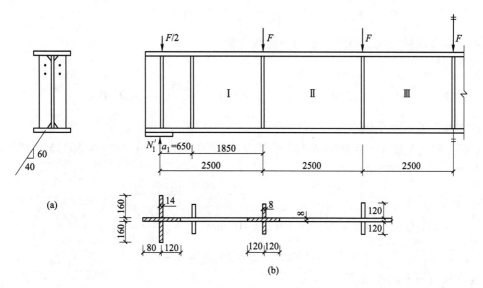

图 5-45 梁端构造

故 $\tau_{\mathrm{cr}} = f_{\mathrm{v}}$，板段 II 范围内（见图 5-46）不会屈曲，支座加劲肋就不会受到水平力 H_{t} 的作用。对板段 I（见图 5-46）：

左侧截面剪力：　　$V_1 = 914.3 - 3.9 \times 0.65 = 911.8\ \mathrm{kN}$

相应弯矩：　　$M_1 = 914.3 \times 0.65 - 3.9 \times 0.65^2/2 = 593.5\ \mathrm{kN \cdot m}$

因 $M_1 = 593.5\ \mathrm{kN \cdot m} < M_{\mathrm{f}} = 420 \times 25 \times 1325 \times 295 = 4104 \times 10^6\ \mathrm{N \cdot mm} = 4104\ \mathrm{kN \cdot m}$

故用 $V_1 \leqslant V_0$ 验算，$a/h_0 > 1$

$$\lambda_{\mathrm{n,s}} = \frac{\dfrac{h_0}{t_{\mathrm{w}}}}{41\sqrt{5.34 + 4\left(\dfrac{h_0}{a}\right)^2}} = \frac{\dfrac{1300}{8}}{41\sqrt{5.34 + 4\left(\dfrac{1300}{1850}\right)^2}} = 0.79$$

$$V_{\mathrm{u}} = \frac{h_{\mathrm{w}}t_{\mathrm{w}}f_{\mathrm{v}}}{\lambda_{\mathrm{s}}^{1.2}} = 1300 \times 8 \times \frac{175}{1.47^{1.2}} = 1146 \times 10^3\ \mathrm{N} > 911.8\ \mathrm{kN}\ （通过）$$

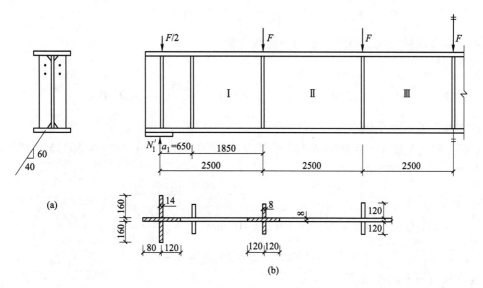

图 5-46　例 5-6 的主梁加劲肋

对板段Ⅲ（见图 5-46），验算右侧截面：

$$\lambda_{n,s} = \frac{\dfrac{h_0}{t_w}}{41\sqrt{5.34 + 4\left(\dfrac{h_0}{a}\right)^2}} = \frac{\dfrac{1300}{8}}{41\sqrt{5.34 + 4\left(\dfrac{1300}{2500}\right)^2}} = 1.564$$

$$V_u = \frac{h_w t_w f_v}{\lambda_s^{1.2}} = 1300 \times 8 \times \frac{175}{1.564^{1.2}} = 1046 \times 10^3 \text{ N}$$

因 $V_3 = 914.3 - 2 \times 354 - 3.9 \times 7.5 = 177.1$ kN $< 0.5V = 0.5 \times 1064$ kN

故用 $M_3 = M_{max} < M_{eu}$ 验算：

$$\lambda_{n,b} = \frac{\dfrac{h_0}{t_w}}{153}\sqrt{\frac{f_y}{235}} = \frac{\dfrac{1300}{8}}{153}\sqrt{\frac{355}{235}} = 1.305 > 1.25$$

$$\rho = \frac{1}{\lambda_{n,b}}\left(1 - \frac{0.2}{\lambda_{n,b}}\right) = \frac{1}{1.305} \times \left(1 - \frac{0.2}{1.305}\right) = 0.649$$

$$\alpha_e = 1 - \frac{(1-\rho)h_e^3 t_w}{2I_x} = 1 - \frac{(1-0.649) \times 650^3 \times 8}{2 \times 1068279 \times 10^4} = 0.964$$

$$M_{eu} = \gamma_x a_e W_x f = 1.05 \times 0.964 \times 15826 \times 10^3 \times 295$$
$$= 4726 \times 10^6 \text{ N} \cdot \text{mm} > M_3 = 4093 \text{ kN} \cdot \text{m （可以）}$$

对板段Ⅱ一般可不验算，若验算，应分别计算其左右截面强度。

2）加劲肋计算。横向加劲肋的截面：

宽度 $\qquad b_s \geqslant \dfrac{h_0}{30} + 40 = \dfrac{1300}{15} + 40 = 83$ mm，用 $b_s = 120$ mm

厚度 $\qquad t_s = \dfrac{b_s}{15} = \dfrac{120}{15} = 8$ mm

中部承受次梁支座反力的支承加劲肋截面验算：

由上可知

$$\lambda_{n,s} = 1.564, \tau_{cr} = 1.1\frac{f_v}{\lambda_s^2} = 1.1 \times \frac{175}{1.564^2} = 78.7 \text{ MPa}$$

故该加劲肋所承受轴心力：

$N_s = V_u - \tau_{cr}h_w t_w + F = 1064 \times 10^3 - 78.7 \times 1300 \times 8 + 354 \times 10^3 = 599.5 \times 10^3$ N

截面面积（见图 5-46（b））：

$$A_s = 2 \times 120 \times 8 + 240 \times 8 = 3840 \text{ mm}^2$$

$$I_z = \frac{1}{12} \times 8 \times 248^3 = 1017 \times 10^4 \text{ mm}^4, i_z = \sqrt{\frac{I_z}{A}} = 51.5 \text{ mm}$$

$$\lambda_z = 1300/51.5 = 25, \varphi_z = 0.972$$

验算在腹板平面外稳定：

$$\frac{N_s}{\varphi_z A_s} = \frac{599.5 \times 10^3}{0.972 \times 3840} = 160.6 \text{ MPa} < f = 295 \text{ MPa}$$

采用次梁连于主梁加劲肋的构造（见图 5-41（a）），故不必验算加劲肋端部的承压强度。靠近支座加劲肋的中间横向加劲肋仍用一 120×8 截面，不必验算。

支座加劲肋的验算：除承受图 5-43 的支座反力 $R = 914.3$ kN 外，还应加上部边次梁直接传给主梁的支反力 $354/2 = 177.1$ kN。采用 2-160×15 板：

$$A_s = 2 \times 160 \times 15 + 200 \times 8 = 6400 \text{ mm}^2$$

$$I_z = \frac{1}{12} \times 15 \times 328^3 = 4411 \times 10^4 \text{ mm}^4, i_z = \sqrt{\frac{I_z}{A}} = 83 \text{ mm}$$

$$\lambda_z = \frac{1800}{83} = 15.7, \varphi_z = 0.988$$

验算在腹板平面外稳定：

$$\frac{N_s'}{\varphi_z A_s} = \frac{(914.3 + 177.1) \times 10^3}{0.988 \times 6400} = 172.6 \text{ MPa} < f = 295 \text{ MPa}$$

验算端部承压：

$$\sigma_{ce} = \frac{(914.3 + 177.1) \times 10^3}{2 \times (160 - 40) \times 15} = 303.2 \text{ MPa} < f_{ce} = 400 \text{ MPa}$$

计算与腹板的连接焊缝：

$$h_1 \geqslant \frac{(914.3 + 177.1) \times 10^3}{4 \times 0.7 \times (1300 - 2 \times 10) \times 200} = 1.5 \text{ MPa}$$

用 6 mm，满足最小焊脚尺寸要求。

习　　题

5-1　一平台的梁格布置如图 5-47 所示，铺板为预制钢筋混凝土板，焊于次梁上。设平台恒荷载的标准值（不包括梁自重）为 2.0 kN/m²，活荷载的标准值为 20 kN/m²。试选择次梁截面，钢材为 Q355C 钢。

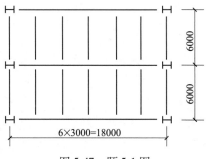

图 5-47　题 5-1 图

5-2　选择一悬挂电动葫芦的简支轨道梁的截面。跨度为 6 m，电动葫芦的自重为 6 kN，起重能力为 30 kN（均为标准值）。钢材用 Q355C 钢。

注：悬吊重和葫芦自重可作为集中荷载考虑。另外，考虑葫芦轮子对轨道梁下翼缘的磨损，梁截面模量和惯性矩应乘以折减系数 0.9。

5-3　图 5-48（a）所示的简支梁，其截面为不对称工字形（见图 5-48（b）），材料为 Q355B 钢；梁的中点和两端均有侧向支承。在集中荷载（未包括梁自重）$F = 160$ kN（设计值）的作用下，梁能否保证其整体稳定性？

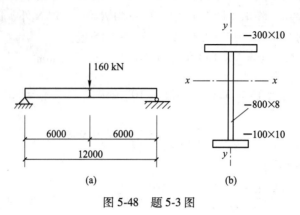

图 5-48　题 5-3 图

5-4　设计习题 5-1 的中间主梁（焊接组合梁），包括选择截面、计算翼缘焊缝、确定腹板加劲肋的间距。钢材为 Q355C 钢，E50 型焊条（手工焊）。

5-5　根据习题 5-1 和习题 5-4 所给定条件和所选定的主、次梁截面，设计次梁与主梁连接（用等高的平接），并按 1∶10 比例尺绘制连接。

6 拉弯和压弯构件

本章数字资源

【学习要点】

（1）了解拉弯和压弯构件的应用和截面形式。

（2）了解压弯构件整体稳定的基本原理，掌握其计算方法。

（3）了解实腹式压弯构件局部稳定的基本原理，掌握其计算方法。

（4）掌握拉弯和压弯的强度和刚度计算方法。

（5）掌握实腹式压弯构件设计方法及其主要构造要求。

（6）了解格构式压弯构件设计方法及其主要的构造要求。

【思政元素】

激发学生对拉弯和压弯构件设计的学习兴趣，使学生意识到工程设计底线的重要性，增强学生规范设计意识，培养良好的设计素养。

6.1　拉弯和压弯构件的应用和类型

同时承受轴向力和弯矩的构件称为压弯（或拉弯）构件，如图 6-1 所示。弯矩可能由轴向力的偏心作用、端弯矩作用和横向荷载作用三种因素形成。

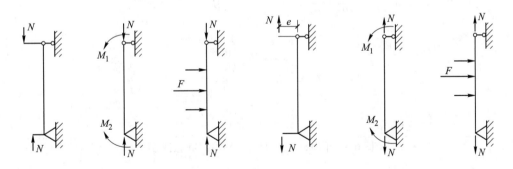

图 6-1　压弯构件和拉弯构件

在钢结构中压弯和拉弯构件的应用十分广泛，例如承受节间荷载的简支桁架下弦杆是拉弯构件，承受节间荷载的简支桁架上弦杆、单层厂房的框架柱、多层和高层房屋框架的柱子等都是常见的压弯构件，如图 6-2 所示。

压弯构件常采用单轴对称或双轴对称的截面。当弯矩只作用在构件的最大刚度平面内时称为单向压弯构件，在两个主平面内都有弯矩作用的构件称为双向压弯构件。工程结构

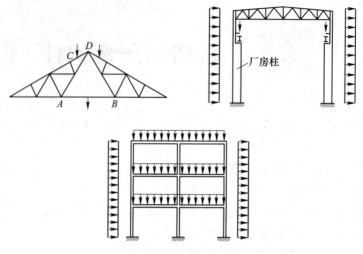

图 6-2　拉弯和压弯构件应用

中大多数压弯构件可按单向压弯构件考虑。图 6-3 所示为单向压弯构件截面的常用形式。当所受弯矩有正、负两种可能且其大小又较接近时，宜采用双轴对称截面，否则宜用单轴对称截面，并应使弯矩作用于截面的最大刚度平面内。在格构式构件中，调整两分肢的间距可使其有更大的抗弯刚度。

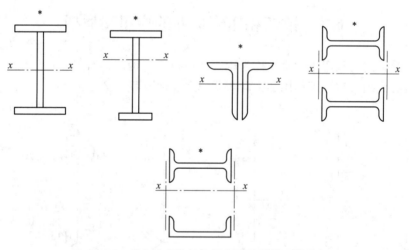

图 6-3　单向拉弯构件和压弯构件的截面形式

6.2　拉弯和压弯构件的强度和刚度

6.2.1　强度计算

考虑钢材的塑性性能，拉弯和压弯构件是以截面出现塑性铰作为其强度极限。在轴心压力及弯矩的共同作用下，假设轴向力不变而弯矩不断增加，工字形截面上应力的发展过程如图 6-4 所示（拉力及弯矩共同作用下与此类似，仅应力图形上下相反）。

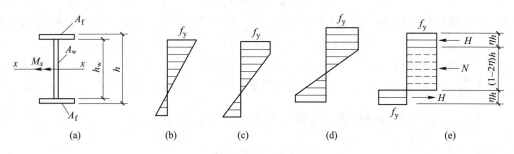

图 6-4　压弯构件截面应力的发展过程

图 6-4（b）为截面边缘纤维达到屈服应力，图 6-4（c）为最大应力一侧的塑性区向内发展，图 6-4（d）为较小应力一侧的边缘屈服并向内发展，图 6-4（e）为塑性铰形成即全截面进入塑性。若把图 6-4（e）中受压区应力图形分成两部分，一部分面积与受拉区的应力图形面积相等（实线部分），则此两者的合力 H 组成一力偶，其值应等于截面上的弯矩 M_x，其余受压区（虚线部分）的合力则代表截面上的轴心压力 N。根据内外力的平衡条件，可获得轴心力 N 和弯矩 M 的关系式，画成曲线如图 6-5 所示，为一外凸曲线，其外凸程度随单个翼缘和腹板面积之比而改变。为便于计算，规范采用直线代替曲线，其结果偏于安全，即：

$$\frac{N}{N_p} + \frac{M_x}{M_p} = 1 \tag{6-1}$$

式中，N_p 为截面的全塑性轴力，$N_p = A_n f_y$；M_p 为截面的全塑性弯矩，$M_p = W_{nx} f_y$。

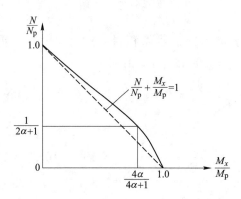

图 6-5　压弯和拉弯构件强度相关曲线

将 N_p 和 M_p 代入式（6-1），并像受弯构件一样，仅考虑截面部分塑性发展，引入抗力分项系数，得：

$$\frac{N}{A_n} \pm \frac{M_x}{\gamma_x W_{nx}} \leqslant f \tag{6-2}$$

式（6-2）即为单向压（拉）弯构件的强度计算公式，推广到双向压（拉）弯构件，则为：

$$\frac{N}{A_n} \pm \frac{M_x}{\gamma_x W_{nx}} \pm \frac{M_y}{\gamma_y W_{ny}} \leqslant f \tag{6-3}$$

式中，N 为轴向拉力或压力；A_n 为净截面面积；W_{nx}、W_{ny} 分别为对 x 轴和 y 轴的净截面模量；γ_x、γ_y 为截面塑性发展系数；M_x、M_y 为分别绕 x 轴和 y 轴作用的弯矩值。

以下几种情况不考虑截面塑性发展：对于直接承受动力荷载的构件，规范限制其为弹性阶段工作，取 $\gamma_x = \gamma_y = 1.0$；对于绕虚轴弯曲的格构式压弯构件，仅考虑边缘纤维屈服，取 $\gamma_x = 1.0$；当压弯构件受压翼缘的自由外伸宽度与其厚度之比 $13\sqrt{\frac{235}{f_y}} < \frac{b}{t} \leqslant 15\sqrt{\frac{235}{f_y}}$ 时，取 $\gamma_y = 1.0$。

式（6-2）与式（6-3）中正负号的取值方法为：当轴力与弯矩产生的应力为同号时取正值，异号取负值。

6.2.2 刚度计算

拉弯构件和压弯构件的刚度通常以长细比来表示，拉弯构件的容许长细比与轴心拉杆相同，压弯构件的容许长细比与轴心压杆相同。

【例 6-1】 图 6-6 所示的拉弯构件，间接承受动力荷载，轴向拉力的设计值为 800 kN，横向均布荷载的设计值为 7 kN/m。试选择其截面，设截面无削弱，材料为 Q355C 钢。

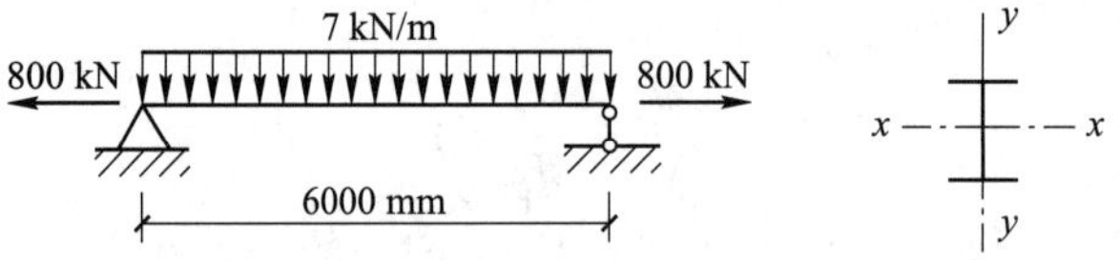

图 6-6 例 6-1 图

解：设采用普通工字钢 I22a，截面积 $A = 42.1$ cm^2，自重重力 0.33 kN/m，$I_x = 3406$ cm^4，$W_x = 310$ cm^3，$i_x = 8.99$ cm，$i_y = 2.32$ cm。

$$M_x = \frac{1}{8} \times (7 + 0.33 \times 1.3) \times 6^2 = 33.4 \text{ kN} \cdot \text{m}$$

强度计算：

$$\frac{N}{A_n} + \frac{M_x}{\gamma_x W_{nx}} = \frac{800 \times 10^3}{42.1 \times 10^2} + \frac{33.4 \times 10^6}{1.05 \times 310 \times 10^3} = 190 + 102.6 = 292.6 \text{ MPa} < 305 \text{ MPa}$$

验算长细比：

$$\lambda_x = \frac{600}{8.99} = 66.7 \qquad \lambda_y = \frac{600}{2.32} = 259 < [\lambda] = 350$$

6.3 实腹式压弯构件的稳定计算

压弯构件的截面尺寸通常由稳定承载力确定。双轴对称截面一般将弯矩绕强轴作用，而单轴对称截面则将弯矩作用在对称轴平面内。这些构件既可能在弯矩作用平面内弯曲失稳，也可能在弯矩作用平面外弯扭失稳。所以，压弯构件要分别计算弯矩作用平面内和弯矩作用平面外的稳定性。

6.3.1 弯矩作用平面内的稳定计算

目前确定压弯构件弯矩作用平面内极限承载力的方法很多，但大体可分为两大类：一类是边缘屈服准则的计算方法，另一类是精度较高的数值计算方法。

6.3.1.1 边缘纤维屈服准则

边缘纤维屈服准则是指当构件截面最大受压纤维屈服时，即认为构件失去承载能力而发生破坏。

对于一两端铰支、跨中最大初弯曲值为 v_0 的弹性压弯构件，沿全长均匀弯矩作用下，截面的受压最大边缘屈服时，其边缘纤维的应力可用式（6-4）表达。

$$\frac{N}{A} + \frac{M_x + Nv_0}{W_{1x}\left(1 - \frac{N}{N_{Ex}}\right)} = f_y \tag{6-4}$$

若公式中的 $M_x = 0$，则轴心力 N 即为有初始缺陷的轴心压杆的临界力 N_0，得：

$$\frac{N_0}{A} + \frac{Nv_0}{W_{1x}\left(1 - \frac{N_0}{N_{Ex}}\right)} = f_y \tag{6-5}$$

式（6-5）应与轴心受压构件的整体稳定计算式协调，即 $N_0 = \varphi_x A f_y$，代入式（6-5），解得 v_0 为：

$$v_0 = \left(\frac{1}{\varphi_x} - 1\right)\left(1 - \varphi_x \frac{Af_y}{N_{Ex}}\right)\frac{W_{1x}}{A} \tag{6-6}$$

将此 v_0 值代入式（6-4）中，经整理得：

$$\frac{N}{\varphi_x A} + \frac{M_x}{W_{1x}\left(1 - \varphi_x \frac{N}{N_{Ex}}\right)} = f_y \tag{6-7}$$

式中 W_{1x}——受压最大纤维的毛截面模量；

  φ_x——在弯矩作用平面内的轴心受压构件整体稳定系数。

式（6-7）即为压弯构件按边缘屈服准则导出的相关公式。

6.3.1.2 最大强度准则

边缘纤维屈服准则考虑当构件截面最大纤维刚一屈服时构件即失去承载能力而发生破坏，较适用于格构式构件。实腹式压弯构件当受压最大边缘刚开始屈服时尚有较大的强度储备，即容许截面塑性深入。因此若要反映构件的实际受力情况，宜采用最大强度准则，即以具有各种初始缺陷的构件为计算模型，求解其极限承载能力。

《钢结构设计标准》（GB 50017—2017）采用数值计算方法（逆算单元长度法），考虑构件存在 1/1000 的初弯曲和实测的残余应力分布，算出了近 200 条压弯构件极限承载力曲线。翼缘为火焰切割边的焊接工字形截面压弯构件在两端相等弯矩作用下的相关曲线如图 6-7 所示，其中实线为理论计算的结果。

截面形式不同，或虽然截面形式相同但尺寸不同、残余应力的分布不同以及失稳方向的不同等，其计算曲线都将有很大的差异。很明显，包括各种截面形式的近 200 条曲线，

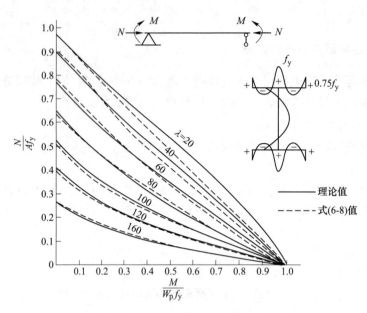

图 6-7 焊接工字钢偏心压杆的相关曲线

很难用一个统一的公式来表达。但修订《钢结构设计标准》时，经过分析证明，发现采用相关公式的形式可以较好地解决上述困难。由于影响稳定极限承载力的因素很多，且构件失稳时已进入弹塑性工作阶段，要得到精确的、符合各种不同情况的理论相关公式是不可能的。因此，只能根据理论分析的结果，经过数值运算，得出比较符合实际又能满足工程精度要求的实用相关公式。

《钢结构设计标准》将用数值方法得到的压弯构件的极限承载力 N_u 与用边缘纤维屈服准则导出的相关公式（6-7）中的轴心压力 N 进行比较，发现对于短粗的实腹杆式（6-7）偏于安全，而对于细长的实腹杆式（6-7）偏于不安全。因此，《钢结构设计标准》借用了弹性压弯构件边缘纤维屈服时计算公式的形式，但在计算弯曲应力时考虑了截面的塑性发展和二阶弯矩，对于初弯曲和残余应力的影响则综合在一个等效偏心距 v_0 内，最后提出一近似相关公式：

$$\frac{N}{\varphi_x A} + \frac{M_x}{W_{px}\left(1 - 0.8\dfrac{N_0}{N_{Ex}}\right)} = f_y \tag{6-8}$$

式中 W_{px}——截面塑性模量。

式（6-8）的相关曲线即图 6-7 中的虚线，其计算结果与理论值的误差很小。

6.3.1.3 《钢结构设计标准》规定的实腹式压弯构件整体稳定计算式

式（6-8）仅适用于弯矩沿杆长为均匀分布的两端铰支压弯构件。当弯矩为非均匀分布时，构件的实际承载能力将比由式（6-8）算得的值高。为了把式（6-8）推广应用于其他荷载作用时的压弯构件，可用等效弯矩 $\beta_{mx} M_x$（M_x 为最大弯矩，$\beta_{mx} \leqslant 1$）代替公式中的 M_x 来考虑这种有利因素。另外，考虑部分塑性深入截面，采用 $\gamma_x W_{1x}$ 代替 W_{px}，并引入抗力分项系数，即得到标准所采用的实腹式压弯构件弯矩作用平面内的稳定计算式：

$$\frac{N}{\varphi_x Af} + \frac{\beta_{mx} M_x}{\gamma_x W_{1x}\left(1 - 0.8\dfrac{N_0}{N'_{Ex}}\right)} \le 1.0 \qquad (6\text{-}9)$$

式中　N——轴向压力；

　　M_x——所计算构件段范围内的最大弯矩；

　　φ_x——轴心受压构件的稳定系数；

　　W_{1x}——最大受压纤维的毛截面模量；

　　N'_{Ex}——参数，为欧拉临界力除以抗力分项系数 γ_R（不分钢种，取 $\gamma_R = 1.1$），$N'_{Ex} = \pi^2 EA/(1.1\lambda^2)$；

　　β_{mx}——等效弯矩系数。

β_{mx} 按下列情况取值：

（1）无侧移框架柱和两端支承的构件。

1）无横向荷载作用时，β_{mx} 应按式（6-10）计算。

$$\beta_{mx} = 0.6 + 0.4 M_2/M_1 \qquad (6\text{-}10)$$

式中　M_1，M_2——端弯矩，使构件产生同向曲率（无反弯点）时取同号，使构件产生反向曲率（有反弯点时）时取异号，$|M_1| \ge |M_2|$。

2）无端弯矩但有横向荷载作用时，β_{mx} 应按下列公式计算：

跨中单个集中荷载

$$\beta_{mx} = 1 - 0.36 N/N_{cr} \qquad (6\text{-}11)$$

全跨均布荷载

$$\beta_{mx} = 1 - 0.18 N/N_{cr} \qquad (6\text{-}12)$$

式中　N_{cr}——弹性临界力，$N_{cr} = \dfrac{\pi^2 EI}{(\mu l)^2}$；

　　μ——构件的计算长度系数。

3）端弯矩和横向荷载同时作用时，式（6-9）中的 $\beta_{mx} M_x$ 应按式（6-13）计算。

$$\beta_{mx} M_x = \beta_{mqx} M_{qx} + \beta_{m1x} M_1 \qquad (6\text{-}13)$$

式中　M_{qx}——横向荷载产生的弯矩最大值；

　　M_1——端弯矩中绝对值最大一端的弯矩；

　　β_{m1x}——按式（6-10）计算的等效弯矩系数；

　　β_{mqx}——按式（6-11）或式（6-12）计算的等效弯矩系数。

（2）有侧移框架柱和悬臂构件。

1）除下面第2）项规定之外的框架柱，β_{mx} 应按式（6-14）计算。

$$\beta_{mx} = 1 - 0.36 N/N_{cr} \qquad (6\text{-}14)$$

2）有横向荷载的柱脚铰接的单层框架柱和多层框架的底层柱：$\beta_{mx} = 1.0$。

3）自由端作用有弯矩的悬臂柱：

$$\beta_{mx} = 1 - 0.36(1 - m) N/N_{cr} \qquad (6\text{-}15)$$

式中　m——自由端弯矩与固定端弯矩之比，当弯矩图无反弯点时取正号，有反弯点时取负号。

对于 T 型钢、双角钢 T 形等单轴对称截面压弯构件，当弯矩作用于对称轴平面且使较大翼缘受压时，构件失稳时出现的塑性区除存在前述受压区屈服和受压、受拉区同时屈服两种情况外，还可能在受拉区首先出现屈服而导致构件失去承载能力，故除了按式（6-9）计算外，还应按式（6-16）计算。

$$\left| \frac{N}{Af} - \frac{\beta_{mx} M_x}{\gamma_x W_{2x}\left(1 - 1.25\dfrac{N}{N'_{Ex}}\right)f} \right| \leqslant 1.0 \tag{6-16}$$

式中　W_{2x}——受拉侧最外纤维的毛截面模量；

　　　γ_x——与 W_{2x} 相应的截面塑性发展系数。

其余符号同式（6-9）。式（6-16）第二项分母中的 1.25 也是经过与理论计算结果比较后引进的修正系数。

【例 6-2】　某框架柱内力设计值为 $N = 435.5$ kN，$M_x = 386.6$ kN·m，已知该柱的 $\lambda_x = 72.7$，柱截面特征见表 6-1，材料采用 Q355C 钢，其弯矩作用平面内以应力（MPa）形式表达的稳定性计算数值与（　　）最接近。

　　A. 183.6　　　　　B. 191.2　　　　　C. 205.4　　　　　D. 243.6

表 6-1　柱截面特征（x 轴为强轴）

截　面	A/cm^2	I_x/m^4	W_x/cm^3	i_x/cm	i_y/cm
HM390×300×10×16	136.7	38900	2000	16.9	7.26

提示：$\gamma_x = 1.05$，$\beta_{mx} = 0.970$，$\pi = 3.14159$，轴压构件稳定系数按 b 类截面确定。

解： D。

$$N'_{Ex} = \frac{\pi^2 EA}{1.1\lambda_x^2} = \frac{\pi^2 \times 206000 \times 136.7 \times 10^3}{1.1 \times 72.7^2} = 4781 \text{ kN}$$

$\lambda_x/\varepsilon_k = 72.7 \times \sqrt{355/235} = 89.4$，查附表 4-3（b 类截面）得 $\varphi_x = 0.625$。

$$\frac{N}{\varphi_x A} + \frac{\beta_{mx} M_x}{\gamma_x W_{1x}\left(1 - 0.8\dfrac{N_0}{N'_{Ex}}\right)}$$

$$= \frac{435.5 \times 10^3}{0.625 \times 136.7 \times 10^2} + \frac{0.970 \times 386.6 \times 10^6}{1.05 \times 2000 \times 10^3 \times \left(1 - 0.8 \times \dfrac{435.5}{4781}\right)}$$

$$= 51.0 + 192.6 = 243.6 \text{ MPa} < 305 \text{ MPa}$$

6.3.2　弯矩作用平面外的稳定计算

开口薄壁截面压弯构件的抗扭刚度及弯矩作用平面外的抗弯刚度通常较小，当构件在弯矩作用平面外没有足够的支承以阻止其产生侧向位移和扭转时，构件可能因弯扭屈曲而破坏。根据第 4 章的推导，构件在发生弯扭失稳时，其临界条件为：

$$\left(1 - \frac{N}{N_{Ey}}\right)\left(1 - \frac{N}{N_{Ey}} \cdot \frac{N_{Ey}}{N_z}\right) - \left(\frac{M_x}{M_{crx}}\right)^2 = 0 \tag{6-17}$$

式中　N_{Ey}——轴心压杆绕弱轴弯曲屈曲的欧拉临界力；

　　　N_z——轴心压杆扭转屈曲临界力；

M_{crx}——双轴对称截面梁侧扭屈曲的临界弯矩。

以 N_z/N_{Ey} 的不同比值代入式（6-17），可以画出 N/N_{Ey} 和 M_x/M_{crx} 之间的相关曲线，如图 6-8 所示。

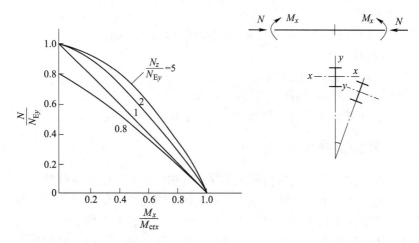

图 6-8　N/N_{Ey} 和 M_x/M_{crx} 的相关曲线

这些曲线与 N_z/N_{Ey} 的比值有关，N_z/N_{Ey} 值越大，曲线越外凸。对于钢结构中常用的双轴对称工字形截面，其 N_z/N_{Ey} 总是大于 1.0，如偏安全地取 $N_z/N_{Ey} = 1.0$，则式（6-17）成为：

$$\left(\frac{M_x}{M_{crx}}\right)^2 = \left(1 - \frac{N}{N_{Ey}}\right)^2$$

$$\frac{N}{N_{Ey}} + \frac{M_x}{M_{crx}} = 1 \tag{6-18}$$

式（6-18）是根据弹性工作状态的双轴对称截面导出的理论式经简化而得出的。分析和试验研究表明，它同样适用于弹塑性压弯构件的弯扭屈曲计算，而且对于单轴对称截面的压弯构件，只要用该单轴对称截面轴心压杆的弯扭屈曲临界力 N_{cr} 代替式中的 N_{Ey}，相关公式仍然适用，而式（6-18）是一个简单的直线式。

在式（6-18）中，用 $\varphi_y A f_y$ 代替 N_{Ey}、$\varphi_b W_{1x} f_y$ 代替 M_{crx}，并引入非均匀弯矩作用时的等效弯矩系数 β_{tx}、箱形截面的调整系数 η 以及抗力分项系数 γ_R 后，得到《钢结构设计标准》规定的压弯构件在弯矩作用平面外稳定计算的相关公式为：

$$\frac{N}{\varphi_y A f} + \eta \frac{\beta_{tx} M_x}{\varphi_b W_{1x} f} \leqslant 1.0 \tag{6-19}$$

式中　M_x——所计算构件段范围内（构件侧向支承点间）的最大弯矩；

　　　η——调整系数，箱形截面 $\eta = 0.7$，其他截面 $\eta = 1.0$；

　　　φ_y——弯矩作用平面外的轴心受压构件稳定系数；

　　　φ_b——均匀弯曲梁的整体稳定系数；

　　　β_{tx}——等效弯矩系数。

β_{tx} 应根据所计算构件段的荷载和内力情况，按下列规定取值：

（1）在弯矩作用平面外有支承的构件，应根据两相邻支承间构件段内的荷载和内力情况确定。

1）当无横向荷载作用时，β_{tx} 应按下式计算：

$$\beta_{tx} = 0.65 + 0.35 \frac{M_2}{M_1}$$

2）当端弯矩和横向荷载同时作用时，β_{tx} 应按下列规定取值：

使构件产生同向曲率时，$\beta_{tx} = 1.0$；

使构件产生反向曲率时，$\beta_{tx} = 0.85$。

3）当无端弯矩有横向荷载作用时，$\beta_{tx} = 1.0$。

（2）在弯矩作用平面外有悬臂的构件，$\beta_{tx} = 1.0$。

6.3.3 双向压弯构件的稳定计算

弯矩作用在两个主轴平面内的构件为双向压弯构件。双向压弯构件整体失稳时不仅绕两个主轴弯曲，而且还伴随着扭转变形。其稳定承载力与 N、M_x、M_y 三者的比例有关，无法给出解析解，只能采用数值解。双向压弯构件可分解为轴心受压、绕 x 轴弯曲、绕 y 轴弯曲及弯扭双力矩四种情况的组合。为了设计方便，并与轴心受压构件和单向压弯构件计算相衔接，采用相关公式来计算。《钢结构设计标准》（GB 50017—2017）规定，弯矩作用在两个主平面内的双轴对称实腹式工字形截面（含 H 形）和箱形（闭口）截面的压弯构件，其稳定按下列公式计算：

$$\frac{N}{\varphi_x A} + \frac{\beta_{mx} M_x}{\gamma_x W_{1x}\left(1 - 0.8 \frac{N}{N'_{Ex}}\right)} + \eta \frac{\beta_{ty} M_y}{\varphi_{by} W_{1y}} \leqslant f \tag{6-20}$$

$$\frac{N}{\varphi_y A} + \frac{\beta_{my} M_y}{\gamma_y W_{1y}\left(1 - 0.8 \frac{N}{N'_{Ey}}\right)} + \eta \frac{\beta_{tx} M_x}{\varphi_{bx} W_{1x}} \leqslant f \tag{6-21}$$

式中　　φ_x，φ_y ——对强轴 x—x 和弱轴 y—y 的轴心受压构件稳定系数；

φ_{bx}，φ_{by} ——均匀弯曲受弯构件的整体稳定性系数，对闭口截面，取 $\varphi_{bx} = \varphi_{by} = 1.0$；

M_x，M_y ——计算构件段范围内对强轴和弱轴的最大弯矩设计值；

N'_{Ex}，N'_{Ey} ——参数，$N'_{Ex} = \pi^2 EA / (1.1\lambda_x^2)$，$N'_{Ey} = \pi^2 EA / (1.1\lambda_y^2)$；

W_x，W_y ——对强轴和弱轴的毛截面模量；

β_{mx}，β_{my} ——等效弯矩系数，应按前述弯矩作用平面内稳定计算的有关规定采用；

β_{tx}，β_{ty} ——等效弯矩系数，应按前述弯矩作用平面外稳定计算的有关规定采用。

6.3.4 实腹式压弯构件的局部稳定计算

6.3.4.1 受压翼缘板

工字形截面（含 H 形）、T 形截面和箱形截面压弯构件的受压翼缘板，受力情况与相应梁的受压翼缘板相同，因此其局部稳定性与有关梁中的规定相同，即：

（1）工字形截面（含 H 形）、T 形截面翼缘板自由外伸宽度 b_1 与其厚度 t 之比应符合

$$\frac{b_1}{t} \leqslant 13 \sqrt{\frac{235}{f_y}} \qquad (\gamma_x > 1.0) \tag{6-22}$$

$$\frac{b_1}{t} \leqslant 15 \sqrt{\frac{235}{f_y}} \qquad (\gamma_x = 1.0) \qquad (6\text{-}23)$$

（2）箱形截面受压翼缘板在两腹板间的宽度 b_0 与其厚度 t 之比应符合

$$\frac{b_0}{t} \leqslant 40 \sqrt{\frac{235}{f_y}} \qquad (6\text{-}24)$$

6.3.4.2 腹板

（1）工字形截面（含 H 形）。工字形截面腹板在纵向承受不均匀压应力，在四周承受均布剪应力 τ，如图 6-9 所示。

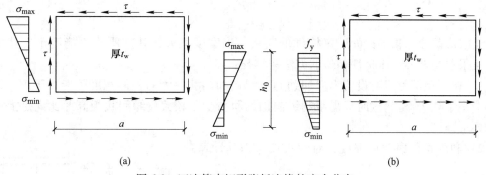

（a）

（b）

图 6-9 四边简支矩形腹板边缘的应力分布

（a）弹性阶段；（b）弹塑性阶段

规范中对工字形截面压弯构件腹板的高厚比限值 h_0/t_w 是在 σ 和 τ 的联合作用下根据四边简支板的稳定临界条件导出的，按下列规定进行：

$0 \leqslant a_0 \leqslant 1.6$ 时

$$\frac{h_0}{t_w} \leqslant (1.6a_0 + 0.5\lambda + 25) \sqrt{\frac{235}{f_y}} \qquad (6\text{-}25)$$

$1.6 \leqslant a_0 \leqslant 2.0$ 时

$$\frac{h_0}{t_w} \leqslant (48a_0 + 0.5\lambda - 26.2) \sqrt{\frac{235}{f_y}} \qquad (6\text{-}26)$$

式中，$a_0 = \dfrac{\sigma_{\max} - \sigma_{\min}}{\sigma_{\max}}$，为腹板所受压应力的应力梯度；$\sigma_{\max}$、$\sigma_{\min}$ 分别为腹板高度边缘所受的应力，以压应力为正，拉应力为负；λ 为构件在弯矩作用平面内的长细比，当 $\lambda < 30$ 时取 $\lambda = 30$，当 $\lambda > 100$ 时取 $\lambda = 100$。

（2）T 形截面。腹板的高厚比不应超过下列数值。

1）角钢截面和弯矩使翼缘受拉的压弯构件。

$a_0 \leqslant 1.0$ 时

$$\frac{h_w}{t_w} \leqslant 15 \sqrt{\frac{235}{f_y}} \qquad (6\text{-}27)$$

$a_0 > 1.0$ 时

$$\frac{h_w}{t_w} \leqslant 18 \sqrt{\frac{235}{f_y}} \qquad (6\text{-}28)$$

2）弯矩使翼缘受压的压弯构件。

热轧剖分 T 型钢

$$\frac{h_{\rm w}}{t_{\rm w}} \leqslant (15 + 0.2\lambda) \sqrt{\frac{235}{f_{\rm y}}} \tag{6-29}$$

焊接 T 型钢

$$\frac{h_{\rm w}}{t_{\rm w}} \leqslant (13 + 0.17\lambda) \sqrt{\frac{235}{f_{\rm y}}} \tag{6-30}$$

（3）箱形截面。腹板高厚比限值按式（6-25）或式（6-26）所算得之值再乘 0.8，但不小于 $40 \sqrt{\frac{235}{f_{\rm y}}}$。

工字形截面和箱形截面压弯构件的腹板，当宽度很大，其高厚比不能满足上述要求时，可采取与轴心受压构件相似的方法来加强：

1）在腹板两侧成对设置纵向加劲肋（纵向加劲肋每侧的外伸宽度不应小于 $10t_{\rm w}$，厚度不应小于 $0.75t_{\rm w}$），这时只需限制纵向加劲肋与受压较大翼缘间腹板高厚比满足上述公式的要求即可。

2）利用腹板屈曲后强度，对腹板仅考虑其计算高度两侧边缘各为 $20t_{\rm w} \sqrt{\frac{235}{f_{\rm y}}}$ 的宽度范围为有效截面（在计算构件的稳定系数时，仍采用腹板的全部截面），如图 6-10 所示。

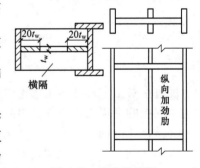

图 6-10　宽柱的腹板

【例 6-3】　图 6-11 所示的工字形截面柱，两端在 x 和 y 两个方向均为铰接，构件承受轴心压力设计值 750 kN，构件长度中点有一横向荷载，设计值为 110 kN，均为静力荷载。翼缘板为焰切边，截面无削弱，钢材为 Q235。构件长 15 m，在构件长度 1/3 点设有两道侧向支承点。试验算该构件的承载力。

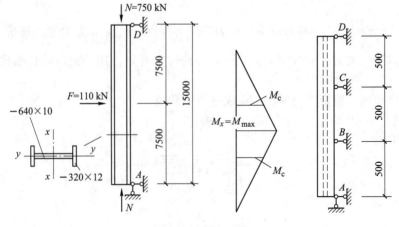

图 6-11　例 6-3 图

解: (1) 截面的几何特性。

$$A = 2 \times 32 \times 1.2 + 64 \times 1.0 = 140.8 \text{ cm}^2$$

$$I_x = \frac{1}{12} \times (32 \times 66.4^3 - 31 \times 64^3) = 103475 \text{ cm}^4$$

$$I_y = 2 \times \frac{1}{12} \times 1.2 \times 32^3 = 6654 \text{ cm}^4$$

$$W_x = \frac{103475}{33.2} = 3117 \text{ cm}^3$$

$$i_x = \sqrt{\frac{103475}{140.8}} = 27.1 \text{ cm} \qquad i_y = \sqrt{\frac{6654}{140.8}} = 6.8 \text{ cm}$$

(2) 强度验算。

$$M_x = \frac{1}{4} \times 110 \times 15 = 412.5 \text{ kN} \cdot \text{m}$$

$$\frac{N}{A_m} + \frac{M_x}{\gamma_x W_{mx}} = \frac{750 \times 10^3}{140.8 \times 10^2} + \frac{412.5 \times 10^5}{1.05 \times 3117 \times 10^3}$$

$$= 53.3 + 126 = 179 \text{ MPa} < f = 215 \text{ MPa}$$

满足要求。

(3) 整体稳定验算。

1) 弯矩作用平面内稳定:

$$\lambda_x = \frac{1500}{27.1} = 55.3 < [\lambda] = 150$$

查表 b 类截面,$\varphi_x = 0.831$。

$$N'_{Ex} = \frac{\pi^2 EA}{1.1\lambda_x^2} = \frac{\pi^2 \times 206 \times 10^3 \times 140.8 \times 10^2}{1.1 \times 55.3^2} = 8501 \text{ kN}$$

$$\beta_{mx} = 1.0$$

$$\frac{N}{\varphi_x A} + \frac{\beta_{mx} M_x}{\gamma_x W_{1x}\left(1 - 0.8\dfrac{N}{N'_{Ex}}\right)}$$

$$= \frac{750 \times 10^3}{0.831 \times 140.8 \times 10^2} + \frac{1.0 \times 412.5 \times 10^6}{1.05 \times 3117 \times 10^3 \times \left(1 - 0.8 \times \dfrac{750}{8510}\right)}$$

$$= 64.1 + 135.6 + 200 \text{ MPa} < f = 215 \text{ MPa}$$

满足要求。

2) 弯矩作用平面外稳定:

$$\lambda_y = \frac{500}{6.8} = 73.5 < 120\sqrt{\frac{235}{f_y}} = 120 < [\lambda] = 150$$

查表 b 类截面,$\varphi_y = 0.729$。

$$\varphi_b = 1.07 - \frac{\lambda_y^2}{44000} \cdot \frac{f_y}{235} = 1.07 - \frac{73.5^2}{44000} = 0.947$$

BC 段，有端弯矩和横向荷载作用，但使构件段产生同向曲率，取 $\beta_{tx} = 1.0$；DC 段，仅有端弯矩作用，$M_1 = 0$，$M_2 = M_c = 275 \text{ kN} \cdot \text{m}$。

$$\beta_{tx} = 0.65 + 0.35 \frac{M_1}{M_2} = 0.65 + \frac{0}{275} = 0.65$$

由上可知平面外稳定由 BC 段控制。

$$\frac{N}{\varphi_y A} + \eta \frac{\beta_{tx} M_x}{\varphi_b W_{1x}} = \frac{750 \times 10^3}{0.729 \times 140.8 \times 10^3} + 1.0 \times \frac{1.0 \times 412.5 \times 10^6}{0.947 \times 3117 \times 10^3}$$
$$= 73.1 + 139.6 = 213 \text{ MPa} < f = 215 \text{ MPa}$$

满足要求。

由上计算可知，该压弯构件是由弯矩作用平面外的稳定控制的。

（4）局部稳定验算。

$$\sigma_{\max} = \frac{N}{A} + \frac{M_x}{I_x} \cdot \frac{h_0}{2} = \frac{750 \times 10^3}{140.8 \times 10^2} + \frac{412.5 \times 10^6}{103475 \times 10^4} \times 320$$
$$= 53.27 + 127.57 = 180.8 \text{ MPa}$$

$$\sigma_{\min} = \frac{N}{A} - \frac{M_x}{I_x} \cdot \frac{h_0}{2} = \frac{750 \times 10^3}{140.8 \times 10^2} - \frac{412.5 \times 10^6}{103475 \times 10^4} \times 320$$
$$= 53.27 - 127.57 = -74.3 \text{ MPa}$$

$$a_0 = \frac{\sigma_{\max} - \sigma_{\min}}{\sigma_{\max}} = \frac{180.8 + 74.3}{180.8} = 1.4 < 1.6$$

腹板：
$$\frac{h_0}{t_w} = \frac{640}{10} = 64 < (16a_0 + 0.5\lambda + 25)\sqrt{\frac{235}{f_y}}$$
$$= 16 \times 1.4 + 0.5 \times 55 - 3 + 25 = 75$$

满足要求。

翼缘：
$$\frac{b}{t} = \frac{160 - 5}{12} = 12.9 < 13\sqrt{\frac{235}{f_y}} = 13$$

满足要求。

6.4　格构式压弯构件的稳定计算

6.4.1　弯矩绕实轴作用的格构式压弯构件

弯矩绕实轴作用的格构式压弯构件，其弯矩作用平面内和平面外的稳定性计算方法与实腹式构件的相同。但在计算平面外的稳定性时，长细比应取换算长细比，整体稳定系数应取 $\varphi_b = 1.0$，缀材（缀板或缀条）所受剪力按式（3-38）计算。

6.4.2　弯矩绕虚轴作用的格构式压弯构件

6.4.2.1　弯矩作用平面内稳定性

规范对弯矩绕虚轴（记作 x 轴）作用的格构式压弯构件的平面内稳定采用考虑初始缺

陷的边缘纤维屈服准则作为计算依据，即式（6-31）。

$$\frac{N}{\varphi_x A} + \frac{\beta_{mx} M_x}{W_{1x}\left(1 - \varphi_x \dfrac{N}{N'_{Ex}}\right)} \leqslant f \tag{6-31}$$

式中，$W_{1x} = \dfrac{I_x}{y_c}$，$I_x$ 为截面对 x 轴的毛截面抵抗矩，y_c 为由 x 轴到压力较大分肢的轴线距离（当最外纤维为翼缘外伸肢时）或到压力较大分肢腹板边缘的距离（当最外纤维为分肢腹板时），参阅图 6-12；φ_x 和 N'_{Ex} 应由换算长细比 λ_{0x} 确定。

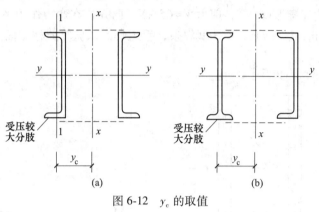

图 6-12　y_c 的取值

6.4.2.2　弯矩作用平面外稳定性

弯矩绕虚轴作用的格构式压弯构件，在弯矩作用平面外的稳定性一般由分肢的稳定计算得到保证。只要受压较大分肢在其两个主轴方向的稳定性得到满足，整个构件在平面外的稳定性也可得到保证。

验算分肢稳定性时，分肢的轴心压力应按桁架中的弦杆计算，如图 6-13 所示，分肢 1 的轴力为：

$$N_1 = N \frac{y_2}{h} + \frac{M}{h}$$

分肢 2 的轴力为：

$$N_2 = N - N_1$$

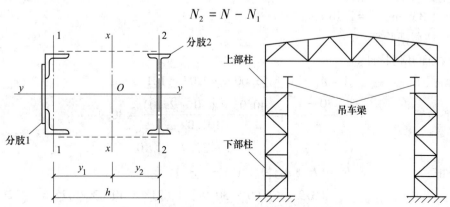

图 6-13　格构式压弯构件

缀条连接的分肢按轴心压杆计算，缀板连接的分肢，除轴心压力外还应考虑由剪力引起的弯矩，按实腹式压弯构件验算单肢的稳定性，剪力应取构件的实际剪力和式（3-38）计算所得值两者中的较大值。分肢的计算长度，在缀材平面内取缀材的节间长度，在缀材平面外取整个构件侧向支撑点间的距离。

【例 6-4】 图 6-14 所示为一钢厂房边柱下部柱的截面，截面无削弱，材料为 Q235-B 钢。采用格构式双肢缀条柱，吊车肢截面采用 I28b，屋盖肢截面采用 [28a，缀条采用单角钢 L63×4，斜缀条与柱轴线间的夹角 $\alpha=45°$，柱外缘至吊车肢中心的距离取 0.8 m。承受的荷载设计值为：轴心压力 $N=700$ kN，正弯矩 $M_x=700$ kN（使吊车肢受压），负弯矩 $M_x'=250$ kN·m（使屋盖肢受压），剪力 $V=65$ kN。已知柱在弯矩作用平面内、外的计算长度分别为 $l_{0x}=16.8$ m，$l_{0y}=8$ m，E43 型焊条，手工焊。试验算此柱截面。

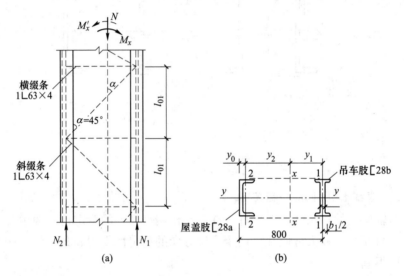

图 6-14　例 6-4 图

解：（1）查附录 7，吊车肢截面 I28b：$A_1=61.00$ cm^2，$I_{y1}=7480$ cm^4，$i_{y1}=11.1$ cm，$I_1=379$ cm^4，$i_1=2.49$ cm。翼缘宽度 $b_1=124$ mm，翼缘厚度 $t_1=13.7$ mm<16 mm，腹板厚度 $t_{w1}=10.5$ mm。屋盖肢截面 [28a：$A_2=40.03$ cm^2，$I_{y2}=4760$ cm^4，$i_{y2}=10.9$ cm，$I_2=218$ cm^4，$i_2=2.33$ cm，$y_0=2.10$ cm。

（2）柱截面验算。

1）截面几何特性。

截面积　　　　　$A=A_1+A_2=61.00+40.03=101.0$ cm^2

形心位置　　　$y_1=\dfrac{A_2(80-y_0)}{A}=\dfrac{40.03\times(80-2.10)}{101.0}=30.9$ cm

　　　　　　　$y_2=80-y_1-y_0=80-30.9-2.10=47$ cm

惯性矩　　　　$I_x=(I_1+A_1y_1^2)+(I_2+A_2y_2^2)$

　　　　　　　　$=(379+61.00\times30.9^2)+(218+40.03\times47^2)=147267$ cm^4

　　　　　　　$I_y=I_{y1}+I_{y2}=4780+4760=12240$ cm^4

回转半径
$$i_x = \sqrt{\frac{I_x}{A}} = \sqrt{\frac{147267}{101.0}} = 38.2 \text{ cm}$$

$$i_y = \sqrt{\frac{I_y}{A}} = \sqrt{\frac{12240}{101.0}} = 11 \text{ cm}$$

对吊车肢的截面模量

$$W_x = \frac{I_x}{y_1 + \dfrac{b_1}{2}} = \frac{147267}{30.9 + \dfrac{12.4}{2}} = 3969 \text{ cm}^3 \quad （验算强度时用）$$

$$W_{1x} = \frac{I_x}{y_1} = \frac{147267}{30.9} = 4766 \text{ cm}^3 \quad （验算稳定时用）$$

对屋盖肢的截面模量

$$W_{2x} = \frac{I_x}{y_2 + \dfrac{y_0}{2}} = \frac{147267}{47.0 + 2.10} = 2999 \text{ cm}^3$$

2）强度验算。

柱截面最大压应力（在吊车肢边缘）

$$\frac{N}{A_m} + \frac{M_x}{\gamma_x W_{nx}} = \frac{700 \times 10^3}{101.0 \times 10^2} + \frac{500 \times 10^6}{1.0 \times 3969 \times 10^3} = 69.3 + 126 = 195 \text{ MPa} < 215 \text{ MPa}$$

满足要求。

3）整体稳定及刚度验算。

长细比
$$\lambda_x = \frac{l_{0x}}{i_x} = \frac{168 \times 10}{38.2} = 44.0$$

$$\lambda_y = \frac{l_{0y}}{i_y} = \frac{8 \times 10^2}{11} = 72.7 < [\lambda] = 150$$

满足要求。

垂直于 x 轴的各斜缀条毛截面面积之和

$$A_{1x} = 2A_1 = 2 \times 4.98 = 9.96 \text{ cm}^2$$

换算长细比

$$\lambda_{0x} = \sqrt{\lambda_x^2 + 27\frac{A}{A_{1x}}} = \sqrt{44.0^2 + 27 \times \frac{101.0}{9.96}} = 47.0 < [\lambda] = 150$$

满足要求。

稳定系数（b 类截面），按 λ_{0x} 查表得 $\varphi_x = 0.870$。

$$N'_{Ex} = \frac{\pi^2 EA}{1.1\lambda_{0x}^2} = \frac{\pi^2 \times 206 \times 10^3 \times 101.0 \times 10^2}{1.1 \times 47^2} = 8451 \text{ kN}$$

在弯矩作用平面内下部柱上端有侧移，$\beta_{mx} = 1.0$（按 β_{mx} 取值规定的第（1）条），轴心压力 N 和正弯矩 M_x 共同作用下的稳定计算：

$$\frac{N}{\varphi_x A} + \frac{\beta_{mx} M_x}{W_{1x}\left(1 - \varphi_x\dfrac{N}{N'_{Ex}}\right)} = \frac{700 \times 10^3}{0.870 \times 101.0 \times 10^2} + \frac{1.0 \times 500 \times 10^6}{4766 \times 10^3 \times \left(1 - 0.87 \times \dfrac{700}{8451}\right)}$$

$$= 79.7 + 113.1 = 193 \text{ MPa} < f = 215 \text{ MPa}$$

满足要求。

轴心压力 N 和负弯矩 M'_x 共同作用下的屋盖肢腹板边缘：

$$\frac{N}{\varphi_x A} + \frac{\beta_{mx} M'_x}{W_{2x}\left(1 - \varphi_x \dfrac{N}{N'_{Ex}}\right)} = \frac{700 \times 10^3}{0.870 \times 101.0 \times 10^2} + \frac{1.0 \times 250 \times 10^6}{2999 \times 10^3 \times \left(1 - 0.87 \times \dfrac{700}{8451}\right)}$$

$$= 79.7 + 89.8 = 170 \text{ MPa} < f = 215 \text{ MPa}$$

（3）分肢稳定性验算。

1）吊车肢。

轴心压力 $\qquad N_1 = \dfrac{N_{y2} + M_x}{y_1 + y_2} = \dfrac{700 \times 47 + 500 \times 10^2}{30.9 + 47} = 1064.2 \text{ kN}$

吊车肢对 1—1 轴的计算长度和长细比

$$l_{0x} = \frac{y_1 + y_2}{\tan\alpha} = \frac{30.9 + 47}{\tan 45°} = 77.9$$

$$\lambda_1 = \frac{l_{0x}}{i_{y1}} = \frac{77.9}{11.1} = 31.3 < [\lambda] = 150$$

吊车肢对 y 轴的长细比

$$\lambda_{y1} = \frac{l_{0x}}{i_{y1}} = \frac{8 \times 10^2}{11.1} = 72.1 < [\lambda] = 150$$

按 $\lambda_{y1} = 72.1$ 查稳定系数（a 类截面），得 $\varphi_1 = 0.829$。

$$\frac{N_1}{\varphi_1 A_1} = \frac{1064.2 \times 10^3}{0.829 \times 61.00 \times 10^2} = 210 \text{ MPa} < f = 215 \text{ MPa}$$

2）屋盖肢。

轴心压力 $\qquad N_2 = \dfrac{N_{y1} + M'_x}{y_1 + y_2} = \dfrac{700 \times 30.9 + 250 \times 10^2}{30.9 + 47} = 598.6 \text{ kN}$

屋盖肢对 2—2 轴的计算长度和长细比

$$l_{02} = l_{01} = 77.9 \text{ cm}$$

$$\lambda_2 = \frac{l_{0x}}{i_2} = \frac{77.9}{2.33} = 33.4 < [\lambda] = 150$$

屋盖肢对 y 轴的长细比

$$\lambda_{y2} = \frac{l_{0y}}{i_{y2}} = \frac{800}{10.9} = 73.4 < [\lambda] = 150$$

按 $\lambda_{y2} = 73.4$ 查稳定系数（b 类截面），得 $\varphi_2 = 0.730$。

$$\frac{N_2}{\varphi_2 A_2} = \frac{589.6 \times 10^3}{0.73 \times 40.03 \times 10^2} = 202 \text{ MPa} < f = 215 \text{ MPa}$$

分肢的整体稳定性满足要求，分肢的局部稳定性不必验算。

（4）缀条的截面验算。方法同轴心受压格构件，此处略。

6.5 压弯构件的计算长度

6.5.1 计算长度的概念

压弯构件的刚度和稳定计算，都要用到长细比，计算构件的长细比需要知道构件的计算长度。计算长度的物理意义是把不同支承情况的轴心压杆等效为两端铰支轴心压杆的长度，它的几何意义是代表构件弯曲屈曲后弹性曲线两反弯点间的长度。对独立的压弯构件，其计算长度与轴心受压构件一样根据构件两端的支承情况取用。

单层或多层框架结构，根据其荷载情况及传力路线，设计中常可以把它看成许多相互连系的平面框架。平面框架柱在框架平面外的计算长度，取侧向支承点间的距离。这些支承点包括柱的支座、纵向连系梁、单层厂房中的吊车梁、托架和纵向支撑等与平面框架的连接节点。在框架平面内，若按未变形的框架计算简图作一阶内力分析，则在求得各柱中的内力（弯矩、轴力和剪力）后，将各杆看作单独的压弯构件进行计算，其计算长度为 $l_0 = \mu l$，l 为杆件的几何长度，μ 为计算长度系数。若在框架分析中采用考虑变形影响的二阶分析，则在计算构件稳定性时就可直接采用构件的几何长度。

下面主要介绍多层框架和单层框架等截面柱在框架平面内的计算长度。

6.5.2 框架的类型

框架柱因与横梁等其他构件在上、下节点处相连接，一根柱子的失稳必然带动相邻构件的变形，因此研究框架的稳定问题就必须把整个框架或框架的一部分作为研究对象。

按其侧向刚度大小，框架可分为三种形式：无侧移框架（强支撑框架）、弱支撑框架、有侧移框架（无支撑框架）。具体确定方法如下：如果框架的侧移刚度完全依靠柱子的刚度和节点的刚度提供，则为无支撑的纯框架，可归类为有侧移框架。如果框架的侧移刚度主要或部分依靠支撑体系（支撑架、剪力墙、核心筒等）提供，则为有支撑框架。根据抗侧移刚度的大小，有支撑框架又可分为强支撑框架和弱支撑框架。当支撑结构的侧移刚度（产生单位倾角的水平力）S_b 满足式（6-32）的要求时，为强支撑框架，按无侧移框架考虑；否则为弱支撑框架：

$$S_b \geq 3(1.2 \sum N_{bi} - \sum N_{0i}) \tag{6-32}$$

式中，$\sum N_{bi}$、$\sum N_{0i}$ 为第 i 层所有框架柱分别用无侧移框架和有侧移框架柱计算长度系数算得的轴压杆稳定承载力之和。

弱支撑框架柱的轴心受压稳定系数可按式（6-33）计算。

$$\varphi_b = \varphi_0 + (\varphi_1 - \varphi_0) \frac{S_b}{3(1.2 \sum N_{bi} - \sum N_{0i})} \tag{6-33}$$

式中，φ_1、φ_0 分别为按无侧移框架柱和有侧移框架柱计算长度系数算得的轴压杆稳定系数。

无侧移框架柱和有侧移框架柱的失稳形态不同。图 6-15 和图 6-16 所示分别为柱底为刚接的单跨和多层对称框架失稳时的情况，可见无侧移框架柱的稳定性好于有侧移框架柱，规范对两者的计算长度作了不同的规定。

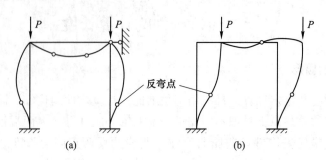

图 6-15　单层单跨对称框架的失稳形态

（a）无侧移框架；（b）有侧移框架

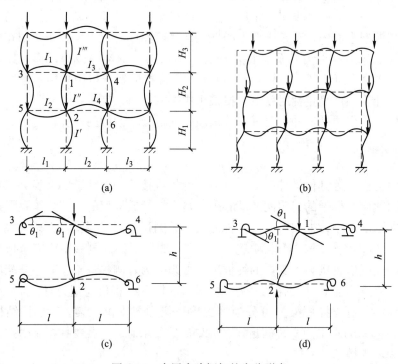

图 6-16　多层多跨框架的失稳形态

6.5.3　框架柱计算长度系数

由框架的稳定分析来确定框架柱的计算长度，比较烦琐。为了便于设计人员应用，设计规范给出了框架柱计算长度系数的表格，计算长度系数 μ 与所计算柱的上、下两端相连接的横梁线刚度之和及柱线刚度之和的比值 K_1 和 K_2 有关（下角标 1 和 2 分别表示所计算柱的上端节点和下端节点），如图 6-16（a）所示，假设要求 1、2 节点间柱段的计算长度，则取

$$K_1 = \frac{I_1/l_1 + I_2/l_2}{I''/H_2 + I'''/H_3} \qquad K_2 = \frac{I_3/l_1 + I_4/l_2}{I'/H_1 + I''/H_2}$$

得到 K_1 和 K_2 值后，根据是无侧移框架还是有侧移框架查附录 7 即可得到 μ 值。

上述 μ 值是在对框架作了一系列基本假定和简化措施后由稳定分析得出的。主要假定和简化措施是：

（1）框架只承受作用在节点的竖向荷载，即不考虑横梁上荷载引起横梁中的主弯矩对柱子失稳的影响。

（2）框架中所有柱子同时失稳即各柱同时到达其临界荷载。

（3）在无侧移失稳时，横梁两端的转角大小相等方向相反；在有侧移失稳时，横梁两端的转角大小相等且方向也相同（均为顺时针向或均为逆时针向），如图 6-16（c）、（d）所示。

（4）所有柱子的刚度参数 $h\sqrt{\dfrac{P}{EI}}$ 相等。

查表时要注意：

（1）当横梁与柱铰接时，取该横梁的线刚度为零。

（2）当梁远端与柱为非刚接时，应对横梁的线刚度进行修正。

（3）当与柱相连的横梁所受的轴心力较大时，应对横梁线刚度进行折减。

（4）对于底层框架柱，当与基础铰接时，取 $K_2 = 0$；当柱与基础刚接时，取 $K_2 = 10$。对于无侧移框架柱，μ 值变化在 $0.5 \sim 1.0$ 之间；对于有侧移框架，μ 值恒大于 1.0。

附表 5-1、附表 5-2 既适用于多层框架，又适用于单层框架。当框架各柱的刚度参数 $h\sqrt{\dfrac{P}{EI}}$ 差别较大时，或荷载和结构显著不对称时，对有侧移框架按上述由 K_1 和 K_2 查表所得的 μ 值宜进行修正。

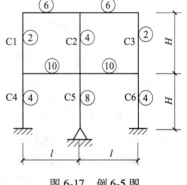

图 6-17　例 6-5 图

【例 6-5】　求图 6-17 所示有侧移二层框架柱平面内的计算长度系数，圆圈中标注数字为梁柱线刚度。

解：根据附表 7-2，计算各柱的计算长度系数为：

柱 C1、C3　　　$K_1 = \dfrac{6}{2} = 3$，$K_2 = \dfrac{10}{2+4} = 1.67$，得 $\mu = 1.16$

柱 C2　　　　　$K_1 = \dfrac{6+6}{4} = 3$，$K_2 = \dfrac{10+10}{4+8} = 1.67$，得 $\mu = 1.16$

柱 C4、C6　　　$K_1 = \dfrac{10}{2+4} = 1.67$，$K_2 = 10$，得 $\mu = 1.13$

柱 C5　　　　　$K_1 = \dfrac{10+10}{4+8} = 1.67$，$K_2 = 0$，得 $\mu = 2.22$

习　题

6-1　图 6-18 所示一两端铰接的拉弯杆承受静力荷载。截面为 I45a 轧制工字钢，材料用 Q235 钢，截面无削弱，试确定作用于杆的最大拉力设计值。

6-2　图 6-19 所示柱子，承受偏心距为 25 cm 的压力设计值 $N = 1600$ kN。在弯矩作用平面外有支撑体系对柱上端形成支点，若选用焊接工字形截面，翼缘 2－400×20，焰切边，腹板－460×12。试验算该截面。

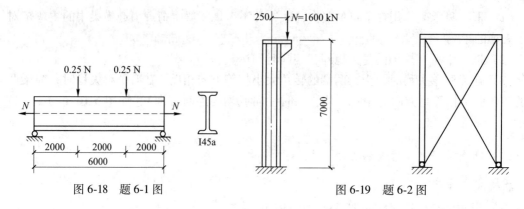

图 6-18 题 6-1 图   图 6-19 题 6-2 图

6-3 图 6-20 所示为 Q235 钢焰切边工字形截面柱，两端铰接，截面无削弱，承受轴心压力设计值 $N =$ 900 kN，跨中集中力设计值为 $F = 100$ kN。（1）验算平面内稳定性；（2）根据平面外稳定性不低于平面内的原则确定此柱至少需要几道侧向支撑杆。

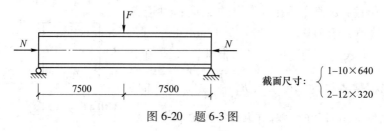

截面尺寸： $\begin{cases} 1-10\times640 \\ 2-12\times320 \end{cases}$

图 6-20 题 6-3 图

6-4 某用缀条连接的格构式压弯构件，Q235 钢，截面及缀条布置等如图 6-21 所示，承受的荷载设计值为 $N = 500$ kN 和 $M = 120$ kN·m。在弯矩作用平面内计算长度为 9.0 m，在垂直于弯矩作用平面内计算长度为 6.2 m。试验算此构件截面是否足够。

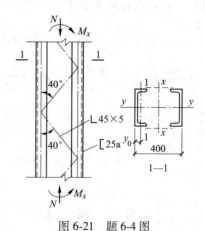

图 6-21 题 6-4 图

7 单层厂房钢结构设计

本章数字资源

【学习要点】

（1）了解单层厂房结构的形式和布置。

（2）掌握钢屋架的设计。

【思政元素】

激发学生对单层厂房钢结构设计的学习兴趣，增强学生规范设计意识，培养良好的设计素养。

7.1 厂房结构的形式和布置

7.1.1 厂房结构的组成

厂房结构一般是由屋盖结构、柱、吊车梁、制动梁（或桁架）、各种支撑以及墙架等构件组成的空间体系（见图7-1）。这些构件按作用可分为以下几类：

（1）横向框架：由柱和它所支承的屋架组成，是厂房的主要承重体系，承受结构的自重、风荷载、雪荷载和吊车的竖向与横向荷载，并把这些荷载传递到基础。

（2）屋盖结构：承担屋盖荷载的结构体系，包括横向框架的横梁、托架、中间屋架、天窗架、檩条等。

（3）支撑体系：包括屋盖部分的支撑和柱间支撑等，它一方面与柱、吊车梁等组成厂房的纵向框架，承担纵向水平荷载，另一方面又把主要承重体系由个别的平面结构连成空间的整体结构，从而保证了厂房结构所必需的刚度和稳定。

（4）吊车梁和制动梁（或制动桁架）：主要承受吊车竖向及水平荷载，并将这些荷载传到横向框架和纵向框架上。

（5）墙架：承受墙体的自重和风荷载。

此外，厂房结构中还有一些次要的构件，如梯子、走道、门窗等。在某些厂房中，由于工艺操作上的要求，还设有工作平台。

7.1.2 厂房结构的设计步骤

首先要对厂房的建筑和结构进行合理的规划，使其满足工艺和使用要求，并考虑将来可能发生的生产流程变化和发展，然后根据工艺设计确定车间平面及高度方向的主要尺寸，同时布置柱网和温度伸缩缝，选择主要承重框架的形式，并确定框架的主要尺寸；布置屋盖结构、吊车道结构、支撑体系及墙架体系。

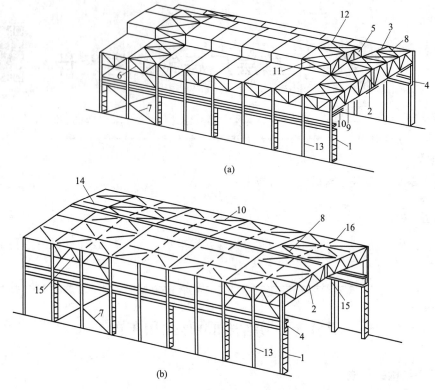

图 7-1　厂房结构的组成示例

（a）无檩屋盖；（b）有檩屋盖

1—框架柱；2—屋架（框架横梁）；3—中间屋架；4—吊车梁；5—天窗架；6—托架；7—柱间支撑；
8—屋架上弦横向支撑；9—屋架下弦横向支撑；10—屋架纵向支撑；11—天窗架垂直支撑；
12—天窗架横向支撑；13—墙架柱；14—檩条；15—屋架垂直支撑；16—檩条间撑杆

结构方案确定以后，即可按设计资料进行静力计算、构件及连接设计，最后绘制施工图，设计时应尽量采用构件及连接构造的标准图集。

7.1.3　柱网和温度伸缩缝的布置

7.1.3.1　柱网布置

进行柱网布置时，应注意以下几方面的问题：

（1）满足生产工艺的要求。柱的位置应与地上、地下的生产设备和工艺流程相配合，同时还应考虑生产发展和工艺设备更新问题。

（2）满足结构的要求。为了保证车间的正常使用，有利于吊车运行，使厂房具有必要的横向刚度，柱应尽可能布置在同一横向轴线上（见图7-2），以便与屋架组成刚强的横向框架。

（3）符合经济合理的要求。柱的纵向间距同时也是纵向构件（吊车梁、托架等）的跨度，它的大小对结构重量影响很大。厂房的柱距增大，可使柱的数量减少，总重量随之减少，同时也可减少柱基础的工程量，但会使吊车梁及托架的重量增加。最适宜的柱距与柱上的荷载及柱高有密切关系。在实际设计中要结合工程的具体情况进行综合方案比较进行确定。

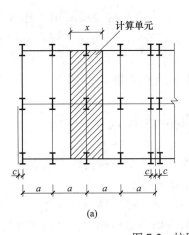 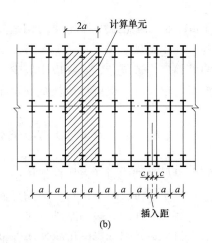

(a)　　　　　　　　　　　　(b)

图 7-2　柱网布置和温度伸缩缝

（a）各列柱距相等；（b）中列柱有拔柱

a—柱距；c—双柱伸缩缝中心线到相邻柱中心线的距离；x—计算单元宽度

（4）符合柱距规定要求。近年来，随着压型钢板等轻型材料的采用，厂房的跨度和柱距都有逐渐增大的趋势。按《建筑模数协调标准》（GB/T 50002—2013）的规定：结构构件的统一化和标准化可降低制作和安装的工作量。对厂房横向，当厂房跨度 $L \leqslant 18$ m 时，其跨度宜采用 3 m 的倍数；当厂房跨度 $L > 18$ m 时，其跨度宜采用 6 m 的倍数。只有在生产工艺有特殊要求时，跨度才采用 21 m、27 m、33 m 等。对厂房纵向，以前基本柱距一般采用 6 m 或 12 m；多跨厂房的中列柱，常因工艺要求需要"拔柱"，其柱距为基本柱距的倍数。

7.1.3.2　温度伸缩缝

温度变化将引起结构变形，使厂房结构产生温度应力。故当厂房平面尺寸较大时，为避免产生过大的温度变形和温度应力，应在厂房的横向或纵向设置温度伸缩缝。温度伸缩缝的布置决定于厂房的纵向和横向长度。纵向很长的厂房在温度变化时，纵向构件伸缩的幅度较大，引起整个结构变形，使构件内产生较大的温度应力，并可能导致墙体和屋面的破坏。为了避免这种不利后果的产生，常采用横向温度伸缩缝将厂房分成伸缩时互不影响的温度区段。当温度区段长度不超过表 7-1 的数值时，可不计算温度应力。

表 7-1　温度区段长度值　　　　　　　　　（m）

结 构 情 况	温度区段长度		
	纵向温度区段 （垂直于屋架或构架跨度方向）	横向温度区段（沿屋架或构架跨度方向）	
		柱顶为刚接	柱顶为铰接
采暖房屋和非采暖地区的房屋	220	120	150
热车间和采暖地区的非采暖房屋	180	100	125
露天结构	120	—	—

温度伸缩缝最普遍的做法是设置双柱。即在缝的两旁布置两个无任何纵向构件联系的横向框架，使温度伸缩缝的中线和定位轴线重合（见图 7-2（a））；在设备布置条件不允许时，可采用插入距的方式（见图 7-2（b）），将缝两旁的柱放在同一基础上，其轴线间距一般可采用 1 m，对于重型厂房由于柱的截面较大，因此可能放大到 1.5 m 或 2 m，有

时甚至到 3 m，方能满足温度伸缩缝的构造要求。为节约钢材也可采用单柱温度伸缩缝，即在纵向构件（如托架、吊车梁等）支座处设置滑动支座，以使这些构件有伸缩的余地。不过单柱伸缩缝使构造复杂，实际应用较少。

当厂房宽度较大时，也应该按规范规定布置纵向温度伸缩缝。

7.2 厂房结构的框架形式

厂房的主要承重结构通常采用框架体系，因为框架体系的横向刚度较大，且能形成矩形的内部空间，便于桥式吊车运行，能满足使用上的要求。

厂房横向框架的柱脚一般与基础刚接，而柱顶可分为铰接和刚接两类。柱顶铰接的框架对基础不均匀沉陷及温度影响敏感性小，框架节点构造容易处理，且因屋架端部不产生弯矩，下弦杆始终受拉，可免去一些下弦支撑的设置。但柱顶铰接时下柱的弯矩较大，厂房横向刚度差，因此一般用于多跨厂房或厂房高度不大而刚度容易满足的情况。当采用钢屋架、钢筋混凝土柱的混合结构时，也常采用铰接框架形式。

反之，当厂房较高，吊车的起重量大，对厂房刚度要求较高时，钢结构的单跨厂房框架常采用柱顶刚接方案。在选择框架类型时必须根据具体条件进行分析与比较。

7.2.1 横向框架主要尺寸和计算简图

框架的主要尺寸如图 7-3 所示。框架的跨度，一般取为上部柱中心线间的横向距离，可由式（7-1）定出。

$$L_0 = L_k + 2S \tag{7-1}$$

式中 L_k——桥式吊车的跨度；

　　S——由吊车梁轴线至上段柱轴线的距离（见图 7-4），应满足式（7-2）要求：

$$S = B + D + b_1/2 \tag{7-2}$$

　　B——吊车桥架悬伸长度，可由行车样本查得；

　　D——吊车外缘和柱内边缘之间的必要空隙：当吊车起重量不大于 500 kN 时，不宜小于 80 mm，当吊车起重量不小于 750 kN 时，不宜小于 100 mm，当在吊车和柱之间需要设置安全走道时，D 不得小于 400 mm；

　　b_1——上段柱宽度。

对于由格构式横梁和阶形柱（下部柱为格构柱）所组成的横向框架，一般考虑桁架式横梁和格构柱的腹杆或缀条变形的影响，将惯性矩（对高度有变化的桁架式横梁按平均高度计算）乘以折减系数 0.9，简化成实腹式横梁和实腹式柱。对于柱顶刚接的横向框架，当满足式（7-3）的条件时，可近似认为横梁刚度为无穷大，否则横梁按有限刚度考虑：

$$\frac{K_{AB}}{K_{AC}} \geq 4 \tag{7-3}$$

式中 K_{AB}——横梁在远端固定使近端 A 点转动单位角时在 A 点所需施加的力矩值；

　　K_{AC}——柱在 A 点转动单位角时在 A 点所需施加的力矩值。

A、B 仅指横向框架刚接时，柱和横梁相交的那一点，C 指柱脚（见图 7-3（a））。

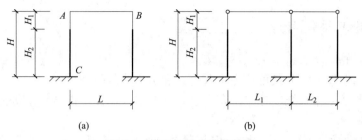

图 7-3　横向框架的计算简图

（a）柱顶刚接；（b）柱顶铰接

H_1—上部柱高度；H_2—下部柱高度；L，L_1，L_2—框架跨度

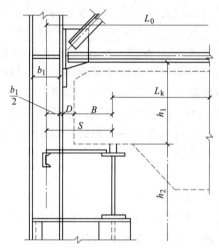

图 7-4　柱与吊车梁轴线间的净空

框架的计算跨度 L（或 L_1、L_2）取为两条上柱轴线之间的距离。

横向框架的计算高度 H，柱顶刚接时，可取为柱脚底面至框架下弦轴线的距离（横梁假定为无限刚性），或柱脚底面至横梁端部形心的距离（横梁为有限刚性），如图 7-5（a）和（b）所示；柱顶铰接时，应取为柱脚底面至横梁主要支承节点间距离，如图 7-5（c）和（d）所示。对于阶形柱，应以肩梁上表面作分界线将 H 划分为上部柱高度 H_1 和下部柱高度 H_2。

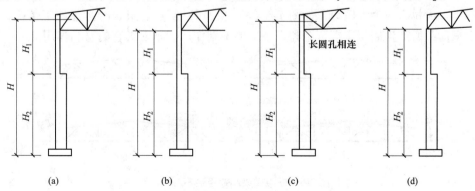

图 7-5　横向框架的高度取值方法

（a）柱顶刚接，横梁视为无限刚性；（b）柱顶刚接，横梁视为有限刚性；

（c）柱顶铰接，横梁为上承式；（d）柱顶铰接，横梁为下承式

7.2.2　横向框架的荷载和内力

7.2.2.1　荷载

作用在横向框架上的荷载可分为永久荷载和可变荷载两种。

永久荷载包括屋盖系统、柱、吊车梁系统、墙架、墙板及设备管道等的自重。这些重量可参考有关资料、表格、公式进行估计。

可变荷载包括风荷载、雪荷载、积灰荷载、屋面均布活荷载、吊车荷载、地震荷载等。这些荷载可由荷载规范和吊车规格查得。

当框架横向长度超过容许的温度缝区段长度而未设置伸缩缝时，应考虑温度变化的影响；当厂房地基土质较差、变形较大或厂房中有较重的大面积地面荷载时，应考虑基础不均匀沉陷对框架的影响。雪荷载一般不与屋面均布活荷载同时考虑，积灰荷载与雪荷载或屋面均布活荷载两者中的较大者同时考虑。屋面荷载化为均布的线荷载作用于框架横梁上。当无墙架时，纵墙上的风力一般作为均布荷载作用在框架柱上；有墙架时，尚应计入由墙架柱传给框架柱的集中风荷载。作用在框架横梁轴线以上的屋架及天窗上的风荷载按集中在框架横梁轴线上计算。吊车垂直轮压及横向水平力一般根据同一跨间、2 台满载吊车并排运行的最不利情况考虑，对多跨厂房一般只考虑 4 台吊车作用。

7.2.2.2　内力分析和内力组合

框架内力分析可按结构力学的方法进行，也可利用现成的图表或计算机程序分析框架内力。应根据不同的框架，不同的荷载作用，采用比较简便的方法。为便于对各构件和连接进行最不利的组合，应对各种荷载作用分别进行框架内力分析。

为了计算框架构件的截面，必须将框架在各种荷载作用下所产生的内力进行最不利组合。要列出上段柱和下段柱的上下端截面中的弯矩 M、轴向力 N 和剪力 V。此外还应包括柱脚锚固螺栓的计算内力。每个截面必须组合出 $+M_{max}$ 和相应的 N、V，$-M_{max}$ 和相应的 N、V，N_{max} 和相应的 M、V；对柱脚锚栓则应组合出可能出现的最大拉力，即 M_{max} 和相应的 N、V，$-M_{max}$ 和相应的 N、V。

柱与屋架刚接时，应对横梁的端弯矩和相应的剪力进行组合。最不利组合可分为四组：第一组组合使屋架下弦杆产生最大压力，如图 7-6（a）所示；第二组组合使屋架上弦杆产生最大压力，同时也使下弦杆产生最大拉力，如图 7-6（b）所示；第三、四组组合使腹杆产生最大拉力或最大压力，如图 7-6（c）和（d）所示。组合时考虑施工情况，只考虑屋面恒荷载所产生的支座端弯矩和水平力的不利作用，不考虑它的有利作用。

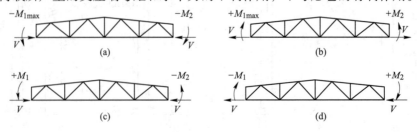

图 7-6　框架横梁端弯矩最不利组合

对于单层吊车的厂房，当对采用两台及两台以上吊车的竖向和水平荷载组合时，应根据参与组合的吊车台数及其工作制，乘以相应的折减系数。比如两台吊车组合时，对于轻级、中级工作制吊车，折减系数为 0.9；对于重级工作制吊车，折减系数取 0.95。

7.2.3 框架柱的类型

框架柱按结构形式可分为等截面柱、阶形柱和分离式柱三大类。

等截面柱有实腹式和格构式两种，如图 7-7 （a）和（b）所示，通常采用实腹式。等截面柱将吊车梁支于牛腿上，构造简单，但吊车竖向荷载偏心大，只适用于吊车起重量 $Q<150$ kN 或无吊车且厂房高度较小的轻型厂房中。

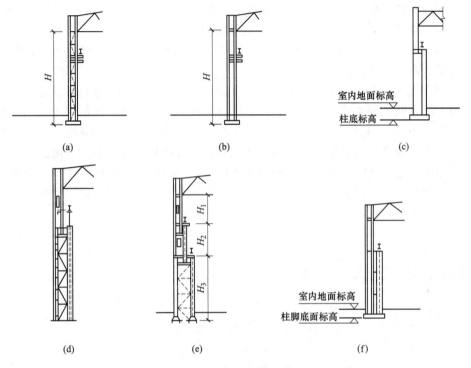

图 7-7 框架柱的形式

（a）等截面实腹柱；（b）等截面格构柱；（c）阶形实腹柱；（d）阶形格构柱；（e）双阶柱；（f）分离式柱

阶形柱也可分为实腹式（见图 7-7 （c））和格构式（见图 7-7 （d）和（e））两种。从经济角度考虑，阶形柱由于吊车梁或吊车桁架支承在柱截面变化的肩梁处，荷载偏心小，构造合理，其用钢量比等截面柱节省，因而在厂房中广泛应用。根据厂房内设单层吊车或双层吊车，阶形柱可做成单阶柱（见图 7-7 （c）和（d））或双阶柱（见图 7-7 （e））。阶形柱的上段由于截面高度 h 不高（无人孔时 $h=400\sim600$ mm；有人孔时 $h=900\sim1000$ mm），并考虑柱与屋架、托架的连接等，一般采用工字形截面的实腹柱。下段柱，对于边列柱来说，由于吊车肢受的荷载较大，通常设计成不对称截面，中列柱两侧荷载相差不大时，可以采用对称截面。下段柱截面高度小于或等于 1 m 时，采用实腹式；截面高度大于或等于 1 m 时，采用缀条柱（见图 7-7 （d）和（e））。

分离式柱（见图 7-7 （f））由支承屋盖结构的屋盖肢和支承吊车梁或吊车桁架的吊车肢所组成，两柱肢之间用水平板相连接。吊车肢在框架平面内的稳定性就依靠连在屋盖肢上的水平连系板来解决。屋盖肢承受屋面荷载、风荷载及吊车水平荷载，按压弯构件设计。吊车肢仅承受吊车的竖向荷载，当吊车梁采用突缘支座时，按轴心受压构件设计；当吊车梁采用平板支座时，仍按压弯构件设计。分离式柱构造简单，制作和安装比较方便，但用钢量比阶形柱多，且刚度较差，只宜用于吊车轨顶标高低于 10 m，且吊车起重量 $Q \geqslant 750$ kN 的情况，或者相邻两跨吊车的轨顶标高相差很悬殊，而低跨吊车的起重量 $Q \geqslant 500$ kN 的情况。

7.2.4 纵向框架的柱间支撑

7.2.4.1 柱间支撑的作用和布置

柱间支撑与厂房框架柱相连接，其作用为：

（1）组成坚强的纵向构架，保证厂房的纵向刚度。

（2）承受厂房端部山墙的风荷载、吊车纵向水平荷载及温度应力等，在地震区还承受厂房纵向的地震力，并传至基础。

（3）可作为框架柱在框架平面外的支点，减少柱在框架平面外的计算长度。

柱间支撑由两部分组成：在吊车梁以上的部分称为上层支撑，在吊车梁以下的部分称为下层支撑，下层柱间支撑与柱和吊车梁一起在纵向组成刚性很大的悬臂桁架。显然，将下层支撑布置在温度区段的端部，在温度变化的影响方面将是很不利的。因此，为了使纵向构件在温度发生变化时能较自由地伸缩，下层支撑应该设在温度区段中部。只有当吊车位置高而车间总长度又很短（如混铁炉车间），下层支撑设在两端不会产生很大的温度应力，而对厂房纵向刚度却能提高很多时，放在两端才是合理的。

当温度区段小于 90 m 时，在它的中央设置一道下层支撑（见图 7-8（a））；如果温度区段长度超过 90 m，则在它的 1/3 点和 2/3 点处各设一道支撑（见图 7-8（b）），以免传力路程太长且支撑的柱太多，使得承受的支撑力过大。

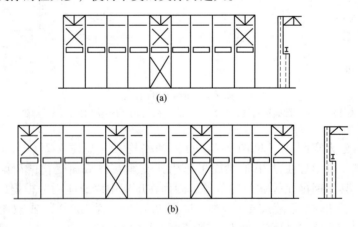

图 7-8 柱间支撑的布置

上层柱间支撑又分为两层：第一层在屋架端部高度范围内属于屋盖垂直支撑。显然，当屋架为三角形或虽为梯形但有托架时，并不存在此层支撑。第二层在屋架下弦至吊车梁上翼缘范围内。为了传递风力，上层支撑需要布置在温度区段端部，由于厂房柱在吊车梁以上部分的刚度小，不会产生过大的温度应力，因此从安装条件来看这样布置也是合适的。此外，在有下层支撑处也应设置上层支撑。上层柱间支撑宜在柱的两侧设置，只有在无人孔而柱截面高度不大的情况下才可沿柱中心设置一道。下层柱间支撑应在柱的两个肢的平面内成对设置，如图7-8（b）侧视图的虚线所示；与外墙墙架有联系的边列柱可仅设在内侧，但重级工作制吊车的厂房外侧也同样设置支撑。此外，吊车梁和辅助桁架作为撑杆是柱间支撑的组成部分，承担并传递厂房纵向水平力。

7.2.4.2 柱间支撑的形式和计算

柱间支撑按结构形式可分为十字交叉式、八字式、门架式等。十字交叉支撑（见图7-9（a）~（c））的构造简单、传力直接、用料节省，使用最为普遍，其斜杆倾角宜为45°左右。上层支撑在柱间距大时可改用斜撑杆；下层支撑高而不宽者可以用两个十字形，高而刚度要求严格者可以占用两个开间（见图7-9（c））。当柱间距较大或十字撑妨碍生产空间时，可采用门架式支撑（见图7-9（d））。对于上柱，当柱距与柱间支撑的高度之比大于2时，可采用上层为V形、下层为人字形的支撑形式，如图7-9（e）所示，它与吊车梁系统的连接应做成能传递纵向水平力而竖向可自由滑动的构造。

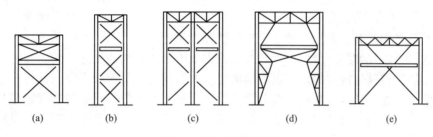

(a)   (b)   (c)   (d)   (e)

图7-9 柱间支撑的形式

上层柱间支撑承受端墙传来的风力；下层柱间支撑除承受端墙传来的风力以外，还承受吊车的纵向水平荷载。在同一温度区段的同一柱列设有两道或两道以上的柱间支撑时，则全部纵向水平荷载（包括风力）由该柱列所有支撑共同承受。当在柱的两个肢的平面内成对设置时，在吊车肢的平面内设置的下层支撑，除承受吊车纵向水平荷载外，还承受与屋盖肢下层支撑按轴线距离分配传来的风力；靠墙的外肢平面内设置的下层支撑，只承受端墙传来的风力与吊车肢下层支撑按轴线距离分配的力。

柱间支撑的交叉杆、图7-9（d）的上层斜撑杆和门形下层支撑的主要杆件一般按柔性杆件（拉杆）设计，交叉杆趋向于受压的杆件不参与工作，其他的非交叉杆以及水平横杆按压杆设计。某些重型车间，对下层柱间支撑的刚度要求较高，往往交叉杆的两杆均按压杆设计。

7.3 屋 盖 结 构

7.3.1 屋盖结构的形式

7.3.1.1 屋盖结构体系

A 无檩屋盖

无檩屋盖（见图7-1（a））一般用于预应力混凝土大型屋面板等重型屋面，将屋面板直接放在屋架或天窗架上。

预应力混凝土大型屋面板的跨度通常采用6 m，有条件时也可采用12 m。当柱距大于所采用的屋面板跨度时，可采用托架（或托梁）来支承中间屋架。

采用无檩屋盖的厂房，屋面刚度大，耐久性也高，但由于屋面板的自重大，因此屋架和柱的荷载增加，且由于大型屋面板与屋架上弦杆的焊接常常得不到保证，只能有限地考虑它的空间作用，屋盖支承不能取消。

B　有檩屋盖

有檩屋盖（见图 7-1（b））常用于轻型屋面材料的情况，如压型钢板、压型铝合金板、石棉瓦、瓦楞铁皮等。

采用彩色压型钢板和压型铝板做屋面材料的有檩屋盖体系，制作方便，施工速度快。当压型钢板和压型铝板与檩条进行可靠连接后，形成一深梁，能有效地传递屋面纵横方向的水平力（包括风荷载及吊车制动力等），能提高屋面的整体刚度。这一现象可称为应力蒙皮效应。随着我国对压型钢板受力蒙皮结构研究工作的开展，在墙面、屋面均采用压型钢板做围护材料的房屋设计中，已倾向于考虑应力蒙皮效应对屋面刚度的贡献。

7.3.1.2　屋架的形式

屋架外形常用的有三角形、梯形、平行弦和人字形等。

屋架选形是设计的第一步，桁架的外形首先取决于建筑物的用途，其次应考虑用料经济、施工方便、与其他构件的连接以及结构的刚度等问题。对屋架来说，其外形还取决于屋面材料要求的排水坡度。在制造简单的条件下，桁架外形应尽可能与其弯矩图接近，这样能使弦杆受力均匀，腹杆受力较小。腹杆的布置应使内力分布趋于合理，尽量用长杆受拉、短杆受压，腹杆的数目宜少，总长度要短，斜腹杆的倾角一般在 30°~60° 之间，腹杆布置时应注意使荷载都作用在桁架的节点上，避免由于节间荷载而使弦杆承受局部弯矩。节点构造要求简单合理，便于制造。上述要求往往不易同时满足，因此需要根据具体情况，全面考虑、精心设计，从而得到较满意的结果。

A　三角形屋架

三角形桁架适用于陡坡屋面（$i>1/3$）的有檩屋盖体系，这种屋架通常与柱子只能铰接，房屋的整体横向刚度较低。对于简支屋架来说，荷载作用下的弯矩图是抛物线分布，致使这种屋架弦杆受力不均，支座处内力较大，跨中内力较小，弦杆的截面不能充分发挥作用，支座处上、下弦杆交角过小内力较大。

三角形屋架的腹杆布置常用芬克式（见图 7-10（a）和（b））和人字式（见图 7-10（d））。芬克式的腹杆虽然较多，但它的压杆短、拉杆长，受力相对合理，且可分为两个小桁架制作与运输，较为方便。人字式腹杆的节点较少，但受压腹杆较长，适用于跨度较小（$L \leqslant 18 \, \text{m}$）的情况。但是，因为人字式屋架的抗震性能优于芬克式屋架，所以在强地震烈度地区，跨度大于 18 m 时仍常用人字式腹杆的屋架。单斜式腹杆的屋架（见图 7-10

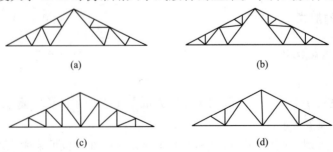

(a)　　　　　　　　　　　(b)

(c)　　　　　　　　　　　(d)

图 7-10　三角形屋架

（c）），腹杆和节点数目均较多，只适用于下弦需要设置天棚的屋架，一般情况较少采用。由于某些屋面材料要求檩条的间距很小，不可能将所有檩条都放置在节点上，从而使上弦产生局部弯矩，因此，三角形屋架在布置腹杆时，要同时处理好檩距和上弦节点之间的关系。

尽管从内力分配观点看，三角形屋架的外形存在着明显的不合理性，但是从建筑物的整个布局和用途出发，在屋面材料为石棉瓦、瓦楞铁皮以及短尺压型钢板等需要上弦坡度较陡的情况下，往往还是要用三角形屋架的。当屋面坡度为1/3～1/2时，三角形屋架的高度 $H = (1/6 \sim 1/4)L$。

B　梯形屋架

梯形屋架的外形与简支受弯构件的弯矩图形比较接近，弦杆受力较为均匀，与柱既可以做成铰接也可以做成刚接。刚性连接可提高建筑物的横向刚度。

梯形屋架的腹杆体系可采用单斜式（见图7-11（a））、人字式（见图7-11（b）和（c））和再分式（见图7-11（d））。人字式按支座斜杆与弦杆组成的支承点在下弦或在上弦分为下承式和上承式两种。一般情况下，与柱刚接的屋架宜采用下承式；与柱铰接时则下承式或上承式均可。由于下承式使排架柱计算高度减小又便于在下弦设置屋盖纵向水平支承，故以往多采用之，但上承式使屋架重心降低，支座斜腹杆受拉，且给安装带来很大的方便，已经逐渐推广使用。当桁架下弦要做天棚时，需设置吊杆（见图7-11（b）虚线所示）或者采用单斜式腹杆（见图7-11（a））。当上弦节间长度为3 m，而大型屋面板宽度为1.5 m时，常采用再分式腹杆（见图7-11（d））将节间减小至1.5 m，有时也采用3 m进行设计。

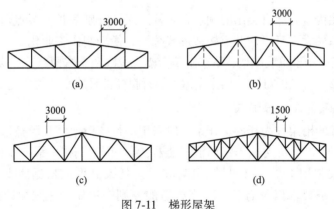

图 7-11　梯形屋架

（a），（c）上承式屋架；（b），（d）下承式屋架

C　人字形屋架

人字形屋架的上、下弦可以是平行的，坡度为1/20～1/10（见图7-12），节点构造较为统一；也可以上、下弦具有不同坡度或者下弦有一部分水平段（见图7-12（c）和（d）），以改善屋架受力情况。人字形屋架有较好的空间观感，制作时可不再起拱，多用于较大跨度。人字形屋架一般宜采用上承式，这种形式不但安装方便而且可使折线拱的推力与上弦杆的弹性压缩互相抵消，在很大程度上减小对柱的不利影响。人字形和梯形屋架的中部高度主要取决于经济要求，一般为（1/10～1/8）L，与柱刚接的梯形屋架，端部

高度一般为 $(1/16\sim1/12)L$，通常取为 $2.0\sim2.5$ m。与柱铰接的梯形屋架，端部高度可按跨中经济高度和上弦坡度来决定。人字形屋架跨中高度一般为 $2.0\sim2.5$ m，跨度大于 36 m时可取较大高度但不宜超过 3 m；端部高度一般为跨度的 $1/18\sim1/12$。人字形屋架可适应不同的屋面坡度，但与柱刚接时，屋架轴线坡度大于 1/7，就应视为折线横梁进行框架分析；与柱铰接时，即使采用了上承式也应考虑竖向荷载作用下折线拱的推力对柱的不利影响，设计时它要求在屋面板及檩条等安装完毕后再将屋架支座焊接固定。

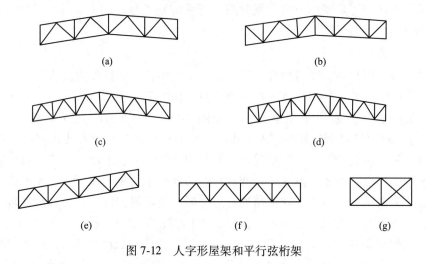

(a)　　　　　　　　　　　　(b)

(c)　　　　　　　　　　　　(d)

(e)　　　　　　　(f)　　　　　　　(g)

图 7-12　人字形屋架和平行弦桁架

D　平行弦桁架

平行弦桁架在构造方面有突出的优点，弦杆及腹杆分别等长、节点形式相同、能保证桁架的杆件重复率最大，且可使节点构造形式统一，便于制作工业化。

平行弦桁架还可用于单坡屋架、吊车制动桁架、栈桥和支撑构件等。腹杆布置通常采用人字式（见图 7-12 (e) 和 (f)），用作支撑桁架时腹杆常采用交叉式（见图 7-12 (g)）。

7.3.1.3　托架、天窗架形式

支承中间屋架的桁架称为托架，托架一般采用平行弦桁架，其腹杆采用带竖杆的人字形体系（见图 7-13）。直接支承于钢筋混凝土柱上的托架常用下承式（见图 7-13 (b)）；支于钢柱上的托架常用上承式（见图 7-13 (a)）。托架高度应根据所支承的屋架端部高度、刚度要求、经济要求以及有利于节点构造的原则来决定。一般取跨度的 $1/10\sim1/5$，托架的节间长度一般为 2 m 或 3 m。

当托架跨度大于 18 m 时，可做成双壁式（见图 7-13 (c)），此时，上下弦杆采用平放的 H 型钢，以满足平面外刚度要求。托架与柱的连接通常做成铰接。为了使托架在使用中不致过分扭转，且使屋盖具有较好的整体刚度，屋架与托架的连接应尽量采用铰支的平接。

为了满足采光和通风的要求，厂房中常设置天窗。天窗的形式可分为纵向天窗、横向天窗和井式天窗等，一般采用纵向天窗（见图 7-1 (a)）。

纵向天窗的天窗架形式一般有多竖杆式、三铰拱式和三支点式，如图 7-14 所示。

多竖杆式天窗架构造简单，传给屋架的荷载较为分散，安装时通常与屋架在现场拼装

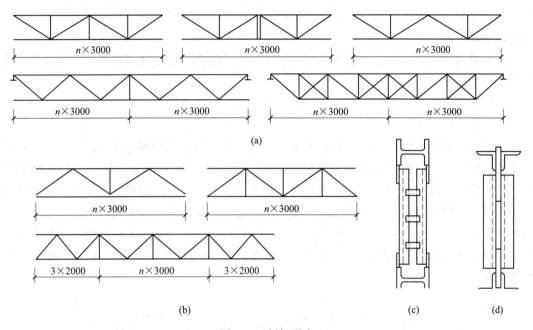

图 7-13 托架形式

（a）上承式托架；（b）下承式托架；（c）双壁式桁架截面；（d）单壁式桁架截面

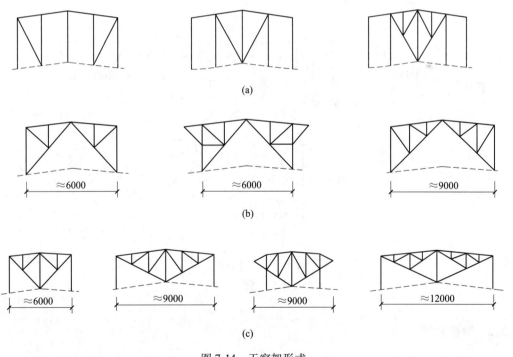

图 7-14 天窗架形式

（a）多竖杆式；（b）三铰拱式；（c）三支点式

后再整体吊装，可用于天窗高度和宽度不太大的情况。

　　三铰拱式天窗架由两个三角形桁架组成，它与屋架的连接点最少，制造简单，通常用作支于混凝土屋架的天窗架。由于顶铰的存在，安装时稳定性较差，当与屋架分别吊装时宜进行加固处理。

三支点式天窗架由支于屋脊节点和两侧柱的桁架组成。它与屋架连接的节点较少，常与屋架分别吊装，施工较方便。

天窗架的宽度和高度应根据工艺和建筑要求确定，一般宽度为厂房跨度的 1/3 左右，高度为其宽度的 1/5~1/2。

有时为了更好地组织通风，避免房屋外面气流的干扰，对纵向天窗还设置有挡风板。挡风板有竖直式、侧斜式和外包式三种，如图 7-15 所示，通常采用金属压型板和波形石棉瓦等轻质料，其下端与屋盖顶面应留出至少 50 mm 的空隙。挡风板挂于挡风板支架的檩条上。挡风板支架有支承式和悬挂式。支承式的立柱下端直接支承于屋盖上，上端用横杆与天窗架相连。支承式挡风板支架的 杆件少，省钢材，但立柱与屋盖连接处的防水处理复杂。悬挂式挡风板支架则由连接于天窗架侧柱的杆件体系组成。挡风板荷载全部传给天窗架侧柱。

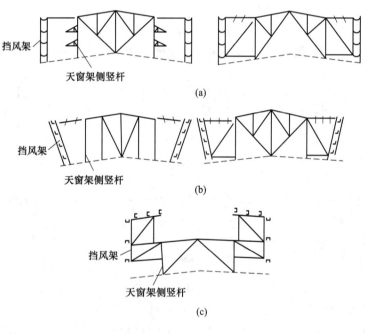

图 7-15　挡风架形式
（a）竖直式；（b）侧斜式；（c）外包式

7.3.2　屋盖支撑

屋架在其自身平面内为几何形状不可变体系，并具有较大的刚度，能承受屋架平面内的各种荷载。但是，平面屋架本身在垂直于屋架平面的侧向（称为屋架平面外）刚度和稳定性很差，不能承受水平荷载。因此，为使屋架结构有足够的空间刚度和稳定性，必须在屋架间设置支撑系统，如图 7-16 所示。

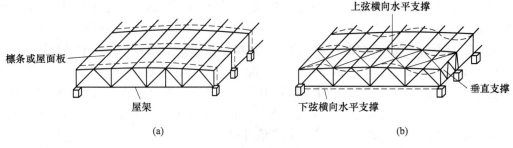

图 7-16　屋盖支撑作用

7.3.2.1　支撑的作用

（1）保证结构的空间整体作用。如图 7-16（a）所示，仅由平面桁架和檩条及屋面材料组成的屋盖结构，是一个不稳定的体系，简支在柱顶上的所有屋架有可能向一侧倾倒。如果将某些屋架在适当部位用支撑连系起来，成为稳定的空间体系（见图 7-16（b）），其余屋架再由檩条或其他构件连接在这个空间稳定体系上，就保证了整个屋盖结构的稳定，使之成为空间整体。

（2）避免压杆侧向失稳，防止拉杆产生过大的振动。支撑可作为屋架弦杆的侧向支撑点（见图 7-16（b）），减小弦杆在屋架平面外的计算长度，保证受压弦杆的侧向稳定，并使受拉下弦不会在某些动力作用下（如吊车运行时）产生过大的振动。

（3）承担和传递水平荷载，如风荷载、悬挂吊车水平荷载和水平地震作用等。

（4）保证结构安装时的稳定与方便。

屋盖的安装工作一般是从房屋温度区段的一端开始的，首先用支撑将两相邻屋架连系起来组成一个基本空间稳定体，然后在此基础上即可顺序进行其他构件的安装。

7.3.2.2　支撑的布置

屋盖支撑系统可分为横向水平支撑、纵向水平支撑、垂直支撑和系杆。

A　上弦横向水平支撑

通常情况下，在屋架上弦和天窗架上弦均应设置横向水平支撑。横向水平支撑一般应设置在房屋两端或纵向温度区段两端。有时在山墙承重，或设有上承式纵向天窗，但此天窗又未到温度区段尽端而退一个柱间断开时，为了与天窗支撑配合，可将屋架的横向水平支撑布置在第二个柱间，但在第一个柱间要设置刚性系杆以支持端屋架和传递端墙风力。两道横向水平支撑间的距离不宜大于 60 m，当温度区段长度较大时，还应在中部增设支撑，以符合此要求。

当采用大型屋面板的无檩屋盖时，如果大型屋面板与屋架的连接满足每块板有三点支承处进行焊接等构造要求时，可考虑大型屋面板起一定支撑作用。但由于施工条件的限制，焊接质量很难保证，一般只考虑大型屋面板起系杆作用。而在有檩屋盖中，上弦横向水平支撑的横杆可用檩条代替。

当屋架间距大于 12 m 时，上弦水平支撑还应予以加强，以保证屋盖的刚度。

B　下弦横向水平支撑

当屋架间距小于 12 m 时，应在屋架下弦设置横向水平支撑，但当屋架跨度比较小（$L<18$ m）又无吊车或其他振动设备时，可不设下弦横向水平支撑。

下弦横向水平支撑一般和上弦横向水平支撑布置在同一柱间，以形成空间稳定体系的基本组成部分。

当屋架间距大于或等于 12 m 时，由于在屋架下弦设置支撑不便，可不必设置下弦横向水平支撑，但上弦支撑应适当加强，并应用隔撑或系杆对屋架下弦侧向加以支承。

当屋架间距大于或等于 18 m 时，如果仍采用上述方案则檩条跨度过大，此时宜设置纵向次桁架，使主桁架（屋架）与次桁架组成纵横桁架体系，次桁架间再设置檩条或设置横梁及檩条，同时，次桁架还对屋架下弦平面外提供支承。

C　纵向水平支撑

当房屋较高、跨度较大、空间刚度要求较高，设有支承中间屋架的托架为保证托架的侧向稳定时，或设有重级或大吨位的中级工作制桥式吊车、壁行吊车或有锻锤等较大振动设备时，均应在屋架端节间平面内设置纵向水平支撑。纵向水平支撑和横向水平支撑形成封闭体系将大大提高房屋的纵向刚度。单跨厂房一般沿两纵向柱列设置，多跨厂房（包括等高的多跨厂房和多跨厂房的等高部分）则要根据具体情况，沿全部或部分纵向柱列布置。

屋架间距小于 12 m 时，纵向水平支撑通常布置在屋架下弦平面，但三角形屋架及端斜杆为下降式且主要支座设在上弦处的梯形屋架和人字形屋架，也可以布置在上弦平面内。

屋架间距大于或等于 12 m 时，纵向水平支撑宜布置在屋架的上弦平面内。

D　垂直支撑

无论是有檩屋盖还是无檩屋盖，通常均应设置垂直支撑。屋架的垂直支撑应与上、下弦横向水平支撑设置在同一柱间。

对于三角形屋架的垂直支撑，当屋架跨度小于或等于 18 m 时，可仅在跨度中央设置一道；当跨度大于 18 m 时，宜设置两道（在跨度 1/3 左右处各一道）。

对于梯形屋架、人字形屋架或其他端部有一定高度的多边形屋架，当屋架跨度小于或等于 30 m 时，可仅在屋架跨中布置一道垂直支撑；当跨度大于 30 m 时，则应在跨度 1/3 左右的竖杆平面内各设一道垂直支撑；当有天窗时，宜设置在天窗侧腿的下面（见图 7-17）。若屋架端部有托架时，就用托架等代替，不另设支撑。

与天窗架上弦横向支撑类似，天窗架垂直支撑也应设置在天窗架端部以及中部有屋架横向支撑的柱间，并应在天窗两侧柱平面内布置（见图 7-17（b））。对于多竖杆和三支点式天窗架，当其宽度大于 12 m 时，尚应在中央竖杆平面内增设一道。

E　系杆

为了支持未连支撑的平面屋架和天窗架，保证它们的稳定和传递水平力，应在横向支撑或垂直支撑节点处沿房屋通长设置系杆。

在屋架上弦平面内，无檩体系屋盖应在屋脊处和屋架端部处设置系杆；有檩体系只在有纵向天窗下的屋脊处设置系杆。

在屋架下弦平面内，当屋架间距为 6 m 时，在屋架端部处、下弦杆有弯折处、与柱刚接的屋架下弦端间受压但未设纵向水平支撑的节点处、跨度大于或等于 18 m 的芬克式屋架的主斜杆与下弦相交的节点处等部位皆应设置系杆。但当屋架间距大于或等于 12 m

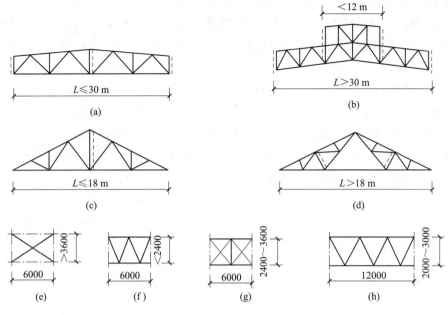

图 7-17　垂直支撑的布置和形式

时，支撑杆件截面将大大增加，多耗钢材，比较合理的做法是将水平支撑全部布置在上弦平面内，并利用檩条作为支撑体系的压杆和系杆，而作为下弦侧向支承的系杆可用支于檩条的隔撑代替。

系杆分刚性系杆（既能受拉也能受压）和柔性系杆（只能受拉）两种。屋架主要支承节点处的系杆，屋架上弦脊节点处的系杆均宜用刚性系杆，当横向水平支撑设置在房屋温度区段端部第二个柱间时，第一个柱间的所有系杆均为刚性系杆，其他情况的系杆可用柔性系杆。

7.3.2.3　支撑的计算和构造

屋架的横向和纵向水平支撑都是平行弦桁架，屋架或托架的弦杆均可兼作支撑桁架的弦杆，斜腹杆一般采用十字交叉式，斜腹杆和弦杆的交角宜在 $30°～60°$。通常横向水平支撑节点间的距离为屋架上弦节间距离的 $2～4$ 倍，纵向水平支撑的宽度取屋架端节间的长度，一般为 6 m 左右。

屋架垂直支撑也是一个平行弦桁架（见图 7-17（f）～（h）），其上、下弦可兼作水平支撑的横杆。有的垂直支撑还兼作檩条，屋架间垂直支撑的腹杆体系应根据其高度与长度之比采用不同的形式，如交叉式、V 式或 W 式（见图 7-17）。天窗架垂直支撑的形式也可按图 7-17 选用。

支撑中的交叉斜杆以及柔性系杆按拉杆设计，通常用单角钢做成；非交叉斜杆、弦杆、横杆以及刚性系杆按压杆设计，宜采用双角钢做成的 T 形截面或十字形截面，其中横杆和刚性系杆常用十字形截面使两个方向具有等稳定性。屋盖支撑杆件的节点板厚度通常采用 6 mm，重型厂房屋盖宜采用 8 mm。

屋盖支撑受力较小，截面尺寸一般由杆件容许长细比和构造要求决定，但对于兼作支撑桁架弦杆、横杆或端竖杆的檩条或屋架竖杆等,其长细比应满足支撑压杆的要求,即 [λ]＝200;兼作柔性系杆的檩条,其长细比应满足支撑拉杆的要求,即 [λ]＝400(一般情况)或 350(有重级工作制的厂房)。对于承受端墙风力的屋架下弦横向水平支撑和刚性系杆,以及承受侧墙风力的屋架下弦纵向水平支撑,当支撑桁架跨度较大(大于或等于 24 m)或承受的风荷载较大(风压力的标准值大于 0.5 kN/m)时,或垂直支撑兼作檩条以及考虑厂房结构的空间工作而用纵向水平支撑作为柱的弹性支承时,支撑杆件除应满足长细比要求外,尚应按桁架体系计算内力,并据此内力按强度或稳定性选择截面并计算其连接。

具有交叉斜腹杆的支撑桁架,通常将斜腹杆视为柔性杆件,只能受拉,不能受压,因而每节间只有受拉的斜腹杆参与工作,如图 7-18 所示。

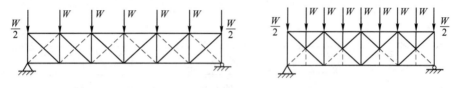

图 7-18　支撑桁架杆件的内力计算简图

支撑和系杆与屋架或天窗架的连接应使构造简单、安装方便,通常采用 C 级螺栓,每一杆件接头处的螺栓数不少于两个。螺栓直径一般为 20 mm,与天窗架或轻型钢屋架连接的螺栓直径可用 16 mm。有重级工作制吊车或有较大振动设备的厂房中,屋架下弦支撑和系杆(无下弦支撑时为上弦支撑和隅撑)的连接,宜采用高强度螺栓摩擦型连接。

7.3.3　简支屋架设计

7.3.3.1　屋架的内力分析

A　基本假定

作用在屋架上的荷载,可按荷载规范的规定计算求得。屋架上的荷载包括恒荷载(屋面重量和屋架自重)、屋面均布活荷载、雪荷载、风荷载、积灰荷载及悬挂荷载等。

具有角钢和 T 型钢杆件的屋架,计算其杆件内力时,通常将荷载集中到节点上(屋架作用有节间荷载时,可将其分配到相邻的两个节点),并假定节点处的所有杆件轴线在同一平面内相交于一点(节点中心),而且各节点均为理想铰接。这样就可以利用电子计算机或采用图解法及解析法来求各节点荷载作用下桁架杆件的内力(轴心力)。

按上述理想体系内力求出的应力是桁架的主要应力,节点实际具有的刚性所引起的次应力,以及因制作偏差或构造等原因而产生的附加应力,其值较小,设计时一般不考虑。

B　节间荷载引起的局部弯矩

有节间荷载作用的屋架,除了把节间荷载分配到相邻节点并按节点荷载求解杆件内力外,还应计算节间荷载引起的局部弯矩。局部弯矩的计算,既要考虑杆件的连续性,又要考虑节点支承的弹性位移,一般采用简化计算。例如当屋架上弦杆有节间荷载作用时,上弦杆的局部弯矩可近似地采用:端节间的正弯矩取 $0.8M_0$,其他节间的正弯矩和节点负弯矩(包括屋脊节点)取 $0.6M_0$,M_0 为将相应弦杆节间作为单跨简支梁求得的最大弯矩(见图 7-19)。

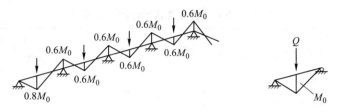

图 7-19 上弦杆的局部弯矩
（每节间一个集中荷载）

C 内力计算与荷载组合

不具备电算条件时，求解屋架杆件内力一般用图解法较为方便。图解法最适宜几何形状不很规则的屋架。但对于形状不复杂的（如平行弦屋架）及杆件数不多的屋架，用解析法确定内力则可能更简单些。不论用哪种方法，计算屋架杆件内力时，都应根据具体情况考虑荷载组合问题。

荷载组合按荷载规范的规定进行。与柱铰接的屋架应考虑下列荷载作用情况：

（1）全跨荷载。所有屋架都应进行全跨满载时的内力计算，即全跨永久荷载+全跨屋面活荷载或雪荷载（取两者的较大值）+全跨积灰荷载+悬挂吊车荷载。有纵向天窗时，应分别计算中间天窗处和天窗端壁处的屋架杆件内力。

（2）半跨荷载。梯形屋架、人字形屋架、平行弦屋架等的少数斜腹杆（一般为跨中每侧各两根斜腹杆）可能在半跨荷载作用下产生最大内力或引起内力变号。所以对于这些屋架还应根据使用和施工过程的分布情况考虑半跨荷载的作用。有必要时，可按下列半跨荷载组合计算：全跨永久荷载+半跨屋面活荷载（或半跨雪荷载）+半跨积灰荷载+悬挂吊车荷载。采用大型钢筋混凝土屋面板的屋架，尚应考虑安装时可能的半跨荷载：屋架及天窗架（包括支撑）自重+半跨屋面板重+半跨屋面活荷载。

另一种做法是，对梯形屋架、人字形屋架、平行弦屋架等，在进行上述可能产生内力变号的跨中斜腹杆的截面选择时，不论全跨荷载下它们是拉杆还是压杆，均按压杆考虑并控制其长细比不大于 150。按此处理后一般不必再考虑半跨荷载作用的组合。

（3）对于轻质屋面材料的屋架，一般应考虑负风压的影响。即当屋面永久荷载设计值（荷载分项系数 γ_G 取为 1.0）小于负风压设计值（荷载分项系数 γ_Q 取为 1.5）的竖向分力时，屋架的受拉杆件在永久荷载与风荷载联合作用下可能受压。求其内力时，可假定屋架两端支座的水平反力相等。一般的做法是：只要负风压的竖向分力大于永久荷载，即认为屋架的拉杆将反号变为压杆，但此压力不大，将其长细比控制不超过 250 即可，不必计算风荷载作用下的内力。

（4）对于轻屋面的厂房，当吊车起重量较大（$Q \geqslant 300 \text{ kN}$）时，应考虑按框架分析求得的柱顶水平力是否会使下弦内力增加或引起下弦内力变号。

7.3.3.2 杆件的计算长度和容许长细比

A 杆件的计算长度

确定桁架弦杆和单系腹杆的长细比时，其计算长度 l_0 应按表 7-2 的规定采用。

表 7-2　桁架弦杆和单系腹杆的计算长度 l_0

项次	弯曲方向	弦杆	腹杆	
			支座斜杆和支座竖杆	其他腹杆
1	在桁架平面内	l	l	$0.8l$
2	在桁架平面外	l_1	l	l
3	斜平面	—	l	$0.9l$

注：1. l 为构件的几何长度（节点中心间距离）；l_1 为桁架弦杆侧向支承点间的距离。

　　2. 斜平面是指与桁架平面斜交的平面，适用于构件截面两主轴均不在桁架平面内的单角钢腹杆和双角钢十字形截面腹杆。

　　3. 无节点板的腹杆计算长度在任意平面内均取其等于几何长度。

（1）桁架平面内。在理想的桁架中，压杆在桁架平面内的计算长度应等于节点中心间的距离即杆件的几何长度 l，但由于实际上桁架节点具有一定的刚性，杆件两端均为弹性嵌固。当某一压杆因失稳而屈曲，端部绕节点转动时将受到节点中其他杆件的约束（见图7-20（a））。实践和理论分析证明，约束节点转动的主要因素是拉杆。汇交于节点中的拉杆数量越多，则产生的约束作用越大，压杆在节点处的嵌固程度也愈大，其计算长度就愈小。根据这个原理，可视节点的嵌固程度来确定各杆件的计算长度。图7-20（a）所示的弦杆、支座斜杆和支座竖杆，其本身的刚度较大，且两端相连的拉杆少，因而对节点的嵌固程度很小，可以不考虑，其计算长度不折减而取几何长度（即节点间距离）。其他受压腹杆，考虑到节点处受到拉杆的牵制作用，计算长度适当折减，取 $l_{0x} = 0.8l$（见图7-20（a））。

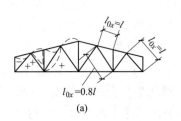 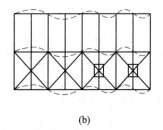

(a)　　　　　　　　　　　　　　　(b)

图 7-20　桁架杆件的计算长度
（a）桁架杆件在桁架平面内的计算长度；（b）桁架杆件在桁架平面外的计算长度

（2）桁架平面外。屋架弦杆在平面外的计算长度，应取侧向支承点间的距离。

1）上弦：一般取上弦横向水平支撑的节间长度。在有檩屋盖中，如檩条与横向水平支撑的交叉点用节点板焊牢（见图7-20（b）），则此檩条可视为屋架弦杆的支承点。在无檩屋盖中，考虑大型屋面板能起一定的支撑作用，一般取两块屋面板的宽度，但不大于3.0 m。

2）下弦：视有无纵向水平支撑，取纵向水平支撑节点与系杆或系杆与系杆间的距离。

3）腹杆：因节点在桁架平面外的刚度很小，对杆件没有什么嵌固作用，故所有腹杆均取 $l_{0y} = l$。

（3）斜平面。单面连接的单角钢杆件和双角钢组成的十字形杆件，因截面主轴不在桁架平面内，有可能斜向失稳，杆件两端的节点对其两个方向均有一定的嵌固作用。因此，斜平面计算长度略作折减，取 $l_0 = 0.9l$，但支座斜杆和支座竖杆仍取其计算长度为几何长度（即 $l_0 = l_1$）。

（4）其他。如桁架受压弦杆侧向支承点间的距离为两倍节间长度，且两节间弦杆内力不等时（见图 7-21），该弦杆在桁架平面外的计算长度按式（7-4）计算，但不小于 $0.5l_1$。

$$l_0 = l_1 \left(0.75 + 0.25 \frac{N_2}{N_1} \right) \tag{7-4}$$

式中 N_1——较大的压力，计算时取正值；

N_2——较小的压力或拉力，计算时压力取正值，拉力取负值。

桁架再分式腹杆体系的受压主斜杆（见图 7-22（a））在桁架平面外的计算长度也应按式（7-6）确定（受拉主斜杆仍取 l_1）；在桁架平面内的计算长度则采用节点中心间距离。

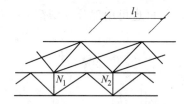

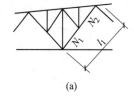

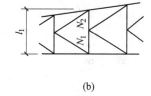

图 7-21　侧向支承点间压力有变化　　　　图 7-22　压力有变化的受压腹杆
　　　的弦杆平面外计算长度　　　　　　　　　　平面外计算长度
（a）

（b）

（a）再分式腹杆体系的受压主斜杆；（b）K 形腹杆体系的竖杆

确定桁架交叉腹杆的长细比时，在桁架平面内的计算长度应取节点中心到交叉点间的距离；在桁架平面外的计算长度应按表 7-3 的规定采用。

表 7-3　桁架交叉腹杆在桁架平面外的计算长度

项次	杆件类别	杆件的交叉情况	桁架平面外的计算长度
1	压杆	相交的另一杆受压，两杆在交叉点均不中断	$l_0 = l \sqrt{\dfrac{1}{2}\left(1 + \dfrac{N_0}{N}\right)}$
2		相交的另一杆受压，此另一杆在交叉点中断但以节点板搭接	$l_0 = l \sqrt{1 + \dfrac{\pi^2}{12} \cdot \dfrac{N_0}{N}}$
3		相交的另一杆受拉，两杆截面相同并在交叉点均不中断	$l_0 = l \sqrt{\dfrac{1}{2}\left(1 - \dfrac{3}{4} \cdot \dfrac{N_0}{N}\right)} \geqslant 0.5l$
4		相交的另一杆受拉，此拉杆在交叉点中断但以节点板搭接	$l_0 = l \sqrt{1 - \dfrac{3}{4} \cdot \dfrac{N_0}{N}} \geqslant 0.5l$
5		拉杆连续，压杆在交叉点中断但以节点板搭接，若 $N_0 \geqslant N$，或拉杆在桁架平面外的弯曲刚度满足：$EI_y \geqslant \dfrac{3N_0 l^2}{4\pi^2} \cdot \left(\dfrac{N}{N_0}\right) - 1$	$l_0 = 0.5l$
6	拉杆		$l_0 = l$

注：1. 表中 l 为节点中心间距离（交叉点不作为节点考虑）；N 为所计算杆的内力；N_0 为相交另一杆的内力，均为绝对值。

　　2. 两杆均受压时，$N_0 \leqslant N$，两杆截面应相同。

　　3. 当确定交叉腹杆中单角钢杆件斜平面内的长细比时，计算长度应取节点中心至交叉点间的距离。

B　杆件的容许长细比

桁架杆件长细比的大小对杆件的工作有一定的影响。若长细比太大，杆件将在自重作用下产生过大挠度，在运输和安装过程中因刚度不足而产生弯曲，在动力作用下还会产生较大的振动。故在《钢结构设计标准》中对拉杆和压杆都规定了容许长细比。

7.3.3.3　杆件的截面形式

桁架杆件截面形式的确定，应考虑构造简单、施工方便、易于连接，使其具有一定的侧向刚度并且取材容易等要求。对轴心受压杆件，为了经济合理，宜使杆件对两个主轴有相近的稳定性，即可使两方向的长细比接近相等。

A　单壁式屋架杆件的截面形式

普通钢屋架以往基本上采用由两个角钢组成的 T 形截面（见图 7-23（a）~（c））或十字形截面形式的杆件，受力较小的次要杆件可采用单角钢。弦杆也可用部分 T 型钢（见图 7-23（f）~（h））来代替双角钢组成的 T 形截面。

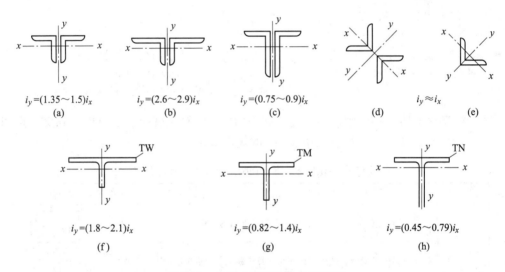

图 7-23　单壁式屋架杆件角钢截面

对节间无荷载的上弦杆，在一般的支撑布置情况下，计算长度 $l_{0y} \geqslant 2l_{0x}$，为使轴压稳定系数 φ_x 与 φ_y 接近，一般应满足 $i_y \geqslant 2i_x$，因此，宜采用不等边角钢短肢相连的截面（见图 7-23（b））或 TW 型截面（见图 7-23（f）），当 $l_{0y} = l_{0x}$ 时，可采用两个等边角钢截面（见图 7-23（a））或中翼缘 T 型钢（TM）截面（见图 7-23（g））；对节间有荷载的上弦杆，为了加强在桁架平面内的抗弯能力，也可采用不等边角钢长肢相连的截面或窄翼缘 T 型钢（TN）截面。

下弦杆在一般情况下 l_{0y} 远远大于 l_{0x}，通常采用不等边角钢短肢相连的截面或 TW 型截面以满足长细比要求。

支座斜杆 $l_{0y} = l_{0x}$ 时，宜采用不等边角钢长肢相连或等边角钢的截面；对连有再分式杆件的斜腹杆，因 $l_{0y} = 2l_{0x}$，可采用等边角钢相并的截面。

其他一般腹杆，因其 $l_{0y}=l$、$l_{0x}=0.8l$，即 $l_{0y}=1.25l_{0x}$，故宜采用等边角钢相并的截面。连接垂直支撑的竖腹杆，使连接不偏心，宜采用两个等边角钢组成的十字形截面（见图7-23 (d)）；受力很小的腹杆（如再分杆等次要杆件），可采用单角钢截面。

用 H 型钢沿纵向剖开而成的 T 型钢来代替传统的双角钢 T 形截面，用于桁架弦杆，可以省去节点板或减小节点板尺寸，零件数量少，用钢量少（约节约钢材 10%），用工量少（省工 15%~20%），易于涂油漆且提高其抗腐蚀性能，延长其使用寿命，降低造价（16%~20%）。

B　双壁式屋架杆件的截面形式

屋架跨度较大时，弦杆等杆件较长，单榀屋架的横向刚度比较低。为保证安装时屋架的侧向刚度，跨度大于或等于 42 m 的屋架宜设计成双壁式（见图7-24）。其中由双角钢组成的双壁式截面可用于弦杆和腹杆，横放的 H 型钢可用于大跨度重型双壁式屋架的弦杆和腹杆。

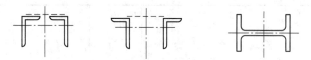

图 7-24　双壁式屋架杆件的截面

C　双角钢杆件的填板

由双角钢组成的 T 形或十字形截面杆件是按实腹式杆件进行计算的。为了保证两个角钢共同工作，必须每隔一定距离在两个角钢间加设填板（见图 7-25），使它们之间有可靠连接。填板的宽度一般取 50~80 mm；填板的长度，对于 T 形截面应比角钢肢伸出 10~20 mm，对于十字形截面则从角钢肢尖缩进 10~15 mm，以便于施焊；填板的厚度与桁架节点板相同。

填板的间距对于压杆为 $l_1 \leqslant 40i_1$，对于拉杆为 $l_1 \leqslant 80i_1$。在 T 形截面中，i_1 为一个角钢对平行于填板自身形心轴的回转半径；在十字形截面中，填板应沿两个方向交错放置（见图7-25），i_1 为一个角钢的最小回转半径，在压杆的桁架平面外计算长度范围内，至少应设置两块填板。

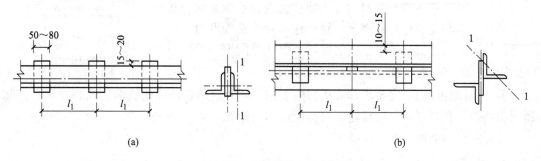

(a)　　　　　　　　　　　　　　　　(b)

图 7-25　桁架杆件中的填板

(a) T形；(b) 十字形

7.3.3.4　杆件的截面选择

A　一般原则

（1）应优先选用肢宽而薄的板件或肢件组成的截面以增加截面的回转半径，但受压构件需满足局部稳定的要求。一般情况下，板件或肢件的最小厚度为 5 mm，对小跨度屋架可用到 4 mm。

（2）角钢杆件或 T 型钢的悬伸肢宽不得小于 45 mm。直接与支撑或系杆相连的最小肢宽，应根据连接螺栓的直径 d 而定：$d = 16$ mm 时，最小肢宽为 63 mm；$d = 18$ mm 时，最小肢宽为 70 mm；$d = 20$ mm 时，最小支宽为 75 mm。垂直支撑或系杆如连接在预先焊于桁架竖腹杆及弦杆的连接板上时，则悬伸肢宽不受此限。

（3）屋架节点板（或 T 型钢弦杆的腹板）的厚度，对于单壁式屋架，可根据腹杆的最大内力（对梯形和人字形屋架）或弦杆端节间内力（对三角形屋架），按表 7-4 选用；对于双壁式屋架的节点板，可按上述内力的一半，按表 7-4 选用。

表 7-4　Q235 钢单壁式焊接屋架节点板厚度选用表

梯形、人字形屋架腹杆最大内力或三角形屋架弦杆端节间内力/kN	≤170	171~290	291~510	511~680	681~910	911~1290	1291~1770	1771~3090
中间节点板厚度/mm	6~8	8	10	12	14	16	18	20
支座节点板厚度/mm	10	10	12	14	16	18	20	22

注：1. 节点板钢材为 Q355 钢或 Q390 钢、Q420 钢、Q460 钢时，节点板厚度可按表中数值适当减小。

　　2. 本表适用于腹杆端部用侧焊缝连接的情况。

　　3. 无竖腹杆相连且自由边无加劲肋加强的节点板，应将受压腹杆内力乘以 1.25 后再查表。

（4）跨度较大的桁架（如大于或等于 24 m）与柱铰接时，弦杆宜根据内力变化来改变截面，但半跨内一般只改变一次。变截面位置宜在节点处或其附近。改变截面的做法通常是变肢宽而保持厚度不变，以便处理弦杆的拼接构造。

（5）同一屋架的型钢规格不宜太多，以便订货。如选出的型钢规格过多，应尽量避免选用相同边长或肢宽而厚度相差很小的型钢，以免施工时产生混料错误。

（6）当连接支撑等的螺栓孔在节点板范围内且距节点板边缘距离大于或等于 100 mm 时可不考虑截面的削弱（见图 7-26）。

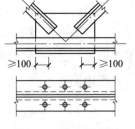

图 7-26　节点板范围内的螺栓孔

（7）单面连接的单角钢杆件，考虑受力时偏心的影响，在按轴心受拉或轴心受压计算其强度、稳定性以及连接强度时，钢材和连接的强度设计值应乘以相应的折减系数（见附表 1-4）。

B　杆件的截面选择

轴心受拉杆件由强度要求计算所需的面积，同时应满足长细比要求。轴心受压杆件和压弯构件要计算强度、整体稳定、局部稳定和长细比。

7.3.3.5　钢桁架的节点设计

A　节点设计的一般要求

（1）在原则上，桁架应以杆件的形心线为轴线并在节点处相交于一点，以避免杆件偏心受力。为了制作方便，通常取角钢背或 T 型钢背至轴线的距离为 5 mm 的倍数。

（2）当弦杆截面沿长度有改变时，为便于拼接和放置屋面材料，一般将拼接处两侧弦杆表面对齐，这时形心线必然错开，此时宜采用受力较大的杆件形心线为轴线（见图 7-27）。当两侧形心线偏移的距离 e 不超过较大弦杆截面高度的 5% 时，可不考虑此偏心影响。

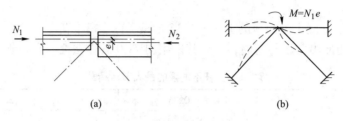

图 7-27　弦杆轴线的偏心

当偏心距离 e 超过上述值，或者由于其他原因使节点处有较大偏心弯矩时，应根据交汇处各杆的线刚度，将此弯矩分配于各杆（见图 7-27（b））。所计算杆件承担的弯矩为：

$$M_i = M \frac{K_i}{\sum K_i} \tag{7-5}$$

式中　M——节点偏心弯矩，对于图 7-28 的情况，$M = N_1 e$；

　　　K_i——所计算杆件线刚度；

　　$\sum K_i$——汇交于节点的各杆件线刚度之和。

（3）在屋架节点处，腹杆与弦杆或腹杆与腹杆之间焊缝的净距，不宜小于 10 mm，或者杆件之间的空隙不小于 20 mm（见图 7-28），以便制作，且可避免焊缝过分密集，致使钢材局部变脆。

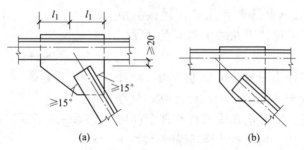

图 7-28　单斜杆与弦杆的连接

（a）正确；（b）不正确

（4）角钢端部的切割一般垂直于其轴线（见图 7-29（a））。有时为减小节点板尺寸，允许切去一肢的部分（见图 7-29（b）和（c）），但不允许将一个肢完全切去而另一肢伸出的斜切（见图 7-29（d））。

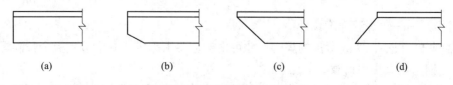

图 7-29　角钢端部的切割

（5）节点板的外形应尽可能简单而规则，宜至少有两边平行，一般采用矩形、平行四边形和直角梯形等。节点板边缘与杆件轴线的夹角不应小于15°（见图7-28（a））。单斜杆与弦杆的连接应使之不出现连接的偏心弯矩（见图7-28（a））。节点板的平面尺寸，一般应根据杆件截面尺寸和腹杆端部焊缝长度画出大样图来确定，但考虑施工误差，宜将此平面尺寸适当放大。

（6）支承大型混凝土屋面板的上弦杆，当支承处的总集中荷载（设计值）超过表7-5的数值时，弦杆的伸出肢容易弯曲，应对其采用图7-30的做法之一予以加强。

表 7-5　弦杆不加强的最大节点荷载

角钢厚度／mm	当钢材为 Q235	8	10	12	14	16
	当钢材为 Q355、Q390	7	8	10	12	14
支承处总集中荷载设计值／kN		25	40	55	75	100

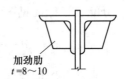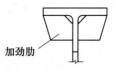

图 7-30　上弦角钢的加强

B　角钢桁架的节点设计

角钢桁架是指弦杆和腹杆均用角钢做成的桁架。

a　一般节点

一般节点是指无集中荷载和无弦杆拼接的节点，例如无悬吊荷载的屋架下弦的中间节点（见图7-31）。

节点板应伸出弦杆 10～15 mm 以便焊接。腹杆与节点板的连接焊缝按承受轴心力方法计算。弦杆与节点板的连接焊缝，应考虑承受弦杆相邻节间内力之差 $\Delta N = N_2 - N_1$，按下列公式计算其焊脚尺寸：

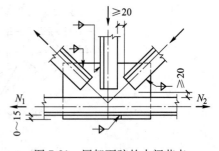

图 7-31　屋架下弦的中间节点

肢背焊缝　　$h_{f1} \geqslant \dfrac{\alpha_1 \Delta N}{2 \times 0.7 l_w f_f^w}$　　　　（7-6）

肢尖焊缝　　　　　　$h_{f2} \geqslant \dfrac{\alpha_2 \Delta N}{2 \times 0.7 l_w f_f^w}$　　　　　　（7-7）

式中　α_1，α_2——内力分配系数，可取 $\alpha_1 = \dfrac{2}{3}$，$\alpha_2 = \dfrac{1}{3}$；

　　　　f_f^w——角焊缝强度设计值。

通常因 ΔN 很小，实际所需的焊脚尺寸可由构造要求确定，并沿节点板全长满焊。

b　角钢桁架有集中荷载的节点

为便于大型屋面板或檩条连接角钢的放置，常将节点板缩进上弦角钢背（见图7-32），

缩进距离不宜小于 $(0.5t + 2)\text{mm}$，也不宜大于 t，t 为节点板厚度。

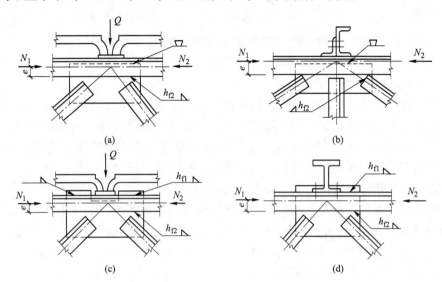

图 7-32 屋架上弦节点

角钢背凹槽的塞焊缝可假定只承受屋面集中荷载，按式（7-8）计算其强度。

$$\sigma_f = \frac{Q}{2 \times 0.7 h_{f1} l_w} \leqslant \beta_f f_f^w \tag{7-8}$$

式中 Q——节点集中荷载垂直于屋面的分量；

h_{f1}——焊脚尺寸，取 $h_{f1} = 0.5t$；

β_f——正面角焊缝强度增大系数，对于承受静力荷载和间接承受动力荷载的屋架，$\beta_f = 1.22$；对于直接承受动力荷载的屋架，$\beta_f = 1.0$。

实际上因 Q 值不大，可按构造满焊。

弦杆相邻节间的内力差 $\Delta N = N_2 - N_1$，由弦杆角钢肢尖与节点板的连接焊缝承受，计算时应计入偏心弯矩 $M = \Delta N e$（e 为角钢肢尖至弦杆轴线距离），按下列公式计算：

对 ΔN $$\tau_f = \frac{\Delta N}{2 \times 0.7 h_{f2} l_w} \tag{7-9}$$

对 M $$\sigma_f = \frac{6 \times M}{2 \times 0.7 h_{f2} l_w^2} \tag{7-10}$$

验算式为：

$$\sqrt{\left(\frac{\sigma_f}{\beta_f}\right)^2 + \tau_f^2} \leqslant f_f^w \tag{7-11}$$

式中 h_{f2}——肢尖焊缝的焊脚尺寸。

当节点板向上伸出不妨碍屋面构件的放置，或因相邻弦杆节间内力差 ΔN 较大，肢尖焊缝不满足式（7-13）时，可将节点板部分向上伸出（见图 7-32（c））或全部向上伸出（见图 7-32（d））。此时弦杆与节点板的连接焊缝应按下列公式计算：

肢背焊缝 $$\sqrt{\frac{(\alpha_1 \Delta N)^2 + (0.5Q)^2}{2 \times 0.7 h_{f1} l_{w1}}} \leqslant f_f^w \tag{7-12}$$

肢尖焊缝

$$\sqrt{\frac{(\alpha_2 \Delta N)^2 + (0.5Q)^2}{2 \times 0.7h_{f2}l_{w2}}} \leqslant f_f^w \qquad (7-13)$$

式中 h_{f1}，l_{w1}——伸出肢背的焊缝焊脚尺寸和计算长度；

        h_{f2}，l_{w2}——肢尖焊缝的焊脚尺寸和计算长度。

   c   角钢桁架弦杆的拼接及拼接节点

弦杆的拼接分为工厂拼接和工地拼接两种。工厂拼接用于型钢长度不够或弦杆截面有改变时在制造厂进行的拼接，这种拼接的位置通常在节点范围以外。工地拼接用于屋架分为几个运送单元时在工地进行的拼接，这种拼接的位置一般在节点处，为减轻节点板负担，通常不利用节点板作为拼接材料，而以拼接角钢传递弦杆内力。拼接角钢宜采用与弦杆相同的截面，使弦杆在拼接处保持原有的强度和刚度。

为了使拼接角钢与弦杆紧密相贴，应将拼接角钢的棱角铲去。为便于施焊，还应将拼接角钢的竖肢切去 $\Delta = (t + h_f + 5)$mm（见图7-33），式中，t 为角钢厚度，h_f 为拼接焊缝的焊脚尺寸。连接角钢截面的削弱，可以由节点板（拼接位置在节点处）或角钢之间的填板（拼接位置在节点范围外）来补偿。

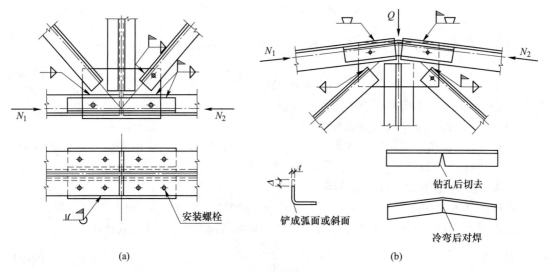

图 7-33   拼接节点

（a）下弦工地拼接节点；（b）上弦工地拼接节点

屋脊节点处的拼接角钢，一般采用热弯成形。当屋面坡度较大且拼接角钢肢较宽时，可将角钢竖肢切口再弯折后焊成。工地焊接时，为便于现场安装，拼接节点要设置安装螺栓。此外，为避免双插，应使拼接角钢和节点板不连在同一运输单元上，有时也可把拼接角钢作为单独的运输零件。拼接角钢或拼接钢板的长度，应根据所需焊缝长度决定。接头一侧的连接焊缝总长度应为：

$$\sum l_w \geqslant \frac{N}{0.7h_f f_f^w} \qquad (7-14)$$

式中 N——杆件的轴心力，取节点两侧弦杆内力的较大值。

双角钢的拼接中，式（7-16）得出的焊缝计算长度 $\sum l_w$ 按四条焊缝平均分配。

弦杆与节点板的连接焊缝，应按式（7-6）和式（7-7）计算，公式中的 ΔN 取为相邻节间弦杆内力之差或弦杆最大内力的 15%，两者取较大值。当节点处有集中荷载时，则应采用上述 ΔN 值和集中荷载 Q 值按式（7-12）和式（7-13）验算。

d　角钢桁架的支座节点

屋架与柱子的连接可以做成铰接或刚接。支承于混凝土柱或砌体柱的屋架一般都是按铰接设计，而屋架与钢柱的连接则可为铰接或刚接。图 7-34 所示为三角形屋架的支座节点，图 7-35 所示为铰接人字形或梯形屋架的支座节点。

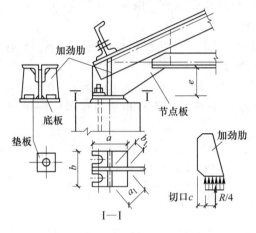

图 7-34　三角形屋架的支座节点

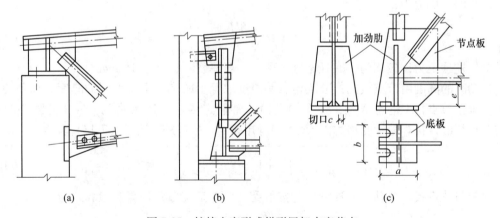

图 7-35　铰接人字形或梯形屋架支座节点

（a）上承式（下弦角钢端部为圆孔，但节点板上为长圆孔）；（b）下承式；（c）下承式支座节点大样

支于混凝土柱的支座节点由节点板、底板、加劲肋和锚栓组成。支座节点的中心应在加劲肋上，加劲肋起分布支承处支座反力的作用，同时还是保证支座节点板平面外刚度的必要零件。为便于施焊，屋架下弦角钢背与支座底板的距离 e（见图 7-34 和图 7-35）不宜小于下弦角钢伸出肢的宽度，也不宜小于 130 mm。屋架支座底板与柱顶用锚栓相连，锚栓预埋于柱顶，直径通常为 20~24 mm。为便于安装时调整位置，底板上的锚栓孔径宜为锚栓直径的 2~2.5 倍，屋架就位后再加小垫板套住锚栓并用工地焊缝与底板焊牢，小垫板上的孔径只比锚栓直径大 1~2 mm。

支座节点的传力路线是：桁架各杆件的内力先通过杆端焊缝传给节点板，然后经节点板与加劲肋之间的垂直焊缝，把一部分力传给加劲肋，再通过节点板、加劲肋与底板的水平焊缝把全部支座压力传给底板，最后传给支座。因此，支座节点应进行以下计算。

支座底板的毛面积应为：

$$A = ab \geqslant \frac{R}{f_c} + A_0 \tag{7-15}$$

式中　R——支座反力；

　　　f_c——支座混凝土局部承压强度设计值；

　　　A_0——锚栓孔的面积。

按计算需要的底板面积一般较小，主要根据构造要求（锚栓孔直径、位置以及支承的稳定性等）确定底板的平面尺寸。

底板的厚度应按底板下柱顶反力（假定为均匀分布）作用产生的弯矩决定。例如，图 7-34 的底板经节点板及加劲肋分隔后成为两相邻边支承的四块板，其单位宽度的弯矩按式（7-16）计算。

$$M = \beta q a_1^2 \tag{7-16}$$

式中　q——底板下反力的平均值，$q = R/(A - A_0)$；

　　　β——系数，由 $\dfrac{b_1}{a_1}$ 值按表 4-9 查得；

　a_1，b_1——对角线长度及其中点至另一对角线的距离（见图 7-34）。

底板的厚度应为：

$$t \geqslant \sqrt{\frac{6M}{f}} \tag{7-17}$$

为使柱顶反力比较均匀，底板不宜太薄，一般厚度不宜小于 16 mm。

加劲肋的高度由节点板的尺寸决定，其厚度取等于或略小于节点板的厚度。加劲肋可视为支承于节点板上的悬臂梁，一个加劲肋通常假定传递支座反力的 1/4（见图 7-34），它与节点板的连接焊缝承受剪力 $V = R/4$ 和弯矩 $M = Vb/4$，并应按式（7-18）验算。

$$\sqrt{\left(\frac{V}{2 \times 0.7 h_f l_w}\right)^2 + \left(\frac{6M}{2 \times 0.7 h_f l_w^2 \beta_f}\right)^2} \leqslant f_1^w \tag{7-18}$$

底板与节点板、加劲肋的连接焊缝按承受全部支座反力 R 计算。验算式为：

$$\sigma_f = \frac{R}{0.7 \times h_f \sum l_w} \leqslant \beta_f f_1^w \tag{7-19}$$

$$\sum l_w = 2a + 2(b - t - 2c) - 12h_f$$

式中，$\sum l_w$ 为焊缝计算长度之和；t 和 c 分别为节点板厚度和加劲肋切口宽度（见图 7-34、图 7-35）。

C　T 型钢做弦杆的屋架节点

采用 T 型钢做屋架弦杆，当腹杆也用 T 型钢或单角钢时，腹杆与弦杆的连接不需要节点板，直接焊接可省工省料；当腹杆采用双角钢时，有时需设节点板（见图 7-36），节点板与弦杆采用对接焊缝，此焊缝承受弦杆相邻节间的内力差 $\Delta N = N_2 - N_1$ 以及内力差产生的偏心弯矩 $M = \Delta Ne$，可按下式进行计算：

$$\tau = \frac{1.5\Delta N}{l_\mathrm{w} t} \leqslant f_\mathrm{v}^\mathrm{w} \tag{7-20}$$

$$\sigma = \frac{\Delta N e}{\frac{1}{6} t l_\mathrm{w}^2} \leqslant f_\mathrm{t}^\mathrm{w} \text{ 或 } f_\mathrm{c}^\mathrm{w} \tag{7-21}$$

式中 l_w——由斜腹杆焊缝确定的节点板长度，若无引弧板施焊时要除去弧坑；

　t——节点板厚度，通常取与 T 型钢腹板等厚或相差不超过 1 mm；

　f_v^w——对接焊缝抗剪强度设计值；

f_t^w，f_c^w——对接焊缝抗拉、抗压强度设计值。

角钢腹杆与节点板的焊缝计算同角钢桁架，由于节点板与 T 型钢腹板等厚（或相差 1 mm），因此腹杆可伸入 T 型钢腹板（见图 7-36），这样可减小节点板尺寸。

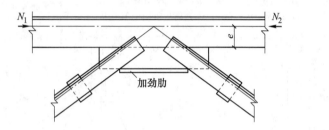

图 7-36　T 型钢做弦杆的屋架节点

7.3.3.6 连接节点处板件的计算

连接节点处的板件在拉、剪作用下的强度，必要时（例如节点板厚度不满足表 7-4 的要求）应按下列公式计算：

$$N / \sum (\eta_i A_i) \leqslant f \tag{7-22}$$

$$\eta_i = 1 / \sqrt{1 + 2\cos^2\alpha_i} \tag{7-23}$$

式中 N——作用于板件的拉力；

　A_i——第 i 段破坏面的截面积，$A_i = t l_i$，当为螺栓（或铆钉）连接时取净截面面积；

　t——板件的厚度；

　l_i——第 i 破坏段的长度，应取板件中最危险的破坏线的长度（见图 7-37）；

　η_i——第 i 段的拉剪折算系数；

　α_i——第 i 段破坏线与拉力轴线的夹角。

角钢桁架节点板的强度除按式（7-22）验算外，也可用有效宽度法按式（7-24）计算。

$$\sigma = N / (b_\mathrm{e} t) \leqslant f \tag{7-24}$$

式中，b_e 为板件的有效宽度（见图 7-38），当用螺栓（铆钉）连接时，应取净宽度（见图 7-38（b））。图 7-38 中 θ 为应力扩散角，可取为 30°。

为了保证桁架节点板在斜腹杆压力作用下的稳定性，受压腹杆连接肢端面中点沿腹杆轴线方向至弦杆边缘的净距离 c（见图 7-38（a）），应满足下列条件：

（1）对于有竖腹杆或无竖腹杆但自由边有加劲肋（见图 7-38）的节点板，$c/t \leqslant$ $15\sqrt{\dfrac{235}{f_\mathrm{y}}}$。

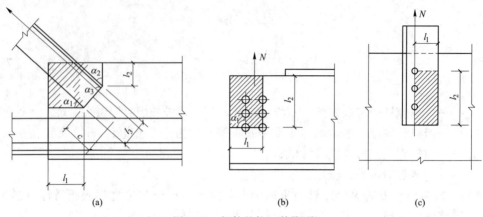

图 7-37　板件的拉、剪撕裂

（a）焊缝连接；（b），（c）螺栓（铆钉）连接

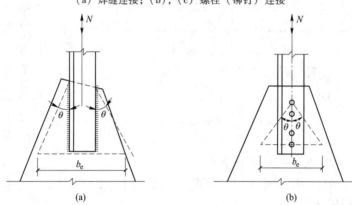

图 7-38　板件的有效宽度

（2）对于无竖腹杆且自由边无加劲肋的节点板，$c/t \leqslant 10\sqrt{\dfrac{235}{f_y}}$，且 $N \leqslant 0.8b_e tf$。

在采用上述方法计算节点板的强度和稳定时，尚应满足下列要求：

（1）节点板边缘与腹杆轴线之间的夹角应不小于 $15°$；

（2）斜腹杆与弦杆的夹角应在 $30° \sim 60°$；

（3）节点板的自由边长度 l 与厚度 t 之比不得大于 $60\sqrt{\dfrac{235}{f_y}}$，否则应根据构造要求沿自由边设加劲肋予以加强。

习　题

简支人字形屋架设计。

设计资料：鞍钢设计院 2022 年设计的某厂房长 96 m，高 20 m，屋面坡度 1/10。已知柱距 12 m，跨度 30 m，采用人字形屋架，铰支于钢筋混凝土柱上。屋面材料为长尺压型钢板，轧制 H 型钢檩条的水平间距为 5 m。基本风压为 0.5 kN/m²，雪荷载为 0.20 kN/m²。钢材采用 Q235B，手工焊条采用 E4315（低氢型）。屋架计算跨度 $L_0 = L = 30000$ mm，端部及中部高度均取 2000 mm。屋架杆件几何长度及内力设计值见图 7-39，支撑布置见图 7-40。

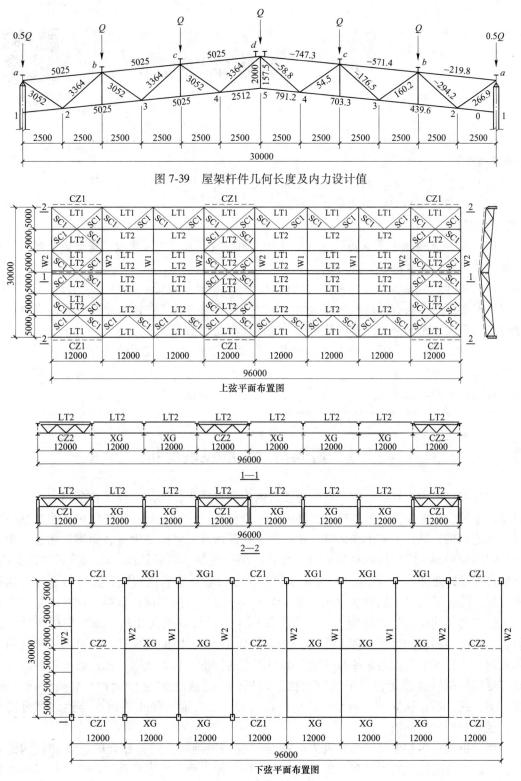

图 7-39 屋架杆件几何长度及内力设计值

图 7-40 屋盖支撑布置图

耐候钢桥结构

本章数字资源

【学习要点】
  （1）了解耐候钢桥结构的特点、应用和发展趋势。
  （2）掌握耐候钢桥结构的设计方法。
【思政元素】
  （1）介绍国内外耐候钢桥的发展史以及我国耐候钢桥的发展现状，提升学生对祖国钢铁技术发展的自信程度。
  （2）二十大以后经济、绿色的节能建造方针，以及科技进步对建造技术提升的作用；突出我国已建成的具有国际影响力的地标性耐候钢桥结构建筑和国家推行的大力发展耐候钢桥结构产业相关政策，中国的技术开始由跟随转变为引领世界。
  （3）耐候钢以其优异的环保性能特点成为绿色建材产品，它具有高耐候、高强度、免涂装、长寿命等技术优势，可广泛运用于钢结构建筑。它广阔的应用前景对推动建筑领域节能减碳，促进绿色建材应用，提升绿色发展水平具有重要意义。

8.1　耐候桥梁钢的发展现状

耐候钢，即耐大气腐蚀钢。它是介于普通钢和不锈钢之间的一种低合金钢。耐候钢靠自身产生的致密锈层防止基体被外界环境进一步侵蚀，从而达到自然的保护。耐候钢耐大气腐蚀的原理，是由于钢中加入磷、铜、铬、镍等微量元素后，钢材表面形成致密和附着性很强的保护膜，阻碍锈蚀往里扩散和发展，保护锈层下面的基体，以减缓其腐蚀速度。在锈层和基体之间形成的 $50 \sim 100\ \mu m$ 厚的非晶态尖晶石型氧化物层致密且与基体金属黏附性好，阻止了大气中氧和水向钢铁基体渗入，减缓了锈蚀向钢铁材料纵深发展，大大提高了钢铁材料的耐大气腐蚀能力。由于耐候钢是一种可以减薄使用、裸露使用或简化涂装，从而使制品抗蚀延寿、省工降耗、升级换代的钢系，因此其也是一种可融入现代冶金新机制、新技术、新工艺而使其持续发展和创新的钢系。与普碳钢相比，耐候钢在大气中具有更优良的抗蚀性能。与不锈钢相比，耐候钢只有微量的合金元素，如磷、铜、铬、镍、钼、铌、钒、钛等，合金元素总量仅占百分之几，而不像不锈钢那样达到百分之十几，因此价格较为低廉。

桥梁钢经过多年发展，已经成为一种普遍应用的钢材。随着社会的进步和技术的发展，人们对桥梁钢提出了更多和更高的要求，即由原来单一追求高强度转变为优良的综合性能，主要表现在高强韧性、良好的焊接性和耐蚀性等方面。在此背景下，耐候桥梁钢应运而生，其具有良好的耐蚀性，可以进行免涂装使用，大大降低了桥梁的维护成本。解决钢桥的耐蚀问题，最根本的措施是提高钢材本身的耐腐蚀性能。无论从耐腐蚀性能、综合性能还是从价格比等方面比较，耐候桥梁钢都是建造桥梁的最理想材料。

8.1.1 国外耐候桥梁钢发展现状

随着桥梁设计理念的转变和对桥梁制造周期等方面的要求日益提高，传统的结构钢板已不能完全满足桥梁设计和施工要求，开发具有更高强度、断裂韧性、焊接性、耐蚀性和加工性的高性能桥梁用钢十分必要。在美国、日本及韩国等国家，高性能桥梁用钢已成为桥梁钢发展的一个新方向。

美国是最早进行耐候钢研究的国家，始于1900年，1964年开始进行免涂装公路桥的建设，并且在1989年制定了《免涂装耐候钢结构设计指南》；日本在1955年开始进行耐候钢的研究，并于1967年将耐候钢用于桥梁建设，1985年日本的土木研究所、钢材俱乐部和钢材建设协会等联合制定了《无涂装耐候性桥梁设计施工要领》。

与日本和美国相反，耐候钢在欧洲桥梁中的应用较少。虽然研究人员在耐候桥梁钢的冶金工艺和成分设计方面做出了大量努力，但欧洲并未对其给予足够的重视，致使欧洲耐候桥梁钢的使用比例还不到总体桥梁钢用量的1%。

1990年，美国钢铁学会、美国联邦公路管理署、美国海军和米塔尔美国公司联合进行高性能桥梁结构用耐候钢产品的开发，开发出级别为50W、70W和100W的HPS系列钢。此类钢具有很好的综合力学性能以及耐工业大气和海洋大气腐蚀的能力。据统计，美国45%的内陆和沿海桥梁采用了免涂装的HPS70W钢，平均降低建造成本5%~10%，最高可达18%。

在日本，免涂装耐候桥梁钢自1967年首次应用之后，迄今应用得越来越多。JFE在高性能耐候桥梁钢方面形成了两大系列：Ni型高耐大气腐蚀钢系列JFE-ACL和耐海水腐蚀钢系列JFE-MARIN。新日铁也开发了含3%Ni的高盐大气环境下使用的免涂装耐候桥梁钢板。另外，新日铁公司还通过添加Cu、P、Ni等耐蚀性合金元素，研发出了具有优良耐蚀性和焊接性能的COR-TEN系列耐蚀钢。

韩国为扭转其在桥梁用钢上的不利竞争地位，2005—2010年展开了多方企业研发应用桥梁用钢的合作。韩国浦项产业科学研究院（RIST）下设的高性能结构材料研究中心（Hiper CONMAT）负责开展韩国HSB钢（高性能桥梁钢）研发项目，浦项钢铁公司负责钢种开发，桥梁制造商负责试验，韩国高速公路有限公司、桥梁承包商与设计单位等也参与了相关的试验、标准和规范编制等工作。在此过程中开发的耐候桥梁钢产品包括HSB500W、HSB600W、HSB800W。2007年8月，韩国制定了HSB韩国工业标准（KS）《轧制桥梁结构钢》，并于2009年2月将HSB800列入KSD3868标准。2008年9月1日，HSB500和HSB600被纳入韩国桥梁钢设计规范。2010年6月，韩国桥梁钢设计规范增加了HSB800。从2007年1月至2010年1月，HSB500和HSB600已经实现工业供货达4.68万吨。

8.1.2 国内耐候桥梁钢发展现状

中国对耐候钢的研究仅比日本晚5年，但直到1989年耐候钢都没有在桥梁上得到应用。1989年开始设计、1992年10月通车、架设在京广线武汉分局地段的巡司河上的桥梁采用的是武钢生产的NH35q，各项性能达到Cor-ten B和SMA50钢的水平。这是国内开发的第一个耐大气腐蚀桥梁专用钢，后来武钢又开发了超低碳贝氏体钢WNQ570，应用在南京大胜关长江大桥。

经过多年的发展，国内冶金科技工作者把国内耐候钢桥的发展由涂装、半涂装推向免涂装的全新发展阶段，取得重要应用突破。

在这一发展过程中，新耸立起了三座崭新的国内高性能耐候钢桥建设里程碑：第一座是铁路桥——川藏铁路拉萨至林芝段（简称拉林铁路）的藏木雅鲁藏布江大桥；第二座是公路桥——北京官厅水库特大桥；第三座是国家"一带一路"示范工程——中俄跨境黑河-布拉戈维申斯克跨黑龙江（阿穆尔河）公路大桥（以下简称黑河大桥）。

藏木雅鲁藏布江大桥屹立于桑加大峡谷藏木水电站上游库区，横跨水深达66 m的雅鲁藏布江，全长525.1 m，两岸对接隧道。这座大桥创造了多项桥梁领域新纪录，代表着中国乃至世界同类型桥梁建设的最高水平。大桥主拱跨径430 m，是世界上跨度最大的铁路钢管拱桥。主拱管径1.8 m，在同类型桥梁中排名世界第一。为应对高寒、大温差、强紫外线等高原环境，建设者提出了铁路高性能免涂装耐候钢成套技术，首次在国内铁路桥主体结构中采用免涂装耐候钢，使该桥100年内无需进行油漆防腐涂装，不仅减少了高原缺氧环境下钢结构养护维修工作量，避免了油漆涂装导致的环境污染问题，而且节约了维护成本，延长了桥梁使用寿命。

首座免涂装耐候特大公路桥官厅水库桥，处于北京一级水源保护区，为减少对水库的污染，免除后期重新涂装工作，采用了含Nb免涂装耐候桥梁钢Q345qENH，共计8700余吨。主桥钢结构采用超耐候防腐涂装技术，提高主桥钢桁架耐候性能，最大程度地延长涂装体系寿命，减少桥梁全寿命期内重新涂装次数，降低钢桥涂装作业产生的各种污染。

黑河大桥（见图8-1）采用了鞍钢生产的4536 t Q420qFNH高韧高耐候桥梁钢，填补了F级耐候桥梁钢的应用的空白，把我国耐候桥梁的开发与应用推向了一个发展新高地。黑河大桥采用的Q420qFNH具有高强高韧高耐候特点，由中信金属公司汇同鞍钢并联合黑龙江省公路勘察设计院、中铁山桥等单位共同成立产业链项目组历时两年研制成功。

图8-1　黑河大桥

我国未来桥梁工程建设中将更多地以钢结构作为其主体结构形式，国家对桥梁工程建设也有鼓励政策。《国家中长期科学与技术发展规范纲要（2006—2020年）》指出：要重点研究开发"跨海湾通道、大型桥梁和隧道等高难度交通运输基础设施建设和养护关键技术及装备"；重点研究开发"城市综合交通、市政基础设施等综合功能提升技术"；《产业结构调整指导目录（2011年本）》亦将"城市基础设施、铁路、公路"列为鼓励发展行业，并特别鼓励发展"特大跨径桥梁修筑和养护维修技术应用"；2016年交通运输部发文

《关于推进公路钢结构桥梁建设的指导意见》明确要求要加强方案比选，鼓励选用钢结构桥梁。为提升公路桥梁品质和耐久性，降低全寿命周期成本，要求环境条件适合的项目应推广使用耐候钢，提高结构抵抗自然环境腐蚀能力，降低养护成本。国内免涂装耐候钢桥蓄势待发，钢铁企业、桥梁设计部门、制造部门应通力协作，对免涂装耐候桥梁钢设计与施工中所遇到的各种问题进行详细地研究，并对已建成的免涂装耐候桥梁钢进行跟踪，掌握其在使用中所暴露的问题，以建立相应的企业、行业或国家标准，便于设计者选取，从而为耐候桥梁钢的应用奠定坚实的基础。相信在国家诸多鼓励政策的驱动和引导下，我国桥梁工程建设规模以及与其密切相关的桥梁用钢将呈持续发展趋势，应用耐候桥梁钢也必将是重要的发展之路。

8.2 耐候桥梁钢产品技术现状

8.2.1 成分体系

在美国早期，应用最普遍的耐候钢主要为高 P、Cu 加 Cr、Ni 的 Corten A 系列和以 Cr、Mn、Cu 合金化为主的 Corten B 系列。ASTM A709 中 70W 和 100W 等高强度耐候桥梁钢，碳含量较高（不小于 0.12%），焊接性较差。为了改善焊接性能，美国研发了 HPS70W、HPS100W 系列钢，这些钢中的碳含量较 70W 和 100W 有了一定程度的降低，焊接性能得到改善。日本于 20 世纪 50 年代开始对耐候钢进行研究和应用，1968 年制定了低磷系焊接用钢标准 JIS G3114，1971 年制定了高磷系焊接用钢标准 JIS G3125，实现了耐候钢 JIS 标准化，其中含抗拉强度 569 MPa 级的高强度钢。虽然钢中的磷对提高钢的耐腐蚀性能有很大帮助，但由于磷会损害钢的冲击韧性，随着桥梁结构对材料韧性的要求越来越高，在 GB/T 714—2015 标准中对磷的含量做了明确的限制，国内耐候桥梁钢的成分主要以低碳添加 Cr、Cu 和 Ni 来满足钢的综合力学性能和耐腐蚀性能。

8.2.2 工艺路线

耐候桥梁钢目前大体有以下三种生产工艺：

（1）淬火（离线或在线）+回火工艺。ASTM A709/A709M—17 标准中，除了 250 MPa 级的所有钢均可进行淬火+回火工艺生产。

（2）TMCP 工艺。经过多年的发展，TMCP 工艺已经成为一种比较成熟的工艺。这种工艺具有很多优点，可以通过控轧控冷有效提高钢的强度并降低钢中的合金成分，通过降低碳当量来提高冲击韧性和焊接性能。

（3）TMCP+回火工艺。这种工艺可以使控冷温度降得更低，结合成分设计，最终得到超低碳贝氏体组织，在具有高强韧性的同时，兼有优良的焊接性。板条贝氏体组织细小均匀，微区间电极电位差较小，增强了耐蚀能力，且不需要进行调质处理，降低了生产成本，缩短了生产周期，是高强耐候桥梁钢的发展趋势。

上述几种工艺中，目前应用比较多的是 TMCP+回火工艺。通过工艺的实施，在保证强度的前提下可以有效降低钢中的碳含量，提高钢的韧性和焊接性能；通过回火可以降低钢板残余应力，提高钢的应用性。

8.2.3 技术现状

目前，耐候桥梁钢主要应用是作为近海设施用钢。国际上近海设施用钢的发展趋势表现为：发展免涂装耐海洋大气腐蚀钢、高强度桥梁结构钢、功能性桥梁结构钢。尽管我国在耐候桥梁钢方面做了一些研究，常规品种得到开发，国内具备了一定供货能力，但在设计应用方面还欠缺经验，以致我国耐候桥梁钢的应用并不广泛。此外，相关国家或行业标准还未建立或健全，限制了耐候桥梁钢的应用。

8.2.4 耐候钢桥特点

目前我国耐候钢桥建设具有以下特点：

（1）桥型结构已经从中小跨径梁式桥发展至大跨度拱桥、悬索桥。

（2）单体工程耐候钢用量从几百吨发展到上万吨。

（3）跨度已经从小跨径（28 m）发展至超大跨径（720 m）。

（4）耐候性焊材、高强螺栓、紧固件和焊接工艺日益成熟。

部分项目开展了较为系统的科研工作，尝试对项目的相关选材、设计、制造和养护提出了应用指南。桥梁工程师对设计和建造耐候钢桥的关注度大幅提升。全寿命周期的经济性是耐候钢桥被推广的主要原因，由于我国耐候钢桥发展时间较短，尚无足够的样本定量说明耐候钢桥在建设初期及全寿命周期内的经济效益，下面介绍两个统计结果作为参考。怀来县城市道路工程跨官厅水库耐候钢桥采用免涂装方案的经济效益分析见表8-1。可以看出采用免涂装耐候钢主梁，建设初期成本节约12%，采用普通钢材全寿命周期成本是采用免涂装耐候钢的2.2倍。表8-2比较了我国三座已建成耐候钢箱梁桥的经济效益。若首次使用时都进行涂装，相比采用普通钢材，三座桥梁采用耐候钢建造的初期成本提高4.7%~6.4%，但全寿命周期成本降低22.3%~26.3%。若这三座桥均采用锈层稳定化技术进行表面处理，采用免涂装方式，则经济效益更为可观。表8-1和表8-2计算经济效益时，未计入耐候钢桥建成初期养护时增加的低压水冲洗工序及全寿命周期内检查评定所需要的费用，对于普通钢材没有考虑再次涂装时产生的环境问题及对桥下交通的影响导致的间接成本，但是综合分析可以看出，耐候钢桥潜在经济效益是巨大的。

表 8-1　免涂装使用耐候钢桥经济效益比较

钢种	项目	用钢量/t	面积/m²	单价/元·t⁻¹	总价/万元	全寿命周期费用合计/万元
Q345qE	钢材	7237	—	3885	2812	8341
	焊丝	181	—	8500	154	
	涂装	—	127986	105	5375	
Q345NHqE	钢材	7237	—	4785	3463	3762
	焊丝	181	—	13000	235	
	涂装	—	127986	5	64	

注：全寿命周期内需涂装4次。

表 8-2　涂装使用耐候钢桥经济效益比较

钢材	桥梁	钢种	用钢量/t	单价/元·t⁻¹	总价/万元	涂装面积/m²	涂装类型	涂装单价/元·m⁻²	全寿命周期涂装次数/次	涂装费用/万元	全寿命周期/万元
普通钢材	A	Q370qE	101	13500	136	1050	长效型	130	5	68	205
	B	Q345qE	15960	15000	23940	122760	长效型	130	5	7979	44558
		Q420qE	4020	15600	6271	121290	长效型	105	5	6368	
	C	Q345qE	5239	13000	6811	15007	长效型	130	5	975	10158
						45187	长效型	105	5	2372	
耐候钢材	A	Q370NHqE	101	14300	144	1050	普通型	105	1	11	155
	B	Q345NHqE	15960	15700	25057	122760	长效型	130	1	1596	34600
		Q420NHqE	4020	16600	6673	121290	长效型	105	1	1274	
	C	Q345qE	5239	13700	7177	5585	长效型	125	1	70	7491
						9422	普通型	115	1	108	
						45187	锈层稳定处理	30	1	136	

8.3　耐候钢桥设计要点

8.3.1　桥梁耐候钢表示方法

耐候钢的牌号由代表屈服强度的汉语拼音字母、规定最小屈服强度、桥字的汉语拼音首位字母、质量等级符号几个部分组成。

例如，Q420qDNHZ15，其中：

Q——桥梁用钢屈服强度的"屈"字汉语拼音的首位字母；

420——规定最小屈服强度数值，单位为 MPa；

q——桥梁用钢的"桥"字汉语拼音的首位字母；

D——质量等级为 D 级；

NH——具有耐候性能；

Z15——厚度方向（Z 向）性能级别代号。

8.3.2　焊接材料

（1）耐候钢焊接所用焊接材料的选择须与母材性能匹配和成分匹配，并保证焊接接头满足无涂装使用的要求，焊接材料应由权威机构认证其耐候性。

（2）气体保护焊使用的二氧化碳应符合《工业液体二氧化碳》（GB/T 6052—2011）的规定。

（3）气体保护焊使用的氩气应符合《氩》（GB/T 4842—2017）的规定，其纯度不应低于 99.95%。

（4）气体保护焊使用的富氩混合气应符合《焊接用混合气体　氩-二氧化碳》

（HG/T 3728—2004）的规定，技术指标不低于Ⅱ类要求。

（5）结合制造单位的焊接技术水平，耐候钢焊接材料在参照生产厂家的推荐焊接或市场上其他同类焊材进行选择后，必须通过焊接工艺评定试验确定合适的焊材，焊接质量指标达到要求后方可进行焊接施工。

（6）化学成分不同会导致不同钢材间形成电势差，诱发腐蚀，故耐候钢与普通钢材不宜组焊。

8.3.3　耐候高强螺栓

耐候钢桥用螺栓、螺母和垫圈的使用配合可参照表 8-3。

表 8-3　螺栓、螺母、垫圈的使用配合

类　别	螺　栓	螺　母	垫　圈
型式尺寸	按 GB/T 1228—2006 规定	按 GB/T 1229—2006 规定	按 GB/T 1230—2006 规定
性能等级	10.9S	10H	35HRC~45HRC
	8.8S	8H	35HRC~45HRC

10.9S 级和 8.8S 级耐候高强螺栓副的化学成分可参照表 8-4。

表 8-4　10.9S 级和 8.8S 级耐候高强螺栓副的化学成分（质量分数）　（%）

化学成分	C	Si	Mn	P	S	Cr	Ni	Cu	Al	Ti	I
螺栓、螺母、垫圈	0.20~0.30	≤0.25	0.30~0.75	≤0.012	≤0.005	0.60~0.90	0.30~0.50	0.30~0.50	0.015~0.040	≤0.030	≥6.5

耐候高强螺栓的力学性能不低于同等级的高强螺栓，可参考表 8-5。

表 8-5　耐候高强螺栓的力学性能要求

螺栓等级	抗拉强度 R_m/MPa	非比例延伸强度 $R_{p0.2}$/MPa	断后伸长率 A/%	断后收缩率 Z/%	冲击吸收功 A_{kU2}/J	维氏硬度（HV30）	洛氏硬度（HRC）
国标 8.8S 级	830~1030	≥660	≥12	≥45	≥63	249~296	24~31
国标 10.9S 级	1040~1240	≥940	≥10	≥42	≥47	312~367	33~39

注：当螺栓的材料直径不小于 16mm 时，根据用户要求，进行常温冲击试验。

在气候温和干燥的地区可选用无表面处理的耐候高强螺栓，气候复杂地区建议选用表面处理（磷皂化、发黑）的耐候高强螺栓。

8.3.4　构造设计

8.3.4.1　一般构造

（1）应避免采用过于密集的梁，并尽可能减少节点，以利于通风。

（2）钢板梁桥下翼缘宜设置适当的坡度以利于排水，如图 8-2 所示。

（3）主梁外侧的横向加劲肋与下翼缘、腹板的空间交角处应设置半径 50 mm 以上的过焊孔，不宜形成死角，如图 8-3 所示。

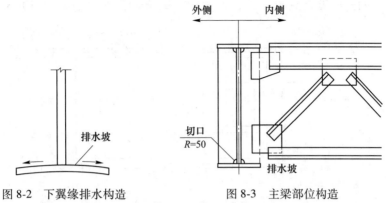

图 8-2 下翼缘排水构造   图 8-3 主梁部位构造

（4）钢桁架桥和钢拱桥的杆件节点部位应采用排水、通气较好的构造，容易积水的部位，应在最低点设置排水孔。

（5）拱桥的拱内系杆等存在较大倾斜角度的构件，应在杆件上设置排水构造，如图 8-4 所示。

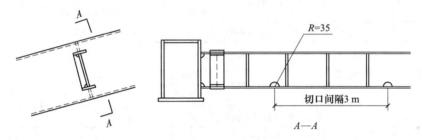

图 8-4 倾斜构件排水构造

（6）宜使用格栅或网格防止鸟类和啮齿动物进入钢构件的内部腔室。

（7）应考虑排、泄水设置的孔洞的大小、位置对结构疲劳的影响。

（8）宜设置桥架托盘或桥台墙收集锈汁，避免污染桥墩。

8.3.4.2 连接构造

（1）在主梁杆件之间宜设置 $10\sim20$ mm 间隙，以便雨水的排出。箱断面下翼缘下侧的连接板可设置排水孔，亦可断开设置，如图 8-5 所示。

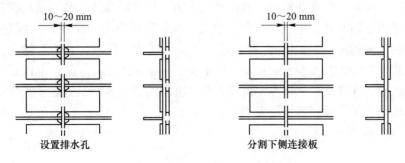

图 8-5 箱断面下翼缘下侧连接板

（2）腹板上的连接板宜只设一块，板数较多时板间间距不宜小于 10 mm，如图 8-6 所示。

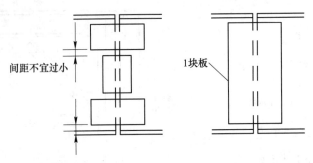

图 8-6   腹板的连接

（3）耐候高强螺栓孔距和边距的容许间距应符合表 8-6 的规定。

表 8-6   耐候高强螺栓的容许间距

名　称	位置和方向			最大容许边距（两者较小值）	最小容许间距
中心间距	外排（垂直内力方向或顺内力方向）			$8d$ 或 $12t$	3d
	中间排	垂直内力方向		$16d$ 或 $24t$	
		顺内力方向	构件受压力	$12d$ 或 $18t$	
			构件受拉力	$16d$ 或 $24t$	
	沿对角线方向			—	2d
中心至构件边缘距离	顺力方向			4d 或 $8t$	1.5d
	切割边或自动手工气割边				
	轧制边、自动气割边或锯割边				

注：1. d 为连接板的孔径，对槽孔为短向尺寸，t 为外层较薄板件的厚度。

    2. 钢板边缘与刚性构件（如角钢、槽钢等）相连的耐候高强螺栓最大间距，可按中间排的数值采用。

（4）不宜使用有填板的连接，必须采用时填板的材料也应使用耐候钢。此外，应避免与电镀异种金属部件的连接。

耐候钢的耐腐蚀性能和经济性决定了耐候钢是有生命力的钢铁材料。立足于我国特有资源和已有技术优势，着重开发适合我国环境、地区特点的高效、高品质耐候钢及配套应用技术是未来耐候钢发展的重点。结合党中央、国务院提出的"全面推广绿色低碳建材，推动建筑材料循环利用""加快推进绿色建材产品认证和应用推广，推广绿色低碳建材和绿色建造方式""开展绿色建材应用示范工程建设"等相关要求，在"十四五"时期，通过建立政府引导、标准支撑、试点示范等方式，推动耐候钢等产品的高质量发展，成为建材行业提质增效、建筑领域高品质发展的重要力量。

参 考 文 献

［1］ 住房和城乡建设部．钢结构设计标准：GB 50017—2017［S］．北京：中国建筑工业出版社，2018.

［2］ 住房和城乡建设部．建筑结构可靠性设计统一标准：GB 50068—2018［S］．北京：中国建筑工业出版社，2019.

［3］ 住房和城乡建设部．建筑结构荷载规范：GB 50009—2012［S］．北京：中国建筑工业出版社，2012.

［4］ 建设部．钢结构工程施工质量验收规范：GB 50205—2020［S］．北京：中国计划出版社，2020.

［5］ 建设部．冷弯薄壁型钢结构技术规范：GB 50018—2002［S］．北京：中国标准出版社，2003.

［6］ 住房和城乡建设部．工程结构设计基本术语标准：GB/T 50083—2014［S］．北京：中国建筑工业出版社，2015.

［7］ 住房和城乡建设部．门式刚架轻型房屋钢结构技术规范：GB 51022—2015［S］．北京：中国建筑工业出版社，2016.

［8］ 住房和城乡建设部．建筑抗震设计规范：GB 50011—2010［S］．北京：中国建筑工业出版社，2016.

［9］ 住房和城乡建设部．建筑钢结构防火技术规范：GB 51249—2017［S］．北京：中国计划出版社，2018.

［10］ 中国工程建设标准化协会．建筑结构抗倒塌设计规范：CECS 392—2014［S］．北京：中国计划出版社，2015.

［11］ CEN. EN1991-1-7. Eurocode1-Actions on structures Part1. 7：General Actions-Accidental actions due to impact and explosions［S］. Brussels，2006.

［12］ 但泽义．钢结构设计手册［M］．4 版．北京．中国建筑工业出版社，2019.

［13］ 陈绍藩．钢结构设计原理［M］．4 版．北京：科学出版社，2016.

［14］ E H 别列尼亚．金属结构［M］．颜景田，译．哈尔滨：哈尔滨工业大学出版社，1988.

［15］ 李开禧，肖允徽．逆算单元长度法计算单轴失稳时钢压杆的临界力［J］．重庆建筑工程学院学报，1982（4）：29-48.

［16］ 魏明钟．钢结构设计新规范应用讲评［M］．北京：中国建筑工业出版社，1991.

［17］ 戴国欣．钢结构［M］．5 版．武汉：武汉理工大学出版社，2019.

［18］ 郭昌生．钢结构设计［M］．杭州：浙江大学出版社，2007.

［19］ 夏志斌，姚谏．钢结构［M］．杭州：浙江大学出版社，2004.

［20］ 周果行．房屋结构毕业设计指南［M］．北京：中国建筑工业出版社，2004.

［21］ 王仕统．钢结构基本原理［M］．2 版．广州：华南理工大学出版社，2007.

［22］ 郑悦．钢结构原理［M］．杭州：浙江大学出版社，2009.

附　　录

附录1　钢材和连接的强度设计值

附表1-1　钢材的设计用强度指标

钢材牌号		钢材厚度或直径/mm	强度设计值/MPa			屈服强度f_y/MPa	抗拉强度f_u/MPa
			抗拉、抗压、抗弯f	抗剪f_v	端面承压（刨平顶紧）f_{cu}		
碳素结构钢	Q235	≤16	215	125	320	235	370
		>16, ≤40	205	120		225	
		>40, ≤100	200	115		215	
低合金高强度结构钢	Q355	≤16	305	175	400	355	470
		>16, ≤40	295	170		345	
		>40, ≤63	290	165		335	
		>63, ≤80	280	160		325	
		>80, ≤100	270	155		315	
	Q390	≤16	345	200	415	390	490
		>16, ≤40	330	190		380	
		>40, ≤63	310	180		360	
		>63, ≤100	295	170		340	
	Q420	≤16	375	215	440	420	520
		>16, ≤40	355	205		410	
		>40, ≤63	320	185		390	
		>63, ≤100	305	175		370	
	Q460	≤16	410	235	470	460	550
		>16, ≤40	390	225		450	
		>40, ≤63	355	205		430	
		>63, ≤100	340	195		410	
建筑结构用钢板	Q345GJ	>16, ≤50	325	190	415	345	490
		>50, ≤100	300	175		335	

注：1. 表中直径指实心棒材直径，厚度是指计算点的钢材或钢管壁厚度，对轴心受拉和轴心受压构件是指截面中较厚板件的厚度。

2. 冷弯型材和冷弯钢管的强度设计值应按现行有关国家标准的规定采用。

附表 1-2　焊缝的强度指标

焊接方法和焊条型号	构件钢材		对接焊缝强度设计值/MPa				角焊缝强度设计值/MPa	对接焊缝抗拉强度 f_u^w/MPa	角焊缝抗拉、抗压和抗剪强度 f_u^f/MPa
	牌号	厚度或直径/mm	抗压 f_c^w	焊缝质量为下列等级时，抗拉 f_t^w		抗剪 f_v^w	抗拉、抗压和抗剪 f_f^w		
				一级、二级	三级				
自动焊、半自动焊和 E43 型焊条手工焊	Q235	≤16	215	215	185	125	160	415	240
		>16，≤40	205	205	175	120			
		>40，≤100	200	200	170	115			
自动焊、半自动焊和 E50、E55 型焊条手工焊	Q355	≤16	305	305	260	175	200	480（E50）540（E55）	280（E50）315（E55）
		>16，≤40	295	295	250	170			
		>40，≤63	290	290	245	165			
		>63，≤80	280	280	240	160			
		>80，≤100	270	270	230	155			
	Q390	≤16	345	345	295	200	200（E50）220（E55）		
		>16，≤40	330	330	280	190			
		>40，≤63	310	310	265	180			
		>63，≤100	295	295	250	170			
自动焊、半自动焊和 E55、E60 型焊条手工焊	Q420	≤16	375	375	320	215	220（E55）240（E60）	540（E55）590（E60）	315（E55）340（E60）
		>16，≤40	355	355	300	205			
		>40，≤63	320	320	270	185			
		>63，≤100	305	305	260	175			
	Q460	≤16	410	410	350	235			
		>16，≤40	390	390	330	225			
		>40，≤63	355	355	300	205			
		>63，≤100	340	340	290	195			
自动焊、半自动焊和 E50、E55 型焊条手工焊	Q345GJ	>16，≤35	310	310	265	180	200	480（E50）540（E55）	280（E50）315（E55）
		>35，≤50	290	290	245	170			
		>50，≤100	285	285	240	165			

注：表中厚度是指计算点的钢材厚度，对轴心受拉和轴心受压构件是指截面中较厚板件的厚度。

附表 1-3　螺栓连接的强度指标

螺栓的性能等级、锚栓和构件钢材的牌号		强度设计值/MPa										高强度螺栓的抗拉强度
		普通螺栓						锚栓	承压型连接或网架用高强度螺栓			
		C 级螺栓			A 级、B 级螺栓							
		抗拉 f_t^b	抗剪 f_v^b	承压 f_c^b	抗拉 f_t^b	抗剪 f_v^b	承压 f_c^b	抗拉 f_t^a	抗拉 f_t^b	抗剪 f_v^b	承压 f_c^b	f_u^b/MPa
普通螺栓	4.6 级、4.8 级	170	140	—	—	—	—	—	—	—	—	—
	5.6 级	—	—	—	210	190	—	—	—	—	—	—
	8.8 级	—	—	—	400	320	—	—	—	—	—	—
锚栓	Q235	—	—	—	—	—	—	140	—	—	—	—
	Q355	—	—	—	—	—	—	180	—	—	—	—
	Q390	—	—	—	—	—	—	185	—	—	—	—
承压型连接高强度螺栓	8.8 级	—	—	—	—	—	—	—	400	250	—	830
	10.9 级	—	—	—	—	—	—	—	500	310	—	1040
螺栓球节点用高强度螺栓	9.8 级	—	—	—	—	—	—	—	385	—	—	—
	10.9 级	—	—	—	—	—	—	—	430	—	—	—
构件钢材牌号	Q235	—	—	305	—	—	405	—	—	—	470	—
	Q355	—	—	385	—	—	510	—	—	—	590	—
	Q390	—	—	400	—	—	530	—	—	—	615	—
	Q420	—	—	425	—	—	560	—	—	—	655	—
	Q460	—	—	450	—	—	595	—	—	—	695	—
	Q345GJ	—	—	400	—	—	530	—	—	—	615	—

注：1. A 级螺栓用于 $d \leqslant 24$ mm 和 $L \leqslant 10d$ 或 $L \leqslant 150$ mm（按较小值）的螺栓；B 级螺栓用于 $d > 24$ mm 和 $L > 10d$ 或 $L > 150$ mm（按较小值）的螺栓；d 为公称直径，L 为螺栓公称长度。

2. A 级、B 级螺栓孔的精度和孔壁表面粗糙度，C 级螺栓孔的允许偏差和孔壁表面粗糙度，均应符合现行国家标准《钢结构工程施工质量 验收规范》（GB 50205—2001）的要求。

3. 用于螺栓球节点网架的高强度螺栓，M12~M36 为 10.9 级，M39~M64 为 9.8 级。

附表 1-4　结构构件或连接设计强度的折减系数

项次	情　况			折减系数
1	当桁架的单角钢腹杆以一个肢连接于节点板时（除弦杆亦为单角钢，并位于节点板同侧者外）	按轴心受力计算强度和连接		0.85
		按受压计算稳定性	等边角钢	$0.6 + 0.0015\lambda$，但不大于 1.0
			短边相连的不等边角钢	$0.5 + 0.0025\lambda$，但不大于 1.0
			长边相连的不等边角钢	0.70
2	无垫板的单面施焊对接焊缝			0.85
3	施工条件较差的铆钉连接和高空安装焊缝			0.90
4	沉头和半沉头铆钉连接			0.80

附录 2 结构或构件的变形容许值

附 2.1 受弯构件的挠度容许值

附 2.1.1 吊车梁、楼盖梁、屋盖梁、工作平台梁以及墙架构件的挠度不宜超过附表 2-1 所列的容许值。

附表 2-1 受弯构件的挠度容许值

项次	构 件 类 别		挠度容许值	
			$[v_T]$	$[v_Q]$
1	吊车梁和吊车桁架（按自重和起重量最大的一台吊车计算挠度）	（1）手动起重机和单梁起重机（含悬挂起重机）	$l/500$	
		（2）轻级工作制桥式起重机	$l/750$	
		（3）中级工作制桥式起重机	$l/900$	
		（4）重级工作制桥式起重机	$l/1000$	
2	手动或电动葫芦的轨道梁		$l/400$	
3	有重轨（重量等于或大于 38 kg/m）轨道的工作平台梁		$l/600$	
	有轻轨（重量等于或小于 24 kg/m）轨道的工作平台梁		$l/400$	
4	楼（屋）盖梁或桁架、工作平台梁（第 3 项除外）和平台板	（1）主梁或桁架（包括设有悬挂起重设备的梁和桁架）	$l/400$	$l/500$
		（2）仅支承压型金属板屋面和冷弯型钢檩条	$l/180$	
		（3）除支承压型金属板屋面和冷弯型钢檩条外，尚有吊顶	$l/240$	
		（4）抹灰顶棚的次梁	$l/250$	$l/350$
		（5）除（1）~（4）款外的其他梁（包括楼梯梁）	$l/250$	$l/350$
		（6）屋盖檩条 支承压型金属板屋面者	$l/150$	
		支承其他屋面材料者	$l/200$	
		有吊顶	$l/240$	
		（7）平台板	$l/150$	
5	墙架构件（风荷载不考虑阵风系数）	（1）支柱（水平方向）		$l/400$
		（2）抗风桁架（作为连续支柱的支承时，水平位移）		$l/1000$
		（3）砌体墙的横梁（水平方向）		$l/300$
		（4）支承压型金属板的横梁（水平方向）		$l/100$
		（5）支承其他墙面材料的横梁（水平方向）		$l/200$
		（6）带有玻璃窗的横梁（竖直和水平方向）	$l/200$	$l/200$

注：1. l 为受弯构件的跨度（对悬臂梁和伸臂梁为悬臂长度的 2 倍）。

2. $[v_T]$ 为永久荷载和可变荷载标准值产生的挠度（如有起拱应减去拱度）的容许值，$[v_Q]$ 为可变荷载标准值产生的挠度的容许值。

3. 当吊车梁或吊车桁架跨度大于 12 m 时，其挠度容许值 $[v_T]$ 应乘以 0.9 的系数。

4. 当墙面采用延性材料或与结构采用柔性连接时，墙架构件的支柱水平位移容许值可采用 $l/300$，抗风桁架（作为连续支柱的支承时）水平位移容许值可采用 $l/800$。

附 2.1.2 冶金厂房或类似车间中设有工作级别为 A7、A8 级起重机的车间，其跨间每侧吊车梁或吊车桁架的制动结构，由一台最大起重机横向水平荷载（按荷载规范取值）所产生的挠度不宜超过制动结构跨度的 $l/2200$。

附 2.2　结构的位移容许值

附 2.2.1　单层钢结构水平位移限值宜符合下列规定：

（1）在风荷载标准值作用下，单层钢结构柱顶水平位移宜符合下列规定：

1）单层钢结构柱顶水平位移不宜超过附表 2-2 的数值。

附表 2-2　风荷载作用下单层钢结构柱顶水平位移容许值

结构体系	吊车情况	柱顶水平位移
排架、框架	无桥式起重机	$H/150$
	有桥式起重机	$H/400$

注：H 为柱高度，当围护结构采用轻型钢墙板时，柱顶水平位移要求可适当放宽。

2）无桥式起重机时，当围护结构采用砌体墙，柱顶水平位移不应大于 $H/240$；当围护结构采用轻型钢墙板且房屋高度不超过 18 m，柱顶水平位移可放宽至 $H/60$。

3）有桥式起重机时，当房屋高度不超过 18 m，采用轻型屋盖。吊车起重量不大于 20 t、工作级别为 A1～A5 且吊车由地面控制时，柱顶水平位移可放宽至 $H/180$。

（2）在冶金厂房或类似车间中设有 A7、A8 级吊车的厂房柱和设有中级和重级工作制吊车的露天栈桥柱，在吊车梁或吊车桁架的顶面标高处，由一台最大吊车水平荷载（按荷载规范取值）所产生的计算变形值，不宜超过附表 2-3 所列的容许值。

附表 2-3　吊车水平荷载作用下柱水平位移（计算值）容许值

项次	位移的种类	按平面结构图形计算	按空间结构图形计算
1	厂房柱的横向位移	$H_c/1250$	$H_c/2000$
2	露天栈桥柱的横向位移	$H_c/2500$	
3	厂房和露天栈桥柱的纵向位移	$H_c/4000$	

注：1. H_c 为基础顶面至吊车梁或吊车桁架的顶面的高度。

2. 计算厂房或露天栈桥柱的纵向位移时，可假定吊车的纵向水平制动力分配在温度区段内所有的柱间支撑或纵向框架上。

3. 在设有 A8 级吊车的厂房中，厂房柱的水平位移（计算值）容许值不宜大于表中数值的 90%。

4. 在设有 A6 级吊车的厂房柱的纵向位移宜符合表中的要求。

附 2.2.2　多层钢结构层间位移角限值宜符合下列规定：

（1）在风荷载标准值作用下，有桥式起重机时，多层钢结构的弹性层间位移角不宜超过 1/400。

（2）在风荷载标准值作用下，无桥式起重机时，多层钢结构的弹性层间位移角不宜超过附表 2-4 的数值。

附表 2-4　层间位移角容许值

结　构　体　系			层间位移角
框架、框架-支撑			1/250
框-排架	侧向框-排架		1/250
	竖向框-排架	排架	1/150
		框架	1/250

注：1. 对室内装修要求较高的建筑，层间位移角宜适当减小；无墙壁的建筑，层间位移角可适当放宽。
　　2. 当围护结构可适应较大变形时，层间位移角可适当放宽。
　　3. 在多遇地震作用下多层钢结构的弹性层间位移不宜超过 1/250。

附 2.2.3　高层建筑钢结构在风荷载和多遇地震作用下弹性层间位移角不宜超过 1/250。

附 2.2.4　大跨度钢结构位移限值宜符合下列规定：

（1）在永久荷载与可变荷载的标准组合下，结构挠度宜符合下列规定：

1）结构的最大挠度值不宜超过附表 2-5 中的容许挠度值。

2）网架与桁架可预先起拱，起拱值可取不大于短向跨度的 1/300；当仅为改善外观条件时，结构挠度可取永久荷载与可变荷载标准值作用下的挠度计算值减去起拱值，但结构在可变荷载下的挠度不宜大于结构跨度的 1/400。

3）对于设有悬挂起重设备的屋盖结构，其最大挠度值不宜大于结构跨度的 1/400；在可变荷载下的挠度不宜大于结构跨度的 1/500。

（2）在重力荷载代表值与多遇竖向地震作用标准值下的组合最大挠度值不宜超过附表 2-6 的限值。

附表 2-5　非抗震组合时大跨度钢结构容许挠度值

结　构　类　型		跨中区域	悬挑结构
受弯为主的结构	桁架、网架、斜拉结构、张弦结构等	$L/250$（屋盖） $L/300$（楼盖）	$L/125$（屋盖） $L/150$（楼盖）
受压为主的结构	双层网壳	$L/250$	$L/125$
	拱架、单层网壳	$L/400$	
受拉为主的结构	单层单索屋盖	$L/200$	
	单层索网、双层索系以及横向加劲索系的屋盖、索穹顶屋盖	$L/250$	

注：1. 表中 L 为短向跨度或者悬挑跨度。
　　2. 索网结构的挠度为预应力之后的挠度。

附表 2-6　地震作用组合时大跨度钢结构容许挠度值

结　构　类　型		跨中区域	悬挑结构
受弯为主的结构	桁架、网架、斜拉结构、张弦结构等	$L/250$（屋盖） $L/300$（楼盖）	$L/125$（屋盖） $L/150$（楼盖）
受压为主的结构	双层网壳、弦支穹顶	$L/300$	$L/150$
	拱架、单层网壳	$L/400$	

注：表中 L 为短向跨度或者悬挑跨度。

附录3　梁的整体稳定系数

附3.1　等截面焊接工字形和轧制 H 型钢简支梁

等截面焊接工字形和轧制 H 型钢（见附图3-1）简支梁的整体稳定系数应按下列公式计算：

$$\varphi_b = \beta_b \frac{4320}{\lambda_y^2} \cdot \frac{Ah}{W_x} \left[\sqrt{1 + \left(\frac{\lambda_y t_1}{4.4h} \right)^2} + \eta_b \right] \varepsilon_k^2 \tag{附 3-1}$$

$$\lambda_y = \frac{l_1}{i_y} \tag{附 3-2}$$

式中　β_b——梁整体稳定的等效弯矩系数，应按附表3-1采用；

　　　λ_y——梁在侧向支承点间对截面弱轴 y—y 的长细比；

　　　A——梁的毛截面面积；

　h，t_1——梁截面的全高和受压翼缘厚度，对于等截面铆接（或高强度螺栓连接）简支梁，其受压翼缘厚度 t_1 包括翼缘角钢厚度在内；

　　　l_1——梁受压翼缘侧向支承点之间的距离；

　　　i_y——梁毛截面对 y 轴的回转半径。

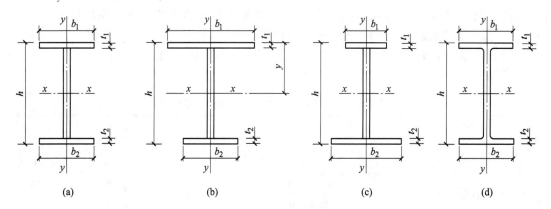

附图 3-1　焊接工字形和轧制 H 型钢

（a）双轴对称焊接工字形截面；（b）加强受压翼缘的单轴对称焊接工字形截面；

（c）加强受拉翼缘的单轴对称焊接工字形截面；（d）轧制 H 型钢截面

截面不对称影响系数 η_b 应按式（附3-3）~式（附3-5）计算。

对双轴对称截面（见附图3-1（a）和（d））：

$$\eta_b = 0 \tag{附 3-3}$$

对单轴对称工字形截面（见附图3-1（b）和（c））：

加强受压翼缘　　　　　　$\eta_b = 0.8(2a_b - 1) \tag{附 3-4}$

加强受拉翼缘　　　　　　$\eta_b = 2a_b - 1 \tag{附 3-5}$

$$a_b = \frac{I_1}{I_1 + I_2} \tag{附 3-6}$$

式中 I_1，I_2——受压翼缘和受拉翼缘对 y 轴的惯性矩。

当按式（附 3-1）算得的 $\varphi_b > 0.6$ 时，应用式（附 3-7）计算的 φ_b' 代替 φ_b 值：

$$\varphi_b' = 1.07 - \frac{0.282}{\varphi_b} \leqslant 1.0 \qquad （附 3-7）$$

附表 3-1 H 型钢和等截面工字形简支梁的系数 β_b

项次	侧向支承	荷 载		$\xi \leqslant 2.0$	$\xi > 2.0$	适用范围
1	跨中无侧向支承	均布荷载作用在	上翼缘	$0.69 + 0.13\xi$	0.95	附图 3-1（a）、（b）和（d）的截面
2			下翼缘	$1.73 - 0.208\xi$	1.33	
3		集中荷载作用在	上翼缘	$0.73 + 0.186\xi$	1.09	
4			下翼缘	$2.23 - 0.286\xi$	1.67	
5	跨度中点有一个侧向支承点	均布荷载作用在	上翼缘	1.15		附图 3-1 中的所有截面
6			下翼缘	1.40		
7		集中荷载作用在截面高度上任意位置		1.75		
8	跨中有不少于两个等距离侧向支承点	任意荷载作用在	上翼缘	1.20		
9			下翼缘	1.40		
10	梁端有弯矩，但跨中无荷载作用			$1.75 - 1.05\left(\dfrac{M_2}{M_1}\right)^2 + 0.3\left(\dfrac{M_2}{M_1}\right)^2$，但 $\leqslant 2.3$		

注：1. ξ 为参数，$\xi = \dfrac{l_1 t_1}{b_1 h}$，其中 b_1 为受压翼缘的宽度。

2. M_1、M_2 为梁的端弯矩，使梁产生同向曲率时 M_1 和 M_2 取同号，产生反向曲率时取异号，$|M_1| \geqslant |M_2|$。

3. 表中项次 3、4 和 7 的集中荷载是指一个或少数几个集中荷载位于跨中央附近的情况，其他情况的集中荷载，应按表中项次 1、2、5、6 内的数值采用。

4. 表中项次 8、9 的 β_b，当集中荷载作用在侧向支承点处时，取 $\beta_b = 1.20$。

5. 荷载作用在上翼缘系指荷载作用点在翼缘表面，方向指向截面形心；荷载作用在下翼缘系指荷载作用点在翼缘表面，方向背向截面形心。

6. 对于 $a_b > 0.8$ 的加强受压翼缘工字形截面，下列情况的风值应乘以相应的系数：

　　项次 1：当 $\xi \leqslant 1.0$ 时，乘以 0.95。

　　项次 3：当 $\xi \leqslant 0.5$ 时，乘以 0.90；当 $0.5 < \xi \leqslant 1.0$ 时，乘以 0.95。

附 3.2 轧制普通工字钢简支梁

轧制普通工字钢简支梁的整体稳定系数 φ_b 应按附表 3-2 采用，当所得的 $\varphi_b > 0.6$ 时，应按式（附 3-7）算得相应的 φ_b' 代替 φ_b 值。

附表 3-2 轧制普通工字钢简支梁的 φ_b

项次	荷载情况			工字钢型号	自由长度 l_1/m								
					2	3	4	5	6	7	8	9	10
1	跨中无侧向支承点的梁	集中荷载作用于	上翼缘	10~20	2.00	1.30	0.99	0.80	0.68	0.58	0.53	0.48	0.43
				22~32	2.40	1.48	1.09	0.86	0.72	0.62	0.54	0.49	0.45
				36~63	2.80	1.60	1.07	0.83	0.68	0.56	0.50	0.45	0.40

项次	荷载情况		工字钢型号	自由长度 l_1/m								
				2	3	4	5	6	7	8	9	10
2	跨中无侧向支承点的梁	集中荷载作用于	下翼缘	10~20	3.10	1.95	1.34	1.01	0.82	0.69	0.63	0.57	0.52
				22~40	5.50	2.80	1.84	1.37	1.07	0.86	0.73	0.64	0.56
				45~63	7.30	3.60	2.30	1.62	1.20	0.96	0.80	0.69	0.60
3		均布荷载作用于	上翼缘	10~20	1.70	1.12	0.84	0.68	0.57	0.50	0.45	0.41	0.37
				22~40	2.10	1.30	0.93	0.73	0.60	0.51	0.45	0.40	0.36
				45~63	2.60	1.45	0.97	0.73	0.59	0.50	0.44	0.38	0.35
4			下翼缘	10~20	2.50	1.55	1.08	0.83	0.68	0.56	0.52	0.47	0.42
				22~40	4.00	2.20	1.45	1.10	0.85	0.70	0.60	0.52	0.46
				45~63	5.60	2.80	1.80	1.25	0.95	0.78	0.65	0.55	0.49
5	跨中有侧向支承点的梁（不论荷载作用点在截面高度上的位置）			10~20	2.20	1.39	1.01	0.79	0.66	0.57	0.52	0.47	0.42
				22~40	3.00	1.80	1.24	0.96	0.76	0.65	0.56	0.49	0.43
				45~63	4.00	2.20	1.38	1.01	0.80	0.66	0.56	0.49	0.43

注：1. 同附表 3-1 的注 3、注 5。

　　2. 表中的 φ_b 适用于 Q235 钢。对其他钢号，表中数值应乘以 $235/f_y$。

附 3.3　轧制槽钢简支梁

轧制槽钢简支梁的整体稳定系数，不论荷载的形式和荷载作用点在截面高度上的位置，均可按下式计算：

$$\varphi_b = \frac{570bt}{l_1 h} \varepsilon_k^2 \tag{附 3-8}$$

式中　h，b，t——槽钢截面的高度、翼缘宽度和平均厚度。

按式（附 3-8）算得的 $\varphi_b > 0.6$ 时，应按式（附 3-7）算得相应的 φ_b' 代替 φ_b 值。

附 3.4　双轴对称工字形等截面悬臂梁

双轴对称工字形等截面（含 H 型钢）悬臂梁的整体稳定系数，可按式（附 3-1）计算，但式中系数 β_b 应按附表 3-3 查得，$\lambda_y = l_1/i_y$（l_1 为悬臂梁的悬伸长度）。当求得的 $\varphi_b > 0.6$ 时，应按式（附 3-7）算得相应的 φ_b' 值代替 φ_b 值。

附表 3-3　双轴对称工字形等截面（含 H 型钢）悬臂梁的系数 β_b

项次	荷　载　形　式		$0.60 \leqslant \xi \leqslant 1.24$	$1.24 < \xi \leqslant 1.96$	$1.96 < \xi \leqslant 3.10$
1	自由端一个集中荷载作用在	上翼缘	$0.21 + 0.67\xi$	$0.72 + 0.26\xi$	$1.17 + 0.03\xi$
2		下翼缘	$2.94 - 0.65\xi$	$2.64 - 0.40\xi$	$2.15 - 0.15\xi$
3	均布荷载作用在上翼缘		$0.62 + 0.82\xi$	$1.25 + 0.31\xi$	$1.66 + 0.10\xi$

注：1. 本表是按支承端为固定的情况确定的，当用于由邻跨延伸出来的伸臂梁时，应在构造上采取措施加强支承处的抗扭能力。

　　2. 表中 ξ 见附表 3-1 注 1。

附 3.5 受弯构件整体稳定系数的近似计算

均匀弯曲的受弯构件，当 $\lambda_y \leqslant 120\varepsilon_k$ 时，其整体稳定系数 φ_b 可按下列近似公式计算：

（1）工字形截面（含 H 型钢）。

双轴对称时

$$\varphi_b = 1.07 - \frac{\lambda_y^2}{44000}\varepsilon_k^2 \tag{附 3-9}$$

单轴对称时

$$\varphi_b = 1.07 - \frac{W_x}{(2\alpha_b + 0.1)Ah} \cdot \frac{\lambda_y^2}{14000}\varepsilon_k^2 \tag{附 3-10}$$

式中 W_x——梁受压翼缘边缘纤维的毛截面抵抗矩；

α_b——受压翼缘与全截面侧向惯性矩比值。

（2）T 形截面（弯矩作用在对称轴平面，绕 x 轴）。

1）弯矩使翼缘受压时

双角钢 T 形截面：

$$\varphi_b = 1 - 0.0017\lambda_y/\varepsilon_k \tag{附 3-11}$$

剖分 T 型钢和两板组合 T 形截面：

$$\varphi_b = 1 - 0.0022\lambda_y/\varepsilon_k \tag{附 3-12}$$

2）弯矩使翼缘受拉且腹板宽厚比不大于 $18\sqrt{235/f}$ 时

$$b = 1 - 0.0005\lambda_y/\varepsilon_k \tag{附 3-13}$$

按式（附 3-9）和式（附 3-10）算得的 $\varphi_b > 1.0$ 时，取 $\varphi_b = 1.0$。

附录4　轴心受压构件的稳定系数

轴心受压构件的稳定系数应按下列公式计算。

当 $\bar{\lambda} \leqslant 0.215$ 时

$$\varphi = 1 - \alpha_1 \bar{\lambda}^2 \qquad\qquad (\text{附 4-1})$$

$$\bar{\lambda} = \frac{\lambda}{\pi} \sqrt{\frac{f_y}{E}} \qquad\qquad (\text{附 4-2})$$

当 $\bar{\lambda} > 0.215$ 时

$$\varphi = \frac{1}{2\bar{\lambda}^2} \left[(\alpha_2 + \alpha_3 \bar{\lambda} + \bar{\lambda}^2) - \sqrt{(\alpha_2 + \alpha_3 \bar{\lambda} + \bar{\lambda}^2)^2 - 4\bar{\lambda}^2} \right] \qquad (\text{附 4-3})$$

式中　α_1，α_2，α_3——系数，应根据截面分类，按附表4-1采用。

附表4-1　系数 α_1，α_2，α_3

截面类别		α_1	α_2	α_3
a 类		0.41	0.986	0.152
b 类		0.65	0.965	0.300
c 类	$\bar{\lambda} \leqslant 1.05$	0.73	0.906	0.595
	$\bar{\lambda} > 1.05$		1.216	0.302
d 类	$\bar{\lambda} \leqslant 1.05$	1.35	0.868	0.915
	$\bar{\lambda} > 1.05$		1.375	0.432

附表4-2　a 类截面轴心受压构件的稳定系数 φ

λ/ε_k	0	1	2	3	4	5	6	7	8	9
0	1.000	1.000	1.000	1.000	0.999	0.999	0.998	0.998	0.997	0.996
10	0.995	0.994	0.993	0.992	0.991	0.989	0.988	0.986	0.985	0.983
20	0.981	0.979	0.977	0.976	0.974	0.972	0.970	0.968	0.966	0.964
30	0.963	0.961	0.959	0.957	0.954	0.952	0.950	0.948	0.946	0.944
40	0.941	0.939	0.937	0.934	0.932	0.929	0.927	0.924	0.921	0.918
50	0.916	0.913	0.910	0.907	0.903	0.900	0.897	0.893	0.890	0.886
60	0.883	0.879	0.875	0.871	0.867	0.862	0.858	0.854	0.849	0.844
70	0.839	0.834	0.829	0.824	0.818	0.813	0.807	0.801	0.795	0.789
80	0.783	0.776	0.770	0.763	0.756	0.749	0.742	0.735	0.728	0.721
90	0.713	0.706	0.698	0.691	0.683	0.676	0.668	0.660	0.653	0.645
100	0.637	0.630	0.622	0.614	0.607	0.599	0.592	0.584	0.577	0.569

λ/ε_k	0	1	2	3	4	5	6	7	8	9
110	0.562	0.555	0.548	0.541	0.534	0.527	0.520	0.513	0.507	0.500
120	0.494	0.487	0.481	0.475	0.469	0.463	0.457	0.451	0.445	0.439
130	0.434	0.428	0.423	0.417	0.412	0.407	0.402	0.397	0.392	0.387
140	0.382	0.378	0.373	0.368	0.364	0.360	0.355	0.351	0.347	0.343
150	0.339	0.335	0.331	0.327	0.323	0.319	0.316	0.312	0.308	0.305
160	0.302	0.298	0.295	0.292	0.288	0.285	0.282	0.279	0.276	0.273
170	0.270	0.267	0.264	0.261	0.259	0.256	0.253	0.250	0.248	0.245
180	0.243	0.240	0.238	0.235	0.233	0.231	0.228	0.226	0.224	0.222
190	0.219	0.217	0.215	0.213	0.211	0.209	0.207	0.205	0.203	0.201
200	0.199	0.197	0.196	0.194	0.192	0.190	0.188	0.187	0.185	0.183
210	0.182	0.180	0.178	0.177	0.175	0.174	0.172	0.171	0.169	0.168
220	0.166	0.165	0.163	0.162	0.161	0.159	0.158	0.157	0.155	0.154
230	0.153	0.151	0.150	0.149	0.148	0.147	0.145	0.144	0.143	0.142
240	0.141	0.140	0.139	0.137	0.136	0.135	0.134	0.133	0.132	0.131

注：表中值系按式（附 4-1）~式（附 4-3）计算而得。

附表 4-3 b 类截面轴心受压构件的稳定系数 φ

λ/ε_k	0	1	2	3	4	5	6	7	8	9
0	1.000	1.000	1.000	0.999	0.999	0.998	0.997	0.996	0.995	0.994
10	0.992	0.991	0.989	0.987	0.985	0.983	0.981	0.978	0.976	0.973
20	0.970	0.967	0.963	0.960	0.957	0.953	0.950	0.946	0.943	0.939
30	0.936	0.932	0.929	0.925	0.921	0.918	0.914	0.910	0.906	0.903
40	0.899	0.895	0.891	0.886	0.882	0.878	0.874	0.870	0.865	0.861
50	0.856	0.852	0.847	0.842	0.837	0.833	0.828	0.823	0.818	0.812
60	0.807	0.802	0.796	0.791	0.785	0.780	0.774	0.768	0.762	0.757
70	0.751	0.745	0.738	0.732	0.726	0.720	0.713	0.707	0.701	0.694
80	0.687	0.681	0.674	0.668	0.661	0.654	0.648	0.641	0.634	0.628
90	0.621	0.614	0.607	0.601	0.594	0.587	0.581	0.574	0.568	0.561
100	0.555	0.548	0.542	0.535	0.529	0.523	0.517	0.511	0.504	0.498
110	0.492	0.487	0.481	0.475	0.469	0.464	0.458	0.453	0.447	0.442
120	0.436	0.431	0.426	0.421	0.416	0.411	0.406	0.401	0.396	0.392
130	0.387	0.383	0.378	0.374	0.369	0.365	0.361	0.357	0.352	0.348
140	0.344	0.340	0.337	0.333	0.329	0.325	0.322	0.318	0.314	0.311
150	0.308	0.304	0.301	0.297	0.294	0.291	0.288	0.285	0.282	0.279
160	0.276	0.273	0.270	0.267	0.264	0.262	0.259	0.256	0.253	0.251
170	0.248	0.246	0.243	0.241	0.238	0.236	0.234	0.231	0.229	0.227
180	0.225	0.222	0.220	0.218	0.216	0.214	0.212	0.210	0.208	0.205

λ/ε_k	0	1	2	3	4	5	6	7	8	9
190	0.204	0.202	0.200	0.198	0.196	0.195	0.193	0.191	0.189	0.188
200	0.186	0.184	0.183	0.181	0.179	0.178	0.176	0.175	0.173	0.172
210	0.170	0.169	0.167	0.166	0.164	0.163	0.162	0.160	0.159	0.158
220	0.156	0.155	0.154	0.152	0.151	0.150	0.149	0.147	0.146	0.145
230	0.144	0.143	0.142	0.141	0.139	0.138	0.137	0.136	0.135	0.134
240	0.133	0.132	0.131	0.130	0.129	0.128	0.127	0.126	0.125	0.124
250	0.123	—	—	—	—	—	—	—	—	—

注：表中值系按式（附 4-1）~式（附 4-3）计算而得。

附表 4-4　c 类截面轴心受压构件的稳定系数 φ

λ/ε_k	0	1	2	3	4	5	6	7	8	9
0	1.000	1.000	1.000	0.999	0.999	0.998	0.997	0.996	0.995	0.993
10	0.992	0.990	0.988	0.986	0.983	0.981	0.978	0.976	0.973	0.970
20	0.966	0.959	0.953	0.947	0.940	0.934	0.928	0.921	0.915	0.909
30	0.902	0.896	0.890	0.883	0.877	0.871	0.865	0.858	0.852	0.845
40	0.839	0.833	0.826	0.820	0.813	0.807	0.800	0.794	0.787	0.781
50	0.774	0.768	0.761	0.755	0.748	0.742	0.735	0.728	0.722	0.715
60	0.709	0.702	0.695	0.689	0.682	0.675	0.669	0.662	0.656	0.649
70	0.642	0.636	0.629	0.623	0.616	0.610	0.603	0.597	0.591	0.584
80	0.578	0.572	0.565	0.559	0.553	0.547	0.541	0.535	0.529	0.523
90	0.517	0.511	0.505	0.499	0.494	0.488	0.483	0.477	0.471	0.467
100	0.462	0.458	0.453	0.449	0.445	0.440	0.436	0.432	0.427	0.423
110	0.419	0.415	0.411	0.407	0.402	0.398	0.394	0.390	0.386	0.383
120	0.379	0.375	0.371	0.367	0.363	0.360	0.356	0.352	0.349	0.345
130	0.342	0.338	0.335	0.332	0.328	0.325	0.322	0.318	0.315	0.312
140	0.309	0.306	0.303	0.300	0.297	0.294	0.291	0.288	0.285	0.282
150	0.279	0.277	0.274	0.271	0.269	0.266	0.263	0.261	0.258	0.256
160	0.253	0.251	0.248	0.246	0.244	0.241	0.239	0.237	0.235	0.232
170	0.230	0.228	0.226	0.224	0.222	0.220	0.218	0.216	0.214	0.212
180	0.210	0.208	0.206	0.204	0.203	0.201	0.199	0.197	0.195	0.194
190	0.192	0.190	0.189	0.187	0.185	0.184	0.182	0.181	0.179	0.178
200	0.176	0.175	0.173	0.172	0.170	0.169	0.167	0.166	0.165	0.163
210	0.162	0.161	0.159	0.158	0.157	0.155	0.154	0.153	0.152	0.151
220	0.149	0.148	0.147	0.146	0.145	0.144	0.142	0.141	0.140	0.139
230	0.138	0.137	0.136	0.135	0.134	0.133	0.132	0.131	0.130	0.129
240	0.128	0.127	0.126	0.125	0.124	0.123	0.123	0.122	0.121	0.120
250	0.119	—	—	—	—	—	—	—	—	—

注：表中值系按式（附 4-1）~式（附 4-3）计算而得。

附表 4-5　d 类截面轴心受压构件的稳定系数 φ

λ/ε_k	0	1	2	3	4	5	6	7	8	9
0	1.000	1.000	0.999	0.999	0.998	0.996	0.994	0.992	0.990	0.987
10	0.984	0.981	0.978	0.974	0.969	0.965	0.960	0.955	0.949	0.944
20	0.937	0.927	0.918	0.909	0.900	0.891	0.883	0.874	0.865	0.857
30	0.848	0.840	0.831	0.823	0.815	0.807	0.798	0.790	0.782	0.774
40	0.766	0.758	0.751	0.743	0.735	0.727	0.720	0.712	0.705	0.697
50	0.690	0.682	0.675	0.668	0.660	0.653	0.646	0.639	0.632	0.625
60	0.618	0.611	0.605	0.598	0.591	0.585	0.578	0.571	0.565	0.559
70	0.552	0.546	0.540	0.534	0.528	0.521	0.516	0.510	0.504	0.498
80	0.492	0.487	0.481	0.476	0.470	0.465	0.459	0.454	0.449	0.444
90	0.439	0.434	0.429	0.424	0.419	0.414	0.409	0.405	0.401	0.397
100	0.393	0.390	0.386	0.383	0.380	0.376	0.373	0.369	0.366	0.363
110	0.359	0.356	0.353	0.350	0.346	0.343	0.340	0.337	0.334	0.331
120	0.328	0.325	0.322	0.319	0.316	0.313	0.310	0.307	0.304	0.301
130	0.298	0.296	0.293	0.290	0.288	0.285	0.282	0.280	0.277	0.275
140	0.272	0.270	0.267	0.265	0.262	0.260	0.257	0.255	0.253	0.250
150	0.248	0.246	0.244	0.242	0.239	0.239	0.235	0.233	0.231	0.229
160	0.227	0.225	0.223	0.221	0.219	0.217	0.215	0.213	0.211	0.210
170	0.208	0.206	0.204	0.202	0.201	0.199	0.197	0.196	0.194	0.192
180	0.191	0.189	0.187	0.186	0.184	0.183	0.181	0.180	0.178	0.177
190	0.175	0.174	0.173	0.171	0.170	0.168	0.167	0.166	0.164	0.163
200	0.162	—	—	—	—	—	—	—	—	—

注：表中值系按式（附 4-1）~式（附 4-3）计算而得。

附录 5　柱的计算长度系数

附 5.1　有侧移框架柱的计算长度系数

有侧移框架柱的计算长度系数应按附表 5-1 取值，同时符合下列规定：

（1）当横梁与柱铰接时，取横梁线刚度为零。

（2）对低层框架柱，当柱与基础铰接时，应取 $K_2 = 0$；当柱与基础刚接时，应取 $K_2 = 10$。平板支座可取 $K_2 = 0.1$。

（3）当与柱刚接的横梁所受轴心压力 N_b 较大时，横梁线刚度折减系数 α_N 应按下列公式计算：

横梁远端与柱刚接时

$$\alpha_N = 1 - \frac{N_b}{4N_{Eb}} \tag{附 5-1}$$

横梁远端与柱铰接时

$$\alpha_N = 1 - \frac{N_b}{N_{Eb}} \tag{附 5-2}$$

横梁远端嵌固时

$$\alpha_N = 1 - \frac{N_b}{2N_{Eb}} \tag{附 5-3}$$

附表 5-1　有侧移框架柱的计算长度系数 μ

K_2	K_1												
	0	0.05	0.1	0.2	0.3	0.4	0.5	1	2	3	4	5	≥10
0	∞	6.02	4.46	3.42	3.01	2.78	2.64	2.33	2.17	2.11	2.08	2.07	2.03
0.05	6.02	4.16	3.47	2.86	2.58	2.42	2.31	2.07	1.94	1.90	1.87	1.86	1.83
0.1	4.46	3.47	3.01	2.56	2.33	2.20	2.11	1.90	1.79	1.75	1.73	1.72	1.70
0.2	3.42	2.86	2.56	2.23	2.05	1.94	1.87	1.70	1.60	1.57	1.55	1.54	1.52
0.3	3.01	2.58	2.33	2.05	1.90	1.80	1.74	1.58	1.49	1.46	1.45	1.44	1.42
0.4	2.78	2.42	2.20	1.94	1.80	1.71	1.65	1.50	1.42	1.39	1.37	1.37	1.35
0.5	2.64	2.31	2.11	1.87	1.74	1.65	1.59	1.45	1.37	1.34	1.32	1.32	1.30
1	2.33	2.07	1.90	1.70	1.58	1.50	1.45	1.32	1.24	1.21	20	1.19	1.17
2	2.17	1.94	1.79	1.60	1.49	1.42	1.37	1.24	1.16	1.14	1.12	1.12	1.10
3	2.11	1.90	1.75	1.57	1.46	1.39	1.34	1.21	1.14	1.11	1.10	1.09	1.07
4	2.08	1.87	1.73	1.55	1.45	1.37	1.32	1.20	1.12	1.10	1.08	1.08	1.06
5	2.07	1.86	1.72	1.54	1.44	1.37	1.32	1.19	1.12	1.09	1.08	1.07	1.05
≥10	2.03	1.83	1.70	1.52	1.42	1.35	1.30	1.17	1.10	1.07	1.06	1.05	1.03

表中的计算长度系数 μ 值系按下式计算得出：

$$\left[36K_1K_2 - \left(\frac{\pi}{\mu} \right)^2 \right] \sin \frac{\pi}{\mu} + 6(K_1 + K_2) \frac{\pi}{\mu} \cdot \cos \frac{\pi}{\mu} = 0$$

式中，K_1、K_2 分别为相交于柱上端、柱下端的横梁线刚度之和与柱线刚度之和的比值。当横梁远端为铰接时，应将横梁线刚度乘以 0.5；当横梁远端为嵌固时，则应乘以 2/3。

附 5.2 无侧移框架柱的计算长度系数

无侧移框架柱的计算长度系数应按附表 5-2 取值，同时符合下列规定：

（1）当横梁与柱铰接时，取横梁线刚度为零。

（2）对于低层框架柱，当柱与基础铰接时，应取 $K_2 = 0$；当柱与基础刚接时，应取 $K_2 = 10$。平板支座可取 $K_2 = 0.1$。

（3）当与柱刚接的横梁所受轴心压力 N_b 较大时，横梁线刚度折减系数 α_N 应按下列公式计算：横梁远端与柱刚接和横梁远端与柱铰接时

$$\alpha_N = 1 - \frac{N_b}{N_{Eb}} \qquad (\text{附 } 5\text{-}4)$$

横梁远端嵌固时

$$\alpha_N = 1 - \frac{N_b}{2N_{Eb}} \qquad (\text{附 } 5\text{-}5)$$

$$N_{Eb} = \frac{\pi^2 E I_b}{l^2} \qquad (\text{附 } 5\text{-}6)$$

式中 I_b——横梁截面惯性，mm^4；

l——横梁长度，mm。

附表 5-2 无侧移框架柱的计算长度系数 μ

K_2	K_1												
	0	0.05	0.1	0.2	0.3	0.4	0.5	1	2	3	4	5	≥10
0	1.000	0.990	0.981	0.964	0.949	0.935	0.922	0.875	0.820	0.791	0.773	0.760	0.732
0.05	0.990	0.981	0.971	0.955	0.940	0.926	0.914	0.867	0.814	0.784	0.766	0.754	0.726
0.1	0.981	0.971	0.962	0.946	0.931	0.918	0.906	0.860	0.807	0.778	0.760	0.748	0.721
0.2	0.964	0.955	0.946	0.930	0.916	0.903	0.891	0.846	0.795	0.767	0.749	0.737	0.711
0.3	0.949	0.940	0.931	0.916	0.902	0.889	0.878	0.834	0.784	0.756	0.739	0.728	0.701
0.4	0.935	0.926	0.918	0.903	0.889	0.877	0.866	0.823	0.774	0.747	0.730	0.719	0.693
0.5	0.922	0.914	0.906	0.891	0.878	0.866	0.855	0.813	0.765	0.738	0.721	0.710	0.685
1	0.875	0.867	0.860	0.846	0.834	0.823	0.813	0.774	0.729	0.704	0.688	0.677	0.654
2	0.820	0.814	0.807	0.795	0.784	0.774	0.765	0.729	0.686	0.663	0.648	0.638	0.615
3	0.791	0.784	0.778	0.767	0.756	0.747	0.738	0.704	0.663	0.640	0.625	0.616	0.593
4	0.773	0.766	0.760	0.749	0.739	0.730	0.721	0.688	0.648	0.625	0.611	0.601	0.580
5	0.760	0.754	0.748	0.737	0.728	0.719	0.710	0.677	0.638	0.616	0.601	0.592	0.570
≥10	0.732	0.726	0.721	0.711	0.701	0.693	0.685	0.654	0.615	0.593	0.580	0.570	0.549

表中的计算长度系数 η 值系按下式计算得出：

$$\left[\left(\frac{\pi}{\mu}\right)^2 + 2(K_1 + K_2) - 4K_1K_2\right]\frac{\pi}{\mu}\cdot\sin\frac{\pi}{\mu} - 2\left[(K_1 + K_2)\left(\frac{\pi}{\mu}\right)^2 + 4K_1K_2\right]\cos\frac{\pi}{\mu} + 8K_1K_2 = 0$$

式中，K_1、K_2 分别为相交于柱上端、柱下端的横梁线刚度之和与柱线刚度之和的比值。当梁远端为铰接时，应将横梁线刚度乘以 1.5；当横梁远端为嵌固时，则将横梁线刚度乘以 2。

附 5.3 柱上端为自由的单阶柱下段的计算长度系数

柱上端为自由的单阶柱下段的计算长度系数应按附表 5-3 取值。

附表 5-3　柱上端为自由的单阶柱下段的计算长度系数 μ_2

简图	η_1	K_1																	
		0.06	0.08	0.10	0.12	0.14	0.16	0.18	0.20	0.22	0.24	0.26	0.28	0.3	0.4	0.5	0.6	0.7	0.8
	0.2	2.00	2.01	2.01	2.01	2.01	2.01	2.01	2.02	2.02	2.02	2.02	2.02	2.02	2.03	2.04	2.05	2.06	2.07
	0.3	2.01	2.02	2.02	2.02	2.03	2.03	2.03	2.04	2.04	2.05	2.05	2.05	2.06	2.08	2.10	2.12	2.13	2.15
	0.4	2.02	2.03	2.04	2.04	2.05	2.06	2.07	2.08	2.09	2.10	2.11	2.14	2.14	2.18	2.21	2.25	2.28	
	0.5	2.04	2.05	2.06	2.07	2.09	2.10	2.11	2.12	2.13	2.15	2.16	2.17	2.18	2.24	2.29	2.35	2.40	2.45
	0.6	2.06	2.08	2.10	2.12	2.14	2.16	2.18	2.19	2.21	2.23	2.25	2.26	2.28	2.36	2.44	2.52	2.59	2.66
	0.7	2.10	2.13	2.16	2.18	2.21	2.24	2.26	2.29	2.31	2.34	2.36	2.38	2.41	2.52	2.62	2.72	2.81	2.90
	0.8	2.15	2.20	2.24	2.27	2.31	2.34	2.38	2.41	2.44	2.47	2.50	2.53	2.56	2.70	2.82	2.94	3.06	3.16
	0.9	2.24	2.29	2.35	2.39	2.44	2.48	2.52	2.56	2.60	2.63	2.67	2.71	2.74	2.90	3.05	3.19	3.32	3.44
	1.0	2.36	2.43	2.48	2.54	2.59	2.64	2.69	2.73	2.77	2.82	2.86	2.90	2.94	3.12	3.29	3.45	3.59	3.74
	1.2	2.69	2.76	2.83	2.89	2.95	3.01	3.07	3.12	3.17	3.22	3.27	3.32	3.37	3.59	3.80	3.99	4.17	4.34
	1.4	3.07	3.14	3.22	3.29	3.36	3.42	3.48	3.55	3.61	3.66	3.72	3.78	3.83	4.09	4.33	4.56	4.77	4.97
	1.6	3.47	3.55	3.63	3.71	3.78	3.85	3.92	3.99	4.07	4.12	4.18	4.25	4.31	4.61	4.88	5.14	5.38	5.62
	1.8	3.88	3.97	4.05	4.13	4.21	4.29	4.37	4.44	4.52	4.59	4.66	4.73	4.80	5.13	5.44	5.73	6.00	6.26
	2.0	4.29	4.39	4.48	4.57	4.65	4.74	4.82	4.90	4.99	5.07	5.14	5.22	5.30	5.66	6.00	6.32	6.63	6.92
	2.2	4.71	4.81	4.91	5.00	5.10	5.19	5.28	5.37	5.46	5.54	5.63	5.71	5.80	6.19	6.57	6.92	7.26	7.58
	2.4	5.13	5.24	5.34	5.44	5.54	5.64	5.74	5.84	5.93	6.03	6.12	6.21	6.30	6.73	7.14	7.52	7.89	8.24
	2.6	5.55	5.66	5.77	5.88	5.99	6.10	6.20	6.31	6.41	6.51	6.61	6.71	6.80	7.27	7.71	8.13	8.52	8.90
	2.8	5.97	6.09	6.21	6.33	6.44	6.55	6.67	6.78	6.89	6.99	7.10	7.21	7.31	7.81	8.28	8.73	9.16	9.57
	3.0	6.39	6.52	6.64	6.77	6.89	7.01	7.13	7.25	7.37	7.48	7.59	7.71	7.82	8.35	8.86	9.34	9.80	10.24

简图中：$K_1 = \dfrac{I_1}{I_2} \cdot \dfrac{H_2}{H_1}$

$\eta_1 = \dfrac{H_1}{H_2}\sqrt{\dfrac{N_1}{N_2} \cdot \dfrac{I_2}{I_1}}$

式中，N_1 为上段柱的轴心力；N_2 为下段柱的轴心力

表中的计算长度系数 μ_2 值系按下式计算得出：

$$\eta_1 K_1 \tan\frac{\pi}{\mu_2}\tan\frac{\pi\eta_1}{\mu_2} - 1 = 0$$

附 5.4　柱上端可移动但不转动的单阶柱下段的计算长度系数

柱上端可移动但不转动的单阶柱下段的计算长度系数应按附表 5-4 取值。

附表 5-4　柱上端可移动但不转动的单阶柱下段的计算长度系数 μ_2

简图	η_1	K_1																	
		0.06	0.08	0.10	0.12	0.14	0.16	0.18	0.20	0.22	0.24	0.26	0.28	0.3	0.4	0.5	0.6	0.7	0.8
	0.2	1.96	1.94	1.93	1.91	1.90	1.89	1.88	1.86	1.85	1.84	1.83	1.82	1.81	1.76	1.72	1.68	1.65	1.62
	0.3	1.96	1.94	1.93	1.92	1.91	1.89	1.88	1.87	1.86	1.85	1.84	1.83	1.82	1.77	1.73	1.70	1.66	1.63
	0.4	1.96	1.95	1.94	1.92	1.91	1.90	1.89	1.88	1.87	1.86	1.85	1.84	1.83	1.79	1.75	1.72	1.68	1.66
	0.5	1.96	1.95	1.94	1.93	1.92	1.91	1.90	1.89	1.88	1.87	1.86	1.85	1.85	1.81	1.77	1.74	1.71	1.69
	0.6	1.97	1.96	1.95	1.94	1.93	1.92	1.91	1.90	1.89	1.89	1.88	1.87	1.87	1.83	1.80	1.78	1.75	1.73
	0.7	1.97	1.97	1.96	1.95	1.94	1.94	1.93	1.92	1.92	1.91	1.90	1.90	1.89	1.86	1.84	1.82	1.80	1.78
	0.8	1.98	1.98	1.97	1.96	1.96	1.95	1.95	1.94	1.94	1.93	1.93	1.92	1.92	1.90	1.88	1.87	1.86	1.84
	0.9	1.99	1.99	1.98	1.98	1.98	1.97	1.97	1.97	1.97	1.96	1.96	1.96	1.96	1.95	1.94	1.93	1.92	1.92
	1.0	2.00	2.00	2.00	2.00	2.00	2.00	2.00	2.00	2.00	2.00	2.00	2.00	2.00	2.00	2.00	2.00	2.00	2.00
	1.2	2.03	2.04	2.04	2.05	2.06	2.07	2.07	2.08	2.08	2.09	2.10	2.10	2.11	2.13	2.15	2.17	2.18	2.20
	1.4	2.07	2.09	2.11	2.12	2.14	2.16	2.17	2.18	2.20	2.21	2.22	2.23	2.24	2.29	2.33	2.37	2.40	2.42
	1.6	2.13	2.16	2.19	2.22	2.25	2.27	2.30	2.32	2.34	2.36	2.37	2.39	2.41	2.48	2.54	2.59	2.63	2.67

简图中：$K_1 = \dfrac{I_1}{I_2} \cdot \dfrac{H_2}{H_1}$

$\eta_1 = \dfrac{H_1}{H_2}\sqrt{\dfrac{N_1}{N_2} \cdot \dfrac{I_2}{I_1}}$

式中，N_1 为上段柱的轴心力；N_2 为下段柱的轴心力

续附表 5-4

简图	η_1	K_1																	
		0.06	0.08	0.10	0.12	0.14	0.16	0.18	0.20	0.22	0.24	0.26	0.28	0.3	0.4	0.5	0.6	0.7	0.8
	1.8	2.22	2.27	2.31	2.35	2.39	2.42	2.45	2.48	2.50	2.53	2.55	2.57	2.59	2.69	2.76	2.83	2.88	2.93
	2.0	2.35	2.41	2.46	2.50	2.55	2.59	2.62	2.66	2.69	2.72	2.75	2.77	2.80	2.91	3.00	3.08	3.14	3.20
	2.2	2.51	2.57	2.63	2.68	2.73	2.77	2.81	2.85	2.89	2.92	2.95	2.98	3.01	3.14	3.25	3.33	3.41	3.47
$K_1=\dfrac{I_1}{I_2}\cdot\dfrac{H_2}{H_1}$	2.4	2.68	2.75	2.81	2.87	2.92	2.97	3.01	3.05	3.09	3.13	3.17	3.20	3.24	3.38	3.50	3.59	3.68	3.75
$\eta_1=\dfrac{H_1}{H_2}\sqrt{\dfrac{N_1}{N_2}\cdot\dfrac{I_2}{I_1}}$	2.6	2.87	2.94	3.00	3.06	3.12	3.17	3.22	3.27	3.31	3.35	3.39	3.43	3.46	3.62	3.75	3.86	3.95	4.03
式中，N_1 为上段柱的轴心力；N_2 为下段柱的轴心力	2.8	3.06	3.14	3.20	3.27	3.33	3.38	3.43	3.48	3.53	3.58	3.62	3.66	3.70	3.87	4.01	4.13	4.23	4.32
	3.0	3.26	3.34	3.41	3.47	3.54	3.60	3.65	3.70	3.75	3.80	3.85	3.89	3.93	4.12	4.27	4.40	4.51	4.61

表中的计算长度系数 μ_2 值系按下式计算得出：

$$\tan\frac{\pi\eta_1}{\mu_2}+\eta_1 K_1\tan\frac{\pi}{\mu_2}=0$$

附录 6　疲劳计算的构件和连接分类

附表 6-1　非焊接的构件和连接分类

项次	构造细节	说　明	类　别
1		无连接处的母材：轧制型钢	Z1
2		无连接处的母材： （1）钢板两边为轧制边或刨边； （2）钢板两侧为自动、半自动切割边，切割质量标准应符合《钢结构工程施工质量验收规范》（GB 50205—2001）	Z1 Z2
3		连系螺栓和虚孔处的母材：应力以净截面面积计算	Z4
4		（1）螺栓连接处的母材：高强度螺栓摩擦型连接应力以毛截面面积计算，其他螺栓连接应力以净截面面积计算； （2）铆钉连接处的母材：连接应力以净截面面积计算	Z2 Z4
5		受拉螺栓的螺纹处母材： 　连接板件应有足够的刚度，保证不产生撬力，否则受拉正应力应考虑撬力及其他因素产生的全部附加应力； 　对于直径大于 30 mm 螺栓，需要考虑尺寸效应对容许应力幅进行修正，修正系数 $\gamma_i = \left(\dfrac{30}{d}\right)^{0.25}$，其中 d 为螺栓直径，单位为 mm	Z11

注：箭头表示计算应力幅的位置和方向。

附表 6-2 纵向传力焊缝的构件和连接分类

项次	构 造 细 节	说 明	类别
1		无垫板的纵向对接焊缝附近的母材： 焊缝符合二级焊缝标准	Z2
2		有连续垫板的纵向自动对接焊缝附近的母材： （1）无起弧、灭弧； （2）有起弧、灭弧	Z4 Z5
3		翼缘连接焊缝附近的母材： （1）翼缘板与腹板的连接焊缝： 自动焊，二级 T 形对接与角接组合焊缝； 自动焊，角焊缝，外观质量标准符合二级； 手工焊，角焊缝，外观质量标准符合二级。 （2）双层翼缘板之间的连接焊缝： 自动焊，角焊缝，外观质量标准符合二级； 手工焊，角焊缝，外观质量标准符合二级	Z2 Z4 Z5 Z4 Z5
4		仅单侧施焊的手工或自动对接焊缝附近的母材，焊缝符合二级焊缝标准，翼缘与腹板很好贴合	Z5
5		开口工艺孔处焊缝符合二级焊缝标准的对接焊缝、焊缝外观质量符合二级焊缝标准的角焊缝等附近的母材	Z8
6		（1）节点板搭接的两侧面角焊缝端部的母材； （2）节点板搭接的三面围焊时两侧角焊缝端部的母材； （3）三面围焊或两侧面角焊缝的节点板母材（节点板计算宽度按应力扩散角 $\theta = 30°$ 考虑）	Z10 Z8 Z8

注：箭头表示计算应力幅的位置和方向。

附表 6-3　横向传力焊缝的构件和连接分类

项次	构 造 细 节	说　明	类别
1		横向对接焊缝附近的母材，轧制梁对接焊缝附近的母材： （1）符合《钢结构工程施工质量　验收标准》（GB 50205—2020）的一级焊缝，且经加工、磨平； （2）符合《钢结构工程施工质量　验收标准》（GB 50205—2020）的一级焊缝	Z2 Z4
2	坡度 ≤1/4	不同厚度（或宽度）横向对接焊缝附近的母材： （1）符合《钢结构工程施工质量　验收标准》（GB 50205—2020）的一级焊缝，且经加工、磨平； （2）符合《钢结构工程施工质量　验收标准》（GB 50205—2020）的一级焊缝	Z2 Z4
3		有工艺孔的轧制梁对接焊缝附近的母材，焊缝加工成平滑过渡并符合一级焊缝标准	Z6
4	d ... d	带垫板的横向对接焊缝附近的母材： 垫板端部超出母板距离 d： （1）$d \geq 10$ mm； （2）$d < 10$ mm	Z8 Z11
5		节点板搭接的端面角焊缝的母材	Z7

项次	构 造 细 节	说　明	类别
6		不同厚度直接横向对接焊缝附近的母材，焊缝等级为一级，无偏心	Z8
7		翼缘盖板中断处的母材（板端有横向端焊缝）	Z8
8		十字形连接、T 形连接： （1）K 形坡口、T 形对接与角接组合焊缝处的母材，十字形连接两侧轴线偏离距离小于 $0.15t$，焊缝为二级，焊趾角 $\alpha \leqslant 45°$； （2）角焊缝处的母材，十字形连接两侧轴线偏离距离小于 $0.15t$	Z6 Z8
9		法兰焊缝连接附近的母材： （1）采用对接焊缝，焊缝为一级； （2）采用角焊缝	Z8 Z13

注：箭头表示计算应力幅的位置和方向。

附表 6-4　非传力焊缝的构件和连接分类

项次	构 造 细 节	说　明	类别
1		横向加劲肋端部附近的母材： （1）肋端焊缝不断弧（采用回焊）； （2）肋端焊缝断弧	Z5 Z6

续附表 6-4

项次	构 造 细 节	说　明	类别
2	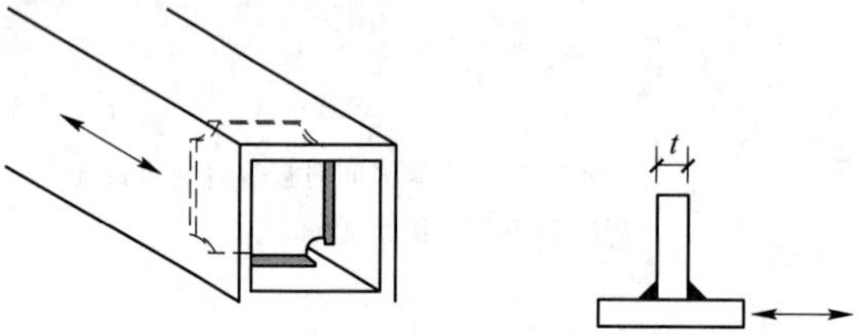	横向焊接附件附近的母材： 焊接附件的板厚 t： （1）$t \leqslant 50$ mm； （2）50 mm$<t \leqslant 80$ mm；	Z7 Z8
3	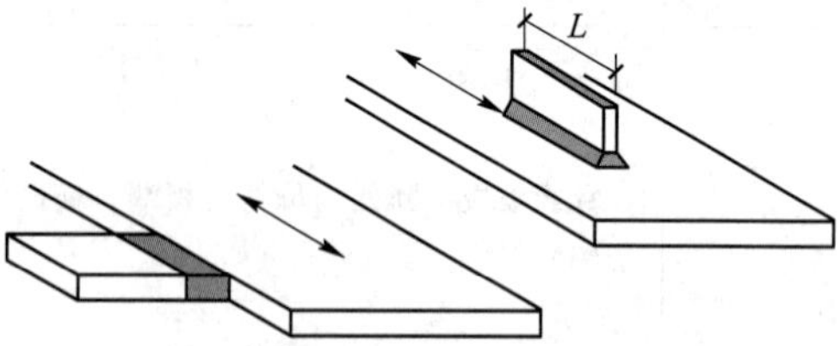	矩形节点板焊接于构件翼缘或腹板处的母材（节点板焊缝方向的长度 $L>$ 150 mm）	Z8
4	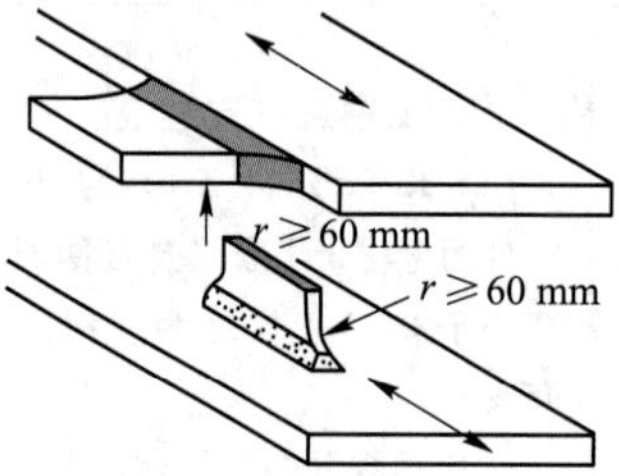	带圆弧的梯形节点板用对接焊缝焊于梁翼缘、腹板以及桁架构件处的母材，圆弧过渡处在焊后铲平、磨光、圆滑过渡，不得有焊接起弧、灭弧缺陷	Z6
5	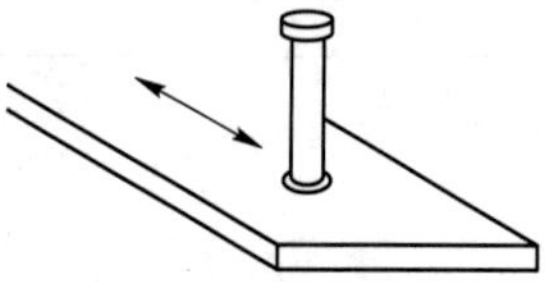	焊接剪力栓钉附近的钢板母材	Z7

注：箭头表示计算应力幅的位置和方向。

附表 6-5　钢管截面的构件和连接分类

项次	构 造 细 节	说　明	类别
1	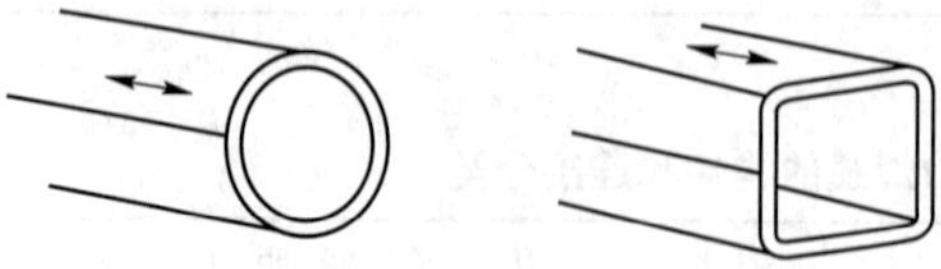	钢管纵向自动焊缝的母材： （1）无焊接起弧、灭弧点； （2）有焊接起弧、灭弧点	Z3 Z6
2	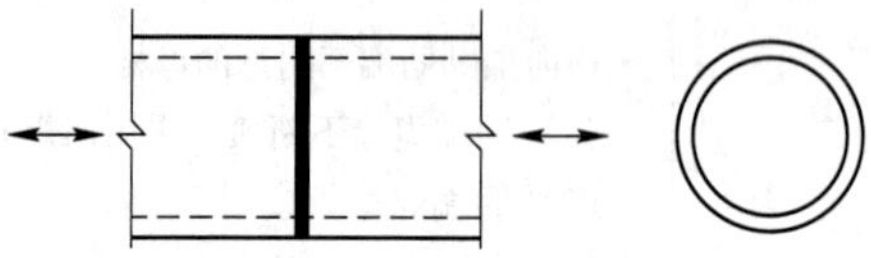	圆管端部对接焊缝附近的母材，焊缝平滑过渡并符合《钢结构工程施工质量验收标准》（GB 50205—2020）的一级焊缝标准，余高不大于焊缝宽度的10%： （1）圆管壁厚8 mm$<t \leqslant 12.5$ mm； （2）圆管壁厚 $t \leqslant 8$ mm	 Z6 Z8

项次	构 造 细 节	说　明	类别
3		矩形管端部对接焊缝附近的母材，焊缝平滑过渡并符合一级焊缝标准，余高不大于焊缝宽度的 10%： （1）方管壁厚 8 mm$<t\leqslant$12.5 mm； （2）方管壁厚 $t\leqslant$8 mm	Z8 Z10
4	 矩形管或圆管 ≤100 mm 矩形管或圆管 ≤100 mm	焊有矩形管或圆管的构件，连接角焊缝附近的母材，角焊缝为非承载焊缝，其外观质量标准符合二级，矩形管宽度或圆管直径不大于100mm	Z8
5		通过端板采用对接焊缝拼接的圆管母材，焊缝符合一级质量标准： （1）圆管壁厚 8 mm$<t\leqslant$12.5 mm； （2）圆管壁厚 $t\leqslant$8 mm	Z10 Z11
6		通过端板采用对接焊缝拼接的矩形管母材，焊缝符合一级质量标准： （1）方管壁厚 8 mm$<t\leqslant$12.5 mm； （2）方管壁厚 $t\leqslant$8 mm	Z11 Z12
7		通过端板采用角焊缝拼接的圆管母材，焊缝外观质量标准符合二级，管壁厚度 $t\leqslant$8 mm	Z13
8		通过端板采用角焊缝拼接的矩形管母材，焊缝外观质量标准符合二级，管壁厚度 $t\leqslant$8 mm	Z14

续附表 6-5

项次	构 造 细 节	说　明	类别
9		钢管端部压扁与钢板对接焊缝连接（仅适用于直径小于 200 mm 的钢管），计算时采用钢管的应力幅	Z8
10		钢管端部开设槽口与钢板角焊缝连接，槽口端部为圆弧，计算时采用钢管的应力幅： （1）倾斜角 $\alpha \leqslant 45°$； （2）倾斜角 $\alpha > 45°$	Z8 Z9

注：箭头表示计算应力幅的位置和方向。

附表 6-6　剪应力作用下的构件和连接分类

项次	构 造 细 节	说　明	类别
1		各类受剪角焊缝： 剪应力按有效截面计算	J1
2		受剪力的普通螺栓： 采用螺杆截面的剪应力	J2
3		焊接剪力栓钉： 采用栓钉名义截面的剪应力	J3

注：箭头表示计算应力幅的位置和方向。

附录7 型 钢 表

附表7-1 普通工字钢

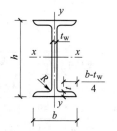

符号：h——截面高度；
b——翼缘宽度；
t_w——腹板厚度；
t——翼缘平均厚度；
I——惯性矩；
W——截面模量；
R——圆角半径；
i——回转半径；
S——半截面的静力矩

型号 10~18，长 5~19 m；
型号 20~63，长 6~19 m

型号	尺 寸					截面积 /cm²	质量 /kg·m⁻¹	x—x 轴				y—y 轴		
	h	b	t_w	t	R			I_x	W_x	i_x	I_x/S_x	I_y	W_y	i_y
	mm							cm⁴	cm³	cm	cm	cm⁴	cm³	cm
10	100	68	4.5	7.6	6.5	14.3	11.2	245	49	4.14	8.69	33	9.6	1.51
12.6	126	74	5.0	8.4	7.0	18.1	14.2	488	77	5.19	11.0	47	12.7	1.61
14	140	80	5.5	9.1	7.5	21.5	16.9	712	102	5.75	12.2	64	16.1	1.73
16	160	88	6.0	9.9	8.0	26.1	20.5	1127	141	6.57	13.9	93	21.1	1.89
18	180	94	6.5	10.7	8.5	30.7	24.1	1699	185	7.37	15.4	123	26.2	2.00
20 a	200	100	7.0	11.4	9.0	35.5	27.9	2369	237	8.16	17.4	158	31.6	2.11
20 b	200	102	9.0	11.4	9.0	39.5	31.1	2502	250	7.95	17.1	169	33.1	2.07
22 a	220	110	7.5	12.3	9.5	42.1	33.0	3406	310	8.99	19.2	226	41.1	2.32
22 b	220	112	9.5	12.3	9.5	46.5	36.5	3583	326	8.78	18.9	240	42.9	2.27
25 a	250	116	8.0	13.0	10.0	48.5	38.1	5017	401	10.2	21.7	280	48.4	2.40
25 b	250	118	10.0	13.0	10.0	53.5	42.0	5278	422	9.93	21.4	297	50.4	2.36
28 a	280	122	8.5	13.7	10.5	55.4	43.5	7115	508	11.3	24.3	344	56.4	2.49
28 b	280	124	10.5	13.7	10.5	61.0	47.9	7481	534	11.1	24.0	364	58.7	2.44
32 a	320	130	9.5	15.0	11.5	67.1	52.7	11080	692	12.8	27.7	459	70.6	2.62
32 b	320	132	11.5	15.0	11.5	73.5	57.7	11626	727	12.6	27.3	484	73.3	2.57
32 c	320	134	13.5	15.0	11.5	79.9	62.7	12173	761	12.3	26.9	510	76.1	2.53
36 a	360	136	10.0	15.8	12.0	76.4	60.0	15796	878	14.4	31.0	555	81.6	2.69
36 b	360	138	12.0	15.8	12.0	83.6	65.6	16574	921	14.1	30.6	584	84.6	2.64
36 c	360	140	14.0	15.8	12.0	90.8	71.3	17351	964	13.8	30.2	614	87.7	2.60
40 a	400	142	10.5	16.5	12.5	86.1	67.6	21714	1086	15.9	34.4	660	92.9	2.77
40 b	400	144	12.5	16.5	12.5	94.1	73.8	22781	1139	15.6	33.9	693	96.2	2.71
40 c	400	146	14.5	16.5	12.5	102	80.1	23847	1192	15.3	33.5	727	99.7	2.67
45 a	450	150	11.5	18.0	13.5	102	80.4	32241	1433	17.7	38.5	855	114	2.89
45 b	450	152	13.5	18.0	13.5	111	87.4	33759	1500	17.4	38.1	895	118	2.84
45 c	450	154	15.5	18.0	13.5	120	94.5	35278	1568	17.1	37.6	938	122	2.79
50 a	500	158	12.0	20	14	119	93.6	46472	1859	19.7	42.9	1122	142	3.07
50 b	500	160	14.0	20	14	129	101	48556	1942	19.4	42.3	1171	146	3.01
50 c	500	162	16.0	20	14	139	109	50639	2026	19.1	41.9	1224	151	2.96
56 a	560	166	12.5	21	14.5	135	106	65576	2342	22.0	47.9	1366	165	3.18
56 b	560	168	14.5	21	14.5	147	115	68503	2447	21.6	47.3	1424	170	3.12
56 c	560	170	16.5	21	14.5	158	124	71430	2551	21.3	46.8	1485	175	3.07
63 a	630	176	13.0	22	15	155	122	94004	2984	24.7	53.8	1702	194	3.32
63 b	630	178	15.0	22	15	167	131	98171	3117	24.2	53.2	1771	199	3.25
63 c	630	180	17.0	22	15	180	141	102339	3249	23.9	52.6	1842	205	3.20

附表 7-2　热轧 H 型钢

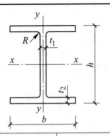

符号：h——截面高度；b——翼缘宽度；t_1——腹板厚度；

t_2——翼缘厚度；R——圆角半径；

HW——宽翼缘 H 型钢；

HM——中翼缘 H 型钢；

HN——窄翼缘 H 型钢；

HT——薄壁 H 型钢

类别	型号（高度×宽度）/mm×mm	截面尺寸/mm					截面面积/cm²	理论质量/kg·m⁻¹	惯性矩/cm⁴		惯性半径/cm		截面模量/cm³	
		h	b	t_1	t_2	R	/cm²	/kg·m⁻¹	I_x	I_y	i_x	i_y	W_x	W_y
HW	100×100	100	100	6	8	8	21.59	16.9	386	134	4.23	2.49	77.1	26.7
	125×125	125	125	6.5	9	8	30.00	23.6	843	293	5.30	3.13	135	46.9
	150×150	150	150	7	10	8	39.65	31.1	1620	563	6.39	3.77	216	75.1
	175×175	175	175	7.5	11	13	51.43	40.4	2918	983	7.53	4.37	334	112
	200×200	200	200	8	12	13	63.53	49.9	4717	1601	8.62	5.02	472	160
		200	204	12	12	13	71.53	56.2	4984	1701	8.35	4.88	498	167
	250×250	244	252	11	11	13	81.31	63.8	8573	2937	10.27	6.01	703	233
		250	255	9	14	13	91.43	71.8	10689	3648	10.81	6.32	855	292
		250	255	14	14	13	103.93	81.6	11340	3875	10.45	6.11	907	304
	300×300	294	302	12	12	13	106.33	83.5	16384	5513	12.41	7.20	1115	365
		300	300	10	15	13	118.45	93.0	20010	6753	13.00	7.55	1334	450
		300	305	15	15	13	133.45	104.8	21135	7102	12.58	7.29	1409	466
	350×350	338	351	13	13	13	133.27	104.6	27352	9376	14.33	8.39	1618	534
		344	348	10	16	13	144.01	113.0	32545	11242	15.03	8.84	1892	646
		344	354	16	16	13	164.65	129.3	34581	11841	14.49	8.48	2011	669
		350	350	12	19	13	171.89	134.9	39637	13582	15.19	8.89	2265	776
		350	357	19	19	13	196.39	154.2	42138	14427	14.65	8.57	2408	808
	400×400	388	402	15	15	22	178.45	140.1	48040	16255	16.41	9.54	2476	809
		394	398	11	18	22	186.81	146.6	55597	18920	17.25	10.06	2822	951
		394	405	18	18	22	214.39	168.3	59165	19951	16.61	9.65	3003	985
		400	400	13	21	22	218.69	171.7	66455	22410	17.43	10.12	3323	1120
		400	408	21	21	22	250.69	196.8	70722	23804	16.80	9.74	3536	1167
		414	405	18	28	22	295.39	231.9	93518	31022	17.79	10.25	4158	1532
		428	407	20	35	22	360.65	283.1	120892	39357	18.31	10.45	5649	1934
		458	417	30	50	22	528.55	414.9	190939	60516	19.01	10.70	8338	2902
		498*	432	45	70	22	770.05	604.5	304730	94346	19.89	11.07	12238	4368
	500×500*	492	465	15	20	22	257.95	202.5	115559	33531	21.17	11.40	4698	1442
		502	465	15	25	22	304.45	239.0	145012	41910	21.82	11.73	5777	1803
		502	470	20	25	22	329.55	258.7	150283	43295	21.35	11.46	5987	1842

类别	型号 （高度×宽度） /mm×mm	截面尺寸/mm					截面 面积 /cm²	理论 质量 /kg·m⁻¹	惯性矩/cm⁴		惯性半径/cm		截面模量/cm³	
		h	b	t_1	t_2	R			I_x	I_y	i_x	i_y	W_x	W_y
HM	150×100	148	100	6	9	8	26.35	20.7	995.3	150.3	6.15	2.39	134.5	30.1
	200×150	194	150	6	9	8	38.11	29.9	2586	506.6	8.24	3.65	266.6	67.6
	250×175	244	175	7	11	13	55.49	43.6	5908	983.5	10.32	4.21	484.3	112.4
	300×200	294	200	8	12	13	71.05	55.8	10858	1602	12.36	4.75	738.6	160.2
	350×250	340	250	9	14	13	99.53	78.1	20867	3648	14.48	6.05	1227	291.9
	400×300	390	300	10	16	13	133.25	104.6	37363	7203	16.75	7.35	1916	480.2
	450×300	440	300	11	18	13	153.89	120.8	54067	8105	18.74	7.26	2458	540.3
	500×300	482	300	11	15	13	141.17	110.8	57212	6756	20.13	6.92	2374	450.4
		488	300	11	18	13	159.17	124.9	67916	8106	20.66	7.14	2783	540.4
	550×300	544	300	11	15	13	147.99	116.2	74874	6756	22.49	6.76	2753	450.4
		550	300	11	18	13	165.99	130.3	88470	8106	23.09	6.99	3217	540.4
	600×300	582	300	12	17	13	169.21	132.8	97287	7659	23.98	6.73	3343	510.6
		588	300	12	20	13	187.21	147.0	112827	9009	24.55	6.94	3838	600.6
		594	302	14	23	13	217.09	170.4	132179	10572	24.68	6.98	4450	700.1
HN	100×50	100	50	5	7	8	11.85	9.3	191.0	14.7	4.02	1.11	38.2	5.9
	125×60	125	60	6	8	8	16.69	13.1	407.7	29.1	4.94	1.32	65.2	9.7
	150×75	150	75	5	7	8	17.85	14.0	645.7	49.4	6.01	1.66	86.1	13.2
	175×90	175	90	5	8	8	22.90	18.0	1174	97.4	7.16	2.06	134.2	21.6
	200×100	198	99	4.5	7	8	22.69	17.8	1484	113.4	8.09	2.24	149.9	22.9
		200	100	5.5	8	8	26.67	20.9	1753	133.7	8.11	2.24	175.3	26.7
	250×125	248	124	5	8	8	31.99	25.1	3346	254.5	10.23	2.82	269.8	41.1
		250	125	6	9	8	36.97	29.0	3868	293.5	10.23	2.82	309.4	47.0
	300×150	298	149	5.5	8	13	40.80	32.0	5911	441.7	12.04	3.29	396.7	59.3
		300	150	6.5	9	13	46.78	36.7	6829	507.2	12.08	3.29	455.3	67.6
	350×175	346	174	6	9	13	52.45	41.2	10456	791.1	14.12	3.88	604.4	90.9
		350	175	7	11	13	62.91	49.4	12980	983.8	14.36	3.95	741.7	112.4
	400×150	400	150	8	13	13	70.37	55.2	17906	733.2	15.95	3.23	895.3	97.8
	400×200	396	199	7	11	13	71.41	56.1	19023	1446	16.32	4.50	960.8	145.3
		400	200	8	13	13	83.37	65.4	22775	1735	16.53	4.56	1139	173.5
	450×200	446	199	8	12	13	82.97	65.1	27146	1578	18.09	4.36	1217	158.6
		450	200	9	14	13	95.43	74.9	31973	1870	18.30	4.43	1421	187.0
	500×200	496	199	9	14	13	99.29	77.9	39628	1842	19.98	4.31	1598	185.1
		500	200	10	16	13	112.25	88.1	45685	2138	20.17	4.36	1827	213.8
		506	201	11	19	13	129.31	101.5	54478	2577	20.53	4.46	2153	256.4
	550×200	546	199	9	14	13	103.79	81.5	49245	1842	21.78	4.21	1804	185.2

续附表 7-2

类别	型号（高度×宽度）/mm×mm	截面尺寸/mm					截面面积/cm²	理论质量/kg·m⁻¹	惯性矩/cm⁴		惯性半径/cm		截面模量/cm³	
		h	b	t_1	t_2	R			I_x	I_y	i_x	i_y	W_x	W_y
HN	550×200	550	200	10	16	13	117.25	92.0	56695	2138	21.99	4.27	2062	213.8
	600×200	596	199	10	15	13	117.75	92.4	64739	1975	23.45	4.10	2172	198.5
		600	200	11	17	13	131.71	103.4	73749	2273	23.66	4.15	2458	227.3
		606	201	12	20	13	149.77	117.6	86656	2716	24.05	4.26	2860	270.2
	650×300	646	299	10	15	13	152.75	119.9	107794	6688	26.56	6.62	3337	447.4
		650	300	11	17	13	171.21	134.4	122739	7657	26.77	6.69	3777	510.5
		656	301	12	20	13	195.77	153.7	144433	9100	27.16	6.82	4403	604.6
	700×300	692	300	13	20	18	207.54	162.9	164101	9014	28.12	6.59	4743	600.9
		700	300	13	24	18	231.54	181.8	193622	10814	28.92	6.83	5532	720.9
	750×300	734	299	12	16	18	182.70	143.4	155539	7140	29.18	6.25	4238	477.6
		742	300	13	20	18	214.04	168.0	191989	9015	29.95	6.49	5175	601.0
		750	300	13	24	18	238.04	186.9	225863	10815	30.80	6.74	6023	721.0
		758	303	16	28	18	284.78	223.6	271350	13008	30.87	6.76	7160	858.6
	800×300	792	300	14	22	18	239.50	188.0	242399	9919	31.81	6.44	6121	661.3
		800	300	14	26	18	263.50	206.8	280925	11719	32.65	6.67	7023	781.3
	850×300	834	298	14	19	18	227.46	178.6	243858	8400	32.74	6.08	5848	563.8
		842	299	15	23	18	259.72	203.9	291216	10271	33.49	6.29	6917	687.0
		850	300	16	27	18	292.14	229.3	339670	12179	34.10	6.46	7992	812.0
		858	301	17	31	18	324.72	254.9	389234	14125	34.62	6.60	9073	938.5
	900×300	890	299	15	23	18	266.92	209.5	330588	10273	35.19	6.20	7429	687.1
		900	300	16	28	18	305.82	240.1	397241	12631	36.04	6.43	8828	842.1
		912	302	18	34	18	360.06	282.6	484615	15652	36.69	6.59	10628	1037
	1000×300	970	297	16	21	18	276.00	216.7	382977	9203	37.25	5.77	7896	619.7
		980	298	17	26	18	315.50	247.7	462157	11508	38.27	6.04	9432	772.3
		990	298	17	31	18	345.30	271.1	535201	13713	39.37	6.30	10812	920.3
		1000	300	19	36	18	395.10	310.2	626396	16256	39.82	6.41	12528	1084
		1008	302	21	40	18	439.26	344.8	704572	18437	40.05	6.48	13980	1221
HT	100×50	95	48	3.2	4.5	8	7.62	6.0	109.7	8.4	3.79	1.05	23.1	3.5
		97	49	4	5.5	8	9.38	7.4	141.8	10.9	3.89	1.08	29.2	4.4
	100×100	96	99	4.5	6	8	16.21	12.7	272.7	97.1	4.10	2.45	56.8	19.6
	125×60	118	58	3.2	4.5	8	9.26	7.3	202.4	14.7	4.68	1.26	34.3	5.1
		120	59	4	5.5	8	11.40	8.9	259.7	18.9	4.77	1.29	43.3	6.4
	125×125	119	123	4.5	6	8	20.12	15.8	523.6	186.2	5.10	3.04	88.0	30.3
	150×75	145	73	3.2	4.5	8	11.47	9.0	383.2	29.3	5.78	1.60	52.9	8.0
		147	74	4	5.5	8	14.13	11.1	488.0	37.3	5.88	1.62	66.4	10.1

类别	型号 （高度×宽度） /mm×mm	截面尺寸/mm					截面 面积 /cm²	理论 质量 /kg·m⁻¹	惯性矩/cm⁴		惯性半径/cm		截面模量/cm³	
		h	b	t_1	t_2	R			I_x	I_y	i_x	i_y	W_x	W_y
HT	150×100	139	97	3.2	4.5	8	13.44	10.5	447.3	68.5	5.77	2.26	64.4	14.1
		142	99	4.5	6	8	18.28	14.3	632.7	97.2	5.88	2.31	89.1	19.6
	150×150	144	148	5	7	8	27.77	21.8	1070	378.4	6.21	3.69	148.6	51.1
		147	149	6	8.5	8	33.68	26.4	1338	468.9	6.30	3.73	182.1	62.9
	175×90	168	88	3.2	4.5	8	13.56	10.6	619.6	51.2	6.76	1.94	73.8	11.6
		171	89	4	6	8	17.59	13.8	852.1	70.6	6.96	2.00	99.7	15.9
	175×175	167	173	5	7	13	33.32	26.2	1731	604.5	7.21	4.26	207.2	69.9
		172	175	6.5	9.5	13	44.65	35.0	2466	849.2	7.43	4.36	286.8	97.1
	200×100	193	98	3.2	4.5	8	15.26	12.0	921.0	70.7	7.77	2.15	95.4	14.4
		196	99	4	6	8	19.79	15.5	1260	97.2	7.98	2.22	128.6	19.6
	200×150	188	149	4.5	6	8	26.35	20.7	1669	331.0	7.96	3.54	177.6	44.4
	200×200	192	198	6	8	13	43.69	34.3	2984	1036	8.26	4.87	310.8	104.6
	250×125	244	124	4.5	6	8	25.87	20.3	2529	190.9	9.89	2.72	207.3	30.8
	250×175	238	173	4.5	8	13	39.12	30.7	4045	690.8	10.17	4.20	339.9	79.9
	300×150	294	148	4.5	6	13	31.90	25.0	4342	324.6	11.67	3.19	295.4	43.9
	300×200	286	198	6	8	13	49.33	38.7	7000	1036	11.91	4.58	489.5	104.6
	350×175	340	173	4.5	6	13	36.97	29.0	6823	518.3	13.58	3.74	401.3	59.9
	400×150	390	148	6	8	13	47.57	37.3	10900	433.2	15.14	3.02	559.0	58.5
	400×200	390	198	6	8	13	55.57	43.6	13819	1036	15.77	4.32	708.7	104.6

注：1. 同一型号的产品，其内侧尺寸高度一致。

    2. 截面面积计算公式：$t_1(h - 2t_2) + 2bt_2 + 0.858R^2$。

    3. "＊"所示规格表示国内暂不能生产。

附表 7-3 部分 T 型钢

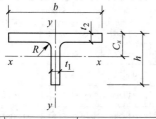

符号：h——截面高度；b——翼缘宽度；t_1——腹板厚度；

t_2——翼缘厚度；R——圆角半径；C_x——重心；

TW——宽翼缘剖分 T 型钢；

TM——中翼缘剖分 T 型钢；

TN——窄翼缘剖分 T 型钢

类别	型号 （高度×宽度） /mm×mm	截面尺寸/mm					截面 面积 /cm²	质量 /kg·m⁻¹	惯性矩 /cm⁴		惯性半径 /cm		截面模量 /cm³		重心 /cm	对应 H 型钢 系列型号
		h	b	t_1	t_2	R			I_x	I_y	i_x	i_y	W_x	W_y	C_x	
TW	50×100	50	100	6	8	8	10.79	8.47	16.7	67.7	1.23	2.49	4.2	13.5	1.00	100×100
	62.5×125	62.5	125	6.5	9	8	15.00	11.8	35.2	147.1	1.53	3.13	6.9	23.5	1.19	125×125
	75×150	75	150	7	10	8	19.82	15.6	66.6	281.9	1.83	3.77	10.9	37.6	1.37	150×150

类别	型号 （高度×宽度） /mm×mm	截面尺寸/mm					截面 面积 /cm²	质量 /kg·m⁻¹	惯性矩 /cm⁴		惯性半径 /cm		截面模量 /cm³		重心 /cm	对应 H 型钢 系列型号
		h	b	t_1	t_2	R			I_x	I_y	i_x	i_y	W_x	W_y	C_x	
TW	87.5×175	87.5	175	7.5	11	13	25.71	20.2	115.8	494.4	2.12	4.38	16.1	56.5	1.55	175×175
	100×200	100	200	8	12	13	31.77	24.9	185.6	803.3	2.42	5.03	22.4	80.3	1.73	200×200
		100	204	12	12	13	35.77	28.1	256.3	853.6	2.68	4.89	32.4	83.7	2.09	
	125×250	125	250	9	14	13	45.72	35.9	413.0	1827	3.01	6.32	39.6	146.1	2.08	250×250
		125	255	14	14	13	51.97	40.8	589.3	1941	3.37	6.11	59.4	152.2	2.58	
	150×300	147	302	12	12	13	53.17	41.7	855.8	2760	4.01	7.20	72.2	182.8	2.85	300×300
		150	300	10	15	13	59.23	46.5	798.7	3379	3.67	7.55	63,8	225.3	2.47	
		150	305	15	15	13	66.73	52.4	1107	3554	4.07	7.30	92.6	233.1	3.04	
	175×350	172	348	10	16	13	72.01	56.5	1231	5624	4.13	8.84	84.7	323.2	2.67	350×350
		175	350	12	19	13	85.95	67.5	1520	6794	4.21	8.89	103.9	388.2	2.87	
	200×400	194	402	15	15	22	89.23	70.0	2479	8150	5.27	9.56	157.9	405.5	3.70	400×400
		197	398	11	18	22	93.41	73.3	2052	9481	4.69	10.07	122.9	476.4	3.01	
		200	400	13	21	22	109.35	85.8	2483	11227	4.77	10.13	147.9	561.3	3.21	
		200	408	21	21	22	125.35	98.4	3654	11928	5.40	9.75	229.4	584.7	4.07	
		207	405	18	28	22	147.70	115.9	3634	15535	4.96	10.26	213.6	767.2	3.68	
		214	407	20	35	22	180.33	141.6	4393	19704	4.94	10.45	251.0	968.2	3.90	
TM	75×100	74	100	6	9	8	13.17	10.3	51.7	75.6	1.98	2.39	8.9	15.1	1.56	150×100
	100×150	97	150	6	9	8	19.05	15.0	124.4	253.7	2.56	3.65	15.8	33.8	1.80	200×150
	125×175	122	175	7	11	13	27.75	21.8	288.3	494.4	3.22	4.22	29.1	56.5	2.28	250×175
	150×200	147	200	8	12	13	35.53	27.9	570.0	803.5	4.01	4.76	48.1	80.3	2.85	300×200
	175×250	170	250	9	14	13	49.77	39.1	1016	1827	4.52	6.06	73.1	146.1	3.11	350×250
	200×300	195	300	10	16	13	66.63	52.3	1730	3605	5.10	7.36	107.7	240.3	3.43	400×300
	225×300	220	300	11	18	13	76.95	60.4	2680	4056	5.90	7.26	149.6	270.4	4.09	450×300
	250×300	241	300	11	15	13	70.59	55.4	3399	3381	6.94	6.92	178.0	225.4	5.00	500×300
		244	300	11	18	13	79.59	62.5	3615	4056	6.74	7.14	183.7	270.4	4.72	
	275×300	272	300	11	15	13	74.00	58.1	4789	3381	8.04	6.76	225.4	225.4	5.96	550×300
		275	300	11	18	13	83.00	65.2	5093	4056	7.83	6.99	232.5	270.4	5.59	
	300×300	291	300	12	17	13	84.61	66.4	6324	3832	8.65	6.73	280.0	255.5	6.51	600×300
		294	300	12	20	13	93.61	73.5	6691	4507	8.45	6.94	288.1	300.5	6.17	
		297	302	14	23	13	108.55	85.2	7917	5289	8.54	6.98	339.9	350.3	6.41	
TN	50×50	50	50	5	7	8	5.92	4.7	11.9	7.8	1.42	1.14	3.2	3.1	1.28	100×50
	62.5×60	62.5	60	6	8	8	8.34	6.6	27.5	14.9	1.81	1.34	6.0	5.0	1.64	125×60
	75×75	75	75	5	7	8	8.92	7.0	42.4	25.1	2.18	1.68	7.4	6.7	1.79	150×75
	87.5×90	87.5	90	5	8	8	11.45	9.0	70.5	49.1	2.48	2.07	10.3	10.9	1.93	175×90

类别	型号 （高度×宽度） /mm×mm	截面尺寸/mm					截面 面积 /cm²	质量 /kg·m⁻¹	惯性矩 /cm⁴		惯性半径 /cm		截面模量 /cm³		重心 /cm	对应 H 型钢 系列型号
		h	b	t_1	t_2	R			I_x	I_y	i_x	i_y	W_x	W_y	C_x	
TN	100×100	99	99	4.5	7	8	11.34	8.9	93.1	57.1	2.87	2.24	12.0	11.5	2.17	200×100
		100	100	5.5	8	8	13.33	10.5	113.9	67.2	2.92	2.25	14.8	13.4	2.31	
	125×125	124	124	5	8	8	15.99	12.6	206.7	127.6	3.59	2.82	21.2	20.6	2.66	250×125
		125	125	6	9	8	18.48	14.5	247.5	147.1	3.66	2.82	25.5	23.5	2.81	
	150×150	149	149	5.5	8	13	20.40	16.0	390.4	223.3	4.37	3.31	33.5	30.0	3.26	300×150
		150	150	6.5	9	13	23.39	18.4	460.4	256.1	4.44	3.31	39.7	34.2	3.41	
	175×175	173	174	6	9	13	26.23	20.6	674.7	398.0	5.07	3.90	49.7	45.8	3.72	350×175
		175	175	7	11	13	31.46	24.7	811.1	494.5	5.08	3.96	59.0	56.5	3.76	
	200×200	198	199	7	11	13	35.71	28.0	1188	725.7	5.77	4.51	76.2	72.9	4.20	400×200
		200	200	8	13	13	41.69	32.7	1392	870.3	5.78	4.57	88.4	87.0	4.26	
	225×200	223	199	8	12	13	41.49	32.6	1863	791.8	6.70	4.37	108.7	79.6	5.15	450×200
		225	200	9	14	13	47.72	37.5	2148	937.6	6.71	4.43	124.1	93.8	5.19	
	250×200	248	199	9	14	13	49.65	39.0	2820	923.8	7.54	4.31	149.8	92.8	5.97	500×200
		250	200	10	16	13	56.13	44.1	3201	1072	7.55	4.37	168.7	107.2	6.03	
		253	201	11	19	13	64.66	50.8	3666	1292	7.53	4.47	189.9	128.5	6.00	
	275×200	273	199	9	14	13	51.90	40.7	3689	924.0	8.43	4.22	180.3	92.9	6.85	550×200
		275	200	10	16	13	58.63	46.0	4182	1072	8.45	4.28	202.9	107.2	6.89	
	300×200	298	199	10	15	13	58.88	46.2	5148	990.6	9.35	4.10	235.3	99.6	7.92	600×200
		300	200	11	17	13	65.86	51.7	5779	1140	9.37	4.16	262.1	114.0	7.95	
		303	201	12	20	13	74.89	58.8	6554	1361	9.36	4.26	292.4	135.4	7.88	
	325×300	323	299	10	15	12	76.27	59.9	7230	3346	9.74	6.62	289.0	223.8	7.28	650×300
		325	300	11	17	13	85.61	67.2	8095	3832	9.72	6.69	321.1	255.4	7.29	
		328	301	12	20	13	97.89	76.8	9139	4553	9.66	6.82	357.0	302.5	7.20	
	350×300	346	300	13	20	13	103.11	80.9	11263	4510	10.45	6.61	425.3	300.6	8.12	700×300
		350	300	13	24	13	115.11	90.4	12018	5410	10.22	6.86	439.5	360.6	7.65	
	400×300	396	300	14	22	18	119.75	94.0	17660	4970	12.14	6.44	592.1	331.3	9.77	800×300
		400	300	14	26	18	131.75	103.4	18771	5870	11.94	6.67	610.8	391.3	9.27	
	450×300	445	299	15	23	18	133.46	104.8	25897	5147	13.93	6.21	790.0	344.3	11.72	900×300
		450	300	16	28	18	152.91	120.0	29223	6327	13.82	6.43	868.5	421.8	11.35	
		456	302	18	34	18	180.03	141.3	34345	7838	13.81	6.60	1002	519.0	11.34	

附表 7-4　普通槽钢

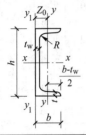

符号：同普通工字型钢，但 W_y 为对应于翼缘肢尖的截面模量

型号 5~8，长 5~12 m；
型号 10~18，长 5~19 m；
型号 20~40，长 6~19 m

型号	尺寸					截面积 /cm²	质量 /kg·m⁻¹	x—x 轴			y—y 轴			y_1—y_1 轴	Z_0
	h	b	t_w	t	R			I_x	W_x	i_x	I_y	W_y	i_y	I_{y1}	
	mm							cm⁴	cm²	cm	cm⁴	cm³	cm	cm⁴	cm
5	50	37	4.5	7.0	7.0	6.92	5.44	26	10.4	1.94	8.3	3.5	1.10	20.9	1.35
6.3	63	40	4.8	7.5	7.5	8.45	6.63	51	16.3	2.46	11.9	4.6	1.19	28.3	1.39
8	80	43	5.0	8.0	8.0	10.24	8.04	101	25.3	3.14	16.6	5.8	1.27	37.4	1.42
10	100	48	5.3	8.5	8.5	12.74	10.00	198	39.7	3.94	25.6	7.8	1.42	54.9	1.52
12.6	126	53	5.5	9.0	9.0	15.69	12.31	389	61.7	4.98	38.0	10.3	1.56	77.8	1.59
14 a	140	58	6.0	9.5	9.5	18.51	14.53	564	80.5	5.52	53.2	13.0	1.70	107.2	1.71
14 b	140	60	8.0	9.5	9.5	21.31	16.73	609	87.1	5.35	61.2	14.1	1.69	120.6	1.67
16 a	160	63	6.5	10.0	10.0	21.95	17.23	866	108.3	6.28	73.4	16.3	1.83	144.1	1.79
16 b	160	65	8.5	10.0	10.0	25.15	19.75	935	116.8	6.10	83.4	17.6	1.82	160.8	1.75
18 a	180	68	7.0	10.5	10.5	25.69	20.17	1273	141.4	7.04	98.6	20.0	1.96	189.7	1.88
18 b	180	70	9.0	10.5	10.5	29.29	22.99	1370	152.2	6.84	111.0	21.5	1.95	210.1	1.84
20 a	200	73	7.0	11.0	11.0	28.83	22.63	1780	178.0	7.86	128.0	24.2	2.11	244.0	2.01
20 b	200	75	9.0	11.0	11.0	32.83	25.77	1914	191.4	7.64	143.6	25.9	2.09	268.4	1.95
22 a	220	77	7.0	11.5	11.5	31.84	24.99	2394	217.6	8.67	157.8	28.2	2.23	298.2	2.10
22 b	220	79	9.0	11.5	11.5	36.24	28.45	25.71	233.8	8.42	176.5	30.1	2.21	326.3	2.03
25 a	200	78	7.0	12.0	12.0	34.91	27.40	3359	268.7	9.81	175.9	30.7	2.24	324.8	2.07
25 b	200	80	9.0	12.0	12.0	39.91	31.33	3619	289.6	9.52	196.4	32.7	2.22	355.1	1.99
25 c	200	82	11.0	12.0	12.0	44.91	35.25	3880	310.4	9.30	215.9	34.6	2.19	388.6	1.96
28 a	280	82	7.5	12.5	12.5	40.02	31.42	4753	339.5	10.90	217.9	35.7	2.33	393.3	2.09
28 b	280	84	9.5	12.5	12.5	45.62	35.81	5118	365.6	10.59	241.5	37.9	2.30	428.5	2.02
28 c	280	86	11.5	12.5	12.5	51.22	40.21	5484	391.7	10.35	264.1	40.0	2.27	467.3	1.99
32 a	320	88	8.0	14.0	14.0	48.50	38.07	7511	469.4	12.44	304.7	46.4	2.51	547.5	2.24
32 b	320	90	10.0	14.0	14.0	54.90	43.10	8057	503.5	12.11	335.6	49.1	2.47	592.9	2.16
32 c	320	92	12.0	14.0	14.0	61.30	48.12	8603	537.7	11.85	365.0	51.6	2.44	642.7	2.13
36 a	360	96	9.0	16.0	16.0	60.89	47.80	11874	659.7	13.96	455.0	63.6	2.73	818.5	2.44
36 b	360	98	11.0	16.0	16.0	68.09	53.45	12652	702.9	13.63	496.7	66.9	2.70	880.5	2.37
36 c	360	100	13.0	16.0	16.0	75.29	59.10	13429	746.1	13.36	536.6	70.0	2.67	948.0	2.34
40 a	400	100	10.5	18.0	18.0	75.04	58.91	17578	878.9	15.30	592.0	78.8	2.81	1057.9	2.49
40 b	400	102	12.5	18.0	18.0	83.04	65.19	18644	932.2	14.98	640.6	82.6	2.78	1135.8	2.44
40 c	400	104	14.5	18.0	18.0	91.04	71.47	19711	985.6	14.71	687.8	86.2	2.75	1220.3	2.42

附表 7-5 等边角钢

角钢型号	圆角 R	重心距 Z_0	单角钢									双角钢				
			截面积 A	质量	惯性矩 I_x	截面模量		回转半径			i_y,当 a 为下列数值					
						$W_{x\max}$	$W_{x\min}$	i_x	i_{x0}	i_{y0}	6 mm	8 mm	10 mm	12 mm	14 mm
	mm		cm²	kg/m	cm⁴	cm³		cm			cm				
L20× 3	3.5	6.0	1.13	0.89	0.40	0.66	0.29	0.59	0.75	0.39	1.08	1.17	1.25	1.34	1.43
4		6.4	1.46	1.15	0.50	0.78	0.36	0.58	0.73	0.38	1.11	1.19	1.28	1.37	1.46
L25× 3	3.5	7.3	1.43	1.12	0.82	1.12	0.46	0.76	0.95	0.49	1.27	1.36	1.44	1.53	1.61
4		7.6	1.86	1.46	1.03	1.34	0.59	0.74	0.93	0.48	1.30	1.38	1.47	1.55	1.64
L30× 3	4.5	8.5	1.75	1.37	1.46	1.72	0.68	0.91	1.15	0.59	1.47	1.55	1.63	1.71	1.80
4		8.9	2.28	1.79	1.84	2.08	0.87	0.90	1.13	0.58	1.49	1.57	1.65	1.74	1.82
L36×4 3	4.5	10.0	2.11	1.66	2.58	2.59	0.99	1.11	1.39	0.71	1.70	1.78	1.86	1.94	2.03
4		10.4	2.76	2.16	3.29	3.18	1.28	1.09	1.38	0.70	1.73	1.80	1.89	1.97	2.05
5		10.7	3.38	2.65	3.95	3.68	1.56	1.08	1.36	0.70	1.75	1.83	1.91	1.99	2.08
L40×4 3	5	10.9	2.36	1.85	3.59	3.28	1.23	1.23	1.55	0.79	1.86	1.94	2.01	2.09	2.18
4		11.3	3.09	2.42	4.60	4.05	1.60	1.22	1.54	0.79	1.88	1.96	2.04	2.12	2.20
5		11.7	3.79	2.98	5.53	4.72	1.96	1.21	1.52	0.78	1.90	1.98	2.06	2.14	2.23
L45× 3	5	12.2	2.66	2.09	5.17	4.25	1.58	1.39	1.76	0.90	2.06	2.14	2.21	2.29	2.37
4		12.6	3.49	2.74	6.65	5.29	2.05	1.38	1.74	0.89	2.08	2.16	2.24	2.32	2.40
5		13.0	4.29	3.37	8.04	6.20	2.51	1.37	1.72	0.88	2.10	2.18	2.26	2.34	2.42
6		13.3	5.08	3.99	9.33	6.99	2.95	1.36	1.71	0.88	2.12	2.20	2.28	2.36	2.44
L50× 3	5.5	13.4	2.97	2.33	7.18	5.36	1.96	1.55	1.96	1.00	2.26	2.33	2.41	2.48	2.56
4		13.8	3.90	3.06	9.26	6.70	2.56	1.54	1.94	0.99	2.28	2.36	2.43	2.51	2.59
5		14.2	4.80	3.77	11.21	7.90	3.13	1.53	1.92	0.98	2.30	2.38	2.45	2.53	2.61
6		14.6	5.69	4.46	13.05	8.95	3.68	1.51	1.91	0.98	2.32	2.40	2.48	2.56	2.64
L56× 3	6	14.8	3.34	2.62	10.19	6.86	2.48	1.75	2.20	1.13	2.50	2.57	2.64	2.72	2.80
4		15.3	4.39	3.45	13.18	8.63	3.24	1.73	2.18	1.11	2.52	2.59	2.67	2.74	2.82
5		15.7	5.42	4.25	16.02	10.22	3.97	1.72	2.17	1.10	2.54	2.61	2.69	2.77	2.85
8		16.8	8.37	6.57	23.63	14.06	6.03	1.68	2.11	1.09	2.60	2.67	2.75	2.83	2.91
L63×6 4	7	17.0	4.98	3.91	19.03	11.22	4.13	1.96	2.46	1.26	2.79	2.87	2.94	3.02	3.09
5		17.4	6.14	4.82	23.17	13.33	5.08	1.94	2.45	1.25	2.82	2.89	2.96	3.04	3.12
6		17.8	7.29	5.72	27.12	15.26	6.00	1.93	2.43	1.24	2.83	2.91	2.98	3.06	3.14
8		18.5	9.51	7.47	34.45	18.59	7.75	1.90	2.39	1.23	2.87	2.95	3.03	3.10	3.18
10		19.3	11.66	9.15	41.09	21.34	9.39	1.88	2.36	1.22	2.91	2.99	3.07	3.15	3.23
L70×6 4	8	18.6	5.57	4.37	26.39	14.16	5.14	2.18	2.74	1.40	3.07	3.14	3.21	3.29	3.36
5		19.1	6.88	5.40	32.21	16.89	6.32	2.16	2.73	1.39	3.09	3.16	3.24	3.31	3.39
6		19.5	8.16	6.41	37.77	19.39	7.48	2.15	2.71	1.38	3.11	3.18	3.26	3.33	3.41
7		19.9	9.42	7.40	43.09	21.68	8.59	2.14	2.69	1.38	3.13	3.20	3.28	3.36	3.43
8		20.3	10.67	8.37	48.17	23.79	9.68	2.13	2.68	1.37	3.15	3.22	3.30	3.38	3.46

续附表 7-5

角钢型号	单角钢										双角钢				
	圆角 R	重心距 Z_0	截面积 A	质量	惯性矩 I_x	截面模量		回转半径			i_y，当 a 为下列数值				
						$W_{x\max}$	$W_{x\min}$	i_x	i_{x0}	i_{y0}	6 mm	8 mm	10 mm	12 mm	14 mm
	mm		cm²	kg/m	cm⁴	cm³		cm			cm				
5		20.3	7.41	5.82	39.96	19.73	7.30	2.32	2.92	1.50	3.29	3.36	3.43	3.50	3.58
6		20.7	8.80	6.91	46.91	22.69	8.63	2.31	2.91	1.49	3.31	3.38	3.45	3.53	3.60
∟75×7	9	21.1	10.16	7.98	53.57	25.42	9.93	2.30	2.89	1.48	3.33	3.40	3.47	3.55	3.63
8		21.5	11.50	9.03	59.96	27.93	11.20	2.28	2.87	1.47	3.35	3.42	3.50	3.57	3.65
10		22.2	14.13	11.09	71.98	32.40	13.64	2.26	2.84	1.46	3.38	3.46	3.54	3.61	3.69
5		21.5	7.91	6.21	48.79	22.70	8.34	2.48	3.13	1.60	3.49	3.56	3.63	3.71	3.78
6		21.9	9.40	7.38	57.35	26.16	9.87	2.47	3.11	1.59	3.51	3.58	3.65	3.73	3.80
∟80×7	9	22.3	10.86	8.53	65.58	29.38	11.37	2.46	3.10	1.58	3.53	3.60	3.67	3.75	3.83
8		22.7	12.30	9.66	73.50	32.36	12.83	2.44	3.08	1.57	3.55	3.62	3.70	3.77	3.85
10		23.5	15.13	11.87	88.43	37.68	15.64	2.42	3.04	1.56	3.58	3.66	3.74	3.81	3.89
6		24.4	10.64	8.35	82.77	33.99	12.61	2.79	3.51	1.80	3.91	3.98	4.05	4.12	4.20
7		24.8	12.30	9.66	94.83	38.28	14.54	2.78	3.50	1.78	3.93	4.00	4.07	4.14	4.22
∟90×8	10	25.2	13.94	10.95	106.5	42.30	16.42	2.76	3.48	1.78	3.95	4.02	4.09	4.17	4.24
10		25.9	17.17	13.48	128.6	49.57	20.07	2.74	3.45	1.76	3.98	4.06	4.13	4.21	4.28
12		26.7	20.31	15.94	149.2	55.93	23.57	2.71	3.41	1.75	4.02	4.09	4.17	4.25	4.32
6		26.7	11.93	9.37	115.0	43.04	15.68	3.10	3.91	2.00	4.30	4.37	4.44	4.51	4.58
7		27.1	13.80	10.83	131.9	48.57	18.10	3.09	3.89	1.99	4.32	4.39	4.46	4.53	4.61
8		27.6	15.64	12.28	148.2	53.78	20.47	3.08	3.88	1.98	4.34	4.41	4.48	4.55	4.63
∟100×10	12	28.4	19.26	15.12	179.2	63.29	25.06	3.05	3.84	1.96	4.38	4.45	4.52	4.60	4.67
12		29.1	22.80	17.90	208.9	71.72	29.47	3.03	3.81	1.95	4.41	4.49	4.56	4.64	4.71
14		29.9	26.26	20.61	236.5	79.19	33.73	3.00	3.77	1.94	4.45	4.53	4.60	4.68	4.75
16		30.6	29.63	23.26	262.5	85.81	37.82	2.98	3.74	1.93	4.49	4.56	4.64	4.72	4.80
7		29.6	15.20	11.93	177.2	59.78	22.05	3.41	4.30	2.20	4.72	4.79	4.86	4.94	5.01
8		30.1	17.24	13.53	199.5	66.36	24.95	3.40	4.28	2.19	4.74	4.81	4.88	4.96	5.03
∟110×10	12	30.9	21.26	16.69	242.2	78.48	30.60	3.38	4.25	2.17	4.78	4.85	4.92	5.00	5.07
12		31.6	25.20	19.78	282.6	89.34	36.05	3.35	4.22	2.15	4.82	4.89	4.96	5.04	5.11
14		32.4	29.06	22.81	320.7	99.07	41.31	3.32	4.18	2.14	4.85	4.93	5.00	5.08	5.15
8		33.7	19.75	15.50	297.0	88.20	32.52	3.88	4.88	2.50	5.34	5.41	5.48	5.55	5.62
10		34.5	24.37	19.13	361.7	104.8	39.97	3.85	4.85	2.48	5.38	5.45	5.52	5.59	5.66
∟125× 12	14	35.3	28.91	22.70	423.2	119.9	47.17	3.83	4.82	2.46	5.41	5.48	5.56	5.63	5.70
14		36.1	33.57	26.19	481.7	133.6	54.16	3.80	4.78	2.45	5.45	5.52	5.59	5.67	5.74
10		38.2	27.37	21.49	514.7	134.6	50.58	4.34	5.46	2.78	5.98	6.05	6.12	6.20	6.27
12		39.0	32.51	25.52	603.7	154.6	59.80	4.31	5.43	2.77	6.02	6.09	6.16	6.23	6.31
∟140× 14	14	39.8	37.57	29.49	688.8	173.0	68.75	4.28	5.40	2.75	6.06	6.13	6.20	6.27	6.34
16		40.6	42.54	33.39	770.2	189.9	77.46	4.26	5.36	2.74	6.09	6.16	6.23	6.31	6.38

续附表 7-5

角钢型号	圆角 R	重心距 Z0	截面积 A	质量	惯性矩 Ix	W_xmax	W_xmin	ix	ix0	iy0	6 mm	8 mm	10 mm	12 mm	14 mm
						单角钢					双角钢 iy, 当a为下列数值				
						截面模量		回转半径							
	mm			cm²	kg/m	cm⁴	cm³		cm				cm		
L160× 10	16	43.1	31.50	24.73	779.5	180.8	66.70	4.97	6.27	3.20	6.78	6.85	6.92	6.99	7.06
12		43.9	37.44	29.39	916.6	208.6	78.98	4.95	6.24	3.18	6.82	6.89	6.96	7.03	7.10
14		44.7	43.30	33.99	1048	234.4	90.95	4.92	6.20	3.16	6.86	6.93	7.00	7.07	7.14
16		45.5	49.07	38.52	1175	258.3	102.6	4.89	6.17	3.14	6.89	6.96	7.03	7.10	7.18
L180× 12	16	48.9	42.24	33.16	1321	270.0	100.8	5.59	7.05	3.58	7.63	7.70	7.77	7.84	7.91
14		49.7	48.90	38.38	1514	304.6	116.3	5.57	7.02	3.57	7.67	7.74	7.81	7.88	7.95
16		50.5	55.47	43.54	1701	336.9	131.4	5.54	6.98	3.55	7.70	7.77	7.84	7.91	7.98
18		51.3	61.95	48.63	1881	367.1	146.1	5.51	6.94	3.53	7.73	7.80	7.87	7.95	8.02
L200×18 14	18	54.6	54.64	42.89	2104	385.1	144.7	6.20	7.82	3.98	8.47	8.54	8.61	8.67	8.75
16		55.4	62.01	48.68	2366	427.0	163.7	6.18	7.79	3.96	8.50	8.57	8.64	8.71	8.78
18		56.2	69.30	54.40	2621	466.5	182.2	6.15	7.75	3.94	8.53	8.60	8.67	8.75	8.82
20		56.9	76.50	60.06	2867	503.6	200.4	6.12	7.72	3.93	8.57	8.64	8.71	8.78	8.85
24		58.4	90.66	71.17	3338	571.5	235.6	6.07	7.64	3.90	8.63	8.71	8.78	8.85	8.92

附表 7-6 不等边角钢

角钢型号 B×b×t	圆角 R	Zx	Zy	截面积 A	质量	ix	iy	iy0	iy1 6mm	iy1 8mm	iy1 10mm	iy1 12mm	iy2 6mm	iy2 8mm	iy2 10mm	iy2 12mm
		重心距				回转半径			iy1, 当a为下列数值				iy2, 当a为下列数值			
	mm			cm²	kg/m	cm			cm				cm			
L25×16× 3	3.5	4.2	8.6	1.16	0.91	0.44	0.78	0.34	0.84	0.93	1.02	1.11	1.40	1.48	1.57	1.66
4		4.6	9.0	1.50	1.18	0.433	0.77	0.34	0.87	0.96	1.05	1.14	1.42	1.51	1.60	1.68
L32×20× 3		4.9	10.8	1.49	1.17	0.55	1.01	0.43	0.97	1.05	1.14	1.23	1.71	1.79	1.88	1.96
4		5.3	11.2	1.94	1.52	0.54	1.00	0.43	0.99	1.08	1.16	1.25	1.74	1.82	1.90	1.99
L40×25× 3	4	5.9	13.2	1.89	1.48	0.70	1.28	0.54	1.13	1.21	1.30	1.38	2.07	2.14	2.23	2.31
4		6.3	13.7	2.47	1.94	0.69	1.26	0.54	1.16	1.24	1.32	1.41	2.09	2.17	2.25	2.34
L45×28× 3	5	6.4	14.7	2.15	1.69	0.79	1.44	0.61	1.23	1.31	1.39	1.47	2.28	2.36	2.44	2.52
4		6.8	15.1	2.81	2.20	0.78	1.43	0.60	1.25	1.33	1.41	1.50	2.31	2.39	2.47	2.55
L50×32× 3	5.5	7.3	16.0	2.43	1.91	0.91	1.60	0.70	1.38	1.45	1.53	1.61	2.49	2.56	2.64	2.72
4		7.7	16.5	3.18	2.49	0.90	1.59	0.69	1.40	1.47	1.55	1.64	2.51	2.59	2.67	2.75

续附表 7-6

角钢型号 B×b×t		圆角 R	重心距 Z_x	重心距 Z_y	截面积 A	质量	i_x	i_y	i_{y0}	i_{y1}，当 a 为下列数值 6 mm	8 mm	10 mm	12 mm	i_{y2}，当 a 为下列数值 6 mm	8 mm	10 mm	12 mm
		mm	mm	mm	cm²	kg/m	cm	cm	cm	cm	cm	cm	cm	cm	cm	cm	cm
L56×36×4	3	6	8.0	17.8	2.74	2.15	1.03	1.80	0.79	1.51	1.59	1.66	1.74	2.75	2.82	2.90	2.98
			8.5	18.2	3.59	2.82	1.02	1.79	0.78	1.53	1.61	1.69	1.77	2.77	2.85	2.93	3.01
	5		8.8	18.7	4.42	3.47	1.01	1.77	0.78	1.56	1.63	1.71	1.79	2.80	2.88	2.96	3.04
L63×40×	4	7	9.2	20.4	4.06	3.19	1.14	2.02	0.88	1.66	1.74	1.81	1.89	3.09	3.16	3.24	3.32
	5		9.5	20.8	4.99	3.92	1.12	2.00	0.87	1.68	1.76	1.84	1.92	3.11	3.19	3.27	3.35
	6		9.9	21.2	5.91	4.64	1.11	1.99	0.86	1.71	1.78	1.86	1.94	3.13	3.21	3.29	3.37
	7		10.3	21.6	6.80	5.34	1.10	1.97	0.86	1.73	1.81	1.89	1.97	3.16	3.24	3.32	3.40
L70×45×	4	7.5	10.2	22.3	4.55	3.57	1.29	2.25	0.99	1.84	1.91	1.99	2.07	3.39	3.46	3.54	3.62
	5		10.6	22.8	5.61	4.40	1.28	2.23	0.98	1.86	1.94	2.01	2.09	3.41	3.49	3.57	3.64
	6		11.0	23.2	6.64	5.22	1.26	2.22	0.97	1.88	1.96	2.04	2.11	3.44	3.51	3.59	3.67
	7		11.3	23.6	7.66	6.01	1.25	2.20	0.97	1.90	1.98	2.06	2.14	3.46	3.54	3.61	3.69
L75×50×	5	8	11.7	24.0	6.13	4.81	1.43	2.39	1.09	2.06	2.13	2.20	2.28	3.60	3.68	3.76	3.83
	6		12.1	24.4	7.26	5.70	1.42	2.38	1.08	2.08	2.15	2.23	2.30	3.63	3.70	3.78	3.86
	8		12.9	25.2	9.47	7.43	1.40	2.35	1.07	2.12	2.19	2.27	2.35	3.67	3.75	3.83	3.91
	10		13.6	26.0	11.6	9.10	1.38	2.33	1.06	2.16	2.24	2.31	2.40	3.71	3.79	3.87	3.95
L80×50×	5	8	11.4	26.0	6.38	5.00	1.42	2.57	1.10	2.02	2.09	2.17	2.24	3.88	3.95	4.03	4.10
	6		11.8	26.5	7.56	5.93	1.41	2.55	1.09	2.04	2.11	2.19	2.27	3.90	3.98	4.05	4.13
	7		12.1	26.9	8.72	6.85	1.39	2.54	1.08	2.06	2.13	2.21	2.29	3.92	4.00	4.08	4.16
	8		12.5	27.3	9.87	7.75	1.38	2.52	1.07	2.08	2.15	2.23	2.31	3.94	4.02	4.10	4.18
L90×56×	5	9	12.5	29.1	7.21	5.66	1.59	2.90	1.23	2.22	2.29	2.36	2.44	4.32	4.39	4.47	4.55
	6		12.9	29.5	8.56	6.72	1.58	2.88	1.22	2.24	2.31	2.39	2.46	4.34	4.42	4.50	4.57
	7		13.3	30.0	9.88	7.76	1.57	2.87	1.22	2.26	2.33	2.41	2.49	4.37	4.44	4.52	4.60
	8		13.6	30.4	11.2	8.78	1.56	2.85	1.21	2.28	2.35	2.43	2.51	4.39	4.47	4.54	4.62
L100×63×	6	10	14.3	32.4	9.62	7.55	1.79	3.21	1.38	2.49	2.56	2.63	2.71	4.77	4.85	4.92	5.00
	7		14.7	32.8	11.1	8.72	1.78	3.20	1.37	2.51	2.58	2.65	2.73	4.80	4.87	4.95	5.03
	8		15.0	33.2	12.6	9.88	1.77	3.18	1.37	2.53	2.60	2.67	2.75	4.82	4.90	4.97	5.05
	10		15.8	34.0	15.5	12.1	1.75	3.15	1.35	2.57	2.64	2.72	2.79	4.86	4.94	5.02	5.10

续附表 7-6

角钢型号 $B×b×t$		圆角 R	重心距		截面积 A	质量	回转半径			i_{y1}，当 a 为下列数值				i_{y2}，当 a 为下列数值			
			Z_x	Z_y			i_x	i_y	i_{y0}	6 mm	8 mm	10 mm	12 mm	6 mm	8 mm	10 mm	12 mm
		mm	mm		cm²	kg/m	cm			cm				cm			
L100×80×	6	10	19.7	29.5	10.6	8.35	2.40	3.17	1.73	3.31	3.38	3.45	3.52	4.54	4.62	4.69	4.76
	7		20.1	30.0	12.3	9.66	2.39	3.16	1.71	3.32	3.39	3.47	3.54	4.57	4.64	4.71	4.79
	8		20.5	30.4	13.9	10.9	2.37	3.15	1.71	3.34	3.41	3.49	3.56	4.59	4.66	4.73	4.81
	10		21.3	31.2	17.2	13.5	2.35	3.12	1.69	3.38	3.45	3.53	3.60	4.63	4.70	4.78	4.85
L110×70×	6	10	15.7	35.3	10.6	8.35	2.01	3.54	1.54	2.74	2.81	2.88	2.96	5.21	5.29	5.36	5.44
	7		16.1	35.7	12.3	9.66	2.00	3.53	1.53	2.76	2.83	2.90	2.98	5.24	5.31	5.39	5.46
	8		16.5	36.2	13.9	10.9	1.98	3.51	1.53	2.78	2.85	2.92	3.00	5.26	5.34	5.41	5.49
	10		17.2	37.0	17.2	13.5	1.96	3.48	1.51	2.82	2.89	2.96	3.04	5.30	5.38	5.46	5.53
L125×80×	7	11	18.0	40.1	14.1	11.1	2.30	4.02	1.76	3.13	3.18	3.25	3.33	5.90	5.97	6.04	6.12
	8		18.4	40.6	16.0	12.6	2.29	4.01	1.75	3.13	3.20	3.27	3.35	5.92	5.99	6.07	6.14
	10		19.2	41.4	19.7	15.5	2.26	3.98	1.74	3.17	3.24	3.31	3.39	5.96	6.04	6.11	6.19
	12		20.0	42.2	23.4	18.3	2.24	3.95	1.72	3.20	3.28	3.35	3.43	6.00	6.08	6.16	6.23
L140×90×	8	12	20.4	45.0	18.0	14.2	2.59	4.50	1.98	3.49	3.56	3.63	3.70	6.58	6.65	6.73	6.80
	10		21.2	45.8	22.3	17.5	2.56	4.47	1.96	3.52	3.59	3.66	3.73	6.62	6.70	6.77	6.85
	12		21.9	46.6	26.4	20.7	2.54	4.44	1.95	3.56	3.63	3.70	3.77	6.66	6.74	6.81	6.89
	14		22.7	47.4	30.5	23.9	2.51	4.42	1.94	3.59	3.66	3.74	3.81	6.70	6.78	6.86	6.93
L160×100×	10	13	22.8	52.4	25.3	19.9	2.85	5.14	2.19	3.84	3.91	3.98	4.05	7.55	7.63	7.70	7.78
	12		23.6	53.2	30.1	23.6	2.82	5.11	2.18	3.87	3.94	4.01	4.09	7.60	7.67	7.75	7.82
	14		24.3	54.0	34.7	27.2	2.80	5.08	2.16	3.91	3.98	4.05	4.12	7.64	7.71	7.79	7.86
	16		25.1	54.8	39.3	30.8	2.77	5.05	2.15	3.94	4.02	4.09	4.16	7.68	7.75	7.83	7.90
L180×110×	10	14	24.4	58.9	28.4	22.3	3.13	5.81	2.42	4.16	4.23	4.30	4.36	8.49	8.56	8.63	8.71
	12		25.2	59.8	33.7	26.5	3.10	5.78	2.40	4.19	4.26	4.33	4.40	8.53	8.60	8.68	8.75
	14		25.9	60.6	39.0	30.6	3.08	5.75	2.39	4.23	4.30	4.37	4.44	8.57	8.64	8.72	8.79
	16		26.7	61.4	44.1	34.6	3.05	5.72	2.37	4.26	4.33	4.40	4.47	8.61	8.68	8.76	8.84
L200×125×	12	14	28.3	65.4	37.9	29.8	3.57	6.44	2.75	4.75	4.82	4.88	4.95	9.39	9.47	9.54	9.62
	14		29.1	66.2	43.9	34.4	3.54	6.41	2.73	4.78	4.85	4.92	4.99	9.43	9.51	9.58	9.66
	16		29.9	67.0	49.7	39.0	3.52	6.38	2.71	4.81	4.88	4.95	5.02	9.47	9.55	9.62	9.70
	18		30.6	67.8	55.5	43.6	3.49	6.35	2.70	4.85	4.92	4.99	5.06	9.51	9.59	9.66	9.74

注：一个角钢的惯性矩 $I_x = Ai_x^2$，$I_x = Ai_y^2$；一个角钢的截面模量 $W_{x\max} = I_x/Z_x$，$W_{x\min} = I_x/(b-Z_x)$；$W_{y\max} = I_y/Z_y$，$W_{y\min} = I_y/(b-Z_y)$。

附表 7-7　热轧无缝钢管

符号：I——截面惯性矩；
W——截面模量；
i——截面回转半径

尺寸 d (cm)	尺寸 t (cm)	截面面积 A (cm²)	质量 (kg/m)	截面特性 I (cm⁴)	截面特性 W (cm³)	截面特性 i (cm)	尺寸 d (cm)	尺寸 t (cm)	截面面积 A (cm²)	质量 (kg/m)	截面特性 I (cm⁴)	截面特性 W (cm³)	截面特性 i (cm)
32	2.5	2.32	1.82	2.54	1.59	1.05	54	6.0	9.05	7.10	26.46	9.80	1.71
	3.0	2.73	2.15	2.90	1.82	1.03	57	3.0	5.09	4.00	18.61	6.53	1.91
	3.5	3.13	2.46	3.23	2.02	1.02		3.5	5.88	4.62	21.14	7.42	1.90
	4.0	3.52	2.76	3.52	2.20	1.00		4.0	6.66	5.23	23.52	8.25	1.88
38	2.5	2.79	2.19	4.41	2.32	1.26		4.5	7.42	5.83	25.76	9.04	1.86
	3.0	3.30	2.59	5.09	2.68	1.24		5.0	8.17	6.41	27.86	9.78	1.85
	3.5	3.79	2.98	5.70	3.00	1.23		5.5	8.90	6.99	29.84	10.47	1.83
	4.0	4.27	3.35	6.26	3.29	1.21		6.0	9.61	7.55	31.69	11.12	1.82
42	2.5	3.10	2.44	6.07	2.89	1.40	60	3.0	5.37	4.22	21.88	7.29	2.02
	3.0	3.68	2.89	7.03	3.35	1.38		3.5	6.21	4.88	24.88	8.29	2.00
	3.5	4.23	3.32	7.91	3.77	1.37		4.0	7.04	5.52	27.73	9.24	1.98
	4.0	4.78	3.75	8.71	4.15	1.35		4.5	7.85	6.16	30.41	10.14	1.97
45	2.5	3.34	2.62	7.56	3.36	1.51		5.0	8.64	6.78	32.94	10.98	1.95
	3.0	3.96	3.11	8.77	3.90	1.49		5.5	9.42	7.39	35.32	11.77	1.94
	3.5	4.56	3.58	9.89	4.40	1.47		6.0	10.18	7.99	37.56	12.52	1.92
	4.0	5.15	4.04	10.93	4.86	1.46	63.5	3.0	5.70	4.48	26.15	8.24	2.14
50	2.5	3.73	2.93	10.55	4.22	1.68		3.5	6.60	5.18	29.79	9.38	2.12
	3.0	4.43	3.48	12.28	4.91	1.67		4.0	7.48	5.87	33.24	10.47	2.11
	3.5	5.11	4.01	13.90	5.56	1.65		4.5	8.34	6.55	36.50	11.50	2.09
	4.0	5.78	4.54	15.41	6.16	1.63		5.0	9.19	7.21	39.60	12.47	2.08
	4.5	6.43	5.05	16.81	6.72	1.62		5.5	10.02	7.87	42.52	13.39	2.06
	5.0	7.07	5.55	18.11	7.25	1.60		6.0	10.84	8.51	45.28	14.26	2.04
54	3.0	4.81	3.77	15.68	5.81	1.81	68	3.0	6.13	4.81	32.42	9.54	2.30
	3.5	5.55	4.36	17.79	6.59	1.79		3.5	7.09	5.57	36.99	10.88	2.28
	4.0	6.28	4.93	19.76	7.32	1.77		4.0	8.04	6.31	41.34	12.16	2.27
	4.5	7.00	5.49	21.61	8.00	1.76		4.5	8.98	7.05	45.47	13.37	2.25
	5.0	7.70	6.04	23.34	8.64	1.74		5.0	9.90	7.77	49.41	14.53	2.23
	5.5	8.38	6.58	24.96	9.24	1.73		5.5	10.80	8.48	53.14	15.63	2.22

尺寸		截面面积 A	质量	截面特性			尺寸		截面面积 A	质量	截面特性		
d	t			I	W	i	d	t			I	W	i
cm		cm²	kg/m	cm⁴	cm³	cm	cm		cm²	kg/m	cm⁴	cm³	cm
68	6.0	11.69	9.17	56.68	16.67	2.20	89	5.5	14.43	11.33	126.29	28.38	2.96
70	3.0	6.31	4.96	35.50	10.14	2.37		6.0	15.65	12.28	135.43	30.43	2.94
	3.5	7.31	5.74	40.53	11.58	2.35		6.5	16.85	13.22	144.22	32.41	2.93
	4.0	8.29	6.51	45.33	12.95	2.34		7.0	18.03	14.16	152.67	34.31	2.91
	4.5	9.26	7.27	49.89	14.26	2.32	95	3.5	10.06	7.90	105.45	22.20	3.24
	5.0	10.21	8.01	54.24	15.50	2.33		4.0	11.44	8.98	118.60	24.97	3.22
	5.5	11.14	8.75	58.38	16.68	2.29		4.5	12.79	10.04	131.31	27.64	3.20
	6.0	12.06	9.47	62.31	17.80	2.27		5.0	14.14	11.10	143.58	30.23	3.19
73	3.0	6.60	5.18	40.48	11.09	2.48		5.5	15.46	12.14	155.43	32.72	3.17
	3.5	7.64	6.00	46.26	12.67	2.46		6.0	16.78	13.17	166.86	35.13	3.15
	4.0	8.67	6.81	51.78	14.19	2.44		6.5	18.07	14.19	177.89	37.45	3.14
	4.5	9.68	7.60	57.04	15.63	2.43		7.0	19.35	15.19	188.51	39.69	3.12
	5.0	10.68	8.38	62.07	17.01	2.41	102	3.5	10.83	8.50	131.52	25.79	3.48
	5.5	11.66	9.16	66.87	18.32	2.39		4.0	12.32	9.67	148.09	29.04	3.47
	6.0	12.63	9.91	71.43	19.57	2.38		4.5	13.78	10.82	164.14	32.18	3.45
76	3.0	6.88	5.40	45.91	12.08	2.58		5.0	15.24	11.96	179.68	35.23	3.43
	3.5	7.97	6.26	52.50	13.82	2.57		5.5	16.67	13.09	194.72	38.18	3.42
	4.0	9.05	7.10	58.81	15.48	2.55		6.0	18.10	14.21	209.28	41.03	3.40
	4.5	10.11	7.93	64.85	17.07	2.53		6.5	19.50	15.31	223.35	43.79	3.38
	5.0	11.15	8.75	70.62	18.59	2.52		7.0	20.89	16.40	236.96	46.46	3.37
	5.5	12.18	9.56	76.14	20.04	2.50	114	4.0	13.82	10.85	209.35	36.73	3.89
	6.0	13.19	10.36	81.41	21.42	2.48		4.5	15.48	12.15	232.41	40.77	3.87
83	3.5	8.74	6.86	69.19	16.67	2.81		5.0	15.48	13.44	254.81	44.70	3.86
	4.0	9.93	7.79	77.64	18.71	2.80		5.5	18.75	14.72	276.58	48.52	3.84
	4.5	11.10	8.71	85.76	20.67	2.78		6.0	20.36	15.98	297.73	52.23	3.82
	5.0	12.25	9.62	93.56	22.54	2.76		6.5	21.95	17.23	318.26	55.84	3.81
	5.5	13.39	10.51	101.04	24.35	2.75		7.0	23.53	18.47	338.19	59.33	3.79
	6.0	14.51	11.39	108.22	26.08	2.73		7.5	25.09	19.70	357.58	62.73	3.77
	6.5	15.62	12.26	115.10	27.74	2.71		8.0	26.64	20.91	376.30	66.02	3.76
	7.0	16.71	13.12	121.69	29.32	2.70	121	4.0	14.7	11.5	251.87	41.63	4.14
89	3.5	9.40	7.38	86.05	19.34	3.03		4.5	16.47	12.93	279.83	46.25	4.12
	4.0	10.68	8.38	96.68	21.73	3.01		5.0	18.22	14.30	307.05	50.75	4.11
	4.5	11.95	9.38	106.92	24.03	2.99		5.5	19.96	15.67	333.54	55.13	4.09
	5.0	13.19	10.36	116.79	26.24	2.98		6.0	21.68	17.02	359.32	59.39	4.07

尺寸		截面面积A	质量	截面特性			尺寸		截面面积A	质量	截面特性		
d	t			I	W	i	d	t			I	W	i
cm		cm²	kg/m	cm⁴	cm³	cm	cm		cm²	kg/m	cm⁴	cm³	cm
121	6.5	23.38	18.35	384.40	63.54	4.05	146	5.5	24.28	19.06	599.95	82.19	4.97
	7.0	25.07	19.68	408.80	67.57	4.04		6.0	26.39	20.72	267.73	88.73	4.95
	7.5	26.74	20.99	432.51	71.49	4.02		6.5	28.49	22.36	694.44	95.13	4.94
	8.0	28.40	22.29	455.57	75.30	4.01		7.0	30.57	24.00	740.12	101.39	4.92
127	4.0	15.46	12.13	292.61	46.08	4.35		7.5	32.63	25.62	784.77	107.50	4.90
	4.5	17.32	13.59	325.29	51.23	4.33		8.0	34.68	27.23	828.41	113.48	4.89
	5.0	19.16	15.04	357.14	56.24	4.32		9.0	38.74	30.41	912.71	125.03	4.85
	5.5	20.99	16.48	388.19	61.13	4.30		10	42.73	33.54	993.16	136.05	4.82
	6.0	22.81	17.90	418.44	65.90	4.28	152	4.5	20.85	16.37	567.61	74.69	5.22
	6.5	24.61	19.32	447.92	70.54	4.27		5.0	23.09	18.13	624.43	82.16	5.20
	7.0	26.39	20.72	476.63	75.06	4.25		5.5	25.31	19.87	680.06	89.48	5.18
	7.5	28.16	22.10	504.58	79.46	4.23		6.0	27.52	21.60	734.52	96.65	5.17
	8.0	29.91	23.48	531.80	83.75	4.22		6.5	29.71	23.32	787.82	103.66	5.15
133	4.0	16.21	12.73	337.53	50.76	4.56		7.0	31.89	25.03	839.99	110.52	5.13
	4.5	18.17	14.26	375.42	56.45	4.55		7.5	34.05	26.73	891.03	117.24	5.12
	5.0	20.11	15.78	412.40	62.02	4.53		8.0	36.19	28.41	940.97	123.81	5.10
	5.5	22.03	17.29	448.50	67.44	4.51		9.0	40.43	31.74	1037.59	136.53	5.07
	6.0	23.94	18.79	483.72	72.74	4.50		10	44.61	35.02	1129.99	148.68	5.03
	6.5	25.83	20.28	518.07	77.91	4.48	159	4.5	21.84	17.15	652.27	82.05	5.46
	7.0	27.71	21.75	551.58	82.94	4.46		5.0	24.19	18.99	717.88	90.30	5.45
	7.5	29.57	23.21	584.25	87.86	4.45		5.5	26.52	20.82	782.18	98.39	5.43
	8.0	31.42	24.66	616.11	92.65	4.43		6.0	28.84	22.64	845.19	106.31	5.41
140	4.5	19.16	15.04	440.12	62.87	4.79		6.5	31.14	24.45	906.92	114.08	5.40
	5.0	21.21	16.65	483.76	69.11	4.78		7.0	33.43	26.24	967.41	121.69	5.38
	5.5	23.24	18.24	526.40	75.20	4.76		7.5	35.70	28.02	1026.65	129.14	5.36
	6.0	25.26	19.83	568.06	81.15	4.74		8.0	37.95	29.79	1084.67	136.44	5.35
	6.5	27.26	21.40	608.76	86.97	4.73		9.0	42.41	33.29	1197.12	150.58	5.31
	7.0	29.25	22.96	648.51	92.64	4.71		10	46.81	36.75	1304.88	164.14	5.28
	7.5	31.22	24.51	687.32	98.19	4.69	168	4.5	23.11	18.14	772.96	92.02	5.78
	8.0	33.18	26.04	725.21	103.60	4.68		5.0	25.60	20.10	851.14	101.33	5.77
	9.0	37.04	29.08	798.29	114.04	4.64		5.5	28.08	22.04	927.85	110.46	5.75
	10	40.84	32.06	867.86	123.98	4.61		6.0	30.54	23.97	1003.12	119.42	5.73
146	4.5	20.00	15.70	501.16	68.65	5.01		6.5	32.98	25.89	1076.95	128.21	5.71
	5.0	22.15	17.39	551.10	75.49	4.99		7.0	35.41	27.79	1149.36	136.83	5.70

尺寸 d	t	截面面积 A	质量	I	W	i	尺寸 d	t	截面面积 A	质量	I	W	i
cm		cm²	kg/m	cm⁴	cm³	cm	cm		cm²	kg/m	cm⁴	cm³	cm
168	7.5	37.82	26.69	1220.38	145.28	5.68	219	6.0	40.15	31.52	2278.74	208.10	7.53
	8.0	40.21	31.57	1290.01	153.57	5.66		6.5	43.39	34.06	2451.64	223.89	7.52
	9.0	44.96	35.29	1425.22	168.67	5.63		7.0	4.62	36.60	2622.04	239.46	7.50
	10	49.64	38.97	1555.13	185.13	5.60		7.5	49.83	39.12	2789.96	254.79	7.48
180	5.0	27.49	21.58	1053.17	117.02	6.19		8.0	53.03	41.63	2955.43	269.90	7.47
	5.5	30.15	23.67	1148.79	127.64	6.17		9.0	59.38	46.61	3279.12	299.46	7.43
	6.0	32.80	25.75	1242.72	138.08	6.16		10	65.66	51.54	3593.29	328.15	7.40
	6.5	35.43	27.81	1335.00	148.33	6.14		12	78.04	61.26	4193.81	383.00	7.33
	7.0	38.04	29.87	1425.63	158.40	6.12		14	90.16	70.78	4758.50	434.57	7.26
	7.5	40.64	31.91	1514.64	168.29	6.10		16	102.04	80.10	5288.81	483.00	7.20
	8.0	43.23	33.93	1602.04	178.00	6.09	245	6.5	48.70	38.23	3465.46	282.89	8.44
	9.0	48.35	37.95	1772.12	196.90	6.05		7.0	52.34	41.08	3709.06	302.78	8.42
	10	53.41	41.92	1936.01	215.11	6.02		7.5	55.96	43.93	3949.52	322.41	8.40
	12	63.33	46.72	2245.84	249.54	5.95		8.0	59.56	46.76	4186.87	341.79	8.38
194	5.0	29.69	23.31	1326.54	136.76	6.68		9.0	66.73	52.38	4652.32	379.78	8.35
	5.5	32.57	25.57	1447.86	149.26	6.67		10	73.83	57.95	5105.63	416.79	8.32
	6.0	35.44	27.82	1567.21	161.57	6.65		12	87.84	68.95	5976.67	487.89	8.25
	6.5	38.29	30.06	1684.61	173.67	6.63		14	101.60	79.76	6801.68	555.24	8.18
	7.0	41.12	32.28	1800.08	185.57	6.62		16	115.11	90.36	7582.30	618.96	8.12
	7.5	43.94	34.50	1913.64	197.28	6.60	273	6.5	54.42	42.72	4834.18	354.15	9.42
	8.0	46.75	36.70	2025.31	208.79	6.58		7.0	58.50	45.92	5177.30	379.29	9.41
	9.0	52.31	41.06	2243.08	231.25	6.55		7.5	62.56	49.11	5516.47	404.14	9.39
	10	57.81	45.38	2453.55	252.94	6.51		8.0	66.60	52.28	5851.71	428.70	9.37
	12	68.61	53.86	2853.25	294.15	6.45		9.0	74.64	58.60	6510.56	476.96	9.34
203	6.0	37.13	29.15	1803.07	177.64	6.97		10	82.62	64.86	7154.09	524.11	9.31
	6.5	40.13	31.50	1938.81	191.02	6.95		12	98.39	77.24	8396.14	615.10	9.24
	7.0	43.10	33.84	2072.43	204.18	6.93		14	113.91	89.42	9579.75	701.81	9.17
	7.5	46.06	36.16	2203.94	217.14	6.92		16	129.18	101.41	10706.79	784.38	9.10
	8.0	49.01	38.47	2333.37	229.89	6.90	299	7.5	68.68	53.92	7300.02	488.30	10.31
	9.0	54.85	43.06	2586.08	254.79	6.87		8.0	73.14	57.41	7747.42	518.22	10.29
	10	60.63	47.60	2830.72	278.89	6.83		9.0	82.00	64.37	8628.09	577.13	10.26
	12	72.01	56.52	3296.49	324.78	6.77		10	90.79	71.27	9490.15	634.79	10.22
	14	83.13	65.25	3732.07	367.69	6.70		12	108.20	84.93	11159.52	746.46	10.16
	16	94.00	73.79	4138.78	407.76	6.64		14	125.35	98.40	12757.61	853.35	10.09

续附表 7-7

尺寸		截面面积 A	质量	截面特性			尺寸		截面面积 A	质量	截面特性		
d	t			I	W	i	d	t			I	W	i
cm		cm²	kg/m	cm⁴	cm³	cm	cm		cm²	kg/m	cm⁴	cm³	cm
299	16	142.25	111.67	14286.48	955.62	10.02	325	16	155.32	121.93	18587.38	1143.84	10.94
325	7.5	74.81	58.73	9431.80	580.42	11.23	351	8.0	86.21	67.67	12684.36	722.76	12.13
	8.0	79.67	62.54	10013.92	616.24	11.21		9.0	96.70	75.91	14147.55	806.13	12.10
	9.0	89.35	70.14	11161.33	686.85	11.18		10	107.13	84.10	15584.62	888.01	12.06
	10	98.96	77.68	12286.52	756.09	11.14		12	127.80	100.32	18381.63	1047.39	11.99
	12	118.00	92.63	14471.45	890.55	11.07		14	148.22	116.35	21077.86	1201.02	11.93
	14	136.78	107.38	16570.98	1019.75	11.01		16	168.39	132.19	23675.75	1349.05	11.86

附表 7-8　电焊钢管

符号：I——截面惯性矩；

W——截面模量；

i——截面回转半径

尺寸		截面面积 A	质量	截面特性			尺寸		截面面积 A	质量	截面特性		
d	t			I	W	i	d	t			I	W	i
cm		cm²	kg/m	cm⁴	cm³	cm	cm		cm²	kg/m	cm⁴	cm³	cm
32	2.0	1.88	1.48	2.13	1.33	1.06	53	3.5	5.44	4.27	16.75	6.32	1.75
	2.5	2.32	1.82	2.54	1.59	1.05	57	2.0	3.46	2.71	13.08	4.59	1.95
38	2.0	2.26	1.78	3.68	1.93	1.27		2.5	4.28	4.36	15.93	5.59	1.93
	2.5	2.79	2.19	4.41	2.32	1.26		3.0	5.09	4.00	18.61	6.53	1.91
40	2.0	2.39	1.87	4.32	2.16	1.35		3.5	5.88	4.62	21.14	7.42	1.90
	2.5	2.95	2.31	5.20	2.60	1.33	60	2.0	3.64	2.86	15.34	5.11	2.05
42	2.0	2.51	1.97	5.04	2.40	1.42		2.5	4.52	3.55	18.70	6.23	2.03
	2.5	3.10	2.44	6.07	2.89	1.40		3.0	5.37	4.22	21.88	7.29	2.02
45	2.0	2.70	2.12	6.26	2.78	1.52		3.5	6.21	4.88	24.88	8.29	2.00
	2.5	3.34	2.62	7.56	3.36	1.51	63.5	2.0	3.86	3.03	18.29	5.76	2.18
	3.0	3.96	3.11	8.77	3.90	1.49		2.5	4.79	3.76	22.32	7.03	2.16
51	2.0	3.08	2.42	9.26	3.63	1.73		3.0	5.70	4.48	26.15	8.24	2.14
	2.5	3.81	2.99	11.23	4.40	1.72		3.5	6.60	5.18	29.79	9.38	2.12
	3.0	4.52	3.55	13.08	5.13	1.70	70	2.0	4.27	3.35	24.72	7.06	2.41
	3.5	5.22	4.10	14.81	5.81	1.68		2.5	5.30	4.16	30.23	8.64	2.39
53	2.0	3.20	2.52	10.43	3.94	1.80		3.0	6.31	4.96	35.50	10.14	2.37
	2.5	3.97	3.11	12.67	4.78	1.79		3.5	7.31	5.74	40.53	11.58	2.35
	3.0	4.71	3.70	14.78	5.58	1.77		4.5	9.26	7.27	49.89	14.26	2.32

尺寸		截面面积 A	质量	截面特性			尺寸		截面面积 A	质量	截面特性		
d	t			I	W	i	d	t			I	W	i
cm		cm²	kg/m	cm⁴	cm³	cm	cm		cm²	kg/m	cm⁴	cm³	cm
76	2.0	4.65	3.65	31.85	8.38	2.62	108	3.5	11.49	9.02	157.02	29.08	3.70
	2.5	5.77	4.53	39.03	10.27	2.60		4.0	13.07	10.26	176.95	32.77	3.68
	3.0	6.88	5.40	45.91	12.08	2.58	114	3.0	10.46	8.21	161.24	28.29	3.93
	3.5	7.97	6.26	52.50	13.82	2.57		3.5	12.15	9.54	185.63	32.57	3.91
	4.0	9.05	7.10	58.81	15.48	2.55		4.0	13.82	10.85	209.35	36.73	3.89
	4.5	10.11	7.93	64.85	17.07	2.53		4.5	15.48	12.15	232.41	40.77	3.87
83	2.0	5.09	4.00	41.76	10.06	2.86		5.0	17.12	13.44	254.81	44.70	3.86
	2.5	6.32	4.96	51.26	12.35	2.85	121	3.0	11.12	8.73	193.69	32.01	4.17
	3.0	7.75	5.92	60.40	14.56	2.83		3.5	12.92	10.14	223.17	36.89	4.16
	3.5	8.74	8.86	69.19	16.67	2.81		4.0	14.70	11.54	251.87	41.63	4.14
	4.0	9.93	7.79	77.64	18.71	2.80	127	3.0	11.69	9.17	224.75	35.39	4.39
	4.5	11.10	8.71	85.76	20.67	2.78		3.5	13.58	10.66	259.11	40.80	4.37
89	2.0	5.47	4.29	51.75	11.63	3.08		4.0	15.46	12.13	292.61	46.08	4.35
	2.5	6.79	5.33	63.59	14.29	3.06		4.5	17.32	15.59	325.29	51.23	4.33
	3.0	8.11	6.36	75.02	16.86	3.04		5.0	19.16	15.04	357.14	56.24	4.32
	3.5	9.40	7.38	86.05	19.34	3.03	133	3.5	14.24	11.18	298.71	44.92	4.58
	4.0	10.68	8.38	96.68	21.73	3.01		4.0	16.21	12.73	337.53	50.76	4.56
	4.5	11.95	9.38	106.92	24.03	2.99		4.5	18.17	14.26	375.42	56.45	4.55
95	2.0	5.84	4.59	63.20	13.31	3.29		5.0	20.11	15.78	412.40	62.02	4.53
	2.5	7.26	5.70	77.76	16.37	3.27	140	3.5	15.01	11.78	349.79	49.97	4.83
	3.0	8.67	6.81	91.83	19.33	3.25		4.0	17.09	13.42	395.47	56.50	4.81
	3.5	10.06	7.90	105.45	22.20	3.24		4.5	19.16	15.04	440.12	62.87	4.79
102	2.0	6.28	4.93	78.57	15.41	3.54		5.0	21.21	16.65	483.76	69.11	4.78
	2.5	7.81	6.13	96.77	18.97	3.52		5.5	23.24	18.24	526.40	75.20	4.76
	3.0	9.33	7.32	114.42	22.43	3.50	152	3.5	16.33	12.82	450.35	59.26	5.25
	3.5	10.83	8.50	131.52	25.79	3.48		4.0	18.60	14.60	509.59	67.05	5.23
	4.0	12.32	9.67	148.09	29.04	3.47		4.5	20.85	16.37	567.61	74.69	5.22
	4.5	13.78	10.82	164.14	32.18	3.45		5.0	23.09	18.13	624.43	82.16	5.20
	5.0	15.24	11.96	179.68	35.23	3.43		5.5	25.31	19.87	680.06	89.48	5.18
108	3.0	9.90	7.77	136.49	25.28	3.71							

附录 8 螺栓和锚栓规格

附表 8-1 螺栓螺纹处的有效截面积

公称直径/mm	12	14	16	18	20	22	24	27	30
螺栓有效截面积 A_e/cm²	0.84	1.15	1.57	1.92	2.45	3.03	3.53	4.59	5.61
公称直径/mm	33	36	39	42	45	48	52	56	60
螺栓有效截面积 A_e/cm²	6.94	8.17	9.76	11.2	13.1	14.7	17.6	20.3	23.6
公称直径/mm	64	68	72	76	80	85	90	95	100
螺栓有效截面积 A_e/cm²	26.8	30.6	34.6	38.9	43.4	49.5	55.9	62.7	70.0

附表 8-2 锚栓规格

型　式	I				II			III			
锚栓直径 d/mm	20	24	30	36	42	48	56	64	72	80	90
锚栓有效截面积/cm²	2.45	3.53	5.61	8.17	11.2	14.7	20.3	26.8	34.6	43.4	55.9
锚栓设计拉力（Q235 钢）/kN	34.3	49.4	78.5	114.1	156.9	206.2	284.2	375.2	484.4	608.2	782.7
III 型锚栓　锚板宽度 c/mm					140	200	200	240	280	350	400
III 型锚栓　锚板厚度 t/mm					20	20	20	25	30	40	40

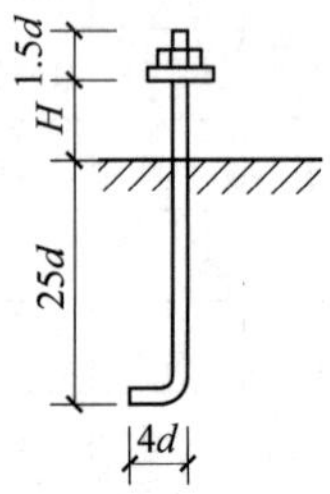

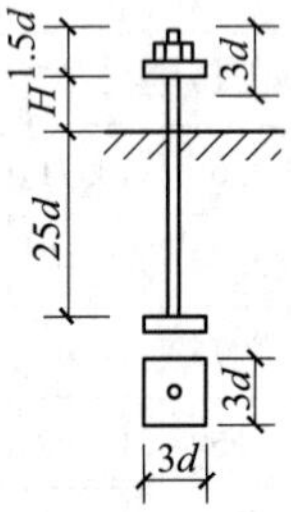

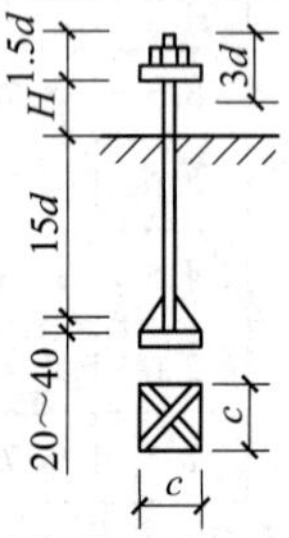